我们是谁？
我们从哪儿来？
我们要到哪儿去？

人类，其实是诸神的奴隶。阿努纳奇的烙印，长存于我们的DNA之中。

人类的面目和习性，都是外星生命的翻版。我们的智慧与文明，也都得来自他们的提点。

他们以自己为模板，创造了人类这个种群。在我们的眼中，他们就是神灵。

带你走进南部非洲的神秘遗址，见识史前文明的辉煌时代。

长久以来，神创论都被认为是一种过时而荒谬的观点。也许，你会将其归为迷信和怪谈。不过，自进入20世纪后，考古学、生物学、人类学上的一系列最新发现，似乎为这种古老学说找到了新的论据。

史实证明，人类文明的源头可以追溯到六千多年以前。那时候，正是苏美尔人和埃及人的黄金时代。然而，种种迹象显示，人类早期文明的高峰，并非完全出自我们的一己之力，"神灵"的帮助，也不可忽视。

迈克尔·特林格出生于南非，就在他的家乡附近，有着一座神秘的史前遗址。也许，那里就是外星人到达地球之后的第一站。

苏美尔泥版中的内容，为什么和美洲原住民的传说几乎一致？不同文化中的神灵形象，又是出于何种原因而如此相似？也许，真相非常明显——人类是神灵的造物，而神灵来自遥远的外太空。他们降临地球，只不过是贪恋此地的资源。

即便你并不相信本书的中心论点，也会被书中的内容所深深吸引。这是一次涉及基因、历史、文化、科学的阅读之旅。开卷一读，绝对有益。

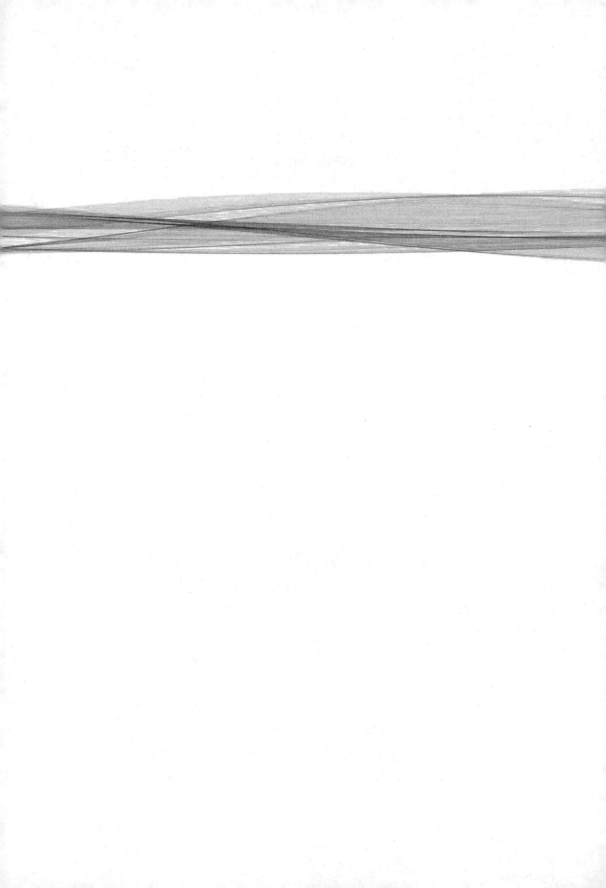

科学可以这样看丛书

Slave Species of the Gods

物种之神

阿努纳奇人在地球上的秘密使命

〔南非〕迈克尔·特林格〔Michael Tellinger〕 著

耿沫 张敬 钟鹰翔 译

人类:诸神的奴隶?

失落的非洲寺庙,探索人类起源

阿努纳奇的地球殖民计划与黄金痴恋之谜

重庆出版集团 重庆出版社

果壳文化传播公司

版贸核渝字(2013)第 333 号

图书在版编目(CIP)数据

物种之神 /(南非)特林格著;耿沫,张敬,钟鹰翔译. 一重庆:
重庆出版社,2016.9
(科学可以这样看丛书 / 冯建华主编)
书名原文:Slave Species of the Gods
ISBN 978-7-229-11147-2

Ⅰ.①物… Ⅱ.①特… ②耿… ③张… ④钟… Ⅲ.①物
种起源—研究 Ⅳ.①Q349

中国版本图书馆 CIP 数据核字(2016)第 095483 号

物种之神
Slave Species of the Gods

〔南非〕迈克尔·特林格(Michael Tellinger) 著 耿沫 张敬 钟鹰翔 译

责任编辑:连 果
责任校对:何建云
封面设计:博引传媒·何华成

 重庆出版集团
重庆出版社 出版 果壳文化传播公司 出品

重庆市南岸区南滨路 162 号 1 幢 邮政编码:400061 http://www.cqph.com
重庆出版集团艺术设计有限公司制版
重庆长虹印务有限公司印刷
重庆出版集团图书发行有限公司发行
E-MAIL:fxchu@cqph.com 邮购电话:023-61520646
全国新华书店经销

开本:710mm×1 000mm 1/16 印张:24.5 字数:400 千
2016 年 9 月第 1 版 2016 年 9 月第 1 次印刷
ISBN 978-7-229-11147-2
定价:59.80 元

如有印装质量问题,请向本集团图书发行有限公司调换:023-61520678

Advance Praise for Slave Species of the Gods
《物种之神》一书的发行评语

"迈克尔·特林格的这本书非常具有开创性，他在书中提出的证据大大挑战了所有有关人类起源和历史传统的主要假设。我们必须正视自己并不是上帝最完美的作品，即使是在地球范围内，我们才能真正获得力量，渐渐明白它的重要性。"

——米希尔·莱德维特,法学博士,
《黄金球计划》(*The Orb Project*)

"就算你……迈克尔·特林格从他提出的证据中得出……这本书精心研究了一个有……深省。我认为它对有关……极高的贡献。"

——格雷厄姆·汉考克,
《众神之指纹》(*Fingerprints of the Gods*)

"如果你曾经想到那些关于人类起源的古老问题：我们是谁？我们从哪里来？我们要去哪里？迈克尔·特林格的《物种之神》可以帮助你找到答案。本书写得清楚明白，你可以快速地阅读到有关生物、科学、宗教历史、神话故事和古时宇航员的每一件事，千万别错过。"

——吉姆·马尔斯,
《保密外星人议程和交火规则》
(*Rule By Secrecy, Alien Agenda, and Crossfire*)

"人类的演进从旧石器时代（Palaeolithic）过渡到中石器时代（Mesolithic），再到新石器时代（Neolithic），然后进入伟大的苏美尔文明发生在大约 3 600 年的区间内是一个事实。阿努（Anu）造访地球证实了对人类授予文明（知识、科学、技术）是确信无疑的。然而，正如我在最近的研讨会上（尽管没有用一本完整的书阐述）所解释的，对地球的造访和尼比鲁星的接近（就是所称的近日点）并非同时发生。这一点意义极大，却是那些只读过我的第一本书的人不知为何总是忽略掉的。"

——撒迦利亚·西琴，古文明研究领域专家、学者

"在过去的几年里，考古学、地理学和天文学领域都提供了一系列大量的事实来证实如下的真相：历史上曾发生过改变全局特质的物理性巨变；这些大灾难是由来自地球外的天体造成的；这些天体的性质也许能被识别。大灾难的记忆被抹去，不是因为人类缺乏书写传统，而是由于人类某些特有的进程导致整个种族和其中有文化的人都将事实上清晰描述宇宙扰动的传统视为寓言或隐喻。"

——伊曼纽尔·维里科夫斯基（Immanuel Velikovsky）

"美国海军天文台（U.S. Naval Observatory）院长罗伯特·S.哈林顿（Robert S. Harrington）博士估算出 X 行星的数个参数和它的运行轨道。哈林顿博士从海王星和天王星的扰动开始着手研究，从而得出冥王星不可能是造成这一现象的原因。他所采纳的观察资料由美国海军天文台的航海天文历编制局提供，可以回溯到 1833 年前的天王星和 1846 年前的海王星。"

——罗伯特·哈林顿，《哈林顿论文》，美国海军

细品《物种之神》

致读者

　　本书的每一章都是一个独立的精彩故事，全书由 14 章构筑而成。我在本书中，试着手把手地引导各位读者到达人类知识宝库的深远一端。

　　本书的某些章节可能会吸引相当一部分读者，另一些读者却觉得乏味。我已经尽力用简单有力的语言来讲述内容，以便大家能够理解核心的信息。然而，我选择带领读者踏上的这一阅读旅程自有我个人独特的逻辑，在第 14 章中你将会明白这一点。

　　第 14 章讲述人类的故事，结合了你在此前章节中获得的所有内容，把你带入人类出现前的那段史前时光，讲述遥远的过去在地球上曾发生过的神奇事件，包括有关人类起源的真相。

　　因此，不要忽视在谜题中出现的那些年代。如果你发现自己对其中一些科技含量高的章节不认同，看不懂要表达的意思，那么，你可以先跳过，直接阅读第 14 章。

　　我希望你能享受阅读过程，并保持探索精神。

——迈克尔·特林格

致　谢

我要感谢下面的各位友人，感谢大家在我写作本书时对我提供的帮助和支持。

感谢莉莉·哈廷（Lily Hattingh）为本书早期规划阶段所做的贡献和工作。

感谢麦克·范·尼凯克（Mike van Niekerk）不断在精神和经济上对我做出的支持。

感谢安迪·斯塔德勒（Andy Stadler）提出的宝贵建议，激励我并提供非洲的画面。

感谢瑞安·奥德瑞吉（Ryan Aldridge）为封面设计所提供的灵感。

感谢利·斯塔德勒（Leigh Stadler），帕梅拉·马可奎林（Pamela Mac-Quikan）和简·斯瓦内普尔（Jan Swanepoel）阅读了原始资料，并给我提供了宝贵的评论。

感谢塔拉·瓦尔特斯（Tiara Walters）提供的批评。

感谢克里·马歇尔（Kerry Marshall）和特里·克罗珀（Terry Cropper）挑出第 1 版中的所有出错之处。

感谢斯科特·坎迪尔（Scott Cundill）为本书做了大量的网上宣传，感谢他让本书成为了南非亚马逊畅销书。

引　言

　　这是一个科技昌明的时代，科学技术可以让我们快速获得回报，科技能够为我们提供立竿见影的办事手法。有了科技，人类似乎变得无所不知、无所不能。我们作为一个种群的信心因此而登峰造极，达到史无前例的地步。同时，我们对于自己身处这个宇宙的知识也在持续扩增，速度令常人难以想象、望尘莫及。如今，我们可以精准计算出一个小型探测器在一亿英里之外星球上的着陆情况；如今，我们已经研究出木星大气层的组成成分；如今，我们可以再生人体内的多个器官，基因工程师可以根据需求培育出任意形状或大小的新生物。然而，如今仍然有三个根本性的问题，让我们难以作答，这就是：我们是谁？我们从哪儿来？我们要去哪儿？

　　人类正阔步前进，迈向未知的命运，而无知依然是我们的死穴，狂妄自大成为我们与生俱来的一种病症，威胁着人类的生存。在本书中，我们会运用科技方面的最新突破和进展，探索遥远的过去，尝试探索未解的人类起源。有一点很难说得通——尽管人类科技已经如此发达，但仍不能确切地回答出有关人类起源及其祖先的问题。人类为何如此痴迷于黄金？为何奴隶制和黄金有相通之处且都能追溯到人类起源的时代？

　　全世界的人们陷于成千上万种宗教和邪教，它们各自声称知道答案。任何冷静一点的人都能在瞬间分辨出它们在说谎。对吧？然而正是这些宗教教条让无数人沦陷其中，它们宣扬死亡和毁灭，恐吓教徒称那些背信弃义之人会受到全能的神的惩罚，向盲从的教徒承诺信教者会得到奖赏和救赎。

　　在过去的50年里，新一轮的考古学发现及其所涵盖的信息体系让全世界的学者深感震惊。此间，考古学家一共挖掘出了50多万块泥版，其中很多已被解译出来。仅用了短短30年时间，一群知识渊博的学者便将这些泥版所蕴藏的含义以及之间的关联破译。曾经由于某些学人的无知而被贴上谬论或虚幻标签的事，如今已被当做历史证据载于史册，同时它们亦撼动了人类存在的本质。

在这里，我将带着各位一起走上探索之旅。远古时代留下的泥版，记载着透露着当时发生的种种事件。那个年代，《圣经》还远未问世。在此次探索之旅中，我们可以充分利用诸多泥版的最新破译成果以及之间的关联。我们会震惊地发现，《创世纪》中记载的事件没有一个是原版的，而是源于远古泥版中蕴藏的古老故事，并且是大打折扣的版本。我们的探索旅程穿梭于祖先遗留下来的珍贵信息资源中，或许他们从未想到这些资料竟会受到后人的质疑。

许多古老文明以共通的"神灵"联系在一起，如此匪夷所思的离奇巧合让人觉得绝非偶然。如今我们找到确凿的证据表明地球上存在某些奇异力量以铁腕手段统治着早期人类。原始的新物种要对它们毫无保留地顺从，否则惩罚随时会降临。我们会揭示新兴人类不得不走上的那条滞缓而痛楚的道路，以及别有用心的高级神灵在人类生存中所扮演的重要角色。我们会揭露一个可怕的事实——人类其实是照着造物主形象而生的，但并非是我们所信仰的那个造物主。我们会揭开"神"的真正面目，披露主要宗教体系的本质，并揭露出真正的"上帝"（God）与所谓"神灵"（god）之间的区别。"神灵"（god）往往表现出人类的行为，有些角色一眼就可以辨认出来，而有些由于后人的翻译遭到扭曲，需要拨开层层迷雾才得以识别。我们在提出人类起源新理论、揭秘上帝本质时，会有更多的问题出现，同时读者也会看到更多的可能性。

科技的推动以及古老泥版蕴藏的信息资源让我们有能力摸透整个故事。这个故事，即是我口中所谓的人类大谜团。为什么物种从南非的劳工营演化到约 9 000 年前的时代（此时，人类文明从印度、近东、欧洲、美洲迅速在全世界散播开来）需要上千年的时间？这趟旅程也解决了许多考古学上的难题，补齐了不少"遗失的环节"（missing links）。因为，具有先见之明的祖先早已清晰地将所有事实为我们呈现出来。我们要摒弃那些长期以来让人类保持蒙昧与恐惧的神话和教条。人类在基因工程上的突破让我们逐渐明白，并不是因为我们创造了生命，我们就能成为上帝。

我们要摒弃源自黑暗时代的古老神话，给思路清晰的人提供信息资源以让他们得出前所未有的新结论。我想与每个读者分享自己奇特的体验：

一直以来，我被调教得不得不相信一些垃圾理论，但当我拆穿它们后，有一种妙不可言的感受涌动在我的心中。尽管事实可能听起来很恐怖，但你会体验到最为解脱式的经历。

目录

第 1 章　动物的行为

　　自从我对遗传学产生兴趣，脑海里总是萦绕着这样一个问题：基因组，人体中的重要一部分，虽然在分子结构上已足够精致紧凑，然而事实上也存在着瑕疵。基因组中含有大量冗余成分，而这些成分毫无用处。基因组中没有活性的部分基因似乎是在等待某些外在因素将其激活。这就引发了问题，令常人难以想象的特异功能或超能力中有哪些是由于基因组中的无活性部分被激活所致？它们主宰着人类的哪些能力？这又如何影响人类的进化？

　　基因组其实是包含全部基因和 DNA 的总称。一般来说，基因组含有 23 对染色体，囊括了所有的遗传信息，而且人体中每个细胞核均有基因组存在。遗传信息控制着人体成长和人体机能。每个物种和个体的基因组都是独特的。当我们出生时，个个满心欢喜，并不会知道未来是什么。人类可分为 7 个时代，最终都归入历史的长流。像有某种看不见的力在暗处施法，所有人都被授予了平均 70 年的时间生存在这个舞台，舞台的左边是入口，右边是出口。我们唯一能确定的事情是所有人终将离场。你打算怎样度过自己的 70 年？所有人都来去匆匆，而你这趟人生旅程的最终目的是什么？你会建设性地利用这段时间来为全人类做出一点儿贡献呢，还是纯粹做一名旁观者：在退出舞台前一直是个摆设？

　　地球上，生存着近 65 亿人类，但人类却是一个相当脆弱和原始的物种。不论我们自认多么聪明、机智，只要一眨眼的工夫，我们马上可以回归动物的本来面目，自相残杀从而导致同胞大批灭绝。有史以来，人类无时无刻不在重复这样的"兽行"，进入 21 世纪，硝烟依旧没有平息，丝毫没有终止的迹象。说到开启战端，我们似乎总有一大堆理由。有时候，我们甚至会站在道德的制高点上为自己开脱。从该隐（Cain）、亚伯（Abel）到乔治·W. 布什（George W. Bush），总有强权之人压迫、欺凌弱者。《旧约》里描写的并非充满同情和宽恕的美好童话世界。相反，它宣扬以牙还牙、以眼还眼，顶着上帝的名义铲除男人、女人、孩子和怪兽，还时常将敌人的名字公布于众，把他们视为坏人或魔鬼的门徒。好像神灵（god）从最初就已站好了队。他们偏爱一些人，剩下的那些自然沦为"异己"。我始终觉得，人们口中的上帝应该更加公正和博爱。

《圣经》里刻画了很多先知以及与上帝直接接触的人，几千年来，他们会定期接到神灵（god）的指令，去完成某些事情。读者在看《圣经》的时候，不仅将此种现象视为常态，而且认为这是理所当然的，必定有一群人经受了精挑细选从而有幸定期得到神灵（god）的指示。他们不仅会接到清晰明了的指示和警告，还会得到像"十诫"这种有形的指令，以及物质上的奖赏，譬如土地和牲畜。但是，神灵（god）和人类之间最为振奋人心的交流方式是神灵（god）亲自登门造访。如果它不能现身，就会指派天使去处理一切事物。天使会撒播思想、分享美酒和面包，当然，神灵（god）会命令他们完成某些特定的任务。这些人好像都是男人，任何为《圣经》的经文做出贡献的都是男人，如果"他"创造出的人类人人平等，那么神灵（god）对女人存在信任危机？还是神灵（god）只是男权社会的一个象征？一个不可否认的事实是上帝一直在与男性有着肢体交流。现如今，与上帝有着肢体交流这种话语会引起强烈的批判与嘲讽。为什么会那样呢？会不会是因为在史前发生的这种事情影响不了今日的我们？对于这种发生在古代的事情，甚至是那些为自由而战的传奇故事，我们似乎可以全盘接受。还是仅仅因为我们害怕这种论调会受到公众的谴责而不敢深入剖析事实的真相？这些问题困扰了我大半生。

是谁，在什么时候，决定《圣经》要收尾了？显然，另有其人。此人受上帝的授权，并由神灵支配！对真理和救赎的追求还会继续吗？世界上的残暴行为尚未减弱，人类仍需要上帝不断的引领和指导。比方，如何应对现今社会的暴力行为和犯罪，如何在殖民主义、种族歧视、侵略以及邪恶之人策划的其他攻势下生存下来。人类作为地球上的一个物种，它的残暴程度已达到了令人无法容忍的地步。我们像有教化的人一样制定法律法规，然而那些熟稔法律体系的野蛮人不仅滥用法律，并且用法律条文来制约我们。那些追求和平、博爱、宽恕的人设定出的清规戒律，却不料成为了捆绑自己的牢笼。

如今的人们比以往更需要救赎。在万念俱灰之时，他们要迫使自己相

2

信一些实实在在的东西，并将之紧紧抓牢。那么，《圣经》的经文为什么不再继续更新呢？为什么上帝不再通过自己的先知来传播更多的至理名言？或者为什么不使用更多的先知？有人说上帝正是这样做的。很多人声称自己定期与上帝接触、交流。也有很多人在拥挤的教堂和其他做礼拜的地方传递上帝的旨意。对那些大肆宣扬经历过奇迹的人，比如听到了上帝的声音，瞬间顿悟等，大众是如何对此作出回应的呢？在多数情况下，这些当代的先知达到了一种狂热信徒的地步，身边有一群盲目的追随者，他们会对每一条命令言听计从，而有些所谓的先知则沦为脑袋不正常的怪人。

那么，在 21 世纪，法官应如何处理这样一种情况呢：一名男子将他 10 岁的女儿绑在后院的桌上，在刺她于死地或割她喉咙的时候被警察逮捕？如果他辩解是上帝指示他牺牲女儿的生命来证明他对全能上帝的忠诚，那么这种人应被视为现今社会中一位忠诚的楷模还是精神病患者？然而，我们认为亚伯拉罕（Abraham）是忠于上帝的人，有着极强的原则，是男性的领导者，因为他遵照上帝的旨意杀了自己的儿子。不过，《圣经》里将此称为"牺牲"。如果这种事情发生在当下的巴黎或约翰内斯堡富裕的郊区，我们也会以这种视角看待吗？

这正是宗教活动中一个令人困惑的境地。人类创建的成千上万种宗教都声称自己知道真相。只有它们的追随者才能得到造物主的救赎，才能沐浴在天堂的荣光之下。好像它们得到的钱财越多，它们手中可行使的权利越大，越接近上帝。

于是，宗教纷争全面引发，显然，人类展现出了缓慢进化历程中最为原始的一面。这些原始的品性是由沉默基因控制的吗？当审视过往伟大的文明成果时，我们有点飘飘然，内心充满了优越感。但我们并不能解释清楚史前的诸多东西，而这一事实很快便被抹杀掉——"谁在乎吉卜赛人，他们早就归天了。"从人类创造出的成果以及科学探索，我们进化得越是高端，宗教教条扎根得越深。就好像宗教教条（在这里也可以称为宗教狂热）与金钱紧密联系在一起。一个民族越富饶，他们越有能力将特定的宗教观念强加于他人。美国或许宣称自己是一个全方位自由的国家，但这主要是因为他们在 96% 的基督教团体中找到了一种慰藉感。所以，让少数的劣势宗教存留下来扑腾，整天做一些无谓的救赎是无伤大雅的。

我们随后开始正视自己，回首人类这一物种在地球上的生存历程，惊讶地发现我们的存在甚至算不上冰山一角。我们对恐龙化石惊奇不已，并探讨在恐龙存活的时代，地球上的一切会是怎样一番景象。我们会抛出一系列数字，比如，恐龙在6 000万年前灭绝；霸王龙发动破坏战是在2亿年前；在博物馆里对着4亿年前的昆虫化石感到唏嘘不已。然后我们开始将这些时间点与我们自制的时间表上的重大事件相比较。100年前，第一次世界大战；500年前，列昂纳多·达·芬奇（Leonardo da Vinci）时代；约1 200年前，海盗来袭；约1 400年前，穆罕默德（Mohammed）时代；约2 000年前，耶稣（Jesus）诞生；约4 000年前，金字塔建成；约13 000年前，最近一次冰河时代到来；大多数人对这个时间点以前发生的事件没有头绪。

突然有一天，奇迹发生了。我们在夜晚抬头遥望天空，数亿星星挂满了夜幕，我们开始想象宇宙到底有多大。有人识别出了火星和木星，于是你通过望远镜仔细观察，第一次看到了有光环环绕的土星，甚至是它的几个卫星。忽然间，你的视角转变了。你会发现一切都比原来更加辽阔。你端详着半人马座阿尔法星系，意识到该星系中离我们最近的星球所发出的光需要经过5年时间才能到达地球，光速为30万千米/秒。你参加了一位天文学家的讲座，欣赏遥远的银河系的图片，它们离地球的距离令我们无法想象。10亿光年（银河系实际直径10万光年，疑为作者笔误）远的银河系；50亿光年远的超星系团；在宇宙的尽头，离我们120亿光年远的超热类星体；接下来，138亿光年远的地方是一片虚无。随后，你瘫坐在座位上陷入了沉思。你试着消化刚才目睹的一切。你见识了已知宇宙的边缘，那里一片虚无。

不过，当你第二天早上醒来，向好友讲述自己的顿悟时，他们也会感受到你的兴奋，但不会超过15秒，此后，你会听到一个声音："喂，大伙昨天晚上有没有在电视上看到那部超棒的电影？"

尽管我们做出了诸多大胆尝试，考古学家也不时地做出重大发现，但我们仍不能确定人类的起源。大批科学家极力争辩，向你展示各样证据，5年后又被新一批科学家改写。一切的证据都是科学假说或宗教教条，是一种蓄意的推测。实际情况是，它们均被视为对人类大谜团的一部分解答。我们并不知道文明化的人类是何时出现在地球上的，我们也不知道人类何时被创造出来，或者人类是怎样进化到现如今模样，还会不会继续进化。

　　不管怎么说，在过去的两个世纪中，一些令人惊诧不已的科学发现相继走入人们的视野：古老文明、消失的城市，并且对那些创造出古老文明的前辈也有了深入的了解——他们拥有渊博的知识，精通科学和宇宙。我们花了数十年才破译出已绝迹的文化所创造出的各式文档。时至今日，尽管我们的知识量积累到了一定程度，科技进步达到了空前高度，但仍不能破译巴尔干半岛——多瑙河文和印度文。从古老的中国、美洲的各种文化、古埃及的象形文字到苏美尔人的楔形文字，这些远古文明所包含的多样性着实困惑着历史学家和考古学家。令人意想不到的是，我们发现了古代的图书馆，比如尼尼微国王亚述巴尼拔图书馆，里面存放着约 3 万块泥版，它们展现了消失的古文明所富含的广博知识。

　　挑动我们好奇心的是早在 6 000 年前，天文学家对太阳系就已有了深入的了解。从阅读中我们得知古代的神灵从其他星系上驾着战车飞来，统治着地球，同时了解到神灵之间的纷争和背叛。从阅读中我们还得知在远古时代取得丰功伟绩的英勇之人，和诸神传授给人类的智慧。9 000 年前，古人类从矿石中提炼出珍贵金属的能力以及生产黄金、铜器、锡、青铜的能力无不展现了他们对冶金工艺的清晰理解。在美洲发现了用来提炼和开采的远古遗迹，这解释了为什么在哥伦布、科特斯或其他野蛮人尚未涉足此地之前（几百年以前才入驻），这一区域就已蕴含大量黄金。有证据表明，远在 10 万年前南非就开始了矿石开采，这一事实连思想最大胆的考古学家都难以接受。

　　直到最近，一些泥版上的内容才得到破解。内容清晰地记载了医疗和基因操作的知识，以及创造出“亚当（Adamu）”的过程。运用无线通讯和地球物理学的知识来预测自然灾害的能力，这些海量信息统统铺展在我们面前。然而，我们依然没有认清这样一个事实：地球上达到智慧巅峰的可能并不是我们。随着计算机的迅猛发展，我们记录以及与古老智慧相抗衡的能力让我们更加理解它。但，当我们面对着史前不可思议的传奇事件时，究竟如何看待呢？有两个选择：要么相信它的流传是为以后所用，为将来的文明打下根基；要么像对待迷幻药一样唾弃它，认为它是石器时代的某些原始的愚昧之人创造的，不值得关注。

　　很多事实表明，人类并不是地球上最优越的种族：500 年前有人提出地球不是宇宙的中心，但他被活活烧死了。有胆量的科学家冒着牺牲生命的危险，研究、解剖人体这个神秘的容器，我们在过去的 200 年时间里发现了太阳系的最后 3 颗行星。

我们是被奴役的物种。狂妄自大是我们的死穴，无知是我们与生俱来的劣习，这会导致我们最终走向毁灭。教条束缚着我们，恐惧席卷我们的内心。但是我们为什么对事实和证据视而不见呢？我们为什么如此痴迷于大众宗教？如果我们来自于同一个造物主，那应该有一套共通的规则让我们臣服，但事实显然不是。几千年来，各种纷争将我们的历史搞得分崩离析，到了 21 世纪，它们依然悬在头顶，像一块恶性肿瘤一样等待着吞噬我们的时机。

在我们的双螺旋 DNA 中潜伏着不可预测的动物行为密码，而 DNA 是受无形操控的，这本书会告诉我们，人类的混乱是由种族地位与无法预测的动物行为共同引起的。人类的智慧受到压抑，知识被删除，寿命缩短，记忆也被抹去。我们是源自古代伟大文明的劣势种族，是基因突变体，我们存在的使命是整理或拼接人类大谜团的点点滴滴。

在基因工程领域，我们的进步举世震惊，我们有能力绘制出基因组，这仿佛意味着我们对它了解得很透彻。但是，我们对基因组研究得越深，就越是惊叹于它的复杂性。我们看似明白了双螺旋的基本原则，但对于它的所有功能，我们只是略知一二。最为困惑我们的是基因组中没有活性的基因占有很大比例。没错，我们很好奇，很想弄明白那些没有活性的基因。这一发现存在于所有的进化进程中。事实是，基因组是批量生产的，我们细胞中含有的 DNA 比原始的需要多出太多。

这引发了一个问题：如果基因组调控人类所有的特性和机体功能，那么基因组中那些非活性的基因又在调控哪些功能呢？我坚信这是人类的终极问题。基因序列中非活性的部分究竟蕴藏着哪些不为人知的功能呢？

下面先简略回顾一下基因的发现史。尽管有证据表明大约 25 万年前就出现了史前的基因操作行为，现代人在 20 世纪 50 年代才重新发现了基因组。

1866 年，格雷戈尔·孟德尔（Gregor Mendel）在豌豆中发现了遗传因子，直到 20 世纪 50 年代，现代科学家才研究出 DNA 的化学结构。最终，他们将其命名为：脱氧核糖核酸（DNA）。参与发现这一重大突破的人有莫里斯·威尔金斯（Maurice Wilkins）、罗莎琳德·富兰克林（Rosalind Franklin）、弗朗西斯·克里克（Francis H. C. Crick）、詹姆斯·D. 沃森（James D. Watson）。一个新的学科"分子生物学"伴随着这一发现应运而生。同期，沃森和克里克再次改写了历史，他们制作出了第一个 DNA 分子模型，显示了双螺旋结构的特征，并证明了基因决定遗传特性。1957 年，阿瑟·科恩伯格（Arthur Kornberg）在试管中合成了 DNA。1963 年，弗雷德里克·桑格（F. Sanger）发明了蛋白质的测序程序。到 1966 年，随着遗传密码的破译，科学上出现了真正的突破。如今，科学家通过研究 DNA 可以预测出遗传特性。这一技术很快衍生出了基因工程和遗传咨询领域。

1972 年，保罗·伯格（Paul Berg）首次合成了重组 DNA 分子，1983 年，芭芭拉·麦克林托克（Barbara McClintock）因发现基因可以在染色体上移动位置而荣获诺贝尔奖。20 世纪 80 年代末，一个国际科学家团队开展了一项冗长且艰巨的任务：绘制人类基因组，并将 DNA 指纹识别技术应用到波兰一桩犯罪案的侦破工作中。1990 年，首次将基因治疗运用在病人身上。1993 年，凯利·穆利斯博士（Kary Mullis）发现了 PCR 程序，由此被授予诺贝尔奖。1994 年，美国食品药品管理局（FDA）批准了首个经过基因改良过的食品——转基因西红柿，其口感更好，存储时间更长。

1995 年，辛普森一案因运用 DNA 证据而登上各大报纸的头条。1997 年，绵羊"多莉"的坠地，标志着克隆技术第一次成功催生成年动物。1998 年，美国参议院披露克林顿和莱温斯基有染的过程中，也采纳了大量 DNA 证据。2000 年，克雷格·文特尔（Craig Venter）与弗朗西斯·柯林斯（Francis Collins）共同宣布人类基因组绘制完成。这一重大成果用时近 10 年，低于原计划的时间。2003 年，克雷格·文特尔发起了一次全球探险，目标是研究世界上各种环境中存在的微生物，包括大洋到大陆。这次任务将让我们深入了解构成繁多微生物种类的基因。如今，真正的基因时代到来了。2004 年，美国首个宠物克隆公司正式运营。事实上，我们已经成为了造物主。对于我们创造的那些物种来说，我们就是"神灵"。

南非堪称"人类的摇篮"，在这个地方探索得越多，我们就越是发现世界各地的人们与南非原始人的基因关联性大。我们从女性线粒体 DNA 中得到的线索越多，关于第一个人类诞生于大约 25 万年前的拼图就越完整。本书将带领读者探索诸多文物古迹，以此证实这群原始人类出现在南非的时间大约是在 20 万年前，此时恰好是亚当理论诞生的年代。当我第一次将这些证据拼凑在一起时，我深深怀疑如此奇特的事情有可能吗？但如果你愿意放开想象，接受诸多可能，你就会对古代有一个清晰的视角，同时也会逐渐清晰人类进化的道路。

这又将我们绕回一个古老的话题："我们是谁？我们为什么来到世界上？"不，它并不是一个简单的问题，而有可能是人类最为复杂的谜团之一，如果想要得到一个新颖而又快慰人心的答案，我们要以一个全新的视角，稍稍偏离常规的方式进行探索。不过，我们首先要做好心理准备，因为我们可能要面对一些意想不到的答案。这也是我想通过本书与读者分享的东西。有些第一次听起来像是恐怖故事，你不妨把它们当成最为解脱式的体验。相关的体验也拉近了我与上帝的距离，这种感觉让我始料未及。这里，我还要重申一下上帝（God）与神（god）的区别，上帝是宇宙万物的造物主，而神则是几千年来游荡在地球上的诸多神灵之一，借助权力、知识、科技来统治人类。

人类是由神创造，并遵守特定的生存法则，这对相信创造论的人来说是个利好消息。而相信进化论的人则要准备好接受一些令人意想不到的消息：很多苏美尔人的泥版上记载着亚当是由他的创造者依据自身形象制造在地球上的。不过是谁在什么时候创造出了亚当？一个高级的神灵在大约20万年至25万年前在地球上创造了亚当，而且他身负一个特殊使命。我们从泥版文书中进一步发现，亚当的基因源于地球上一个高级人类和南非一个低等进化的原始人类的基因库。但是，这些高级人类究竟是何方神圣？他们从何而来？为什么没有相应的化石来证实他们的存在？

再次提醒读者当我们思忖这些奇特理论时所面对的困境，因为大多数证据（如果不是全部的话）来自于史前泥版，它们在20世纪末才被破译。我们不得不做出选择，是相信这些泥版中所记载的真相，还是认为它只是那时的人们脑袋不正常而随意刻制的？就我而言，我选择通过表象来判断价值。很难想象如果记载的内容与他们毫不相干的话，为什么成千上万的人费时费力地制造这些泥版？我坚信，相比于竭尽全力迷惑后人对人类起源的认知，他们有更多有意义的事实可做。毕竟，我们也想存留下证据来显示自己的智慧和成果，不仅向后代证明，还有茫茫宇宙中其他的物种。要不然我们为什么要输送航天探测器（里面载满了人类使用的物品、录像带、CD、书、相片、电视节目以及人类存在的其他标志）进入太空？不管你们相信与否，宇宙中都有可能存在其他高级生物。如果存在，我们是希望用人类的智慧征服它，还是用我们的无知让他们大失所望？这取决于当他们偶然找到我们的"太空船"时，他们进化到了什么程度。

我总是讶异于如此多的人对历史漠然的态度。很多人都会觉得过去发生的事并不重要。但是，如果我们不知道自己是谁，也不清楚自己从何而来，我们又怎能明白人类在进化道路上将驶向何方？

于是，我们埋头苦干，幻想着美好的明天。我们将自己封闭在舒适的空间中，将自己的思维限制在一个固有的范围内。我们相信，如果努力工作或者聪明地干活，我们最终会得到一定的奖赏。我们拿出保险单来造福自己的子孙后代，用退休金来安享晚年。我们不断地生育，好像我们天生就应该如此，好像这是我们迈向成熟中必经的一步。而我们所不知的是，这大部分是由我们的基因为了人类的生存而行使的功能，在此过程中，我们的 DNA 则演化得日趋完善。在进化的道路上，被远古时期的一些炼金术士封锁的密道将会逐渐敞开在我们眼前。

我们祈祷健康、财富、幸福的降临。有的人梦想着长生不老，有的人渴望得到救赎，但在心底的深处，我们期盼找到一个答案："我是谁，我为什么来到世界上？"

关于我们是谁，历史提供了不少线索。通过对过去人类发生的事件以及行为方式进行研究，历史还会给我们一些指引，告诉我们人类正迈向何方。至于我们是否能活着达到终点，那就是另外一回事了。然而，历史并不总能清晰明了地回答出我们是谁、我们来自哪儿。历史学家、考古学家和人类学家为我们勾勒出一个可预见的过去。先抛开创世论者和进化论者的争论不谈，人类的起源和进化本身就是一个美好的童话，大多数人并不希望童话受到篡改。人类历经重重险阻涅槃而生：我们在地球上成批地出现、成长。我们发现了火、铁、铜、银、金。我们学习新的技能，采用农耕而非四处游荡的生活方式、火葬死者、在秩序井然的社区中生活、学习写字、建造城市以免受到坏人的伤害。随后我们学着做买卖、追求民主、逐渐机械化、发展科技、探索星球，并一直以神灵、国王的名义或其他一些冠冕堂皇的理由互相残杀。我们能从这些战乱中生存下来确实是个奇迹，显然，我们的 DNA 中有一个暴力基因在操控着人类行为。

这个故事很引人入胜，但它只适用于过去的 6 000 年。在这之前发生的事情我们知之甚少，有时时间点也对不上。此时，缺失的环节显得格外重要。我们的基因进化到让我们有足够的精力来思忖这些问题，并公然驳斥某些旧习、恶习。但这种进化似乎更多是精神上或智力上的。身体上的进化还有待确证。如果从古埃及人和苏美尔人时期开始，我们在过去的 6 000 年里身体并没有进化，我们又怎会相信在这之前的 6 000 年或 10 000

年里，人类发生了巨大变化呢？看起来，我们的基因只是在智力方面有所进化，就好像我们的智力需要提高一样。这种基因进化上的不平衡似乎代表着远古时代发生了某种动乱导致了这种情况的出现。

适者生存被奉为进化论中一个至关重要的论点。像"自然选择"这样的术语是经过大量事实验证的。它可能已在原生动物、恐龙、马，这类物种中得到证实，当涉及到人类史前进化模式，它似乎并不成立，且存在严重的空白断层。依我来看，进化上的断层意味着我们是一个被奴役的物种，出现在地球上的使命是为了完成一个普通的任务。我们要搜集一些证据并将之结合在一起就可得出一份合理的答案。有些人觉得我的逻辑不正确，但我希望有些人会接纳未知事物以及过去的禁忌问题。有一个必须要克服的障碍十分清楚"真正的神（God）"和"神灵（god）"。两者的区别显而易见，史前故事中记载的似乎都是试图满足神（god）的一切需求。从我们开始相信某种高级神灵正是真正的神（God）的那天起，我们是否已受到了欺骗？如果是的话，那他有没有提出一些生存法则、经文、惩罚方式？我们是依据他自身的形象被创造出来的吗？大量的证据指向了这一结论。我们要认真考虑这个来自远古的信息，给它应有的重视，还是依照教条上的奴役属性行事，摒弃这些古老的信息？请你们考虑一下自己的答案是什么。

第 2 章　细胞

　　人类的身体着实是一个奇迹般的创造。我们的身体中含有成亿的细胞，它们组成了机体的各个部分：心肌细胞、肝细胞、肌肉细胞等。每个细胞核里都含有遗传物质，从我们在母体中形成的那一刻直到死亡，这些遗传物质始终调控着机体的方方面面。

　　在回首人类的进化历程之前，我们先简要了解一下在细胞中行使决定权的这些小家伙：基因和基因组。我觉得他们是上帝的指纹，决定我们生存的所有密码子都富含其中。当宇宙中的生命被创造时，上帝正是依靠基因来彰显他至高无上的权利。这听起来有点文绉绉，但我觉得它能准确传达我的思想，所以请读者别太咬文嚼字，而要将宇宙是如何形成的理论贯彻进去。有一个问题在过去30多年里一直困扰着我：我们为什么会变老，为什么会死亡。大多数人觉得这个问题好傻，因为我们从小就被灌输：死亡是必然的。我们经常会听到这样一句话：关于生命，我们唯一可以确定的是某天我们终将死亡。那么人死之后会怎样呢？一直以来，人类尝试以多个视角来回答这个问题，在本书的结尾，我们也会给出答案。然而，我有意撇开精神层面，专注于肉体层面，继而研究它们如何影响我们的生存。有些人会反驳，精神与肉体不可能分开来看，但我想要证明的是，在怀孕的那一刻起，我们的DNA就已决定了我们的肉体，而身体的状态则最终调节着精神发展的进程或高度。不过，即便是处于相对原始且易感染疾病的状态，我们的身体仍是一个奇迹般的创造。

　　生物学或解剖学专业的读者可以忽略以下内容，容我班门弄斧一番。为了可以从细胞层面上来解释一些观点，我们先简要介绍一下细胞以及细胞中的内含物，其中将会介绍许多专业术语，以便让读者更好地理解后面的内容。

细胞及其内含物

细胞表面覆盖着一层细胞膜，里面是胞浆，胞浆中含有各种细胞器，以及细胞核。

细胞膜通过两种方式调控物质进出细胞，其一是扩散，其二是主动运输。膜表面有囊泡或液泡，它们是由膜内陷形成。据研究，它们是大分子进出细胞的重要途径。

细胞核调控细胞活动，里面含有 DNA（染色体或基因组），这反过来决定着我们的方方面面。我们的这些特征将会通过 DNA 传递给子孙后代。这种现象叫做 DNA 的遗传转移，这也是孩子长得像父母的原因。子女的 DNA 中有一半来自母亲，另一半来自父亲。

细胞壁和细胞核之间的区域就是细胞质，代谢活动和所有的化学反应都在细胞质中进行，其中由各种酶调控着反应的速率。不过，酶的分泌是由 DNA 调控。

细胞质中含有许多细胞器：

·内质网（ER）是由扁平的腔互相平行连接在一起的连续的三维网状膜系统，也是细胞内的转运系统。

·核糖体附着于某些内质网的膜上，此类内质网叫粗糙型内质网。蛋白质在粗糙型内质网中合成。这些蛋白质包括在细胞中行使功能的酶以及消化类激素。还有一些蛋白质分泌到细胞外，在核糖体合成的蛋白质通过内质网分离、运输。

·高尔基体由无核糖体附着的光滑内质网构成。据研究它参与脂类和类固醇的合成与运输。高尔基体周围有许多囊泡，里面是分泌性的颗粒。高尔基体是完成细胞分泌物最后加工和包装的场所，然后再分门别类地运送到细胞特定的部位或分泌到细胞外。

·线粒体是细胞进行呼吸作用的场所，也是为细胞提供能量的地方。每个细胞中平均含有 1 000 个线粒体，但在精子的尾部，线粒体的含量更多。

·溶酶体里含有很多酶，可以分解复杂的化学复合物，形成简单的小体。溶酶体也能够消除老化的细胞器，有时甚至可以分解整个细胞。

·染色质是细胞核中的遗传物质。

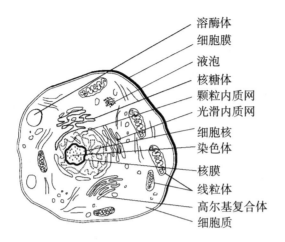

溶酶体
细胞膜
液泡
核糖体
颗粒内质网
光滑内质网
细胞核
染色体
核膜
线粒体
高尔基复合体
细胞质

图 2.1 人体细胞

不过，并不是所有细胞都独自游荡在机体中，大部分细胞聚集在一起，形成器官和组织。最新估算表明，平均每个机体中含有大约 50 万亿～100 万亿个细胞，但这个数值每时每刻都在变化。因为大个子的人含有的细胞比小个子的人多，所以没人知道人体中细胞的数量具体多少，这增加了估算的复杂性。想想看，机体中血细胞的流通量大概是每秒钟 800 万，由此可见估算的复杂性。每秒 800 万这个数值也有待商榷，因为准确的数值很难得到科学的验证。

器官是由细胞构成，很多细胞都来自于干细胞，在受精之后干细胞立即合成，形成早期胚胎。干细胞经过多次分化，逐渐构成机体的全部器官和细胞。干细胞像一个工厂，不断合成一系列终产物。人体的每个部分都起始于一个干细胞。经过怀胎九月，婴儿诞生了，这个完整的个体蓄势待发，准备长大成人，当然，有遗传缺陷的婴儿是个例外。不过，婴儿的基因组并非完整无缺。正如父母一样，孩子的基因组调控着生命的全部活动，父母的基因组是不完整的，孩子的基因组也是如此。

那一天，我仍然记忆犹新。1975 年，我在南非兰德方坦（Randfontein）一间高中的教室上生物课。生物这门学科天生吸引着我，首先我在课堂上总是全神贯注地听讲，这大大减少了我自己在家中要完成的作业量。其次是提出尽可能多的问题，预测考试时大概会考到什么内容。老师花很长时间在黑板上画动物细胞，随后向后退几步欣赏着自己的宏伟巨作。"好了……谁知道这是什么？"她问道，声音中明显透露着一丝骄傲。接着她向我们解释细胞的各个部分，然后转向一个令人好奇的话题：有些组织的细胞每几个小时分裂一次，而有的几天才分裂一次。新诞生的细胞几乎立即投入到有丝分裂（细胞分裂）的大队伍中。我常想，这实在太难以置信了，这是长生不老的节奏啊。当你将之与三羧酸循环（通过这个过程，细胞从食物中获得能量从而让机体得到养分）联系在一起时，你会发现细胞是个完美的结构体，它能让机体达到成熟，从理论上讲，长生不老是合理的事情。我举手问老师一个问题，这个问题改变了我今天对生死的看法。"如果新的细胞一直不断地诞生，并从我们摄取的食物中获得营养，那么我们为什么会死亡？"我问道。"我们之所以死亡是因为这是自然规律。"她回答。她继续解释有丝分裂要进行好长一段时间，很多轮或很多年。随后这个过程突然开始变得滞缓，新生代细胞越来越少，细胞也渐渐变老、脆弱，因为细胞壁慢慢变薄，易受病原菌的入侵，最终它们不再分裂。机体的每个部分都在进行有丝分裂，直到我们死亡。

不过这个解释并不能完全说服我，我觉得老师漏掉了一个重要的部分。一定有某种调控机制阻挡细胞分裂中这个最终导致死亡的减缓过程。不过在1975年我对遗传学一无所知，老师也没有教给我充足的知识。从那天以后，我总相信可能有一个简单的机制逆转老化过程。在20世纪80年代末，遗传学成为了一个新兴热门学科，很多事情都开始解释得通了。令人奇怪的是，到2004年，科学家仍对变老的原因争执不下。有些人不理解变老也一定会受到基因的调控。不仅是细胞作为一个整体单位不断增殖，而是细胞的各个部分都在整个生命周期中持续构建、分解。细胞始终保持着活力，使人体的每个部分都能得到更新。当某些部分或细胞器不再被需要时，比如多余的线粒体，它们会被分解，达到一个分子水平。事实是，一旦细胞诞生，它们就是完美的生物体，只要得到养分，就会不断自我分裂。原始细胞有两个，这对哲学家来说是个大问题。如同一个在儿童派对上表演的魔术师，手里拿着细长的气球，这里扭一下，那里扭一下，很快气球就变成了两个。经过丝毫不费力的处理后，细胞就变成了一个小狗、兔子甚至是一个跳动的心脏。这是我们体细胞的魔力之处。

在过去的十年中，科学家针对细胞死亡与老化提出了许多新理论。但

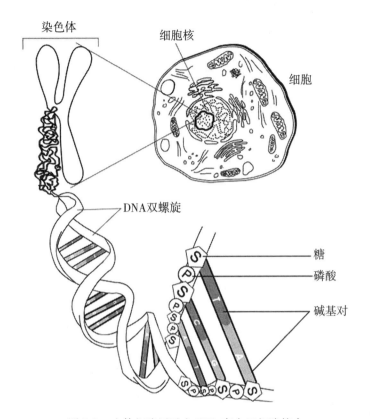

染色体

细胞核

细胞

DNA双螺旋

糖

磷酸

碱基对

图 2.2 人体细胞展示出 DNA 存在于细胞核中

迄今为止，没有任何一个理论能确切解释为什么细胞会渐渐变得脆弱、老化。其中一个颇为大家认可的理论是端粒酶假说。端粒可以保护 DNA 在复制过程中免受损伤。科学家认为，基因两端的端粒会遭到破损或损伤，此时 DNA 也随之失去了保护，这就引发了基因突变、改变，从而发生老化、细胞死亡。不过，这只是诸多假说中的一个，没人敢站出来拍胸脯保证它的准确性。所以，我在后面几章会利用这个科学漏洞提出自己的假说。

损伤的 DNA 开始向细胞及其内含物传递错误的信息或指示，致使它们分泌出错误的酶或化学分子，从而致使细胞不能充分发挥自己的功能，并慢慢退化，直至死亡。

我会在后面几章提出自己的观点，而这些背景知识是个重要的过渡。非正常的程序和基因反应被触发后，体细胞可能会死亡，继而我们的死亡也进入自然周期。如果遗传信息遭到打乱，从而引发癌症、肿瘤以及其他危及生命的疾病，那我们可不可以认定正常的遗传信息起到相反的作用？让细胞永远保持活性？这也是基因工程师的关注点。科学家在鉴定基因方面做出了重大突破，他们鉴定出了调控诸多生理功能的基因，并在基因治疗以及基因置换领域中的成功率节节攀升。简单来说，我们鉴定出损伤基因后，可以用正常基因替换它们。

如果在某些情况下我们不能这样做，还有其他可供选择的方法吗？干细胞！科学家可以将干细胞植入受损伤的组织中，这让人们眼前一亮。正当所有人将注意力投放在基因上时，干细胞研究像雨后春笋般走入人们的视野。医生将干细胞植入受损失组织中，重建心脏、肝，甚至眼睛后，这些受损部位像被施了魔法一样在几天或是数个星期后得到修复。如果一个人只剩下10%有活性的心肌细胞，那么将干细胞植入心脏的受损部位后，有活性的心肌细胞在两个星期后可达到90%。这也是人体克隆为何备受争议的原因。科学家发现人类胚胎中的干细胞可用来治愈各种不治之症，生成新器官，让身体的任何部位恢复活性。胚胎干细胞在受精之后一周内出现，它们是所有体细胞的母细胞。

理论上讲，干细胞可从早期胚胎中获得，之后这个胚胎（一个克隆）会被丢弃，这种浪费胚胎的行为是以治疗为目的的克隆备受争议的原因。不过，这种技术可以挽救生命，所以很多人持赞成意见。英国允许以治疗为目的的克隆研究，不过，将人的克隆胚胎植入子宫内是违法行为，这意在防止有人制造出活的克隆人。

干细胞也可在成人机体中获得，这种干细胞可不断地修复受损部位。成体干细胞是半分化的干细胞，它们已有分化成一种特殊细胞类型的趋势。不过，它们具有高度的柔性。

干细胞的另一个来源是从刚出生婴儿的脐带血中抽取。许多父母选择冷冻、储存脐带血以便他们的宝宝在以后生病时会用到自己的干细胞。我相信，世界各地的科学家们都尝试在试管中合成干细胞，但这些细胞的魔力之处在于它们的基因组。直到我们开始发掘基因组中"垃圾"基因的功能，我们才可以深入了解干细胞的真正机制。既然发现了生命中一个可能的奇迹，那么我们先来了解一下细胞中不完整遗传结构的缺陷。

人类基因组计划在1990年启动，目标是破译并绘制出一个人类样本的全部DNA，这个样本是从一群匿名捐献者选择出来的。花费是多少？高达30亿美元！这相当于将一个人送到月球的花销。这个科学家团队每前进一步都会做出新的发现，全世界的人们对此感到异常震惊。最初预估这个项目会用上 20 年时间，不过，由于计算机技术的迅猛发展，只用了 10 年时间就完成了任务。2000 年 6 月，科学家正式宣布人类全基因组测序完成。测序是指将组成 DNA 长链的 4 个化学分子（A、T、C、G）的结构顺序描绘出来。人体中的 23 对染色体竟有 30 亿种各不相同的结构体，构成一个个独特的序列，为每个人的成长编码着特定的程序。这个序列隐藏的信息调控着人体的方方面面，它来自于祖先，却可以预测未来。这些主要是用来指导蛋白质合成以及诸多未被探索出来的生理活动。

　　让科学家大为困惑的是活性基因只占据整个基因组的一小部分，在染色体中仅占有 DNA 总数的 3%。基因是单个存在或是成群簇在一起的，但在每个基因序列之间存在大量非编码基因。科学家称之为"垃圾 DNA"，主要是因为他们尚未发现这些基因的使命。这就引发了一场颇有意思的争论，直到这些无活性基因真正得到破解，争论才有可能终止。幸运的是，人类从祖先那里习得了永不服输的本性，科学家决定绘制出整个人类基因组图谱，包括"垃圾基因"，以防漏掉它们的重要性。仅用了几年时间，科学家们研究出这些垃圾基因其实在基因组结构中扮演着重要角色。它们在基因组中的位置是整个基因组必不可少的组成部分。随着时间流逝，会有更多的功能被揭秘出来。

　　如果说人体中最为重要的分子结构（也是主要的调控机制）在诞生之际就存在缺陷或不完整，这肯定是说不通的。我觉得，基因组在创建之初应是完整无缺、物尽其用的。但是，实际上并非如此，我们开始猜测完整基因组所具有的全部潜能。每个星期都会有科学家宣布发现了新的基因，特异性调控机体的某个部位，比如有的基因调控眼睛颜色、头发、身高、酶的分泌、肤色、性别，有的基因甚至可能决定你的性取向。对每一种特质或功能来说，都会有一群特异性的基因调控着身体的某个部位。在我们未出生之前，还待在子宫中成长时，基因组就开始决定主干细胞应如何分裂，它们怎样塑造出独一无二的我们。

　　随着基因组的进化，人类貌似可以在两个层面上演变：一是身体层面，一是心理层面。令人百思不得其解的是，人类的演化或进步似乎与科技探索、科学成就、心智成熟度息息相关。我们越是进化，探索的成果越具参考价值。我们提出的问题越是复杂，为自己设定的目标越具挑战性——除了像黑暗时代这样的年代，此时人类所具有的知识似乎全部被没收，取而代之的是压迫、专政和野蛮。不可思议的是，在那些年代，一个压迫百姓的社会泯灭了我们对宇宙的认知、建造令人叹为观止的建筑物的能力（如金字塔）以及思维开阔的理念。不过，我们再一次以一个奋力拼搏的物种身份重新崛起，不断追问更为尖锐的问题：我们的起源、电、原子、星球。我们在理论上模拟了超越光速、时空旅行甚至是多元宇宙。我们不再为自己的智慧感到自满，开始思索人类要迈向何方，但仍然不知自己来自哪里。难道人类对登上其他星球的狂热是为了寻找我们来自哪里的线索？或许吧，我们会研究一下支持这一理论的古老证据。我们限制不了人类身体和心智的进化。所以，如果身体和心智有所关联的话，我们身体的进化也应该没有止境。这种身体上的进化不一定在外表上能观察得到，但将会反映在基因最为活跃的分子和细胞水平上。

即便我们没有意识到这一点，或者理解不了背后的原因，我们的机体仍旧千方百计地完善基因组：重新激活排列在 DNA 中的"垃圾基因"。这是进化的基本法则。人类基因组处于不断进化的状态，一直在完善自身，并重新排列遗传结构，填补空缺。众所周知，计算机技术可以实现将模糊不清的图片修饰成色彩亮丽的图片，相类似地，基因组也在不断地升级无活性基因，重新激发出基因本身的独特功能。并不是因为遗传学家尚未研究出"垃圾 DNA"的功能作用，就说明进化会停滞不前，等待我们将其破译出来。人类身体与精神的进化虽缓慢，但进化是不争的事情，因为基因组是不断进化的。如同人类正从一次长眠中渐渐苏醒。很久以前，必定有人或什么事情将人类催眠，从此人类如同失忆般沉睡。人们常说，不太聪明的人往往乐于接受自己的命运。他们不会追问为什么，欣然接受命运的安排，继续生活着，不问太多的为什么。他们将自己的命运交付给神灵，并相信总有一天，自己的灵魂会得到救赎。对某些人来说，这的确是一种解脱，从而更加理直气壮地对一切保持漠然。

不过，我们确实亲眼目睹了人类的身体与精神出现小幅进化。扁桃体往往给我们带来更多的困扰，而非好处；阑尾穿孔能够威胁我们的生命，可在病发之前将其切除；自黑暗时代和中世纪以来，人类的平均寿命明显增加。这或许与经济社会的环境、饮食、气候有关，但从另一方面来讲，或许并非如此。细胞中的基因每每被激活一点，人类的身体与精神就会协调地进化一点。如今，世界上越来越多的人将自己标榜为精神追求者，而非局限于某一种宗教。在过去的 2 000 年里，无数新式宗教相继走入人们的视野，因为人们想要找到新的答案以及新的可能性。

我预测在不久的将来，随着更多的 DNA 结构被发掘，我们会发现基因组蕴藏的复杂功能，而如今我们尚不能完全解读出来。想必大家都能够读懂科幻小说吧，如果此刻你觉得这本书的内容不太容易理解，那么就权当它是本科幻小说，并好好享受这趟精彩纷呈的科幻之旅。

为什么像 DNA 这样如此完美的事物竟含有高达 97% 的无用基因？上帝当然不会出错！有没有可能这些无活性基因是在现代人类诞生之初被某些人有意沉默掉？会不会有群人具备足够丰富的技能与知识，从而蓄意谋划并执行这个计划呢？他们创造出一个基因组不完整的人类或新物种，其背后一定有着原因或动机吧。在过去的 20 年里，科学家最终得出证据，估算出一个误差较大的时间范围：线粒体夏娃和染色体亚当是在 25 万—18 万年前被创造出来的。25 万年前，是谁具备了这种遗传学知识？他们创造出一个进化低等的原始人类是出于什么目的？答案或许隐藏在几百年来一直被我们忽略的泥版中。乔伊斯·泰德斯利（Joyce Tyldesley）在她的《法老的私人生活》（*Private life of the Pharaoh*）一书中指出，200 年前，早期考古学家只是"官方认可的寻宝者"。他们对考古学知之甚少，看不懂象形文字和其他古代文书，有时甚至无法区分撰写的文书与装饰性的艺术品。挖掘者狂热于找到大型纪念性的古物，以此讨好资助者，吸引好奇的人们到博物馆参观。几百年来，人们忽视了泥版中记载的信息，它们被搁置在世界各地博物馆的储藏室里。没人相信过去的原始人会记载重要的事情。脑海中出现这个念头的人也会随即推翻它。

现在我们设想一下完整基因组的可能性，如果我们的基因组是完美的且完全执行所有的功能，那么我们会具备什么样的功能呢？首先想象一下，如果 DNA 是完整的，我们因而能战胜哪些常见的身体疾病呢？包括各种疾病、癌症、听觉、视觉、畸形和其他身体残疾，当然还包括老化与死亡。这些只是完整基因组会带来的一部分福利。经过一番逻辑推理，我们会发现一定有基因调控着人体的各种特质，而且我们可以按需求来操纵这些基因。有趣的是，这也是科学家颇为关注的课题。你有没有试过逮住一只普通的蜥蜴，并用手拽下它的尾巴？或者当你正挖个坑种下母亲送给你的植物种子时，一不小心将一只蚯蚓砍成两半？其实，蜥蜴尾巴很快会重新长出来。蚯蚓也不会死亡，它会重新长出另一部分。这些原始生物能够再生四肢或机体的重要部位，我们不禁会疑惑，如果人类这个更为高级的物种，它的基因组中某些特定部分得到激活，会不会也能如此？另一个更为复杂的特质是我们的精神与心理状态。几十年来，一直处于争论中心的一个理论是婴儿出生时就继承了父母的所有记忆与知识。运用超感官知觉与他人交流的能力，或者读心术被吹捧为高级进化物种的一种特殊能力。思想物化、心灵传送可以让我们在时空和宇宙中穿梭。简单来说，我们会变成长生不老的超人。但是，进化到这种生存状态是有先决条件的。身体与精神的进化应是相伴相随、协调并进的。两者不能相互制衡。身体与精神应达到阴阳平衡的共存状态。如果其中一个比另一个进化得快或慢，两者失衡，从而出现许多无法预测的结果、行为方式异常、暴躁的反社会行为，还有其他未知的影响。其实，那正是我们现在习以为常的行为。我们不安定的原因在于身体与精神的进化步调不一致。有些人比他人进化得快一些，这导致了冲突、侵略以及误解的发生。

人类的基因组正逐渐进化成一个完整的基因组，这可以从人体应对某些疾病的方式中略窥一斑。过去，有的疾病能夺去我们的生命，而如今强化了的免疫系统可以控制病魔的肆虐。在精神层面上，我们对人类起源、上帝和宇宙的疑惑越来越多，提出的问题也更为尖锐。随着天文学的飞速发展，我们对宇宙的了解越多，越惊讶于宇宙的浩瀚，许多人顿悟到人类可能并不是世界上唯一的智能生物。1990 年，天文学家依然固执地认为宇宙中没有其他星球。之后，一些举世震惊的科学发现走入人们的视野，天文学家推测少数恒星在形成之际，周围会伴随一些行星的出现。仅仅几年后，他们才达成共识，认为当星团演变成恒星与星系时，行星的形成与太阳系的存在是不可或缺的一部分。有了这一认知后，天文学家立即展开研究，发现了许多伴有行星的新太阳系，并将这种研究延续至今。

在 20 世纪 70 年代早期，弗雷德·霍伊尔博士（Sir Fred Hoyle）和钱德拉·维克拉玛辛（Chandra Wickramasinghe）重新引用古希腊语中生物外来论这一概念，认为地球上的生命来自于太空，并且宇宙中其他星球上的生命也是如此，当时的人们不知道其他星球的存在，所以大多数学者认为这个理论是荒诞无稽的。如今，大多数学者认可生物外来论。这两位著名的科学家用科学证据打消所有人的疑虑，证明了生命是从太空中来到地球的，现在亦是如此，它们以病毒、细菌、孢子和其他微生物体的形式落户在地球上。对于大约 35 亿年前地球上生命的起源来说，它们起到了一个带头作用，它们在物种进化的大跃进中也扮演了重要角色。此外，弗雷德·

霍伊尔证实了进化可以跃迁，这与达尔文的观点（进化是渐进的过程）相悖。那么这与我们来自哪里有什么关联呢？当然有，而且有着千丝万缕的关系！

它支撑了以下观点：人类并非是由所谓的类人猿演变成原始人最后成为现代人这个进化过程的最后一环。亚当或者说第一个人类是在大约 20 万年前由医学手段创造出来的。有证据表明，男性群体的 Y 染色体正是起源于这一时期。1994 年，科学家宣布女性的线粒体 DNA 与夏娃出现在同一时期，且这两个时期恰好重叠，难道这只是巧合吗？科学研究发现，亚当被创造出来后，他感到很孤单，于是造物主从他的"肋骨"中取下一根造成一个女性同伴。这听起来像是我们在《圣经》中读到的神话故事，但在苏美尔人的泥版（比《圣经》早出现 3 000 年）中正是如此记载的。那么《圣经》的作者是从哪里获得这些信息的呢？当我们揭开人类上古时期的历史时，我们就会发现《旧约》中很多故事的出处，因为它们都被永恒镌刻在以楔形文字书写的泥版上，远早于《圣经》的出现。我们之所以能够得出这样的结论并证明之，是因为在生物科学领域的重大发现揭示了 DNA 的无穷力量，这全都蕴藏在小小的体细胞中。

第3章　大脑

　　大脑是个什么东西？它是一团相貌丑陋的软组织，密密麻麻地镶嵌在头骨中，我们思考、琢磨、质疑人生都要依靠大脑的存在。正是大脑让我们充满智慧，拥有哄骗他人的招数，也能与他人争得面红耳赤，当然大脑还具备无数种其他功能，有的功能甚至小到我们意识不到。我们有时用酒精和毒品麻痹大脑，将大脑一度推向底线的边缘。大脑是个极为脆弱的器官，这也是它为何受到头骨保护的原因。不过，若是我们虐待自己的身体，大脑会亮出惩罚手段：头痛；身体出现各种病痛；如果身体上没有受到创伤，它会让我们尝尝情感上痛楚的滋味。大脑有时会传递出错误的信号，害得我们出现幻听、幻象，精神错乱。

　　大脑是人体中最为复杂、神秘的器官。它是最令人叹为观止的一件创造品。几百年前，它深深吸引了无数医生和科学家，可能在今后亦是如此。不像人类的基因组，大脑的活动是很难被绘制出来。我们对大脑以及它的运作原理知之甚少。没错，我们知道大脑活动时需要的化学分子和各种酶，也了解是什么在哪个部位被激活了，还明白最终的效应是什么，不过，这是我们可以追踪，定位到的反应链。我们解释不了的是肉眼观察不到的东西，比如，当我们形成某种观点，禁不住流出眼泪，心生怜悯；或怒火冲天时，大脑中究竟发生了什么？刺激物是如何让大脑传递出相应的反应信号的？

　　神经学家在过去的几十年里研究大脑的结构、功能、生理作用，以及在生物化学、分子生物学领域中的特质，不过这些研究只是再次透露了我们对这个神秘器官的无知。智力往往与大脑的大小挂钩，人类被认为是地球上最聪明、进化最高等的物种，也是出于这个原因。然而，鲸鱼的大脑比人类大得多，这又怎么解释呢？

　　下面这个表格来自于美国西雅图的华盛顿大学，比较了各类物种大脑

23

的大小（以克为单位）。它让我们不得不重新考虑一下"脑袋越大越聪明"的可靠性，几种大脑袋的动物是不是还有其他不为人知的功能呢？

表 3.1　大脑的平均重量（克）

成人	1 300—1 400	河马	582
新生婴儿	350—400	南极海豹	542
抹香鲸	7 800	马	532
长须鲸	6 930	北极熊	498
大象	6 000	大猩猩	465—540
座头鲸	4 675	牛	425—458
灰鲸	4 317	黑猩猩	420
虎鲸	5 620	猩猩	370
弓头鲸	2 738	加州海狮	363
巨头鲸	2 670	海牛	360
宽吻海豚	1 500—1 600	老虎	263.5
海象	1 020—1 126	狮子	240
直立猿人	850—1 000	大灰熊	234
骆驼	762	羊	140
长颈鹿	680	狒狒	137

按照上面的说法，宽吻海豚应该比人类稍聪明些，而大象和鲸鱼则是更为聪明的动物。或许真是这样，不过，迄今为止，世界上仍有很多国家允许猎杀这些高等进化的物种。

大脑以及延髓可以称得上是一团相互关联的神经细胞，调控着整个中枢神经系统的活动。机体所有的自主与不自主的活动都依赖这两个结构的共同作用。不自主的活动包括呼吸、心率、血压、肌肉活动、消化道蠕动等。自主的活动指的是事先要经过一番思考后再采取行动的活动。有些看起来像是非自主活动，因为我们的肌肉可以自然地做出这些动作，比如走路、说话甚至是打字。也有很多行为既是自主活动，也属于不自主活动。据估算，大脑中的通讯网络每秒可以进行几十亿的关联和运算动作。在这个网络中，有很多重要的参与者：神经元或脑细胞会在刺激点与感受器官之间迅速传递神经脉冲；神经递质在神经元与器官之间传递信号；受体或受体细胞在感受器官位点接收信号，比如眼睛。

大脑中大约含有 1 000 亿个神经元，但神经胶质细胞的数量要多出10—50 倍。神经胶质细胞起到某种支撑作用，或许可以为神经元提供养料，但它们真正的功能尚未被研究出来。据估计，大脑中神经纤维的长度大约是 160 000 千米。如果想要一睹大脑以及整个中枢神经系统的复杂度，只需了解一下眼睛这个部位。眼睛与大脑的位置很近，中间有一根 5 厘米长的视神经。视神经含有 120 万条纤维来接收、传递大脑与眼睛之间的信号。即便我们处于睡眠状态，大脑仍可以通过快速的眼球运动控制眼睛的活动。神圣的造物主——上帝主导着宇宙中的一切，如果你对此有半点疑虑，不妨先来研究一下大脑。大脑是人体的主导器官，不过大脑也调控精神层面上的活动，比如，意识、想法、推理、情感、动机、激情等。只有当人类进化到更为高级阶段，我们才能理解大脑的所有活性。如今，我们只能推测而已。

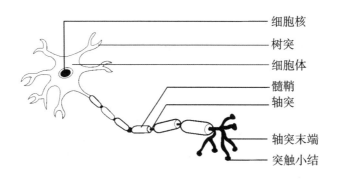

图 3.1　神经元

过去，有些人在某些场合发表声明，认为我们只用到了大脑的 10%。于是，媒体争先恐后地大肆报道。从此这个谎言被永恒记录在科普图书、通俗小说中。很多有趣的例子貌似可以让这一理论站得住脚。在这里，我必须先澄清，有的学者认为大脑的潜能是无穷的，所以他们只不过表达了大脑无穷的概念，澳大利亚神经学家、诺贝尔奖得主约翰·埃克尔斯博士（Sir John Eccles）也强调了这点。

另一位科学家约翰·洛伯（John Lorber）在英格兰对很多患有脑积水的病人进行解剖。脑积水病人的脑组织大部分被酸性脑脊液溶解掉。他测量了病人患病前后的 IQ，发现尽管大脑 90% 多的部位已经损伤，但 IQ 却一直保持不变，直到死亡，这证明了正常智力并未受到影响。

一位名为亚历山大·卢里亚（Alexandre Luria）的俄罗斯神经学家指出，当他切除人的大部分大脑额叶时发现，大脑额叶几乎是没有活性的。同时他在手术前后给病人进行了生理和心理上的测试，他甚至尝试过切除病人的整个大脑额叶。最终得出的结论是，切除大脑额叶会对病人的情绪产生某些影响，但不会大幅影响到大脑功能。我认为，大众所执信的"10% 大脑活性"与类似这样的研究脱不了干系。

在高等哺乳动物中，大脑似乎与智力、个性、心理活动相关。神经学家发明了很多成像技术来研究大脑内部的活动，比如，正电子发射断层显像（PET）、核磁共振成像（MRI）、计算机化断层摄影术（CT）。

计算机化断层摄影术是利用 X 光区分正常人与癌症等其他病人的脑部特征。核磁共振成像通过在强磁场中检测组织发射出的电波来观察大脑结构。正电子发射断层显像则是观察放射性标记的化学分子在大脑中受激活的部位发射出的 γ 射线。另一种技术叫做脑磁图描技术（脑磁图仪），是对大脑发出的生物磁场信号加以测定和描记。所有的大脑成像技术都会让我们进一步了解大脑的活动与功能，但人类离真正理解大脑的复杂性还为时尚早。

许多研究试验试图测量出大脑的利用率，学者们对此争论不休。前面提到过，10% 是个理论上的数字，甚有大胆的学者声称高达 20%，不过，谨慎的人认为 3%—4% 更为接近事实。这些论调似乎没有相应的科学依据。科学家以兔子为模型做的基础实验发现，兔子的大脑皮层在只剩下 2% 的情况下仍可以进行正常的生理活动，由此引发了学者对大脑功能的兴趣暴涨。各种推测激发了大众对大脑利用率的争论，而媒体利用这一信息不断添油加醋。事实上，大脑的利用率或许达到了 100%。多年来，许多大脑成像技术证实了这一点。

如今，神经学家绘制了大脑的结构图，并鉴定出每一部分的功能。通过观察大脑的结构图，你会发现大脑的哪些部位负责哪些功能，而且大脑的每一部分都会派上用场。尽管整个大脑似乎在无数的刺激和反应中都会被激活，但没有一种科学手段可以测量出大脑的利用率究竟是多少。同时，至今也没有一种方法可以测出大脑的全部功能。所以，我们应关注的是大脑的容量是多少，而不是大脑的利用率是多少。

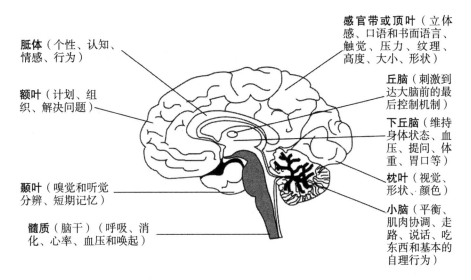

胝体（个性、认知、情感、行为）

额叶（计划、组织、解决问题）

颞叶（嗅觉和听觉分辨、短期记忆）

髓质（脑干）（呼吸、消化、心率、血压和唤起）

感官带或顶叶（立体感、口语和书面语言、触觉、压力、纹理、高度、大小、形状）

丘脑（刺激到达大脑前的最后控制机制）

下丘脑（维持身体状态、血压、提问、体重、胃口等）

枕叶（视觉、形状、颜色）

小脑（平衡、肌肉协调、走路、说话、吃东西和基本的自理行为）

图 3.2　人体大脑

哲学上来讲，这两种方法是相互对立的。一种认为大脑的容量是有限的，旨在测量当前的利用率，而另一种认为大脑的容量是无限的。

很多科学家声称，营养在大脑的进化与功能中起重要作用。书中也记载，健康的饮食加上特殊的饮食指导可以改善某些病症。不过，尽管饮食和营养对大脑的健康与功能功不可没，但我们无法确定它在大脑进化方面所带来的益处。也可以这样说，每天正常进食会让你长生不老。许多科学家认为，大约 20 万年前大脑经历了一场突发性的进化变革。多年来，科学家不断猜测、推断大脑体积与智力急速增加的原因。其中一个普遍被大众接受的理论是海鲜产品的食用量加大。

众所周知，左脑、右脑的功能不同。如下表所示：

表 3.2　左脑、右脑对应的不同功能

左脑功能	右脑功能
文字语言	视力
数字技巧	3D 形成
推理	美术天赋

续表

左脑功能	右脑功能
口语	想象力
科学技能	音乐天赋
控制右手	控制左手

先来看一下大脑的内部结构和一些重要数据：大脑参与机体的一切活动，无论是自主或是非自主活动。我们在前面提到过，有些由大脑控制的非自主活动包括心跳、呼吸、咳嗽，也可以说是当你在入睡时，仍需要继续进行的一切活动。自主活动是指你下意识去做的事情，比如走路、写字、讲话、微笑。

当大脑一切正常时，你会像个协调的整体进行一切生理活动。不过，如果你的大脑受到撞击，一些不得已的副作用会显现出来。大脑从你出生之时就已开始运转，直至死亡。一旦大脑停止运转，哪怕是一秒钟，全部的非自主活动也会终止。一些简单的动作如呼吸或心跳会随着大脑功能的暂停而止息。因为大脑始终处于激活状态，它消耗着机体能量的20%—30%。大脑需要毛细血管来输送养分、糖类和其他营养以完成正常的生理活动。所以如果想要减肥，不妨多动用一下大脑。

大脑中含有大约1 000亿个神经元或神经细胞。酒精和毒品能摧毁几百万个脑细胞。不过，它们可以再生。大脑中每一个神经元或神经细胞都会与其他细胞相连接，神经细胞之间的连接点叫做树突。据估算，大脑中的连接点多达1 014个。大脑比任何一台计算机都要复杂。之所以会将大脑与计算机相比，是因为我们知道大脑的容量是无限的。

单个神经元可以产生近0.1伏的电压，动态脑电图（EEG）可以轻易地测量出大脑的脑电活动。这让我们可以真正测量脑部活动，并在各种刺激物的作用下测试脑部的活动模式。如同机体中的其他细胞，大脑细胞经过一段时间后会衰弱、死亡。受体也会随之钝化。神经递质血清素会与机体中至少15种不同的受体相结合，不过在20岁以后，与血清素结合最为普遍的一个受体逐渐钝化、消亡，速率是每10年减少15%，这可能是人到中年容易患上抑郁症的原因。

有论调声称，20万年前大脑之所以发生剧变是因为食用海鲜，这种观点是十分荒谬的，也没有科学证据支撑。一定是发生了一件转折性的事件才引起人类祖先大脑的改变。基因和线粒体方面的证据提示了这种可能性。各个领域的科学家乐此不疲地发掘出人类祖先的相关信息，但大多数人对此并不放在心上。值得牢记的是，线粒体夏娃和染色体亚当恰好同时可以追溯到 20 万年前。这只是一个巧合，还是人类大谜团拼图中的一部分？有些科学家将大脑的骤变归因于远古智人饮食习惯的改变，在过去几百万年中，食用大量海鲜的人大脑要更为大一些。他们将 200 万年前内陆地区的南方古猿的大脑与 20 万年前的智人大脑进行比较。你能看出其中的猫腻吗？脑部大小几乎是骤变的，好像一夜间就发生了变化。相比于大量食用海鲜而使得大脑缓慢演化来讲，基因操纵的解释更能让人接受。再者，海鲜与人类在进化链上没有任何关联。

科学界的某些人对那些与传统思想相违背的新发现持有抗拒心理，这从他们对上面理论的反应可以看出。能人（也称为巧手人）生活在 220 万—160 万年前，是最早制造工具的人种，脑部的平均容量为 500—750 毫升。大约在 40 万年前，直立猿人出现在地球上，脑部容量为 800—900 毫升。20 万年前，一个新兴的人种突然出现，脑部比之前大了 55%。这需要人类对此进行一番严谨的研究，因为达尔文认为进化不会骤然发生。这一人种怎么可能奇迹般地出现，并且具备思考、推理、演算的能力？对此，一定有更为合理的诠释。

科学家仍然不屈不挠地想要证实自己的大脑理论，于是比较了 28 000 年前中欧地区人类食用海鲜的情况。德国尼安德塔人很少吃海鲜，他们的生存主要依靠内陆动物的肉，所以比智人更加长寿，智人体内 $\omega-3$ 和 $\omega-6$ 脂肪酸水平偏高。科学家犯了一个严重的错误，认为遗留下来的化石清晰地表明了尼安德塔人比智人的脑部大 5%—10%。此外，科学家发现，食用海鲜大大降低了抑郁症的发生率。北美及欧洲人患有抑郁症的比例比台湾人（吃鱼很多）高出 10 倍。日本人也喜欢吃鱼，他们出现抑郁症的概率比北美及欧洲人低得多。不过，这些都是化妆品效应，对基因组的编码没有任何影响。这一理论想要站得住脚，需要找到更多 DNA 发生重组或者进化的证据。毕竟化妆不会让你永葆青春，不是吗？

没错，也许是脂肪支撑大脑的结构，蛋白质胶合大脑的各个部分，碳水化合物为大脑提供能量，微量元素为大脑构建起防御线，不过，真正不可思议的地方在于怀孕之际，DNA 所调控的编码信息已经定型，从而你的大脑可以发育成一个完整的器官。大脑是个神奇的器官，正如机体其他部位一样，基因最终调控着大脑的一切生理活性。

大脑的容量可能是无限的，它拥有更高级的功能而我们尚未发现，很多人具备各式各样的通灵能力，至今无法用科学解释。这些人被视为自然界的怪胎，也不被他人视为进化更为高级的人种，因此没有人过多地关注他们。我们可以将大脑看作是机体与精神的交汇点，即身体与灵魂。奇特的是，有些人的大脑活动更为高级，而我们并不知道其中的原委。这是人类大谜团中的另一个部分。为什么有些人具备超感官知觉？他们是如何获得的？在我看来，基因正逐渐进化得更为完善，在此过程中，它会一步步激活大脑，人类的精神活动因而更加高级。

所以，如果大脑真的是身体与灵魂的交汇点，人类需要进化得更为完善才能理解这一点。基因与灵魂进化的步调不可能相差甚远。既然基因控制着大脑进化的速率，那么同样地，基因也最终调控灵魂的进化步伐。正如渗透作用一样，膜两侧的浓度最终会达到平衡，不过前提条件是膜是可通透的，允许物质从中穿过。随着人类的进化，我们会发现人类的 DNA 允许机体内的灵魂与宇宙中更为高级的灵魂相通。

远古时期的奇异事件引起脑部扩张，这些表明了一定有某种基因操作在作祟。6 000—4 000 年前的泥版清晰记载了这种基因操作的始末。不过，只有少数思想开阔的人可以接受这一信息。许多考古学家、历史学家、人类学家对此极为不安。我会拿出一系列相关证据证明高级人种的出现，此时脑部奇迹般地增大了。他们不仅留下了基因操作的证据，而且详细地解释了他们为何在地球上创造出一个原始的劳力。

回想一下有多少人这样对我说过："我不确定自己是否有勇气听你说……感觉太恐怖了。"这真实地反映出了他们没有做好接受某种消息的心理准备。当涉及到关于人类起源与灵魂的信息时，人们对此并没有表现出欣然接纳的态度。世界上的大多数人没有准备好面对新发现的事实，即便只是要求他们先将此视为一个理论。相反，很多人极为轻蔑地排斥这种言论。他们觉得自己知道人类来自哪里，他们的神灵是谁，这毫不掩饰地表明了人类既定的基因组的厉害之处——让人类听信于并畏惧自己的造物主。

我们在这章学到了什么？大脑是个复杂无比的器官，它处理信息和知识的能力远超出人类的想象。大脑的神秘特质让我们不禁联想到它正是机体与精神世界的交汇点。不论大脑有多复杂，它都是由基因调控的。大约在 20 万年前，脑部的大小骤然增加，也正在这个年代，阿努纳奇人创造出了亚当（依据苏美尔人的泥版所记载）。智人脑部的骤增不可能是因为几百万年来食用海鲜的结果。人类只利用了大脑的一小部分，这是由基因严格调控的。在本章结束之际，有几个重要的问题值得我们深思：当人类的基因组进化得更为完善时，我们的大脑和精神境界会达到何种程度？阿努纳奇人是谁？他们为什么要创造出人类？是如何创造的？

第 4 章　重回过去

如果我们不知道我们来自哪里，又何以了解我们未来的方向？在这章中，我们将会竭力找到这两条道路各自的标示物。在展望未来之前，我们需要深究人类的史前时代。幸好，有先见之明的祖先给我们遗留了大量信息，它们清晰地表明了我们是谁，以及将走向何处。这一切是有可能的，因为 DNA 是遗传转录的，再加上几千块泥版上记录了大量的历史事件（它们曾被视为神话或原始人无所事事而胡乱书写的）。

再重申一遍，为了弄清楚人类将走向何方，首先需要知道人类来自哪里。在进行时空旅行之前，我们要追寻现代人类的足迹，并利用所有可利用资源，包括史前经文中记载的信息（这在之前被当作垃圾对待）。苏美尔人泥版的发现令人兴奋不已，上面记录着神秘的信息。我们对史前了解尚少，对上古之前的事情也知之甚少，所以，一旦我们有了一些重大发现，生活在 21 世纪的人们便感到匪夷所思，并拒绝接受它们。我们都听说过希腊与罗马神话，也知道他们的众多神灵，甚至记得它们的名字：维纳斯、普路托、墨丘利、伊希斯、托尔、阿波罗，以及全能的宙斯，等等。不过，它们只是古代神话中的英雄，还是真实存在的具备超能力的人？苏美尔人的泥版上记载着他们是真实存在过的神灵，并不是假想出来的名字。在不同的文化中，这些名字可能也会有所不同。不过迄今为止，他们的影响力早覆盖了全人类。

一个星期六的下午，当我伏案提笔写这章时，突然有不速之客登门拜访。我们坐在泳池旁喝着冰镇啤酒，谈起了人类进化与祖先的话题。我问朋友们是如何看待进化的，史前时代，以及我们是何时演化成人类的。让娜（Jana）自告奋勇地说，当我们从树上跳下来，且学会直立行走时就变成了人类。显然，这种观念不受任何科学研究的支撑，不过，许多人都持有相似观点，他们都被现代教育体系洗过脑了。安东（Anton）则相反，他比较谨慎，不确定答案是什么，但他觉得进化论是可信的，人类是从某种类人猿历经很长时间进化而来。

在过去15年间，我参与过无数讨论会，现代人的思想似乎仍被两大主导理论占据：进化论与创世论。就我个人而言，20多年来我一直挣扎在两个理论之间，竟意外地发现存在第三种可能！这一理论可能同时满足两派的狂热信仰，并开阔他们的视野。

新的发现和证据不断地被展现在世人眼前，貌似永无止境。每当一些聪敏之人提出无懈可击的论点时，势必会激起更多的争论和论战，继而引发新一轮的探索发现和争端。在未来几年，科学家和人类学家仍在这个话题上各执己见，不过我深深觉得将两种学说结合在一起是必不可挡的趋势。最近，我听到一个牧师谈论他会如何将任一外来物种看作是上帝创造出的奇迹。他提出了一个与之前宗教教条（将人类视为万物的中心、上帝的杰作、至高无上的智者）截然不同的观点。

在过去的150年中，我们受到了进化论的耳濡目染，所以我们根本不可能对进化论有所反驳。动物界和植物界中有很多证据支持进化论。不过，这不是我要叫板的领域。我关注的是在过去几十万年中，人类出现在地球上，而之前的原始人类竟消失不见。

首先，我要声明"人类"和"人性"的区别。如果你不是"人类"，就不可能具有"人性"，两者密不可分，但又存在细微的差别。所以，我会有意互换使用它们，以诠释它们之间并不复杂的关系。进化在两者演变的过程中起到颇为重要的作用。不过，达尔文理论中存在一些颇有意思的缺陷，许多比我聪明百倍的人不依不饶地对此进行攻击。

达尔文不是神，他的理论并非全部正确。他其实借鉴了很多前辈科学家和智者的观念。有时也会歪曲他们的观点以便支持自己的理论。我确信如果他现在仍活着，鉴于新的证据相继被发现，他极有可能会对自然选择理论进行修订。

达尔文并不是提出自然选择的第一人，他在1859年发表了一本颇具争议的进化史书《物种起源》，其实早在1831年，另一位生物学家帕特里克·马修（Patrick Matthew）提出了"选择的自然过程"。他认为这比"反馈概念"更为生动。自然选择是指"某种个体可以在生存斗争中存活下来，并一代又一代地孕育新生命，相比于遗传结构不占优势的个体，它们的数量很庞大"。简单来说，是指："适者生存"。还有一个概念好像也是达尔文借鉴他人的：1855 年阿尔弗雷德·拉塞尔·华莱士（Alfred Russel Wallace）出版的《生命之树》，首次使用这个比喻。

达尔文坚持的一个观点是进化不会一蹴而就。弗雷德·霍伊尔（Fred Hoyle）和钱德拉·维克拉玛辛（Chandra Wickramasinghe）相继花了 120 年证明进化在病毒和细菌的帮助下是可以一蹴而就的，它们以生物外来论的方式从太空降临在地球上。来自太空的新物种不断变异，感染植物和动物的细胞，从而引起宿主的 DNA 结构迅速改变。

为了证明这一不可思议的观点，你需要回想一下学校教室墙面上贴的图片：人类进化的渐进顺序。最左边是类人猿，它右边的类人猿要稍微高一点，头发少一些，再右边的猿人更高，也更为直挺、头发更少，最右边便是一个长相英俊的现代人，进化链上的顶峰。就这样，从猿到人进化。这些极简的插图容易让孩子们有一个先入为主的观念，即进化的过程正是如此。他们并没有被告知这只是人类进化的其中一个假设。人类学家对进化过程中不同阶段之间存在的间隔闭口不谈。我们应该告诉孩子们全部的真相，而不是美化过的半真半假的事实。进化图中每个物种之间在进化存在巨大的跳跃。这是怎么发生的呢？每个阶段之间存在的无数的进化步骤到底是什么？还是，左边的生物生存了几百万年，随后突然间生出与之相貌完全不同的物种？是什么引起了这种骤然的变化？很显然，这是由基因引起的，不过究竟是什么使得基因发生了如此巨大的变异？

在 18 世纪末，詹姆斯·赫顿（James Hutton）在研究地球上的地质运动与地质的均一性原则时，并不看好渐变论。他认为地球表面与内部的运动从始至终都是以相似的方式进行的。5 亿年来，总体环境没有发生巨大的动荡，而生命形式从简单的神经学伊始进化到如今高度复杂的系统。如果物种总是处于最优、最佳的生存状态，那么在环境总体没有显著波动的情况下，生命形式又怎么会有如此明显的改变呢？

自从露西（Lucy）和普莱斯夫人（Mrs. Ples）被挖掘出来，之后又发现了无数原始人，其他人类祖先或近亲的骨骼，这在考古学领域是个里程碑式的标志。正当我们认为自己摸透了人类是如何进化的，而且对类人猿也有足够的了解，然而新的发现迫使我们不得不重新审度。最近，有两个重大的发现彻底颠覆了我们的认知。2003 年 9 月，在印尼弗洛里斯岛上的一个墓穴里发现了埃布（Ebu）。她是迄今为止最矮的成年原始人，身高 1 米左右。据估计，埃布生活在大约 95 000 年到 13 000 年前。

另一个重大事件是 2005 年在西班牙巴塞罗那发现了大猿类家族。萨尔瓦多·玛雅 – 索拉（Salvador Maya-Sola）和米克尔·科茹斯佛特（Miquel Crusafont）发现了一个大猿类（皮尔劳尔猿）的头骨和部分骨骼的化石。据估计，这个新猿种生活在 1 300 万—1 200 万年前的中新世中期，此时，大猿类（包括大猩猩、黑猩猩和人类）已从小猿类（长臂猿和合趾猿）分裂出来。虽然它可能是大猿类的祖先，不过主要的不同之处在于这种大猿类不会在树与树之间摇摆。我在此提到这些近期的发现来证明一个简单的观点——那就是我们要记得我们知道的知识非常少、非常有限。我们应该始终保持开放的思想，意识到随着我们进化成人类，我们不断进化的基因组促使我们提出更多更复杂的问题，发现更惊人的答案。

让我们回顾一下人类历史，看看人类其实是有多年轻多脆弱，我们在地球上生活的时间多么短暂。这一回顾非常重要，能帮助我们公正地决定造物论和进化论究竟谁对谁错。我们知道了这些，就可以假定出一种将两者融会贯通的新理论，既不会惹怒那些相信上帝创造地球上一切生命的人，又不会惹怒遵守达尔文进化论自然选择教义的人。但是，我们有必要先强调"真正的神"与"神灵"之间的区别。这一技术性难题困扰了人类近千年。

表4.1　人类历史简表

公元 2004 年	现代奥林匹克运动会在希腊举行，1896 年，那里是奥运会的最初举办地。奥运会展现了人类为维护和平，同志之爱和公平竞争所做出的努力。
公元 1903 年	威尔伯（Vilbur）和奥维尔·莱特（Orville Wright）发出第一份声明，他们的第一架飞机试飞成功。
公元 1452 年	李奥纳多·达·芬奇出生，他是文艺复兴时期最有影响力的人物。
公元 570 年	穆罕默德在麦加出生。被犹太和基督所影响，他在加百利（Gabriel）天使的激励下不断背诵《古兰经》（Koran）。这本书把穆斯林（Muslims）归于伊斯兰教义里。他建立了世界上最年轻的亚伯拉罕宗教。

公元元年	实际日期仍存在争议：基督诞生的日期，现代计时的开始。基督耶稣给人类带来具有革命意义的新理念：和平。这与《圣经·旧约》相比有了显著性突破，耶稣基督被一些人视为救世主，被另一些人视为叛徒。基督可能是地球上行走的人当中最有影响力也最有争议性的了。他散播的福音激励了先知、国王和总理们，但独裁者和宗教团体都滥用了这些福音，作为权力的一种象征。甚至在他出生之前，他们就这么做了。在今天也是如此。人们仍然在进行着争论：他是上帝之子？还是他只是先知，被当时的某些人推到台面上？又或者他是和平时期具有特殊权力的一个人，在人类需要新的指示和希望的讯息传达之时应运而生的？
公元前 31 年	罗马帝国建立。
公元前 776 年	希腊举行第一届奥林匹克运动会。
公元前 1200 年	进入铁器时代（Iron age）。
公元前 1224 年	拉美西斯 （译者注： 古埃及法老） 去世。
公元前 2000 年	亚伯拉罕在迦南（Canaan）生活。
公元前 2500 年	史前巨石阵建成。
公元前 2570 年	古萨大金字塔竣工（理论猜测，未得到准确结论）。
公元前 2900 年	第一套货币系统流通：美索不达米亚舍克勒（mesopotamian shekel）
公元前 3000 年	铜器时代开始。出现最古老的画作，描述美索不达米亚上的带轮马车。
公元前 3700—前 3500 年	已知的最古老的城市的传统日期。乌鲁克（Uruk）是美索不达米亚南部的城市（现伊拉克和哈姆卡尔以北地区）。
公元前 4000 年	更多城市出现的证据。现代叙利亚（Syria）处的布拉克土丘（Tell Brak），表明行政建筑和从事贸易活动的人的存在。公元前 5000 年的一枚图章在那里被发现。
公元前 5000 年	已知的最早的文字记录。巴尔干半岛 - 多瑙河史料（Balkan-Danube Script），起源于多瑙河流经的欧洲区域，至今仍未被解读。
公元前 6000 年	人类发明耕地。
公元前 8000 年	西伯利亚大陆上的猛犸象灭绝。

续表

公元前 9000 年	人类在美洲殖民。
公元前 9600 年	最后一次冰河时代结束。世界开始变暖，并一直延续至今。
公元前 1 万年	第一次出现驯化的农作物。发现了日本绳纹（Jomon）时期最早的村子和已知最古老的陶器。这一时期同时也被认为是狗第一次被驯化家养的时期。
约 2 万年前	最后一次冰河时期到达顶峰。
约 3 万年前	尼安德特人（Homo neandertha-lensis）灭绝。他们主要生活在今天的欧洲地区。值得指出的是，现代智人也是生活在同一时期，很可能是比邻而居。
约 3.5 万年前	欧洲出现窑洞里的绘画。
约 4 万年前	被普遍认为是物质文化起源。
约 5 万年前	人类在大洋洲殖民。
约 7.5 万年前	人类发明衣服。南非发现最古老的珠子，距今 7.7 万年之久，恰好是在石器时期的中部。
约 9 万年前	现代人开始从非洲迁移到欧亚。
约 12 万年前	赭石颜料在非洲得到普遍使用。
约 17 万年前	夏娃线粒体，人类第一个女性祖先。根据科学家不同的解释方式，她出现的日期在 25 万年前到 15 万年前不等。
约 17 万年前	亚当出生。Y 染色体仅在男性中遗传，因此，地球上的第一个男性，亚当被推测在这一时期被创造出。这一时期与女性起源夏娃的出现日期不符（有必要认识到亚当夏娃似乎是在同一时期创造而出的——这将在后文中作为一个很有理的证据来支持我们的整个故事）。
约 20 万年前	解剖学上认可的夏代人类第一次出现。

资料来源：2004 年出版之《新科学家》（*New Scientist*）。

  似乎时间表上有些冲突。难道有人在亚当和夏娃出现之前就存在了？这同样是我们在后文中会遇到的难题之一。

  在重回过去的旅程中，这只是非常简单的一部分，因为我们只重回了一个物种的历史：现代智人和晚期智人的历史。他们是此前生物的更进化版本。两者之间有一个很明确的线来划分，学者们仍在疑惑他们是怎么突变，并获得更强生存能力的。似乎出现过这样一个时期：现代智人和晚期智人混居在一起。泥版上提供了足够的信息来支持这种假设。然而，人类这段古老的历史却在此前被多次用文字记录，也可能被多次重新记录过，所以我们才看到关于人类是从某个不可置疑的起源而产生的确凿证据。有趣的是，类似的证据在人类对此并不关注的情况下，已存在了数千年。似乎从人类还在史前时期，还是无知的物种开始，这些证据就诞生了。因为某些不得而知的原因，那时的人类忘记了我们所经历过的一切。这种现象与我们今天短暂的寿命是不是有某种联系？一个很重要的异常现象是，我们遥远的祖先在过去的很多年里有着怎样的步调，怎样生活的呢？如果那是真的，为什么今天的我们只能有 70 年的平均寿命？《圣经》的章节和此前的其他资料都告诉我们人类可以活到 900 岁，甚至更长寿，这是为什么？所有以上疑问的答案都在神秘莫测的泥版上有所记载。这些，我们将在以后的章节中进行讨论。

就目前而言，我们要重温这段非常有趣的历史，因为我们将发挥我们的想象力，尽可能地让其形象化。很多人类学家希望弄明白，为什么石化的人类会突然在进化史上跨越了那么一大步？这一点我们马上就将看到。进化论者希望我们能够带来一些人类进化故事中的有趣画面，同时，大部分学者会希望告诉你在任何两个已知的种族之间，经历过 20—50 个进化步骤，那么他们会变成什么样子是不可想象的。

让我们回到大约 3 万年前。这是尼安德特人在地球上消失的时期。从 1857 年，达尔文发布《物种起源》（*Origin of Species*）两年前，人类发现第一个尼安德特人的骨架开始，围绕尼安德特人进行的争论就源源不断。这一发现并不完全适应达尔文的进化模型，但达尔文似乎完全忽略了这一重要的发现。人类产生了许多理论来解释这一物种，大部分都将其归为比人类更原始的，野生的未进化的物种。这种说法似乎有点自大和不成熟，因为我们已经知道尼安德特人的大脑平均为 1 200—1 750 毫升，比现代人类的大脑还要多 100 毫升左右。如果你接受人类只使用了大脑中 3%—10% 这种理论的话，那么试想，尼安德特人如果还存在，会进化成什么样？

1999 年，葡萄牙（Portugal）出土了一个幼童骨架。这一骨架距今有 2.5 万年历史。这一骨架的身体特征非常奇怪，他看起来很可能是现代人类与尼安德特人的混种。科学家们早已动作迅速地从三个不同的尼安德特人中提取了少量 DNA 片断，测试结果表明它们与今天存在的任何一个人种都不是近亲。然而，另一方面，尼安德特人的骨骼就我们的理解来说，又确实是人类。其骨骼与人类有很多相似，且起着相似的作用，只是人类骨骼与其在厚度和强度方面有细微区别。根据对其牙齿做出的科学研究，尼安德特人似乎比现代人的寿命长得多。这可能影响到了它们的骨骼。

我为什么让大家回顾这段短暂的历史？这是因为我相信这能让你不会因为觉得内容太过无聊而放弃这本书。这段历史能说明在过去的几百年里一直困扰着相关科研领域的难题是多么复杂，又是多么自相矛盾。这一领域有太多猜测和不确定了，尽管我并没有博士学位，但像我一样的普通人也能从中得到一些东西。

人类学有一个自相矛盾的地方，对其最好的例子就是一些进化论学家声称尼安德特人能够进行现代意义上的说话。但显而易见的是，他们缺少产生全部元音的能力，因为他们的舌头扁平，且不能弯曲，他们的喉咙比现代人的位置高，甚至比大猩猩都高。我们用计算机重构了他们祖先的这一部分结构，结果表明其咽喉能通过震动发声的可能性为零。这一结果支持了一些人的理论，尼安德特人与人类完全是不同的物种。但是，对其最新计算机重构实验表明尼安德特人又是人类。我们之所以做出这一判断是因为我们在 1983 年发现了最完整的尼安德特人骨架，从而第一次发现了尼安德特人舌骨化石。他们的舌骨位于喉部，是发出声音的不可或缺部分。而这与现代人完全吻合！

为了更好地理解尼安德特人，先来讲几个更加令人吃惊的发现吧。1996 年，斯洛文尼亚（Slovenia）的一个山洞里发现从洞熊大腿骨处的一个小笛子状骨头。它由四个小骨头组成，彼此穿起来，组成一块 4 英寸（约 10.16 厘米）长的骨头。这一发现强烈支持尼安德特人是人类的论断。而且，他们能够制造简单的工具，并利用低级工具研制高级工具，他们埋葬死者，学会控制火，举行宗教仪式，他们的语言有复杂的语法，他们还会演奏乐器。

有的尼安德特人坟墓在尸体上盖了石头工具，动物骨头，甚至是鲜花。他们并没有把尸体随便扔在地球上的哪个洞里，而是精心准备后把尸体以一种不寻常的姿势掩埋。这意味着他们对死后的世界已有所感知，并举行了正式的仪式，同时也意味着他们已经形成了很强的社会关系。还有证据显示，尼安德特人能够照料身体严重受损的同伴。所以，尼安德特人是不是人类？他们与我们是否有关联？他们就是灭绝的野生原始洞穴人？也许我们在后面章节中对人类自身做出的一种解释，能够对回答这个问题有所帮助吧。

尼安德特人可能是人类近亲，他们在约 20 万年的时间里，与现代人共同生活在地球上。我们刚才已经对其进行了讨论，现在让我们回到更远一点的古代，简单看看其他原始人类的情况。同样，即使是最新的知识也经常被人审查，很可能在以后被某个新发现所修正。但自从人类第一次发现南方古猿以来，科学家们仍不认为其是人类的祖先。同其他科学领域一样，在考古学和人类学领域，也同样存在大量争议。因此，你应该带着怀疑的眼光对待下面要介绍的这些信息。

在 2000 年，科学家发现了图根原人（Orrorin tugenensis），他们可能是人类的祖先。图根原人生活在距今 600 万年前，具有清晰的直立行走特征。这一发现让我们了解早期两条腿生物，一些人甚至大胆断言他们就是进化论上缺失的一环。图根原人的牙齿，及其他特征表明他们甚至比后来的南方古猿更与现代智人相似。与我们一样，他们的臼齿也比南方古猿小。而且，还跟我们一样有着厚厚的牙釉质。

南方古猿生活在大约 400 万—270 万年前，或者更早的某个时期，活跃在东非大裂谷（Rift Valley）北部地区。南方古猿随后的所有类人生物都因某些原因而变得适应直立行走，他们似乎是所有类人生物的祖先。他们脚部的一些骨头轻度弯曲，看起来就像你期望能见到的那些爬树的人类祖先的骨头一样。虽然南方古猿生活在平坦的大草原，但他们能在危急时刻爬到树上。他们很可能在树上睡觉，就跟找不到洞穴的狒狒一样。南方古猿被归为猿类，而不是人类。他们是与人类相近的类人猿，但却不一定是我们的祖先。

所以，我的朋友让娜的回答很可能是正确的。当猿类从树上爬下来，开始直立行走时，我们就变成了人。直立行走在人类进化史上被认为是极其重要的一个进步。用下肢进行行走解放了前肢，让前肢可以做其他工作。这一点对哺乳动物来说并不常见。突然间，人类可以做很多事了，比如说用手来操作什么，把食物带回等。

南方古猿（Australopithecus Africanus）从字面上讲是"非洲南部的猿类"。它是在非洲发现的第一个早期类人生物。他们生活在 300 万—200 万年前，身高大概有 4 英尺 6 英寸（约 1.4 米），这也说明他们是直立行走的。1924 年，雷蒙德·达特（Raymond Dart）在南非发现了一个保存完好的孩童骨骼——婴儿汤恩（the Taung body）。整个世界都为他的推测而震惊。这可能刚好是进化论中缺失的一环吗？在相当长一段时期内，人们都因此而困惑，直到人们后来认为缺失的一环应该远比一具骨骼复杂。这具骨骼的发现立刻引发人们对非洲的关注：非洲会是人类起源和早期发展的基地吗？但是，并没有证据表明南方古猿使用了工具，或者建立了永久性居住场所。他们牙齿很大，背部和胸部的骨骼也大，咀嚼肌也很大，这些都表明他们只吃坚硬的植物。他们一定是素食主义者，而我们假设中的祖先应该是食肉的杂食主义者。

随后的类人生物生活在大约 220 万—100 万年前。他们是粗壮的南方古猿（Australopithecus robustus）。他们似乎是南方古猿的旁枝，它们比其在南部非洲的亲戚更为长寿。他们也被称为罗百氏傍人（Paranthropus robustus）或"健壮的近人类（robust near-man）"。迄今为止，只有极少数相关化石被发现。

能人（homo habilis）是已知的最早人属，也就是最早的人类。他生活在大约 220 万—160 万年前的东非地区。目前只有个别相关化石被发现。但有清晰证据表明他们倾向于拥有一个更大的大脑。能人的大脑比南方古猿的大脑大 30% 左右。

下面要介绍的是直立人（homo erectus）。他们生活在大约 200 万—40万年前。对我而言，像发现圣杯一样激动不已。那就是随着人类进一步的发现表明，人类在这一阶段首次跳出遗传干涉的困扰，开创了史前历史的新一页。让我们来详细看一下这一伟大的神奇故事究竟是怎么回事。直立人属于现代人的领域，尽管他们的大脑与我们的大脑还是有些不同，但不管怎样，这给我们提供了有关现代智人起源的非常重要的线索，而他们也是人类第一个直系亲属。

下面的这句话或许是一些科学家的胡言乱语，"从直立人到现代智人也就是我们人类最早的出现形式的转变，出现在大约 40 万—30 万年前。"试着问问古人类学者，这一转变到底是如何发生的吧！不幸的是，他们并没有现成的理论来解释这一转变过程，他们只是想象出了一系列事情的发生和环境是如何变化来加快了进化过程。这里缺失的是许多从一种形式到另一种形式所需的渐变步骤。某一天早上，一个物种的最后一名女性成员醒来后，就生下了一个全新的物种——这显然是极不现实的。

然而，真正至关重要且让人印象深刻的一点是他们发现了木质工具和武器，他们过着猎户生活，这些是可以有效支撑他们是现代智人的证据。阿里斯·普利亚诺斯（Aris Poulianos）博士 1997 年在希腊东北部发现了一具 30 万年前的骨骼，该骨骼很可能是佩特拉洛纳人（Petralona）的。对此，人们产生了很多猜想。阿里斯·普利亚诺斯博士称其为人类发现的最完整的早期智人，并相信在 100 万年前的地球上就存在着人类文明。他制造了一系列工具和方法来证明这些早期智人能够用语言进行沟通。这一发现还需要我们作出更多探究，就目前而言，我还是想谈谈苏美尔泥版上的历史记录。

我再次强调，你要牢记这一点，在以后这能证明我们人类从出生开始就是被奴役的物种。在非洲南部和东部发现了大量 13 万年前的头骨，这对我们认识人类起源有很大帮助。但我们将发现我们是 20 万年前被一批更进化的物种创造出来。他们当时在星球上无处不在，创造出我们以便从事开矿工作。随后的几章将会慢慢介绍这些人类的祖先，让读者逐渐意识到我们的祖先其实是"原始工人"，了解那段他们被奴役的历史。

为什么我们能够对人类起源追溯到奴隶和对黄金的痴迷？所有这些信息都以楔形文字的形式被小心保存在泥版中，流传至今。它们应该是最早的文字记录了吧。这些泥版同样也揭示了我们的自然倾向——为什么我们会长成这个样子，为什么我们在过去的几百年里大脑得到了快速进化。在我们基因组深处，除了残酷和野蛮基因外，我们也有同情，和平与爱的基因。这些好的基因早已被编码好，只不过被关掉了而已。有时这种好基因能够从乱境中脱颖而出。随着基因组的不断进化，我们的 DNA 能够越来越接近完整的被重新搭建成的 DNA。

第5章 基因组：人体软件计划

　　当人类历史推进到公元 2000 年时，有两个当红的词在全世界人群中快速传播开来，并引起了人们的恐惧和担心，这两个词就是"千年虫"和"克隆"。然而后见之明才是精确的。据随后的事实发展表明，第一个词"千年虫"，极其可能是由全球计算机产业制造出来的一个阴谋，他们以此来愚弄人们，并掠夺亿万美元的财富。千禧年迈着步伐走向我们，几乎不带任何停顿地离去，但 IT 界却因此获得了数不清的财富。而另一个词"克隆"，则被媒体和虚张声势的记者们草率地大肆宣传，他们竭尽所能地想尽办法影响读者，向他们炫耀自己对基因工程这门新科学的条条道道。而这是非常糟糕的，一个悲剧就这样产生了。这样的两个词让世界各地的人们在大脑里立刻浮现了一些阴森恐怖的画面：像屠夫一般残忍的科学家们随意切砍拼接人类的基因，从而创造出无数类人怪物和一些无法料想到的生物，而这些怪物和生物则将统治整个世界。人们想象着这些结合了人与动物基因的生物或结合不同动物基因的种间生物将会给人类世界带来何等恐怖的噩耗。在当时，还有一些声音提议要克隆一些已绝种的生物，比如猛犸象、剑齿虎、恐龙等等。然而，这只是人们的一种正常反应。试想，如果媒体能够对此进行明辨是非忠于事实的报道，让人们得知到的事实尽可能地科学和贴近现实，那么，媒体将很难从受众中得到如此大的反响。要知道，读者对科学和进步的认知在很大程度上是由好莱坞电影主导的。

　　因为人们对这一激动人心的科学新领域缺乏足够正确的认识，导致这一新科学领域迅速成为全球政治的中心，并吸引了世界宗教组织的关注。在刹那间，全人类有了一个共同的新敌人。世界各地，到处都是围绕克隆和基因工程而产生的冗长繁琐且无休止的争论，使之成为新千年最具争议性的话题之一。事实的真相是，基因工程是人类历史上最激动人心的一项进步发现。随着我们对这一领域的认知越来越多，技术越来越完善，我们将极可能消灭绝大部分人类疾病。而更加重要的是，我们将对自己那不完美的基因组的了解也会进一步加深。这些知识能够让我们解锁那些最可能加快我们精神进化的闲置基因，从而加快人类进化的脚步。你知道这意味着什么吗？实际上，这意味着人类将不仅有能力治疗身体疾病，而且也有能力治疗心理和精神疾病。我们可以加快人类朝着一个无暴力的全球化社区进化的脚步，共同为一个身体和精神双和谐的社会而奋斗。这才是基因工程这一新技术最吸引我的地方。在我对此展开详尽说明之前，我们有必要先消除你可能已经知晓的一些神话或误解。

简言之，基因工程致力于研究人类的基因组：拼接、复制、克隆、替代，以及任何涉及人类 DNA 的其他操作形式。我们对基因的真实活动状况和它们对人的身体具有什么影响充满兴趣，这让我们没有时间去编造创造怪物的荒诞梦想。让我来假设一下，基因工程中最活跃的领域一定是为了医学研究和医学应用而进行的。毕竟，人类都是贪婪的，而且在一个全球资本主义经济社会中，基因治疗将会是未来所有资金和权利所追逐的中心。我们现在知道的是，基因工程将极可能治愈任何人类所能想象到的疾病。这就意味着世界将瞬间被两个主角所控制：一个是告诉我们应该去想什么的媒体，一个是让我们能够随心所欲的遗传学。但为了让我们做出的宣言更言之有物，我们应该在此之前先对这一领域进行一些了解。

那么，基因究竟是什么呢？我们在这儿讨论得热火朝天，就好像每天都能跟基因见面一样。我们说得如此热乎，似乎每个人身体里的某个地方都储藏着基因，一旦我们有需要，我们就能抓一把基因来使用似的。好吧，从某种程度上说，这还真是事实。我们身体里的每个细胞（除了个别细胞外），在它们的细胞核里都存在着遗传物质。这样的细胞被称作真核细胞。对于动物来说也是如此，动物也有一些这样的细胞，在其细胞核中储存着被核膜包裹着的染色体。除此之外的那些细胞被称作原核细胞，但这些并不在我们目前的讨论范围之内。

值得困惑的是我们的 DNA 执行着你所能想象出的最复杂的运动，但是DNA 分子的结构却又如此简单。然而，我却热衷于发现这些通常被称作DNA 的原始材料中的绝大部分，其实是"我们身体里最复杂的分子"。

我对认为 DNA 分子结构简单这种说法强烈反对。事实上，DNA 分子组合结构的简单，恰恰反映了生命的神秘和造物神（大写 G）至高无上的绝对聪颖。当然，你也可以称造物神为至上的存在，或者你觉得适合的任何名字。我一直把 DNA 想象成一个只由三个颜色的积木堆积而成的长串。如果我们认为 DNA 的分子结构已经包含了人类生长、控制和维持生命有机体运作所需要的全部遗传密码和信息，那么我们只会又一次走向长生不老这个误区。想想看，DNA 能够控制和维持一个生命有机体！所有控制我们身体的程序和信息都浓缩在这个小小的分子中。而这个分子的结构竟如此简单，这将会导致另一个问题的出现。DNA 能否在某种程度上使我们随心所欲地延伸生命的长度呢？既然人类现在只使用了 3% 的 DNA，刚刚那个提议听上去多少有点不靠谱，但你不会知道人类未来会不会有那样的需求。我觉得一旦我们接受遗传物质并揭开其背后的密码，我们在未来就有能力按照需求来订制 DNA。另一方面，其实那些有可能早就被预先设置在 DNA 中了，作为进化的一部分。在某种意义上说，这就像一个度量系统：你所需要做的就是增加一个零，这样你就创造了一个新的度量单位。看到了吗？就这么简单。但是让我们快速地看一下基因组表达的内容。那些专注于分子科学的人们则可以略过这一部分内容了。

人身体内的每一个细胞都有一个细胞核。在细胞核里存在一个形如弯曲梯子状的长长的双链分子，这就是 DNA：脱氧核糖核酸（Deoxyribonucleic acid）。这个梯状物由 23 对，也就是 46 条染色体组成。染色体有一半来自母亲，一半来自父亲。患有唐氏综合征（Down's syndrome）的人拥有一条额外的染色体，也就是他们一共拥有 47 条染色体。这让他们有一些不寻常的性状和大脑活动。弯曲的 DNA 每一边都有三个组成。一种被称作脱氧核糖（deoxyribose）的糖、磷酸盐（phosphate）和含氮碱基：腺嘌呤（adenine）、胸腺嘧啶（thymine）、鸟嘌呤（guanine）和胞嘧啶（cytosine）。这四种碱基通常以字母 A、T、G、C 指代。这就能解释为什么科学家们在火星上发现磷酸盐时会那般激动了，因为这意味着火星上可能存在 DNA 生命。糖和磷酸盐紧密结合并组成了 DNA 梯状物的平行两边，而碱基则充当了连接梯子两边的横状物。这些横状物只能以某种特殊的顺序连接：A 与 T 连接、G 与 C 连接。事实上，正是这种 A－T 和 G－C 的特殊连接方式包含了控制生命和人体维持生命所需的全部复杂行为的密码。这种有着 A、T、G、C 特殊排列的一小段染色体就被称为基因。基因因其碱基的独特排序而专一地控制身体的某项机能。基因同样能因其独特的组成成分而被识别和绘制出来。这就是基因作图（gene mapping）。人体内最大的染色体包含着 2.8 亿 DNA 碱基对（base pairs）。

据推测，人体内全部的基因组包含约30亿碱基对。人体细胞内的这些遗传物质统称为基因组。

但基因只占全体基因组中非常小的一部分。这一神奇的发现构成了我在本书中的主要论点。令人匪夷所思的是，染色体中只有3%的DNA是活跃的。这是为什么呢？

在基因与基因间，都有一长段似乎并不能编码任何事物的DNA片断。为什么这样一个复杂的分子结构只有3%的部分能够起作用？科学家们把那些非编码基因称作垃圾DNA，因为他们不能从中发现任何隐含信息，如果说这些DNA确实代表着什么东西的话。按照进化论的观点，这些垃圾DNA无疑是毫无作用的。如果基因组是从简单的结构慢慢进化到复杂，那么这些冗长的DNA片断就不应该存在。如果只是相对小的一部分基因通过进化而被废置，那么我们还是可以理解的。但事实却是人体内97%的DNA都是不活跃的，这让我们不禁产生疑问。

关于人体内过度延展的基因组有很多争论，其中一个显而易见的观点就是人类在早期就被操纵或篡改过基因。我们的基因组有可能是被另一个物种创造出来的，或者是被他们在其已有基因组基础上复制而产生。更有可能，我们的基因组是被他们篡改过的，从而只允许其中的一小部分发挥作用。如果我们能够在今天做到这些，那么为什么很久以前的一个同样高级的物种不可能对我们做过呢？人类史前历史的一些远古证据清楚地表明这些就是实际发生过的情况。我们将会在后面的章节中讲述涉及到的这些泥版，以及对它们的真实理解。

当人类要给全部基因组排序时，那些垃圾DNA也被纳入整个计划中，以防它们真的包含某些我们尚未发现的重要信息。我预测随着进化，随着我们发现越来越多的信息，它们可能会被发现蕴含着某些功能性信息。人类基因组计划的成果是科学家们尝试排序并绘制人类基因组。然而，令人惊奇的是，全部30亿碱基对，对于地球上的每个人来说，其中有99.9%都是相同的。

人类基因组计划开始于1990年，其致力于初步绘制出人类全部基因组的遗传图，并因此对人体全部基因蓝图有一个基本了解。当遗传图绘制出来后，科学家们可以开始研究某一个具体的排序，以及它指示着什么基因，有什么具体作用。基因组计划的进程让研究者们相信到2003年止，人体基因组的30亿碱基对将会被全部排序完成，而这比最初的计划提早了两年。随着人类对 DNA 排序信息的需求越来越紧迫，也越来越认识到这一信息的重要性，人类在 1999 年初对人体基因组排序有了一个大的加速。全球性大财团在公共领域设置的实验室致力于在 2000 年绘制出一个全部基因组的草图。整个项目的完成及全部精准的排序将在 2003 年实现。

那些致力于绘制遗传图的全球性大财团不断及时地公布各种新的数据。截至 1999 年底，遗传图中超过 10 亿碱基对已被公布出来，而另外的 20 亿碱基对也在 2000 年 3 月得以公布。对于人类来说，第一次完整的遗传图草图的公布是科学史上一个里程碑事件。遗传草图提供了基因组的一个整体大框架。这对世界各地的生物学家们来说是非常重要的资源。这种情况还是第一次出现。但是，遗传草图并不是一个完全精确的排序，相关的研究工作还在继续，很可能会持续很长一段时间，一直到他们在看起来很简单的分子结构中发现了更多隐含的秘密为止。

对于任何科学和发明来说，当我们对其期待越小的时候，我们越会感到惊奇。许多种生命形式的基因都有一个令人惊奇的特征：他们都包含一些被称作外显子（exons）的 DNA 片断，每个外显子都包含部分蛋白质编码以及内含子（introns），每个内含子都是一些不能编码的 DNA 片断。不活跃的内含子和垃圾 DNA 之间有何种关联则是我们尚未了解的。基因包含可替代的外显子和内含子，而被编程好的基因编码则存在于几个分散的外显子里，而不属一些连续的 DNA 片断。最大的 DNA 包含似乎无穷尽的垃圾 DNA。人体内，97% 的 DNA 都包含不能编码的基因，但在一些类似果蝇的非常简单的生物体内，只有 17% 的 DNA 包含不可编码的基因。这是另一个暗示，告诉我们人类的基因可能在远古的某个时期被做了某些奇怪的操纵。而人体内 97% 的 DNA 都是垃圾 DNA 的这一发现则验证了它。不可编码的内含子在生物进化图里是没有意义的。酵母只有 4% 的不可编码基因，果蝇有 17% 的不可编码基因，它们各自的 DNA 结构可能比人类更加进化。在我撰写本书时，类人猿体内不可编码的基因所占的比例尚未得到正式公布。

细菌没有内含子。生物学家们并不确定是否早期的生命形式都缺乏内含子，或者它们只是在复杂的多细胞生物出现时，才相对落后地进化出 DNA？对于原始的生命有机体来说可能如此，但是人体内令人费解的基因编码仍然给我们留下许多悬念。我认为科学家们应该修整他们的理论，并从多角度考虑问题。他们应该多了解一下苏美尔人的《圣经》，因为《圣经》中早就清楚明白地指出在亚当被创造出的过程中，有一些基因被操纵过。这一信息将帮助他们理解人类起源这一伟大疑问中被遗失的环节。

把基因划分为外显子和内含子的这种方式让我们对单个基因的解码有了多种方式的理解。这一过程被称作选择性剪接。选择性剪接让科学家们能够从一小段 DNA 片断中解码多达 500 条信息。选择性剪接这种方法刚被发明不久，科学家们至今还没有完全明白这对生命来说有多么重要的意义。但这种方法早已清楚指明，考虑到人体只使用了 3% 或者更少的基因组这一事实，要想让我们的基因组全部发挥作用将会是一个漫长的任务。它同样告诉我们，对人类来说，仅仅那么几个基因的解码工作就有多么复杂和多么庞大。

在此，我再一次提出这个最初的问题。那就是当基因组的潜质被全部释放，人类将拥有怎样的能力？或者说，人类在被创造之初就丧失了什么样的能力？

人类大脑中存在贪得无厌的基因，导致我们差一点就错过这一神奇的发现。当全世界正因情感的爆发和对新科学的不理解，而为基因工程、克隆等操作是否符合道德标准而争吵不休时，贪婪无比的制药巨头则试图做出这样的声明，把这些新发现的基因当作自己的专利。诚然，这些巨头们已经看到如果他们能够掌握人类的基因，他们将会在未来得到多么辉煌的发展和多么巨大的利益，那样他们就能掌握未来所有涉及到基因的药物的生产。而这将导致什么后果是显而易见的，用不着科学家经过重重分析得出结论！如果你曾相信我们可能在地球上创造出一个超级物种这种观点，那么请你继续坚持这种想法。因为这说不定仅是个开始。一旦基因治疗落入富人的执掌中，这种在科幻小说里出现的神奇场景将会马上变成现实。这就是我们为什么应该保护全人类，抛掉那些关于克隆、怪兽、无父母的婴孩等的忧虑吧，你更应该操心的是人类基因组被少数几个巨大医药公司所掌握的可能。随着研究的不断深入，知识的不断拓宽，钱可能会给你买来一切：身高、头发、眼睛的颜色、肌肉的紧张度、性别特征，健康甚至永恒的生命。然而，我想，控制生命长度的基因一定是人类最后一个攻克的。

幸运的是，世界法律圈总有头脑清醒，保持公正的人存在。某些巨头企图掌控专利应用的做法被推翻，因为基因应该被视作全人类的知识产权，并不能被某个群体或个人所专有。不过，这些公司倒是可以保护新开发的医药生产流程或者药品。这样一来，基因操纵就能得到一个比较理想的解决。医药公司的发明将会从产生之日起得到 15—20 年的保护期，这将使他们能够取得足以补偿研发费用的利益。这样一来，所有人都可以从科技进步中获利，而不会产生社会经济上的歧视。

在过去的 20 年，人类公布出的在基因领域中最大的突破与遗传学疾病有关。这些疾病包括囊肿性纤维化（Cystic fibrosis）、血友病（Hemophilia）（A 型和 B 型）、肌肉萎缩症（muscular Dystrophy）和亨丁顿舞蹈症（Huntingtons disease）。这些疾病都是由单个基因缺陷引起的遗传疾病。最近一段时间，一些更复杂的疾病也被发现与基因有关。这些疾病以肠道癌（cancer of the bowel）和乳腺癌（cancer of the breast）为典型。这两种代表性疾病的病发都是由基因因素和环境因素共同作用而导致。癌症、心脏病、糖尿病和许多精神失调等复杂疾病都涉及到多个基因，而不是由单个基因的缺陷导致。然而，到目前为止，最常见的影响人类健康的疾病恰恰是多基因导致。至今，这些疾病本身的复杂性就限制了我们对其进一步了解。人类基因组排序的实现，将会给人类所有基因进行完整的分类，这将为我们对抗这些疾病打开一扇新的大门。这将让我们能弄明白每种疾病之下的生物学原理，并且加速研发新的更好的治疗办法。

给人类基因组排序仅是第一步。目前，我们已经知道单个基因就能产生一种以上的蛋白质，而且在人体内各种类型的细胞中已经发现了许多不同组类的蛋白质。科学家们面临的一个挑战就是绘制人体蛋白质组图（proteome）。蛋白质组图将会揭示哪种蛋白质是由哪种基因构成，以及不同细胞中，是蛋白质中的哪些成分在起作用。这一过程比仅仅绘制出基因组图要复杂得多，预计花费的时间也会更长。一旦绘制完成，它将使人类对基因是怎样组成人体的认识产生一场变革。

从 1999 年开始，我们发现了大量的基因及其基因活动。基因领域新发现的速度令人震惊。让我们来快速看一下下面这个简短的名单吧，里面包含着这些已经被发现的基因和基因活动。你将能从中窥视到人体内最重要的某些功能，而这些都将在未来可能被人类操纵。许多植物和动物的基因也同样被发现。有一个奇怪的现象是，植物和动物基因对人类发展也通常有着非常重要的意义。比如说，我们发现了控制植物耐光性和其他特征的基因，而这些也将对人类的生存大有裨益。

控制下列活动的基因已被发现：

哮喘（Asthma）

癌症——包括乳腺癌、肺癌、结肠癌和皮肤癌

阿尔茨海默病（Alzheimer's）

听觉

男性生育能力（Male fertility）

耐辐射性（Radiation resistance）——107 个基因

帕金森病（Parkinson's）

人类遗传基因

肥胖

睡眠 – 觉醒周期

植物耐紫外线性

脱发

疼痛

视觉

胚胎发育

肺气肿（Emphysema）

精子缺乏（Azoospermia）

神经退行性疾病（Neurodegenerative）

牛皮癣（Psoriasis）

肿瘤抑制（Tumor suppression）

癫痫（Epilepsy）

青少年糖尿病（Juvenile diabetes）

细胞死亡时钟（Cell death clock）——150 个基因

学习障碍

双相抑郁症（Bipolar depression）

心脏疾病和冠状动脉疾病——超过 200 个基因，由芬兰基因公司发现

上面的例子不过是沧海一粟。科学家们发现了数以千计的基因。截至本书问世时，还将会有更多新基因被发现。这一领域的科研日益精进，我无法控制住自己想再举一个例子的心情：

·科学家们正致力于研发出一种新形式的 DNA 疫苗，这种疫苗能在多种不同情况下保护被种疫苗者，从被蛇咬到被感染艾滋病（HIV）。方法是直接注射抗体产品。

·美国马萨诸塞州（Massachusetts）的生物技术专家们取出动物基因中组成促进生长的蛋白质的基因，并把它们放入牡蛎体内，让牡蛎能够更快发育成熟，更快产出珍珠。第一批接受实验的牡蛎比普通牡蛎提前 2.5 倍时间长出牡蛎壳，而且，它们用更短的时间长出更大的珍珠。这些将会对珍珠的价值产生什么样的影响还不得而知。

·英国伦敦的一个医学小组在一项针对同卵和异卵双胞胎的研究中发现 80% 的痤疮是受遗传基因控制的。吃错食物和用了油腻的化妆品等外在环境影响，均非重要因素。他们即将发现控制痤疮的基因，这将会带来更加有效也更低廉的痤疮治疗方法。

·德国耶拿大学（Jena University）的汉斯－海因里希·卡特（Hans-Hinrich Kaatz）和他的同事做了一项实验，实验结果表明被引入到转基因植物中的基因进行了物种跳跃，从植物体内跳跃到了以这种植物为食的动物的肠子里。这种跳跃基因能否通过从病毒体内跳跃到伺主身上进而改变伺主的遗传结构而加快进化的脚步呢？弗雷德·霍伊尔（Fred Hoyle）在他的新书《我们在宇宙中的位置》（*Our Place in the Cosmos*）强烈支持了这种观点，我们会在第 6 章中涉及到更多细节。

·美国俄亥俄州西南端工商业城市辛辛那提（Cincinnati）的研究人员发现了基因的微小变动将会怎样影响一个人滥用鸦片的可能性，以及用来区分谁是不可能滥用海洛因的人或者谁倾向于滥用。类似的研究结果会让我们在未来能更轻松地查明和预防毒品上瘾。研究人员已经确认了这一发现，并已经找到几个新的基因变体，其中之一似乎能产生预防毒品上瘾的作用。

·一组被称作新基因（novel genes）的基因似乎在一个人开始患上前列腺癌的时候经历某种变化。这可以适用于早期预防。现在研究人员所需要做的就是找出应该如何操控这一基因，进而可能逆转这一过程。

·人类 7 号染色体上的 FOXP2 基因的突变被证实可以引起某种语

言障碍。这一基因似乎对人类发展正常的说话和语言能力来说是不可缺少的。

· 17 个环磷腺苷效应元件结合蛋白（CREB）基因对人类学习和记忆机制起着至关重要的作用。如果它们中的哪一个不能正常工作，人体就不能形成长期记忆。大脑一旦开启一段新的记忆，这些基因就开始活动。这意味着学习行为本身其实是开启这些基因。这对于基因和 DNA 的进化产生了很大的争论，因为它清晰地向我们展示了自然和后天培养是如何紧密结合并工作的。这是一种介于刺激和反应之间的一种互动行为，它可能在一些特殊情况下，解锁内含子和垃圾基因，让这些之前无用的基因得以释放，从而引起基因组进一步的进化和激活。

· 赖氨加压素（Vasopressin）和后叶催产素（Oxytocin）是刺激黏结性能的两个激素。后叶加压素受体基因位于人体的 12 号染色体上，且受一个其长度根据物种而变化的启动子控制。在啮齿动物中，它似乎对一夫一妻制关系起作用，用人类的话说就是它控制着一个人是否陷入爱情。不同人的启动子长度也有所不同。这或许可以解释为什么有一些人不能维持一段正常的恋爱关系。我们同样可以从中推出一个人离婚的可能性极其可能也是遗传性的，同样，一个人能否获得一段时间长且令人愉快的婚姻关系也是有遗传性的。

· 目前，有一些关于我指出的难懂的暴力基因的新证据被提出。位于伦敦的一间精神病研究机构告诉我们一个非常有趣的线索。这一线索是关于反社会行为如何受基因和环境的双重影响而产生。他们对一批新西兰人进行了检测，试图证明一个被虐待过的儿童可以引发反社会行为；他们发现事实确实如此，但主要是针对具有某种基因型的个体。一个男人在他孩童时期曾被虐待，并且他的 X 染色体上的单胺氧化酶 A（monoamine oxidase A）基因呈现"低活力"状态，那么他将更容易犯罪。这类人在人格测试中会被描述为暴力和呈现反社会特征的人。而那些相关基因呈"高活力"状态的人则更加能够克制来自童年被虐待经历的这种影响。高活力和低活力基因的区别同样也在于启动子的长度。长启动子和短启动子产生低活力基因，长短适中的启动子产生高活力基因。

· 人体抑癌基因能够让你不受疾病和衰变的侵害，但这个基因同时也决定你将有多大概率患上癌症以及衰老的速度。它可能是癌症形成中最重要的分子。这一基因本身如果有什么缺陷，或者是它控制的任一活动有所缺损，都将会被卷入几乎所有的肿瘤形成过程中。经过25年研究，我们最后终于开始明白这一基因是如何运作的，以及它是怎样引起，或者防治癌症的。

·霍华休斯医学研究院（Howard Hughes Medical Institute）的研究人员发现了许多新基因，这些新基因控制着微小，毛发似的纤毛的形成。这些纤毛覆盖了许多器官的表面，存在于很多种类的生物体中。纤毛也存在于我们人体中。我们的大脑、鼻子、耳朵、眼睛、肺部、肾和精子中都存在着纤毛。这些基因是非常重要的，因为纤毛不管生长在哪里，都是负责运输和感知的结构。

我之所以在这里展示了一些基本的例子，是为了表明在过去的25年里基因领域的科学有了多么大的发展。那些过去对我们来说遥不可及的事情，在今天已变成了现实。我们大大推进了知识边界的拓展，远远超过我们预想能做到的程度。但随着我们不断了解，我们越来越意识到我们所知的是何其浅薄。每一项新的进展都仿佛向我们打开了通往科学新世界的一条路。我们必须时刻提醒自己，即使我们现在了解到的一些新事实，也有可能在未来被发现是错误的。但对发现和探索的渴望早已扎根人类的基因。我们不会停止探索的脚步，为此至死不休。所以，当我们在发现新的科学突破，并庆祝它对我们产生了多么重要的意义时，我们也应该庆祝史前历史的一些古老真相正向我们展开面貌。我们的祖先留给我们一些线索和信息。他们期望我们无须重新经历他们探求知识的艰难之路，即可站在他们的肩膀上发展。人类是一个脆弱的种族，时刻行走在刀尖上，在摇摇欲坠之间努力找寻平衡。一方面，我们可能朝着成为宇宙社区的一员而快速进化，另一方面，我们可能朝着种族的灭绝甚至星球的毁灭而进化。我们前面要走的路已清晰明了，但我们必须找到一个能够快速解决几千年以来的宣传，宗教压迫，教条主义和那些在我们人性中根深蒂固的恐惧所造成的影响。这将让我们能够从真正的造物主那里获得某种神奇的力量，从而解脱困扰我们自身的束缚。

自从1977年人类发现断裂基因（split genes）以来，许多科学家就为内含子和垃圾DNA的存在撰写了多篇文章。数不胜数的理论层出不穷，都试图解释这一令人费解的现象。这些理论包括：内含子和外显子的关系和相关性；不同选择机制；选定的基因复制；基因为了"最适合"条件而自适应；构造型选择和构造型优势；本性－教养争议；低基因多效性和高基因多效性；基因型与表现型（genotype-phenotype）关系；蛋白质进化；原型基因（proto-gene）的初始效应；临界区和非临界区；自私的 DNA；DNA 排序的竞争；新基因的进化和基因组的增加；有用的基因；外显子堵塞；高模块性和低模块性；折叠的基因及其影响；外显子的竞争；内含子随机插入，以及许多其他或者更复杂或者更简单的理论。这一切看上去有点不可理喻，是不是？

然而令我感到奇怪的是所有这些理论都只是从一个角度来切入这个话题的，那就是内含子和垃圾 DNA 只是基因组空间上的一种浪费，它们唯一可能存在的作用还与其所处位置本身有关联。它们可能在 DNA 分裂中起到一定作用，但因为所有的内含子在 DNA 复制分裂之前都会被 mRNA（messenger RNA，信使核糖核酸）所丢弃，内含子实际上就没有存在的必要，而且浪费空间，就像人类基因偶然产生的一次性副产品。但既然人类有 99.9% 的 DNA 是完全相同的，为什么这些废置的空间仍出现在我们的 DNA 里呢？进化既然更青睐主导性的重要基因，那么 DNA 是如何进化成现在这种形式的呢？科学家们应该丢掉教条的想法，重视那些从考古发现中得来的智慧，认真地去考虑这样一种观点：我们是在约 20 万年前按照创造者的形象被创造出的。而我们 DNA 的组成正与这一事件有很大关联。

进化论和创世论之间并非一定要争论不休，只是大部分科学家都被进化论教条所蒙蔽，他们草率地拒绝认真考虑相对较新的苏美尔人对亚当创世论所进行的诠释。如果我们能够动脑筋去思考这遥远的令人惊讶的童话故事，我们或许有能力把那些看起来不合理的不同结果紧密结合起来。我们在这些被浪费的空间上都拥有一样的基因组，根据亚当的染色体和夏娃的线粒体，我们自从被创造出来就都拥有这些基因。让我们不要忘记这个非常重要的准则，那就是"我们是按照造物主的形象被创造出的"。如果你相信这点，那么你就要相信我们的骨骼和性格都是遗传自造物主的。这些都是非常重要的线索，有助于我们得出有逻辑性的结论。基因组意味着生命的长度，我们具有与捐献给我们基因的人，也就是我们的造物主一样的生命长度。而后通过转移或者减少绝大部分基因（97%），使我们成为一个不够聪明的，原始落后的，并且处于仆从地位的物种。但是，造物主身上那些不受欢迎的基因也被遗传给了这个新创造出的物种。

　　如果上面那些都是真的，那么我们就有以下疑问："我们的造物主是谁？他们是如何进化而成的？他们究竟有多聪明？与我们相比，他们的基因组有多少是活跃的？"按照我的理解，如果他们有完美的完整基因，他们当然就不会这样行动了。他们在这个星球上制造了一个大麻烦，让他们的后代们在宇宙这个大社区的幼儿园独自生存打拼，并且努力谋求食物养活自己。当我们开始殖民火星时，我们是否也会如此行事呢？

第6章 胚种论

我经常感到困惑，如此多的关于外太空生物的描述总是如此相似。所有那些声称自己曾被外星人绑架或与外星人接触过的人，大多都用一种十分相似的方式来形容那些外星来客。奇怪的是，这些外星人似乎拥有跟人类相似的特征，并非奇形怪物。难道仅仅是因为那些声称目击过外星生物的人被施加了幻觉或被发送了跟我们人类形象相似的图像进入脑中？或者这会不会是大众媒体和那些为了让屏幕视觉效果优美而把外星人描绘得跟人类相像的电影的影响？又或者会不会存在一种关于这些令人感到好奇的现象的更富有逻辑性甚至科学性的解释？

我们已经知道地球并非宇宙的中心，而且宇宙是无穷尽的，我们可以开始对宇宙所有新的可能敞开我们的心扉。但我们意识到一个真相，人类远古的祖先非常了解宇宙的秘密，尤其是天文领域。与当今的我们相比，古美索不达米亚人、古埃及人、古希腊人、古代中国人拥有更渊博的关于宇宙的知识。他们了解行星和太阳系，而西方世界的我们只是在20世纪下半叶才开始发现。

这个19世纪70年代被重新引入现代宇宙学视野的宇宙现象其实是源于古希腊的概念：有生源说。这个词可以被翻译成"无处不在的种子"，第一个提出这个概念的人，据记载，出生于公元前500年小亚细亚的克拉左美奈（Clazomenae）的古希腊哲学家阿那克萨戈拉（Anaxagoras）。他生于名门望族，一心要将自己全身心献给科学，他放弃了财产，把它全数让给了亲戚们并搬到雅典，在那里他一直和伯利克里保持亲密联系。在伯罗奔尼撒战争（Peloponnesian War）爆发前夕，他被判亵渎神灵，即"否定被国家崇拜的神灵"。他不仅享有作为让哲学在雅典生根发芽并繁盛了数千年的奠基人的荣耀，而且他也是第一个介绍关于赋予物质生命和形式的精神法则的哲学家。阿那克萨戈拉在他散文著作《论自然》（*On Nature*）

提到他的学说，但著作只有部分保存下来。阿那克萨戈拉假设宇宙空间中独立存在的元素能制造生命。他把它们称为种子。它们是不能分割的最高级元素，是无穷无尽数量的不朽原基，拥有不同的形状、颜色、味道。后人把它称为"omoiomereia"，这是亚里士多德（Aristotle）的说法，意思是"与其他粒子和整体相似的粒子组成它自身与整体"。

古代众神如何在最奇怪的地点最奇怪的时间创造他们的形象，这让人觉得很有意思。在这里，我们试着阐明这个截然不同的命题的起源，虽然我们意识到我们的主人公阿那克萨戈拉的一生深深被古代神灵所影响，因为他否认被现代城邦所供奉认可的神灵。很显然，希腊当权者极力推崇古代诸神。而一个哲学家因为否定诸神而入狱这件事对支持"古代皇帝受到众神真正的控制"这一奇怪理论的负面影响很大。随后我们将会发现，他们的控制会是绝对专制的。

当"有生源说"再次被少数严谨的科学家提出时，它遇到了许多批评和嘲笑，那种纵观人类史上的有识之士常体验到的那种嘲笑。亚里士多德2 400年前提出的"无生源说"在某种方式上也成为其中的一部分，成为人们更乐于青睐的哲学直到现在。不管怎样，"无生源说"被神灵论者极度滥用和误用以支持他们狭隘的宗教信仰，这种信仰描绘了一幅亚当和夏娃在伊甸园里的浪漫画卷。

随后在1864年，路易斯·巴斯德（Louis Pasteur）用他里程碑式的实验震惊了科学界，推翻了"无生源说"的概念。这个发现也对医学产生了实际性影响，证明了细菌是首要的病原和载体。在使用无菌试瓶的一个简单实验中，他证明了一旦细菌进入了试瓶就可以繁殖，而且纯空气不能触发微生物的生长。正如巴斯特写道："能确保不携带细菌，没有相似的母体的微生物诞生的环境仍无法确定。"他清楚地证明了生命源于生命体。如果这个理论被认可作为生命起源的基本理论，纵使今天我们也许仍对地球上的生命如何产生感到疑惑，但至少我们将会用不同的方式来看待这个问题。我们将认为这里的生命需要接受某种形式的播种，而我们将调查这种播种的可能原理。细菌和其他微生物可能来自太空吗？它们经历过长时期的严酷条件、辐射、极限温度仍能存活吗？甚至几百万年也可能吗？

自从巴斯特得出了这个发现，许多科学家用他们的声音和实验来支持他的成果。但是，当19世纪70年代英国天文学家弗雷德·霍伊尔（Fred Hoyle）和钱德拉·维克马辛（Chandra Wickramasing）重燃了国际范围内的对"有生源说"的兴趣时，巴斯特和他的"无生源说"真正的烦恼来临了。尽管他们陈述的理论作为一种过时的哲学而不被科学界主流重视，但他们的实验成果却无法忽视。随着时间流逝，这些复兴的理论吸引了日益增多的学者们的兴趣，他们的实验证明变得势不可挡。突然间，有生源说以天文学理论鼻祖的形式引来了一个全新的，更恰当的名字。但证明这个理论需要一些可靠的证据。毕竟，科学家总是说他们的工作与证据共存，难道不是吗？这真的是科学家与理论家最根本的不同，对吗？对我来说，随着时间的游走，科学的宗旨更倾向深深扎根于投机和可能性里，而非证据本身。甚至在无可辩驳的证据面前，总有些错误的元素潜伏着。这就是科学，科学将很有可能提升我们的能力，超越现实生活的需要而着实让我们与精神层面的东西接触。

　　所以，论证地球上的生命来自外太空的可能性需要一些太空生物存在的证据。如果它真的存在，它是怎样抵达地球的？一旦它到达地球，它将在生命起源、进化或者加速进化的过程中饰演怎样的角色？这正是弗雷德·霍伊尔和钱德拉·维克马辛在 19 世纪 70 年代早期所证明的。通过利用遥远星辰的光进行光谱分析，他们证明了星尘中存在着生命。这些星尘在茫茫宇宙中以恒星系统产物的残留物形式存在，携带诸如细菌这样的微生物。也可能是病毒和星尘里的其他有机生物。这些生命是太空星体发生宇宙大爆炸造成的结果，比如行星甚至超新星，当恒星大爆炸后，它的内含物会穿越遥远的太空传播开去，生命就这样诞生了。根据定义，这真的意味着宇宙必须被各式各样的生命物填满，考虑到宇宙的体积和年龄，我们可以判定有些宇宙碰撞已经有几十亿年历史了。还有另一个事实是，宇宙正以光速生长，制造着难以想象的无数的恒星和行星，创造着更多可以在太空碰撞的物质，在太空传播着更多活跃的微生物。既然我们有证据，下一步就是让世界相信这样的生命真的可以到达我们的星球或者其他星球。很显然，这些微生物只会在拥有利于它们生长条件的星球生存和繁衍。所以，这充满了生机的星尘是如何到达我们的星球和其他行星的呢？

　　我们将讨论在太空中的小行星和彗星的存在。彗星可能是宇宙中最迷人的物体。我认为宇宙，除了太阳系外还存在其他许多星系。我们研究彗星越多，就越让我们惊奇；每年都会揭示令人惊叹的新事实。最新的估测是，太阳系里的彗星实际上超过了行星的总质量。如果这是事实，大部分关于他们可以在整个太空中分散传播活的微生物的证据也是真实的，这无疑把彗星变成了太空中主要的生命传播者。

彗星被认为是太阳系生产物的残留物，还被描述为巨大肮脏的绕太阳旋转的雪球。这些轨道非常不稳定，环绕时间可能从几年到几千年不等。小行星，被认为是行星或卫星由于宇宙碰撞而产生的残留物。现在仍然存在很多关于这两个区别的争论。有可能小行星只是冰和污尘被烧毁，在超过几千年的宇宙旅行中蒸发殆尽的旧彗星残余——或者是太接近太阳或者是辐射热量，甚至有来自遥远恒星的持续不断辐射和太阳风的其他大型星体。

随着彗星和小行星飞越太空，它们携带上来自星际尘埃的细菌生命，这些生命被嵌入到冰和岩石里。在太空之旅的全程中，彗星上的冰覆盖并保护微生物。彗星成为生命的载体，它们在太空旅行的时间总共算起来可以超过人类在地球上的寿命。最新的研究结果表明，微生物在合适的条件下可以无限期生存下去。这意味着一旦现有的太空星尘嵌入到彗星，它可以一直生存下去直到寄居在一些环境舒适的星球为止。

彗星背后的尾巴非常壮观，能延伸数百万公里。它由气体和尘埃组成，从核头释放出来，包含许多这样的微观粒子。如果没有数百万也有数千计彗星靠近地球，从他们的尾巴留下数 10 亿英里的太空碎片。这些彗星穿过许多行星的轨迹，留下活跃的碎片等着扑向下一个宇宙天体。当彗星接近太阳，它们的活性增加，每一天排放高达 100 万吨的气体和灰尘进入太空。行星绕着太阳转时它们将不可避免地穿越过这被行星万有引力牵引着的生命碎片。

但究竟有多少这样的彗星存在呢？过去可能有数百万从太阳附近飞过，但太阳风会不会把它们的尘埃带去宇宙深处？这正是神奇的人类价值重现的地方。19 世纪 60 年代，阿波罗登月前后，人类的太空活动增加，美国中央情报局的摄像在寻找敌人的导弹的拍摄过程中看到很多爆炸发生于太空边际。显然，那时他们正等待着来自苏联的攻击，所以，这些宇宙爆炸着实吓了他们一跳。但幸运的是，他们很快意识到那并不是敌人的攻击，而是彗星和其他直径 30—50 米的太空物体在进入高层大气时发生的爆炸。这些信息直到 1994 年仍保持高度机密。

自苏联解体以来，美国中央情报局似乎放松了一些，在 1997 年 5 月 28 日，美国宇航局宣布了一条令人难以置信的消息：每天有成千上万颗"像房子那么大"的彗星进入地球大气层。事实上，它们在地球上空

1 000—20 000 千米的高空被打碎和销毁。美国宇航局首席研究员，路易斯·A. 弗兰克（Lewis A. Frank）博士形容彗星的残余物像"相对温和的太空雨"。这个信息正好支撑了所有地球上的水资源初期可能来自外太空的理论。

很多科学家大力支持生命分散于太空的观点。艾萨克·牛顿（Isaac Newton）爵士只是他们其中一员。他相信持续不断的彗星物质到访地球对地球上的生命来说是必不可少的。从那时起，人类已经计算出每年大约1 000 吨的彗星碎片进入地球大气层。

彗星和小行星的撞击要么在大气层爆炸，要么在大气层燃烧。这些太空物以难以置信的10—100 千米/秒的速度在宇宙中穿梭。由于彼此间未发生摩擦，速度不会受到影响。如果这些物体被吸引向一颗星球并进入它的大气层，速度则会产生变化。大气层中的摩擦阻力开始减慢物体的速度，并在此过程中燃烧。这成为美国宇航局面临的一个主要障碍：如何保护从太空中返回的航天飞机使其不被烧毁。我们看到的悲剧事件是，当一些起保护作用的瓷砖脱落后，哥伦比亚航天飞机从国际空间站返回地球的过程中由于持续加强的高温而解体。

现在我们知道地球正置身于持续不断的小宇宙爆炸中，我们也目睹了我们的邻星木星在 1994 年与一颗巨大的彗星发生冲撞。我们意识到行星和卫星身上的火山状印记实际上是来自于遥远的过去发生的大型撞击。小行星带看起来像是一场宇宙碰撞后遗留下来的残余物。难道地球就不可能在某种程度上也参与了远古过去的一场宇宙大碰撞吗？地球与另一颗星球的碰撞可能导致了污染以及两个星球之间的生命种子得以分享。当它们分开后，地球开始环绕太阳的轨道运动，另一个星球则旋转至宇宙深处，跟许多其他彗星的轨道十分相似的轨道中。随着这些行星的进化，它们身上携带的生命也随之进化，它们可能会共享许多相似的动物种类和因共享生命种子而长出的植物，在碰撞过程中不断传输生命之源。我们应该为在两颗星球上找到相似的动物种类和植物种类感到惊讶吗？考虑到它们共享生命之种，它们也应该用相似的方式沿着相似的道路进化，这看起来是一种很可行的解释。当数千年环绕太阳一圈的更大的星球上的类人形生物来到地球考察人类活动时，我们应该为遇到与我们共享许多相似人类特征的外星人感到意外吗？稍后我们在解开苏美尔经文之谜后再讨论这个话题。

彗星和小行星在大气层发生爆炸，巨大的空气压力在爆炸之前形成，导致他们在还没接近地面就炸裂了。当然，也有的彗星和小行星撞击到地球地面上而爆炸。这些场景我们在科幻惊悚片里司空见惯，但我们却意识不到它有多真实地发生在我们身边。正如他们所说，"事实比科幻小说还离奇"，这也当然适用于我们身边正发生在宇宙中的事情。

最著名的宇宙爆炸发生在 1908 年 6 月 30 日的西伯利亚（Siberia）中心，通古斯加（Tunguska）上空的流星体大爆炸。这次爆炸把方圆约 15 公里内数千万公里的森林夷为平地。爆炸声在 600 公里外都能听到，1 000 公里外都能看到。通古斯加大爆炸发生后不久，从法国巴黎发出了报道，行人都停下来，观看自东方发出的，令人恐怖的，不同寻常的闪光。该物体极有可能是一颗直径约 60 米的流星，因为同样尺寸的彗星将在更高的大气层中爆炸，然而无人调查该现场，直到 20 年后仅剩下零星的证据。当时一定有某种指向西伯利亚的磁力彗星，因为 1947 年相似的大气层爆炸再次发生。可怜的俄罗斯人。就入侵的流星而言，一次大气层爆炸造成的影响比全面撞击柔和得多。它允许流星的成分散布到一片广阔区域，而不致被撞击产生的震动摧毁。无论如何，若天体在地面附近爆炸，对行星所产生的影响则更具毁灭性。在日本投下第一颗核弹之前，二战的炸弹专家已经了解到这一点。

1965 年 3 月，一个直径为 7 米的物体，在加拿大雷夫尔斯托克（Revelstoke）上空大约 30 千米处爆炸。调查者们迅速到达并还原了许多只有几厘米大小的碎片。令人惊奇的是，它们中大多数并没有为高温所改变，这证明，活细胞太空输送机制不仅看似合理，且极具合理性。但是，大多数有机空间物质以灰尘的形式来到地球。这种输送体系远远超出小行星和彗星撞击存留的生命物质。因此如果生命能够在大规模撞击中幸存下来，那么，它们又如何以灰尘颗粒的形式穿越大气层而幸存呢？高温，X射线甚至是紫外线辐射就一定能够杀死那些暴露在外的微生物吗？关于这种从太空向地球运输生命的方式，已经有了一些令人吃惊的发现。

许多细菌不仅能够在超出人类限度 3 000 倍的紫外线辐射程度下幸存，竟然还可以在比水的沸点还要高的温度中旺盛地生长。细菌和病毒在传播新型疾病的时候，因为拥有迅速变异的能力而闻名，这能够在医药领域以及抗生素的准备上引发浩劫。因此，他们能够从一种在太空中生存的形式迅速演变为适应地球环境。细菌其实已具备了内置的细胞装置，帮助它们在太空中急剧升温的情况下生存。这种装置被称作热休克蛋白。它能够在几秒钟内对细菌外部的刺激做出回应。似乎这种热休克蛋白与诸多物种都有极为密切的关系。它就是一种保护机制，使得有机体即便遇到激烈和突然的温度变化也可以活着到达地球。我相信，一旦基因工程师们弄清楚如何将这些基因整合到人类 DNA 中，这些蛋白质会成为他们非常感兴趣的主题。在基因工程中，一切皆有可能，甚至开发出一种新的，与能够耐受温度突变的细菌类似的人类特质。这将对我们人类的宇宙空间开发探索提供很大的帮助，也有可能成为帮助美国国家航空航天局（NASA）到达太空中更多适合居住地方的必要科研过程。

回看太空中的这些微生物，可以确定的是，一个只有几微米厚度的尘土层能保护它所包裹的微生物成功抵挡紫外线辐射，当微生物在穿越地表上空约 120 千米处的中间层向地面移动时，中间层的许多气体也会保护它们不受 X 射线伤害。接着，他们会用几天时间下降穿越平流层，在平流层，臭氧保护他们不受紫外线辐射伤害。再接下来，他们快速下降到地表，那可能是山顶、沙漠，或者树木繁茂的地区。基本上，他们分散到了地球上每一个角落。

我们在夜晚都看到过流星，我们中许多人都会快速许下一个心愿，因为在过去某个时代，这成为了一种仪式。我一直好奇，这种传统的起源，与古代人们相信彗星和流星经常与瘟疫和疾病相联系，是否有关？当时，这种心愿很可能是，祈祷者对健康的希望，以及保护他们不被空中这个燃烧的信使带来疾病而困扰。我们在夜晚看到的流星，其实是太空中小流星进入大气层，燃烧并坠向地面的现象。他们中一大部分都蒸发掉了，但确实也有许多掉落在地表。所以，每次当你看到流星时，你就可能见证了一个外星生命到达地球。如果流星在大气层中烧尽，微生物能在这次旅行中幸存吗？当只有几厘米大小的流星体撞向地球，他们燃尽、蒸发。大气层中针头大小的颗粒会以每秒 10 千米的速度移动，它的表面会被加热到 3 000 摄氏度。这足够杀死任何一种进入大气层中的生物。但是细菌和病毒的尺寸比针头小得多，他们在进入大气层后，表面会被迅速加热到 500 摄氏度，但这足够杀死他们吗？

威尔士大学（The University of Wales）用大肠杆菌做极端气温实验，来检测细菌是否能够承受约 20 秒内，温度快速上升至 700 摄氏度。令人吃惊的是，细菌在实验中幸存下来了，在被放入培养液中后，细菌又回到正常状态。这些实验温度，比大气层加诸微生物的更为极端，在大气层中，

爱神星

怀尔德
二号彗星

位于南非比勒陀利亚市的火山口

月球上的陨石坑

水星表面
的伤痕

木星的卫星
木卫四

图 6.1　天体表面撞击坑的证据，事实上所有天体都有撞击坑，这提醒我们，在
　　　　宇宙爆炸的过去，生命的种子被散播到全宇宙。

微生物会迅速减慢速度，仅仅暴露在高温中几秒，就会慢慢降落到地面上。

霍伊尔（Hoyle）和维克拉马辛（Wickramasinghe）因为他们的提议，受到了很多嘲笑，但通过他们杰出的进一步科学论证，他们的批评者们都哑口无言。而当今时代，太空中包含生命要素已是普遍接受的理论。但他们的理论对某些人来说走得太远，他们提出所有生命均来自太空，包括细菌、病毒、原生动物、种子、花粉，其他包含更复杂 DNA 的有机物质，甚至是幼虫等。

还有一种被称做盖亚（Gaia）的地球生命演化理论，这一理论是在 20 世纪 70 年代初由詹姆斯·洛夫洛克（James Lovelock）提出的，他提出生命控制地球环境，使之更加适宜生命生存。就是因为这种胚种论和盖亚的结合理论，被他人称为"宇宙祖先论"：达尔文进化论和自发创造论的奇怪组合。至少我的理解是，它假设进化掌控着所有活着的生物，生命在它来到地球之前就已经存在了，而地球只是生命在传播到其他行星上的过程中，自然选择普遍路径上的一个站点。至少这是我的理解，我发现这一点很困惑而不必要退一步说明。更符合逻辑的是，宇宙中所有行星，都曾经或者将要经历一个持续的、暴露在由星际微生物产生的新生命之下的阶段。有些行星拥有生命的历史比其他行星早很多，并且在时间的推移中，生命也进化了很多，但最大的问题仍然存在——在生命如此成功地散播到整个宇宙之前，原初的生命形态从哪里开始？这个问题更像是给哲学家的，而不是给生物学家或者科学家的。因此我要把这个问题留给他们去辩论。我们将会看到，一些有关我们作为人类起源的问题，可能会把我们引向某些异端的回答，引向那更为重大的，有关生命本身起源的问题。我必须指出，在这本书中，我的目标是探索人类起源的事情，而非去探索生命的起源。下面列出的事件都可以作为宇宙祖先的证据，想要在其初始形态方面支持胚种论，没有什么比列出确凿的证据更加有效了。

表 6.1　近二十年探索生命起源事件

1995 年 5 月 9 日	两位科学家在加州理工大学展示，细菌在没有任何代谢的情况下可以存活 2 500 万年，它们可能是不死的。

续表

1995 年 11 月 24 日	《纽约时报》发表关于细菌能够在比地球更强的辐射中幸存的文章。
1996 年 8 月 7 日	美国航天局宣布在来自火星的 ALH84001 陨石中发现了古代生命的化石证据。
1996 年 10 月 27 日	基因学家展示许多基因比化石记录显示的时间还要古老的证据，随后的研究进一步支持了这一发现。
1997 年 7 月 29 日	一名美国航天局的科学家宣布陨石上化石微生物的形式并非来自其他星球。
1998 年春	俄罗斯微生物学家在一张 1966 年拍摄的陨石的照片上辨认出一个具有超磁性细菌的微体化石。
1998 年秋	美国航天局对"生命来自宇宙"问题公开立场的戏剧性转变。
1999 年 1 月 4 日	美国航天局官方承认地球上的生命来自太空的可能性。
1999 年 3 月 19 日	美国航天局的科学家宣布两块陨石带有确凿的火星过去生命的化石证据。
1999 年 4 月 26 日	美国航天局星尘任务中操作大型光谱仪的团队宣布在太空中探测到非常大的有机物分子，如此巨大的构成有机物分子的非生物资源尚属未知。
2000 年 10 月 19 日	一支由生物学家和一名地质学家组成的团队宣布了 2.5 亿年前细菌的复活，加强了细菌孢子不死这一事实。
2000 年 12 月 13 日	一支美国航天局的队伍展示来自火星的陨石 ALH84001 中的磁小体的生物学属性。
2002 年 6 月	遗传学家报告了从黑猩猩到人类的进化过程由病毒辅助的证据。
2004 年 8 月	一名美国航天局的科学家公布了陨石中的化石蓝藻的照片。
由布里格·克莱斯（Brig Klyce）整理。	

回顾历史，彗星一直和疾病瘟疫有关系。病疫紧随着彗星的临近而出现，又随着彗星的远去而消失。现在，我们也知道每天有成千上万颗小彗星在上层大气中蒸发，释放出它们珍贵的内容，降落在我们周围。病毒和细菌能够快速变异，悄悄进入我们的细胞，引起特定基因的随机变化。这

可能引起给定物种非常迅速的进化。这就引向一个结论——物种能够经历生理机能的飞跃进化。而且，这种进化早已发生。

在 2004 年 11 月 13 日，《新科学家》报道了一个例子，即大约 5 000 万年前蝙蝠的突然出现。这是一个真正的进化困境，因为直到现在尚未发现任何一种，介于啮齿动物祖先和现代蝙蝠之间的过渡动物化石。一个叫做 BMP2 的基因在大概 5 000 万年前，改变了这个状态。这个基因在蝙蝠中找到了，而在老鼠中没有找到。这一基因是如何突然出现的？根据我们在本书中提及的一些理论，很可能是基因组引起其自身进化，作为物种自我提升进程的一部分。这似乎有些牵强，因为它可能意味着，如果我们的反馈，或者自然选择进程决定，作为人类，飞行对我们更有益，人类可能会朝着这个方向进化，然后开始飞翔。但就我所知，这里有一个阻碍，如果人类基因组已经有其基础，或它的整个结构已预先确立，那么它一定处在某种暂停状态下，等待正确的基因序列来填补这一空缺。因此它们会拒绝与外来基因结合，只允许预定的基因来填补由无用 DNA 占据的不活跃空间。这只是在理论条件下的人类，因为我们怀疑我们的 DNA 已被篡改了。这并不适用于诸如啮齿类动物进化为蝙蝠那样的情形。所以，还有其他什么能够导致蝙蝠体内 BMP2 基因突然出现呢？实际上，霍伊尔已经展示，它可能是由病毒引起对物种 DNA 的影响，并引起细胞内部的某种变化，并最终导致了在遗传结构上微妙却引人注目的变化。

那么，什么是病毒呢？确切地说，当一种病毒影响我们身体的时候又会发生什么呢？生物学家们辨认出来的就有成千上万种病毒，但实际可能存在数百万种病毒。我们从患感冒和流感中了解病毒。一种相对普通的病毒，就可以引起难以想象的人类死亡。1918 年流感大流行造成了 2 000 万人死亡。仅仅在美国，每年都会有 36 000 人死于简单的流感发作。《哈钦森科学词典》（*The Hutchinson Dictionary of Science*）中对病毒是这样描述的："病毒是一种以 DNA 或者 RNA 为核心，由蛋白质外壳封闭的感染性粒子。病毒并不是细胞，他们只能通过侵入其他活细胞来繁殖，在那里，他们使用该细胞的系统来复制自身。在这个过程中，他们可以干扰、打断宿主的 DNA，健康人体通过产生一种叫做干扰素的抗病毒蛋白质来作出反应，尽力阻止感染传播到相邻细胞上，病毒迅速变化来防止宿主产生永久抵御机制。"

当我们患流感时，病毒攻击我们的细胞，破坏我们的细胞膜，将细胞内物质溢出到细胞间隙，这引起许多让人不舒服的负面反应：肿胀、疼痛、流鼻涕、头痛，炎症甚至更多。然后它与我们的 DNA 相互作用，首先通过分裂双螺旋链，并将其自身依附到其中一条链上。病毒接着会自身复制多次，而我们的身体则尽力以自身的免疫系统来对抗这个入侵者。有些时候，病毒会离开细胞，使我们 DNA 双螺旋结构的两条链重新结合在一起。DNA 双螺旋结构可能会错误地再结合，导致基因的不同活动。在那一刻我们开始了变异的可能，甚至向有机体进化迈出了一步。病毒能够如此迅速变化，因此新疫苗研发的速度很难赶上其步伐。事实是，病毒是为生存而造的最完美的生物。如果它们有能力入侵我们的基因组，并引起严重的损毁性疾病和死亡。它们是不是也可能同样引起好的影响，能够引发积极进化步骤的基因突变呢？病毒 DNA 的兴趣，会不会是发展一个更强，更有活力的宿主，来确保它自身的持久生存？在某些方面，这是对自私基因论的完美争辩。

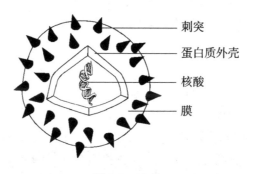

图 6.2　病毒

　　而另一方面，细菌也是微生物，每个细菌都是由无核的单细胞组成，事实上，细菌在地球上任何地方都能被发现。即使在高酸度，高温或者低温等不适宜的地方，都有他们的痕迹。有些细菌是有害的寄生物，因为他们能产生毒素。有些细菌可能对人类有益，甚至有些细菌对我们的生存至关重要，例如我们胃中的消化细菌。细菌有 DNA，同时也有叫做质粒的小型环状 DNA。这些质粒携带着额外的遗传信息，甚至可以在不同种类的细菌之间自由移动。质粒也负责细菌对抗生素的抵制，质粒在基因工程中，是一种非常有用的遗传单位。令人吃惊的是细菌能够在短短 20 分钟内自我繁殖，它们常通过二次分裂的过程分为两个相同的细胞，其他像变形虫这样的单细胞生物也同样以这种方式进行繁殖。科学家估计，我们只辨认出了地球上 1%—10% 的细菌，这个数据可能很难突破，因为每分钟都有新细菌从太空来到地球。

2004 年 10 月，《新科学家》发表了一篇文章，文中说到闪电是大自然的基因工程师，当闪电击中地面时，它杀死一定半径内的所有生物，但远处细菌的 DNA 发生了变化。来自里昂大学（the University of Lyon）的蒂莫西·沃热尔（Timothy Vogel）说，作为雷击的结果，事实上细菌获取了任意种类的游离 DNA。这就可以解释，为什么细菌之间基因互换是如此普遍。他们也提出这种现象会帮助细菌快速进化。直到现在，科学家们仍在因细菌的变化频率而感到困惑。因为新 DNA 出现的频率和他们的发现并不相符。这个新的发现，对解释地球上多种生命形式的快频率变化迈出了较大的一步。

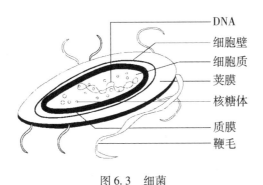

图 6.3　细菌

许多人认为细菌应该像令人恶心的小东西一样被新知识擦除。"我们不需要细菌，他们只会带来麻烦，引起疾病。"但我们应该认识到，如果没有细菌，就没有地球上的生命。当科学家们说宇宙中充满生命，这一观点由细菌的存在而支撑。

首先我们来看看，细菌在人类生活中扮演的角色。我们体内细菌数量要远远超过细胞的数量，事实上只要孩子一出生，他们就会随着母乳从母亲体内来到孩子体内。众所周知在婴儿体内，细菌平衡在婴儿成长过程中扮演了非常重要的角色。然而有些细菌是有害的，可能会导致生长发育减缓，而有的细菌对我们的健康十分重要，众所周知，它们能给幼童们多种益生菌，例如乳酸菌，会降低湿疹和过敏性反应在未来生活中出现的可能。下面来自《新科学家》的数据，为我们列出了生活在人类中的部分有益细菌。

表6.2　生活在人类身体里的细菌

器官	细菌
胃	乳酸菌、链球菌、葡萄球菌、肠道菌、酵母
	每毫升中有 0—1 000 个细菌
十二指肠	乳酸菌、链球菌、双歧杆菌、肠道菌、酵母
	每毫升中有 100—100 000 个细菌
小肠	双歧杆菌、拟杆菌、乳酸菌、链球菌、葡萄球菌、梭状芽孢杆菌、肠道菌、酵母
	每毫升中有 1 000—100 亿个细菌
结肠	以上所有加上梭杆菌、消化链球菌、大肠杆菌
	每克中大概含有超过 10 000 亿个细菌

弗雷德·霍伊尔写到，宇宙中任何地方都有有机生命，他用科学证据证实了他的说法。他说得很有道理，这样我们就可以非常容易地解释，在宇宙空间中，这样充裕的生命究竟来自于哪。如果你在一个有利的环境中放置一个细菌，它平均需要两个小时来完成自我复制。一个变成两个，两个变成四个，四个变成八个，以此类推。这意味着，到第一天结束的时候，你会得到一片小到肉眼都无法看见的细菌群落，但到了第二天，这个群落就会从 1 000 增长到 100 万个，变得能够被肉眼看到，大概是针头大小的十倍。到了第四天，你会得到 1 000 亿个细菌，质量大约为 1 克。五天内，菌群的质量大约可以达到 1 千克。在第六天，你会得到重约 1 吨的细菌群落。每天质量都会以 1 000 倍的速度增长，在第十一天的时候，就可以给你像珠峰那样大体积的细菌群落，第十三天，细菌群落的质量就可以达到地球质量那么大，我们的银河系那么大体积的细菌群落也仅需要十九天，长成已知的可见宇宙大小的细菌群落，只需要二十二天。因此，当人们问起，宇宙中怎么可能会有这样充裕的有机生命的时候，你可以用这些简单的事实，解释给他们听。

似乎空气传播的传染病、瘟疫、流行病，就像是从天而降的毯子，落在人们的身上。然而，千年来人们相信，科学界和医药学界的人们更相信，疾病是通过人传播到人身上的，不需要科学家即能断言，这些传染病不可能通过人传染人的方式，在几个小时或者几天内传遍全球。然而，这在每年流感季节到来的时候都会发生。这些疾病可以和一定数量周期性出现的彗星相联系，他们在不规则轨道上运行，当飞过地球轨道时，留下成吨的生活碎片。这也非常符合过去可怕的瘟疫的情形。看来很合乎逻辑：一颗彗星在空间中释放致命的，并非地球的病原体，在十分接近我们的地方飞过。几个星期后，行星自顾自地飞行，穿过了那些碎片，但却收集到了在其轨道上散布的致命细菌，在你知道之前，这个世界已被这些微观的"外星物种（致命细菌）"覆盖，它们能引起疾病和浩劫，因为我们身体必须去建立一套我们没有的崭新的抵御形式。

一些考古学家认为，法老利用病毒和细菌的知识，在他们的坟墓中施放所谓的魔法，即可将细菌和病毒放置在坟墓中。在坟墓中，这些生物只是简单地进入了暂停生长的状态，几千年后，盗墓人打开坟墓时，它们会被重新激活。美国不少著名考古学家在进入某坟墓不久后，离奇死亡的事件困扰了学者十几年，如果我们尝试着依据病毒和细菌来解释这件事，我们很快就可以驱散这件事中的黑色巫术，细菌在坟墓中被封闭了很长一段时间，它们原来的形式，在地球上可能已不复存在，这意味着，我们的身体会不适应这些细菌，在短时间内不能产生足够的抗体，结果是悲剧的。另一个类似的例子是史前污染，细菌在秘鲁金字塔上的砖中存活了 4 800 年，在一个保存完好的乳齿象内脏中存活了 11 000 年。

有些细菌则有更有效的生存策略：它们形成孢子，孢子带有厚保护性外壳，处于完全休眠状态的细菌细胞中。在这种情况下，他们能够永远地生存下去。《圣经·旧约》中的许多瘟疫能够被细菌现象非常顺利地解释，仅举一例，约公元前 1 200 年，上帝惩罚非利士人对希伯来人的进攻，使他们"患肿块于私处"，这里"肿块"被译成横痃（又称便毒），是鼠疫造成的后果。自 14 世纪以来人类感染鼠疫被完好地记载下来，一些科学家仍然坚信，鼠疫是由跳蚤从感染鼠疫杆菌的老鼠传播给人这一理论。然而这可能只是引起小范围感染的情形，将如此大规模的传染仅归因于老鼠和跳蚤是多么的不切实际。

那么我们在这章中了解到了什么？星体碰撞在几十亿年间一直发生着；小行星，特别是彗星，是宇宙中生命的携带和散播者；生命在太空中

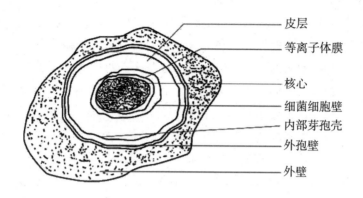

图 6.4 孢子

皮层
等离子体膜
核心
细菌细胞壁
内部芽孢壳
外孢壁
外壁

的任何地方，无处不在，数百万年来，在每天每秒中，生命都从太空来到地球。我们也同样发现，细菌和病毒能够非常迅速地变异，并且极有可能通过与动植物 DNA 的相互作用，导致动植物的变异，而电流和其他环境因素也会引发细菌和病毒自身的变异。所有这些信息都引向一个结论：胚种论不再是科学中的一个可疑的部分，而是生命如何到达地球的支配性理论，行星之间更大的宇宙碰撞，会导致他们各自大部分有机体的转移或者共享，这将可能导致两个独立星球上生命的平行进化发展。

因此，如果我们能够接受过去30年的这些科学发现，为什么我们不该接受一个和我们相似的物种，在一个平行的行星上进化的可能？现在我们需要去证明在我们自身太阳系的深处存在一颗这样的行星，而且我们也许有一个非常好的答案来说明，为什么外星人经常被描述得和我们人类惊人的相似。

第7章　X行星

那一年，我21岁，正在念大一，渴望能成为一名流行歌手。然而，在我的内心深处，那种潜在的科学家精神不停敲打着我的心，我经常被相关新闻所吸引，我的那些玩音乐的同伴们都笑话我太无聊了。偶然的一个机会，我看到电视上关于X行星的片断报道，一下被吸引住了。科学家们认为他们或许发现了太阳系（the solar system）里在冥王星（Pluto）之外的一颗新行星。那篇报道看上去非常有说服力，它引用了一些很让人信服的宇宙学家们的话。但那天却是我最早也是最后一次听到相关信息。我原本以为能在第二天的报纸上读到相关报道，或者在某些周刊上找到相关文章。但我最后还是深深失望了。没有一家报纸的任何一篇文章与我那天看到的内容相关，甚至没有一个人记住这事。不幸的是，那是在互联网问世13年前，要想找到有关这类话题的信息非常困难，尤其是对媒体控制非常严格的南非。所以，在一个很短的时间内，我被燃起了好奇和想象之心，但却只能日复一日地观看夜空中漫天的星星。在那之后的几年，我慢慢对多样化的宇宙和文学产生了兴趣。我从没意识到X行星曾被多么认真地深思熟虑过，也不曾知它曾被那么多精力充沛的天文学家和宇宙学家们所研究。那篇让我感触颇深的报道取材于1982年6月19日《纽约时报》上的一篇相似文章。在那篇文章中，作者暗示在太阳系边界外，有一个巨大的物体正在用力拉拽天王星（Uranus）和海王星（Neptune）。这将引起重力波动，并让它们的轨道偏离常规。这股力量暗示在远处存在一个巨大的，肉眼不可见的物体，这无疑让宇宙深处还有另一个行星的存在这种推测增添了几分可信度。

在过去20年里，行星的发现更多依赖于数学的发展而不是依靠更高性能的天文望远镜。天文学家在约200年前预测到了天王星的存在，在约150年前预测到了海王星的存在，他们现在同样预测在冥王星之外还有一颗更大的行星存在。因为外围行星的重力轨道并不规则，这让天文学家们坚信在更远的地方有一个被称作 X 行星的行星存在。

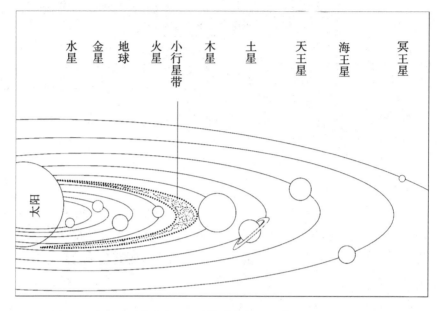

图 7.1　小行星可能存在于一颗被称作提亚玛特（Tiamat）的行星上

　　我们所处的太阳系位于银河系（the Milky Way）中一个相对安静的区域，但却有一段暴乱的岁月，这些可以从今天我们周围的全部行星上都存在的大量火山口看出。如果你用双筒望远镜观察月亮一段时间，你会看见无数的火山。距离我们最近的这个天体在上亿年里都饱受小行星和其他飞行碎片的轰击。水星、金星和火星也有着同样的经历。其他气体行星周围的众多卫星也同样带着宇宙爆炸所留下的伤疤。事实上，我们的地球能够远离大规模的宇宙爆炸，而拥有一段很长的相对安静时间允许生命的产生发展和繁荣，这实在是一个奇迹。好吧，其实 6 500 万年前，据说最后一个巨大的小行星冲撞地球，从而引起了恐龙的灭绝。这个小行星就是 K－T。让我们从一个更广阔的视觉来看一下我们在宇宙中的位置，这样能够让我们对整个宇宙有一个更清晰的了解。

　　宇宙大爆炸理论似乎是最流行的解释宇宙起源理论了。这一理论假设在大约 138 亿年前，宇宙是从一个点爆炸而成的。这个点爆炸出了恒星和星系，并以光速向外扩展。最近我参加了一个南非出生的天文学家托尼·

瑞海德博士（Dr. Tony Readhead）的讲座，他是加州理工大学宇宙背景图像计划小组的组长。在讲座上，他分享了几张令人惊奇的图片，这些图片是通过新一代无线电天文望远镜得来的。礼堂中的听众们随着图片经历了一场从地球到宇宙深处的旅行，我当时的感觉是好像在时间中旅行一般。那些星系，星系团和类星体的图片彻底迷住了我。他后来拿出一张 138 亿年前的照片，那一刻，我整个人都激动了。那是一片漆黑，除了一个点外什么都不存在。任何我们能看见或想象的事物都不存在。我们那一刻穿越到了宇宙的边界。令我们感到神奇的是，就算穷尽我们所知，也没有谁胆敢猜测这个点背后可能存在着什么。不管怎样，如果你能沿着这个点继续往前走，走一段很长的路，你可能会发现另一个宇宙。如果空间是无限的，一切皆有可能发生。但这离我们太过遥远，还是让我们冷静一下头脑，回到我们更加熟悉的这个实际宇宙。

宇宙持续扩张，以一种不可想象的速度飞快地产生新的恒星。似乎，这种跟我们的行星系统类似的系统及其全部行星，卫星和其他天体是随着恒星（也就相当于我们的太阳）的产生而由气体和灰尘所组成的。第一批恒星是由大爆炸产生的氦气和氢气组成的，因而不可能有任何行星，因为它们至今完全没有重元素。而重元素的存在对于行星的形成是不可或缺的。一直到第二代恒星开始在宇宙中爆炸和扩散，这些重元素才得以产生。这些对行星形成至关重要的重元素是通过恒星的核合成而产生的。一个恒星形成，伴随它形成过程中的那些碎片则将分散在宇宙中，它们可能会被新的行星吸入，从而为新一轮恒星的形成做准备。

此前我曾提到在 1994 年业内曾有过一股很大的怀疑思潮，怀疑宇宙中除了太阳系之外的其他恒星是否真实存在。但也正从那时开始，许多新的行星被人们陆续发现。人们相信跟我们的行星类似的系统并不是孤立存在，它们是宇宙中的一种正常存在形式。星云是如此巨大，一旦崩溃，将变成无数碎片，或者退一步说，成百个与太阳类似的恒星。而这些星云又是极其众多的滋生，不断产生新的恒星。这些恒星随后会形成一种松散的联系，也就是俗称的疏散星团（open cluster）。疏散星团以有着自己轨道的独立形式在宇宙中分散开来。那些年轻的恒星所形成的磁场对围绕其周围的物质有很强的吸引力。这个引力作用于从恒星中心开始发散的全部物质。但这个新恒星系统的中心爆发产生了新的恒星，有一些物质仍然存在于距恒星中心有一段距离的位置。这些物质被系统的残余旋转所限制，只能处于远离中心的某个位置，最终以星辰圆盘的形式存在于年轻的恒星附近。这类圆盘已在年轻恒星附近得到证实。这也在很大程度上让我们更加确认类行星系统是怎样形成的。在体积巨大的土星周围也可以看到类似的圆盘效应。当然，跟恒星周围相比，这里的圆盘就小了很多。

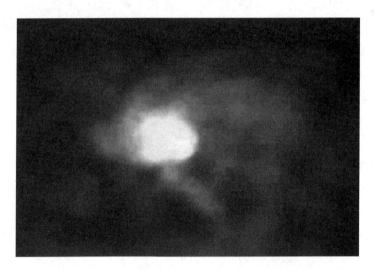

图 7.2　恒星诞生前星云的原始发展状体

图 7.3　星辰圆盘的初始状态

恒星释放的热量吹走了离其最近的最轻的物质，氢气和氦气。而留下的物质则是数以亿计的灰尘颗粒，这些颗粒相互碰撞，黏结在一起，组成了体积较大的块状物。这些块状物就是新行星的起源。这些岩石块状物成群地围着恒星呈轨道绕行，它们彼此碰撞，但来自恒星的引力却让它们紧密结合。最大的块状物拥有最大的引力，并能够吸引越来越多的物质，直到最后它们成长为更大的行星和卫星。

图7.4　核的融合炸开那些最轻的物质，从而给行星的形成提供空间

现在我们的太阳系有离我们最近的恒星太阳在发光发热，供生命成长。水星、金星、地球和火星是太阳系里离太阳最近的行星。但是那么多的小行星和彗星都是来自哪里呢？在火星和木星之间存在着被称作小行星带的宇宙碎石。人们相信促使小行星带结合在一起的物质有可能生成一个四倍于地球体积的行星。这对现代科学来说是非常有意义的，因为早在古代的苏美尔人在小行星带形成之前就有了同样的认知。在著名的《埃努玛·埃利什》（*Enuma Elish*）和《创世史诗》（*Epic of Creation*）中，他们已在泥版上详细记载了它们称为提亚玛特的一个大行星在宇宙爆炸时是如何粉碎成碎片的。他们还进一步把行星描述成一个拥有黄金脉络的水巨人，当尼比鲁（Niribu）的卫星猛烈冲撞在它（指行星）身上时，黄金血脉从它的肚子里暴露出来。这就能解释地球是如何遗传到这一点的，水和

图 7.5　初始状态的圆盘围绕行星旋转，致使行星形成

财富都是在黄金矿石中找到的。这一切都来自于提亚玛特行星。《创世史诗》中的细节描述得如此生动，以至于我们无法相信它仅仅是人们想象而出。这些泥版的作者怎么会在 5 000 多年前就知道这么多呢？让我们大胆想象，小行星有没有可能是很久前因天体碰撞而毁灭的某个巨大行星的残余？今天的我们已知道小行星带的组成部分与离太阳最近的四个行星是完全相同的。这就让我们有理由去猜测在这许许多多围绕太阳旋转的片断中应该存在金矿石。令人不敢相信的是，这些竟然在泥版上早有记载。泥版上清楚记载地球上宝贵的金矿石与小行星带碎片中的极其相似。泥版让我们清楚地认识到了我们的行星地球是由哪些相关反应而怎样产生的。我们从中很明确地得知原始行星提亚玛特爆炸后形成小行星带，而地球则是它所留下的最大残片。

在这片黄金带之外更远的地方存在着四颗行星，也就是我们熟知的气体巨星。它们大多有着岩石质地的内核，其余部分由各样气体构成，使得各个气体巨星呈现与众不同的色彩。1999 年 4 月，当第一个太阳系外多重行星系统被发现存在于离地球 44 光年的区间时，所有这些认识和研究得到了回报。仙女座（Upsilon Andromedae）是一颗类似于太阳的恒星并伴有 3 颗气体巨星，其中两颗绕着它们的母星运转比地球绕着太阳还要近。从那时起，行星不是宇宙中的常规状态这个先前的观念被永远地改变了。当这个发现将见诸报刊时，天文学家已经发现了将近 130 颗太阳系外行星。我们自己的太阳星系据估计已存在了 45 亿年之久。空间碎片对行星的撞击大概起始于 45 亿—40 亿年前。尽管我们的太阳系还处于一个状态相当稳定的阶段，但仍旧有很多有生命威胁的怪物在我们的宇宙后院里横行。

彗星在几千年前就已被人类观察到并有了文字记录。人类把彗星视作上帝的信使或厄运将至的预兆。但它们从哪里来的？事实上，已知彗星的来源有两个。凯伯带（The Kuiper belt）存在于比海王星稍远的地方，据说包含有 10 亿颗彗星，主体由岩石和冰构成，来自于太阳系形成时的残骸。另一个来源就是所知的奥尔特云（Oort Cloud），它基本包围了整个太阳星系，据说包含有 10 000 亿颗彗星，比银河系所有星体的总和都要多。我记得在 20 世纪 80 年代，当我第一次阅读卡尔·萨根（Carl Sagan）的《宇宙》（Cosmos series）时，书中估算到银河系存在有 1 亿个星体。到了 2004年，据估算，银河系存在着 1 000 亿个星体。这里有另外一个实例可以很快指示出我们对宇宙的认识是如何演化的以及这些知识又是如何重塑我们的观念。一种关于奥尔特云是如何形成的理论是说在太阳系产生过程中，除了组成气体巨星的物质外，一定存在着许多受气体巨星重力影响的冻结的冰球和尘土，因此，处于小行星带的物体同样也会受木星（Jupiter）重力的影响。于是，有可能其中的一些冰球被拖进轨道中，当它们靠近太阳时就蒸发了；而另一些没有蒸发的冰球被扔出巨行星的区域，最后停留在遥远的巨型轨道上。其距离大致有 15 万亿千米那么远，以至于这些不稳定的雪球离太阳过远反而受其他星体重力的影响。在接下来的几十亿年里它们的轨道变得平滑直至它们成为一个由彗星组成的包围太阳系的球壳，也就是我们今日所知的奥尔特云。尽管这只是一种学说，但奥尔特云依然真实存在着并且由所有那些数以十亿计大小不等的彗星组成。

我们时常所见的彗星都处在环绕太阳的狭长椭圆轨道上。它们从母云中逃逸出来并被猛掷向太阳。它们绕着太阳运转并和太阳保持很近的距离，然后因为钟摆效应（pendulum effect）的作用而被抛向外太空。它们的轨道可能要走上几千年那么长。令人感到有趣的是虚幻的行星 X（Planet X）理论上的轨道和这些彗星的轨道具有相似性。如果你选择相信苏美尔人（Sumerian）的"圣经"，那么未知行星也就是他们所称的尼比鲁（Nibiru）的轨道就非常类似于绕太阳运转的彗星的轨道。泥版文献将之称为"一个巨大的椭圆轨道"，而所有这些都是几千年前的认识。由于现代

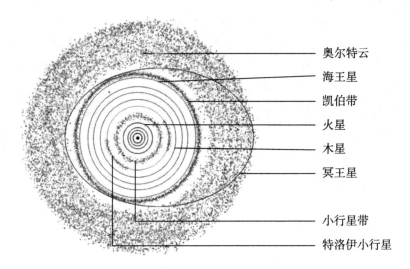

奥尔特云
海王星
凯伯带
火星
木星
冥王星

小行星带
特洛伊小行星

图7.6 存在着两个彗星的来源：凯伯带和奥尔特云

的文明人也只是在过去的220年才发现了太阳系最后剩下的3颗行星，因此我们很难理解为何在距今6 000年前就有人对我们的太阳系和更远处的其他星球有这么多了解。这是一个令人不安的事实，它无疑表明了在21世纪我们对与宇宙相关的认识是多么匮乏。

就在最近有人向我们传达了一个清晰的想法，即行星X的存在，这个想法正是一些持不同意见的天文学家们几百年来一直尝试去证明的，并且在这个过程中现代的宇宙学家们重拾了久违的自信。这并不是由古怪学生编造的科幻小说的名字，而仅仅是代表数字10的罗马数字X。行星X是我们所知的太阳系的第十颗行星。另外我将要提到的有趣的一点是可追溯至苏美尔时期的偶然性的象征主义以及某一交叉点的行星常常用出现在他们泥版和圆柱形石上的十字交叉来表现。我们将在这本书的后面部分来审视这些古老的史前古器物。

因此伴随行星X的困惑还将继续。让我们来细阅一个有关法国天文学家亚历山德罗·莫比德利（Alessandro Morbidelli）的故事：他在2003年大胆提出远在冥王星（Pluto）之外的地方存在一颗巨大的天体，它绕着太阳在瘦长的椭圆形轨道上转动并要走上3 600年这么久。他的论文所阐述的事实和苏美尔人描述的文字的相似处实在令人惊愕。十分有意思的是，貌似这位法国天文学家从未听说过苏美尔人所说的尼比鲁星球的传说。

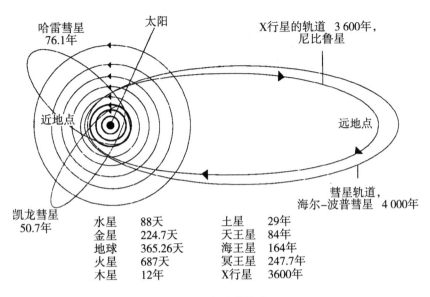

水星	88天	土星	29年
金星	224.7天	天王星	84年
地球	365.26天	海王星	164年
火星	687天	冥王星	247.7年
木星	12年	X行星	3600年

图 7.7　行星的轨道

　　2003 年 2 月，名为《新发现》的著名法国月刊根据凯伯带的新发现公布了太阳系行星布局的最新进展。文章轰动性地声称在我们的太阳系中还存在一颗尚未知晓的行星。作者称这颗行星如幽灵般难以捕捉，因为它的轨道太过狭长以致难以观察到。这篇由瓦莱丽·格雷福（Valerie Greffos）纂写的文章是基于法国蔚蓝海岸（Côte d'Azur）天文台的天文学家亚历山德罗·莫比德利（Alessandro Morbidelli）所作的论述。他认为当太阳系在一开始还处于混沌状态时，就在今天小行星带所在的位置曾经存在过一颗行星，其内部发生过天体的碰撞。这些事件发生在大致 39 亿年前，而事件的结果是这个所谓的幽灵般的行星被束缚在这个需要运行几千年这样非一般长的椭圆轨道上。他进一步声明："我期待有一天我们能发现一颗新的如火星大小的行星。"他同时向该期刊提供了对该狭长轨道的建议性草图，其中还对行星在当时所处位置做了推测性猜想。这个简图与撒迦利亚·西琴（Zecharia Sitchin）在他 1976 年出版的《第十二个天体》（*The 12th Planet*）一书中所提出的轨道图如出一辙，该不会是巧合吧？既然这个法国天文学家并非第一个如此确信地提出过行星 X 存在，我始终认为这种猜想似乎太接近于巧合，必然存在比一群古怪科学家们仅凭猜想探索这个尚未被发现的行星来得更有意义的东西来揭开这个谜团。尽管看起来还是那么不可琢磨，许多科学家已提出了某些数学计算并得到宇宙更深处存在未知物的结论的支持和佐证。

西琴已成为分析古代苏美尔人泥版文献资料的领袖型权威。他个人拥有多达超过 800 块的古代苏美尔人泥版文献的私人收藏。许多年来，他不仅广泛研究这些泥版文献，还解读和翻译了许多复杂疑难信息，提出了不少惊世的学说，这些学说得到越来越多的开明科学家们的重视。在众多的刻在泥版上的故事中，有一个故事是关于苏美尔人之神阿努纳奇所居住的星球尼比鲁的悠长而又复杂的传说。这些苏美尔人所掌握的知识似乎就是那个法国天文学家在西琴第一次出版《第十二个天体》并对这些古代泥版文献做了翻译的 28 年后再次发现的。

西琴的作品和莫比德利的作品有着惊人的相似：

· 一开始太阳系是混沌的。

· 在今日小行星带所处的地方曾存在着一个"附属行星"。

· 相似苏美尔人的文献中记录了提亚玛特的存在。

· 在《埃努玛·埃利什》或《创世史诗》中都对太阳系因为天体碰撞产生的干扰和重新布局做了概述。

· 基于地球卫星的调查发现，该碰撞发生在大约 39 亿年前。

· 碰撞的结果是太阳系捕获了幽灵天体尼比鲁，后来巴比伦人（Babylonians）用他们神的名字将它命名为马杜克（Marduk）。

· 它的轨迹是椭圆形而非圆形。

· 在它最靠近太阳的那一点，它从木星和火星间穿过。

· 它的轨道要持续数千个地球年。西琴应用了苏美尔人历法（Sumerian Shar），相当于每个尼比鲁轨道等同于 3 600 地球年那么多，这一点和很多已知的彗星很相似。

值得关注的是，这里有一位作家、学者和科学家，凭着自己的能力在 20 世纪 70 年代向世界揭示我们古老过去所隐藏的事实，而当代天文学家在 28 年后公开他的发现成果时竟几乎逐字引用西琴的话。

同样有趣的是在我们的太阳系形成时期，早期彗星的轨道也是椭圆形的。时至今日，彗星令天文学家充满困惑，致使许多未经证实的猜测浮出水面。当除了冥王星外的行星在近乎相同的平面，以相同的方向以圆形的轨道绕着太阳运转时，彗星似乎没有遵从常规的定律而依循着自己的轨迹。彗星们按照椭圆轨迹，在任意平面上移动，并且和行星的运行方向相反。它们时而扎进深远的太空，走入一个成百上千年的轨迹。《埃努玛·埃利什》记述的这部分泥版文献对这些彗星从哪里来和为什么它们的行为如此古怪进行了颇有道理的解释。我们将在随后的内容中对这些神秘的泥版文献进行更深入的解读。目前关于彗星的理论似乎得到天体物理学证据的支持，那就是最终停留在奥尔特云中的彗星从非常大的椭圆轨道开始，以致它们被抛进宇宙深处继而受到其他星体重力的影响。这引起了彗星轨道的波动。但是，一些彗星也可以保持远超过太阳系边缘的距离，有可能有它们到最近的星体的一半长度那么远。你可以自己衡量已有的证据并得出结论。假如这发生在一颗彗星身上，为什么不能发生在一颗行星身上？这颗被推测出的行星一定按照和彗星极其相似的轨迹进入太阳系。它从太阳系的外缘进入木星和火星间，又从其他行星的轨迹中穿梭而过，进入深远的太空。这样一颗相当于彗星几百万倍质量的行星需要更长的时间停顿下来，稳定在绕太阳运转的轨道上。因此有可能它还需要相当长的时间继续在它的椭圆轨道上运转，直至它在太阳周围找到稳定的轨道。假使这个轨道绕一周需要 3 600 年时间，那么看起来它在大约公元前 5 000 年及随后的 3 600 年间成为影响地球的主题是合情合理的。

我们必须暂时回到位于木星和火星间的小行星带。小行星带给我们的太阳系带来了一堆谜团，天文学家们也在对产生这个现象的原因争执不休。有些学者，比如撒迦利亚·西琴，已破解了古代苏美尔人的《创世史诗》，其中似乎善与恶的争斗从不同的角度做了描述。他将我们地球和其卫星的诞生解释成一个历史事件。科学家们似乎感觉在太阳系形成时月球被作为地球的卫星创造出来实在太庞大了。假使有人将月球和其他行星的卫星做一比较，我们就会发现其他卫星相对于它们的行星的比例比月球小得多。实际上，我们的卫星是太阳系中第五大卫星，和木星、土星，海王星的巨大卫星比也毫不逊色。我们的卫星在和其他卫星相似的条件下形成得太大了，物理学原理是不会容许像地球这样一个小的行星周围产生这样一个巨大的卫星的。

关于月球起源的一个更加通行的理论是大碰撞说（the big splash theory）。它最早由同在亚利桑那州的行星科学研究所（Planetary Science Institute）工作的天文学家及艺术家比尔·哈特曼（Bill Hartmann）和他的

同事唐纳德·戴维斯（Donald Davis）首先提出。《当代天文学》
（*Astronomy Now*）在 2002 年 5 月刊登了一篇文章，其中对大碰撞说介绍
如下：

> 地球在不久前才因为承受了毁灭性的攻击而在太阳系轨道中合
> 成。伴随而来的是凶猛的原行星……它的体积超过地球的一半，猛烈
> 撞击原始的地球，引起巨大的冲击。这场撞击让两个星球的外围大量
> 蒸汽化，撞击的星球的内核落到地心上，两个星球核心融合成一体。
> 撞击产生的碎片有 80% 来自地球的地壳和地幔。这些碎片呈洪水般朝
> 轨道涌去。慢慢地，轨道碎片圆环中的颗粒开始聚集在一起，自身的
> 引力得以增加，一直到周围的碎片都聚集成一体为止，只留下最大的
> 星体。只有这种理论能够解释。但直到今日，这个想法也遭遇了很大
> 的挑战，因为它的解释让地月系统旋转得太疯狂。现在，这一问题已
> 经得到基本解决。相当大一部分的研究人员认为大碰撞，不管看起来
> 怎样，但它展示了真正的事实。

我想说从很多方面来看，大碰撞说和苏美尔人描述的故事有很多相似
之处。那次大碰撞同样产生了小行星带。让我们再次聚焦于太阳系的这个
部分。令人惊奇的是，整个小行星带只有极小的一部分质量伴随着时间流
逝而被太阳系逐出。这主要归功于木星的巨大引力，也有另一种可能是在
某一阶段一个巨大的小行星被释放出来并向太阳飞去，它和地球发生了碰
撞，融化了大量的岩石和金属，然后又作为一颗大卫星被驱逐出去，最终
被地球的引力捕获，待冷却下来后便成为了我们的月球。这是关于月球起
源的另一种理论。

苏美尔人关于月球的产生有完全不同的说法。一颗叫做提亚玛特的行
星曾存在于现在小行星带的位置，并和一颗外来行星尼比鲁发生了宇宙碰
撞。它被我们太阳的万有引力所捕获在一个椭圆轨迹上。它成为了我们太
阳系的第十二颗行星，因为苏美尔人将尼比鲁行星和月球都归为行星的一
部分。它绝好地阐释了为何这样一颗行星用一个十字来描述，因为它描绘
了历史上行星的轨迹和位置：从其他行星的路径上穿过。关于这颗行星的
清晰引述出现在大量的来自苏美尔及其他更久远的文明的泥版和印章上。
这颗行星总是用一个十字交叉来表示。尼比鲁和提亚玛特行星都有它们的

卫星，这些卫星都参与了惊人的宇宙碰撞。所有这些结果是提亚玛特行星毁灭了却诞生了小行星带；提亚玛特行星最大的一块废墟衍变成初生的地球；幸存下来的提亚玛特或尼比鲁的卫星被新生的地球的万有引力所捕获。这就是为什么月球相较地球的个头这么大的原因，那就是它原本是一个比地球大得多的行星的卫星。正是这个重大事件才有了地球的四季变化和潮起潮落，并促成了现在地球上独一无二的生命形态的存在。

《新科学家》（*New Scientist*）将最新一期的封面题为"追踪地球的行星"。在文章中作者提出了曾有一颗"莽撞的行星"参与宇宙碰撞。最令人着迷的是这篇文章将这颗莽撞的行星命名为"忒伊亚"（Theia）而未作任何解释。有没有可能作者想到的是提亚玛特呢？

为什么我们对这颗行星所知甚少？首先，需时 3 600 年之久的轨道运行周期相对人类时间架构来说实在太长。既然我们难以与地球上和我们相隔 200 多年的物件产生关联，那么我们又如何接受每 3 600 年进入我们视线一次的行星和那可能的文明呢？事实是很多证据随着时光沉淀下来并传承给我们。几千年来翔实的资料被数以千计的记录员获取并通过文字的方式记录下他们对这颗年轻行星的古老体验，以期待后世子孙去继承。我的祖父拒绝相信人类登上了月球，因此我认为他非常无知且孤陋寡闻。因此让我们来想象一下事实上存在着一颗行星，一颗闪闪发光的行星叫做尼比鲁星。它曾被尼比鲁人在多个古老的铭文中提到过。更进一步，如果这颗行星上存在生命，那么谁是定居者，它们对我们地球又产生了什么影响？这个问题曾被充满好奇心的人和进一步探知这颗行星 X 存在的科学家们问过数百万遍。

在寻找扑朔迷离的行星 X 的过程中，存在于我们遥远的太阳系的各种各样的其他物体不断被发现；最近的几次发现都恰好在凯伯带边缘的外侧。冥王星和它的卫星卡戎（Charon）经常被认为是凯伯带里最大的成员，并被称为凯伯带天体（Kuiper Belt Objects）。凯伯带天体的平均尺寸被认为直径大致在 10—50 千米之间。如果其中的一颗和我们宝贵的地球相撞，产生的结果是它会推着整颗行星连同上面的所有生命走向消失的边缘。这个天体带大概是像哈雷彗星这样的绕太阳运转一周少于 200 年的短周期彗星的主要来源。其他的彗星，像科胡特克彗星（Kohoutek），运行在更大的轨道上。天文学家们预测它的轨道周期在 7 500—75 000 年的范围内变动。这一点与对行星 X 的轨道的想法几乎相符。当 1930 年冥王星刚被发现时，大家都把冥王星称为X行星。但不久，大家便认识到冥王星是一个和我们类似的星体。一些科学家继续疯狂寻找失落的行星X，而另外一些人则将它视为无稽之谈。

就在最近，另一个凯伯带天体被发现了。创神星（Quaoar）直径1 250千米，体积仅为冥王星的一半。一份关于外太阳系的研究指出外太阳系未必是一个充满着死亡的、冰冷的坟墓。这份研究显示，这个凯伯带天体在过去的某个时期曾是温暖的。这支持了这一理论：像火山喷发这样的行星演化过程可能在距离太阳极远距离的天体上发生。这个火山作用同样为在距离太阳如此远距离的地方存在行星提供依据。苏美尔泥版将尼比鲁行星精确地描述为"一个发光发热的行星"，并用一个交叉符号表示，这不仅指出了行星横跨其他行星轨迹的事实，同时显示了这颗行星将自身产生的热量以辐射的方式发射出去。我们从泥版文献中了解到厚厚的大气层的重要性：它保护着尼比鲁星抵抗深处太空、远离太阳时期的漫长严寒和最靠近太阳时的炎热。最后他们的大气破损了，促使阿努纳奇人从尼比鲁星来到了地球。

迄今为止科学家们已经找到了1 000颗凯伯带天体，但对它们的构成所知甚少，因为它们距离我们那么遥远，存在感也非常微弱。不过，对结晶冰的探测说明了创神星现在或曾经从太阳以外的星体那儿得到过热量。有没可能是发光的尼比鲁偶然性地从它身边低空飘过？这个假设由位于火奴鲁鲁的夏威夷大学的大卫·朱维特（David Jewitt）和位于列克星敦市（Lexington）麻省理工学院（Massachusetts Institute of Technology）的刘丽杏（Jane Luu）提出。这两位研究者在1992年发现了第一个凯伯带天体，并在后来做出这些最新的观察结论。他们指出，必然存在一个体积庞大的天体才能对这个凯伯带天体产生如此深的影响。这会不会是指向在遥远的X行星的真实线索呢？

如果我们着眼于《埃努玛·埃利什》中对天上诸神之战和天体碰撞的详细描述，会令我们非常惊叹。这些看起来似乎离我们如此久远以至于我们很难将它们和我们生存的当下时间点联系起来，但所有我们要做的就是抬起眼睛仰望天空并意识到对于来自宇宙的攻击我们显得如此脆弱。也许不是来自其他行星，而是来自小行星甚至彗星。我们时常听到这样的消息：一颗巨大的小行星从地球身边擦过，我们甚至无法确定它的位置，直至它飞过，还浑然不知。这样的无知将导致我们在眨眼间毁灭或引发和苏美尔泥版中描绘的壮观事件相差不远的规模宏大的宇宙大碰撞。太阳系中可能存在数以千计体积巨大的小行星在飞旋，其中有不少离地球非常近。他们被称为近地小行星，厄洛斯（Eros）是一个瘦长的近地小行星。它的尺寸是 33 千米×13 千米×13 千米，大得足以摧毁整个地球以及地球上的所有生命。我们至今已发现的近地小行星有 250 颗左右，但还存在着更多的近地小行星。已知最大的近地小行星是 1036 木卫三（Ganymede）。它的直径有 41 千米。根据天文学家的论述，至少有 1 000 颗直径在 1 000 米以上的近地小行星可以对地球产生毁灭性袭击。即使是体积小些的近地小行星如果和地球相撞也能造成巨大的毁坏。

这使得我们的视线转向发生在 1908 年 6 月 30 日西伯利亚通古斯卡河（Tunguska, Siberia）的戏剧性事件。一颗直径测量为 90—200 米的陨石恰好在撞击地面前爆炸，烧焦了 2 100 平方千米被积雪覆盖的森林，摧毁了 8 000 万棵树木。如果那里是一个城市，你可以想象结局如何。

在 6 500 万年前曾发生过一次毁灭性碰撞。一颗直径 10 千米的巨大小行星在地球上的墨西哥湾尤卡坦半岛（Yucatan peninsula）坠落，导致包括恐龙在内的 30 平方千米范围内所有陆地动物和大面积植物生命从此消失。它造成的影响可以深入地壳，将尘土和碎片散射进大气层，引发火山、海啸、强烈风暴和严重酸雨。它还会影响地球大气的化学构成变化，增加硫酸、硝酸和氟化物的浓度。另外，撞击形成的冲击波带来的热量可以将处在轨道内的所有生物烧死。撞击之后，被射进大气层的尘土和碎片在数个月内将大多数太阳光挡住导致全球气温降低。那些不能适应光线和温度变化的生物将会灭绝。因为植物的能量来自太阳，因此它们最有可能首先受到气候变化的影响。很多浮游植物会灭绝，然后地球的氧气含量会发生骤降。这将同时影响到陆地和海洋中的含氧量。那些不能适应低氧环境的生物体将会窒息而死。事态还将进一步发展。环境的剧变会引起食物链的变动，食草动物在植物死亡后会很快饥饿而亡，接着食肉动物们也会互相残杀，最后它们也灭绝了。它们庞大的尸体将为更小的动物在相当长的一段时间内提供食物。

可以确信的是历史上一定发生过一次壮观的爆炸。为了展示一次宇宙爆炸的壮观场面，我们只需将思绪回顾到人类历史上观测到最多的宇宙事件。1994 年苏梅克 – 列维彗星（Shoemaker-Levy comet）的 21 枚残片落到木星上。整个世界停滞了，所有的望远镜都对准了木星并将这些壮观的景象投射进我们的起居室。这颗彗星最大的部分引起了爆炸，爆炸的威力比所有发生在地球上的爆炸总和的 100 万倍还要大。换句话说，如果这颗彗星撞击地球，那么我们会被彻底毁灭，这个行星也会毁灭。

所以，想象一次宇宙碰撞并不困难。非常幸运的是，我们可以借助电视的魔力来使我们想起木星事件。大约 6 000 年前，苏美尔人所有的仅是一些用楔形文字记载那些事件的泥版文献而非录像。

因此，既然我们已经探索了我们的宇宙、太阳系、彗星、小行星和宇宙大碰撞，这些内容是否可以证实 X 行星的存在？它是不是远在太阳系深处、每 3 600 年环地球一次，行踪难以捉摸？我们将解析这个伟大的人类难题（Great Human Puzzle），我相信确实有这样一颗行星存在着。我们还将发现这颗行星一系列奇怪的事件与地球上人类的关联。大约 2 000 年前比我们进化得更先进的宇宙亲戚施加在我们身上的基因操纵被仔细地记录在古代碑片上。我想劝说你们再次思考一下我们所掌握的所有关于宇宙的知识，以及天文学科学家们的报告。一旦你得出的结论是我们的认识还处于初始阶段，那么显而易见的论断是我们根本没有资格做出决断。这里提供了过往和现今的科学家们、空想家们和开明的思想家们对 X 行星的课题所做的一些论述。

人类的演进从旧石器时代（Palaeolithic）过渡到中石器时代（Mesolithic），再到新石器时代（Neolithic），然后进入伟大的苏美尔文明发生在大约 3 600 年的区间内是一个事实。阿努（Anu）造访地球证实了对人类授予文明（知识、科学、技术）是确信无疑的。然而，正如我在最近的研讨会上（尽管没有用一本完整的书阐述）所解释的，对地球的造访和尼比鲁星的接近（就是所称的近日点）并非同时发生。这一点意义极大，却是那些只读过我的第一本书的人不知为何总是忽略掉的。

——撒迦利亚·西琴

在过去的几年里，考古学、地理学和天文学领域都提供了一系列大量事实来证实如下的真相：历史上曾发生过改变全局特质的物理性巨变；这些大灾难是由来自地球外的天体造成的；这些天体的性质也许能被识别。大灾难的记忆被抹去，不是因为人类缺乏书写传统，而是由于人类某些特有的进程导致整个种族和其中有文化的人都将事实上清晰描述宇宙扰动的传统视为寓言或隐喻。

——伊曼纽尔·维里科夫斯基（Immanuel Velikovsky）

美国海军天文台（U. S. Naval Observatory）院长罗伯特·S.哈林顿（Robert S. Harrington）博士估算出 X 行星的数个参数和它的运行轨道。哈林顿博士从海王星和天王星的扰动开始着手研究，从而得出冥王星不可能是造成这一现象的原因。他所采纳的观察资料由美国海军天文台的航海天文历编制局提供，可以回溯到 1833 年前的天王星和 1846 年前的海王星。

——罗伯特·哈林顿，《哈林顿论文》，美国海军

大量实验数据表明：地球表面的各端曾发生过许多气候变动。这很容易得到解释，坚硬的地球外壳经历着平凡的板块位移。

——阿尔伯特·爱因斯坦（Albert Einstein）

第8章 人类的本性

　　人类似乎对如何以一种科学的方式抚养自己的孩子成长异常关注。根据人们文化背景的不同，所谓"科学的方式"一词也就有了迥然不同的理解。全世界有很多文化，每一种文化都有自己独特的习俗，仪式和信仰体系。在过去的100年里，我们经历了两次世界大战，以及一次或许能称得上第三次世界大战的战争。我们经历了一些对朝鲜、越南、阿富汗、伊拉克的区域性战争，还发生了一些可以被称作小冲突的事件，比如海地（*Haiti*）冲突。而令人感到惊奇的是，尽管在过去的50年里，战争时常发生，但事实上我们所经历的这段时间恰恰是人类历史上最和平的时代。当然，我是持有很大保留余地才说出这句评论的，因为除非我们能够完全消除社会的任何冲突。然而，这几十年将永远被载入史册，因为在这期间苏联解体了，共产主义的巨头中国也发展成为世界上增长最快的国家，并成为全世界最大贸易国。但我们仍应清醒地意识到除了纯粹的战争外，世界上还存在着其他形式的冲突和侵略。我们极其擅长用极有声势的技术威胁来迫使他国追随我们的领导，虽然对他们而言，这未必是最有利的选择。持有的财富和军事力量可以让你不需射出一颗真正的子弹就能够威慑别人，有时我们又太过容易忽视掉此类威胁事件的存在了。我们的暴力基因可能已经突变成了一种"秘密"的暴力基因，或者我们已经发展出一个新的基因，让我们能够进化到用一种更微妙的方式来展示暴力的本性。

　　DNA结构的发现者詹姆斯·沃森（James Watson）在其最新著作《DNA：生命的奥秘》（*DNA：The Secret of Life*）中写道："当我们提到认识遗传学，并不仅指认识我们为何会长得像自己的父母。它同样意味着我们将认识人类的一些老对手：那些引起遗传疾病的基因。"

　　他的这段话深得我心。既然人类已经经历了百万年进化，那为什么我们的基因组还是这么不健全且充满缺陷？它不仅为我以下的观点增加了论据，而恰恰间接证明了人类的基因在早期曾被篡改过。我经常以"暴力基因"和"贪婪基因"为例来说明这个道理是因为我真的坚信它们在我们的基因组组成中确实存在。相关的证据比比皆是，如我们以某种方式做出某种行为，在我们内在，必定有某种因素在驱使着，而我们的DNA则早早预定了我们的性格特征。比如，一个人拥有蓝色的双眼，这无疑是不可反驳的事实，因为它是所有人都能清晰可见的。同理，我们也不可反驳当我们表现出一些暴力行为时，暴力基因的真实存在。然而，我们的性格拥有两面性，我们还有仁慈和热爱和平的一面，同样，也会有一组相关的基因在控制着。究竟是什么让人口日益增长的世人为了和谐而奋斗至今还是个谜，因为我们都知道DNA中存在着暴力基因。然全球文化却变得越来越包容，而仅仅在100年前，世界强国还向往着帝国主义，以上帝和君主的名义叫嚣着消灭那些实力弱的文化。然而，随着不同社会之间在某些领域的差距不断缩小，在另一些领域的差距则在不断扩大。我们对于不同宗教之间的差异变得越来越不宽容，这是影响世界和平的切实问题。要知道，有一个实质上几乎不可毁灭的力量在驱使着人们信仰宗教，那就是：狂热！只要某些群体相信自己占据了道德和宗教高地，灾难就将扑面而来。政治家们致力于创造一个稳定的全球贸易环境，可是只要我们还面临宗教狂热性的暴力威胁，那些努力就都只能是徒劳。除非我们能为世界上的这些忠实宗教信徒们指出一条现代化的新宗教发展之路，我们仍将面临很大的风险，这所有的一切可能还是源自我们暴力的基因。

在全球经济发展中，还有另一种巧妙得多的形式来施展我们的暴力基因，这种方式就是经济战争。贫富差距是全球化中最令人担心的一点，此外，贫富差距非但没有缩小，反而在扩大。如果一个群体或者一个国家能以牺牲他人利益的方式取得成就，那么地球上就永远不会出现和谐。像我早先指出的那样，人类的大脑是一个非常复杂的器官，我们可能永远也不能完全了解大脑的奥妙。大脑似乎对人的生存发挥着一种介于身体和精神层面之间的作用。对于计算机来说，一个高度完善的复杂软件包驱动着它运行；对于人类来说，基因组就是那个软件包。但大脑这台计算机只能按照基因组软件包指定的速率运行，而且这个软件包还需要不断更新。这种更新只能源自我们体内的DNA活动。许多科学家曾大胆判断人类能在多大程度上开发我们的大脑，但事实的真相却是大脑的容量我们无法估计。我们的大脑越进化，就变得越来越只能执行那些在基因软件中设定好的程序，发挥出预设的功能。这个所谓的软件越高级越复杂，我们的大脑就越能拥有更加神奇的表现。这就像你的电脑软件在遥远的微软储藏库中进行自我更新一样，你的基因组软件也不断尝试由人类进化 DNA 的储藏库中进行自我更新。然而，这里同样存在自然和教化的矛盾。我们中有一些人被后天培养成商业领袖，而一些人则在一些不那么发达的社会中长大，他们被边缘化，演变为一个初级劳动者，为世界运转提供劳力。

我们无法回避过去，它被开采、入侵、占领、统治、战争所贯穿着。在过去，一个强大的民族会攻打那些弱小的民族，并把这当成扩大自己影响力的一个方式。我们了解过去的历史，我们也正在开始了解冲突带来的更复杂的后果，但这并不意味着我们就知道如何去对待这些詹姆斯·沃森曾经正确指出过的基因缺陷。人类的基因缺陷不只影响我们的身体健康，同样也影响精神层面。正是这种受"错误"DNA 控制的精神状态让我们陷入冲突。我们要想能够有效地控制住我们对战争的渴望，就必须弄清楚究竟我们从何而来以及我们缘何成为现今的样子。所以，在这个问题上不应该采取推测。不幸的是，我们对人类心理缺陷的所有研究都是建立在对人类起源的某些假设基础上的。人类本性有多复杂这个问题，也归根到了人类起源这个问题上。非裔美国社会学家声称其社会需要几百年的时间来摆脱奴隶制的影响，而奴隶制只不过是一个种族对另一个种族做出的一种短暂性控制行为。试想，如果人类在被创造之时遗传基因就被严重修剪过，那么这种行为对人性会有多大的伤害？如果我们希望了解人类的本性，那么就必须治愈那些因人类反复无常的历史而遗留的伤疤。

就我个人而言，我是乐观主义者，散发着正能量，总是试图在每个人的身上寻找好的一面，并且保持创造性。你可能会问，你能创造什么呀？我的答案是创造一切。当人类做一些创造性事情时，我们的头脑似乎会利用基因组中非暴力的那部分。让我来举一个简单例子，比如我们在花园里种花。种花行为本身能起到很好的环境保护效果，而这一点则早有文献证明。另一个简单例子是搭建一个树屋或修好一把旧椅子。创造性行为可以非常简单，就如同写一个购物清单一般。创造性行为似乎可以压倒暴力基因的活动。两个敌对的军队在交锋前，双方的战士先打一场足球赛。类似的例子数不胜数。然而，这一流行的哲理本身却有一个自相矛盾的地方。那就是情况对于那些引发战争的人来说又是如何？在这类人的身体里，暴力基因和创造性基因又是如何关联的？他们太全神贯注了，只关注真正创造出某个事物的创造过程，而完全不受其所创造成果的影响？又或者，暴力基因是不是极其狡猾地通过支持和驱使创造性基因而满足自己生存的目的？一些哲学家对自私的基因如此善于伪装进行了大量思考，但如果想得到真正的答案，我们需要时间的等待。

我相信当人类进一步进化后，在未来的某个时间点上，分享这一教义可能对人类这个种族来说变得更加有意义。依据共产主义理论，共产主义者们采用某种乌托邦的方式来解决很多全球性问题。我知道我下面要表达的内容可能会受到几百万名资本主义者的反驳，但我仍然认为分享这一概念是正确的。南非人有一种被称为乌班图（Ubuntu）的公共理念，这一理念是建立在分享和关心整个村庄或部落的原则上的。早在共产主义思想诞生之前，这一理念就已存在。而且它可能是现今的共产主义思想的起源。这一理念在过去的几千年里似乎都一直表现不错，可惜后来部落受到殖民者入侵，被迫中断自己的传统而去追求所谓的民主和资本主义。而这个决定到底是明智还是愚蠢的？全球公社的生存似乎可能会更加依赖地球上某些最古老的文化所持有的简单理念。资本主义实质上是缓解灾难的一剂药方，但那些既富得流油又极有影响力的世界主导者——大公司，却永远不会承认这一事实。只要他们还在世界主导者的位置上一天，他们就不会承认。只要他们在金字塔顶部，他们就会不断利用大批的人，让他们成为自己的奴仆。然后，他们最终会被另一个集团所推翻，这一新集团的表现又会与前任一丘之貉。我们有必要问问自己：这一切到底是为了什么？

一个完美的基因组不包含困扰人类多时的暴力、贪婪、虚荣和其他负面性格。所以，我们越进化，我们的灵魂对物质的需求就越低，我们也将更能体会全球分享的理念。让我再说一次，这种分享理念对人性来说并不是新鲜事物。我们在不同领域都进化出了这种公共分享的理念：在我们的家里，亲戚，甚至办公室里，我们都乐于分享。但是，如果考虑极端情况，我们可能会最终在全球平衡中消除任何形式的物质奖励。

这一理念对经济或金融市场的从业者来说一定是不可想象的。按照他们的逻辑，世界是受经济驱动的，换句话说，是受钱驱动的。唯一的问题就是钱生钱，最终什么也不会给我们带来。人类渴望追逐金钱，这种渴望也是许多战争爆发的主因。有一种说法简单明了，那就是"富人越来越富，穷人越来越穷"，这是对的。但这对人类未来生存前景来说也是非常危险的——穷人生的小孩会变成现代社会全球性集团公司的奴仆。

在过去，成千上万的人在战场上打仗，既残酷无情又兵刃相接；而今天，人类用全球恐怖主义取代战争，而后者可能更邪恶也更难避免。但人类生存面临的最大威胁就是经济恐怖主义。相对于全球称霸来说，经济恐怖主义出现得更晚一些。那些跨国巨头公司们对一些毫无防备的小国偷偷实行这一政策。他们卷走一个国家的资产，占有别人的财富和自然资源。但不管怎么说，这一政策比赤裸裸地打倒一个国家再抢走人家的财产这种侵略方式要明智得多，也更有利可图。所以，人类自从亚历山大大帝（Alexander the Great）和匈奴王阿提拉（Attila the Hun）时期开始，并没有发生什么实质变化。变的只是侵略的方法。我们仍然受制于暴力基因，只不过一些人学着去用某种方式来抑制暴力基因，很可能随着我们不断进化，有另一种更具有威胁性的基因对暴力基因取而代之，那就是贪婪基因。

你在大街上随便询问哪个正常人，他们都会告诉你他们希望世界和平和谐，但很多人仍默默地为战争做准备，而不是为了和平。你可能曾见过人们穿的那种印有"为和平而努力，就犹如与处女做爱一样扯淡"的文化衫。在这个充满暴力和贪婪的世界里，仍然存在着善意，但因为媒体已经习惯了充斥着鲜血，莽撞和刺伤，我们很难听到对善举的报道。每一天，世界上的好消息都比坏消息多得多，但媒体编辑们则选择性无视。这是人性中非常奇怪的一点，它必然根植于我们目前还无法理解的某种阴森可怕的基因紊乱。编辑们似乎相信好消息是没人看的。我曾与一些广播电视从业者讨论这个问题，他们压根就不理会我提出的应该多报道积极一面的建议，摆出一副他们很清楚街上的普通人会喜欢接受什么新闻的样子。我只能无奈地相信他们是决定我们性格的暴力和贪婪基因的忠实奴仆。他们把自己安置在一种舒适区内，然后去制造那些哗众取宠的暴力新闻。他们没有足够的勇气来打破自身基因成分的束缚，去进一步发掘全球社会的深层需求究竟是什么。媒体还将靠着这些负面新闻生存多久？而我们每人又将忍受多久这种把哗众取宠之噱头当作正经且不可或缺的知识的日子？

每一天，世界上都有许多慈善行为在我们身边发生，它们的数量是惊人的：从德兰修女（Mother Theresa）到冲突地区的社会工作者和志愿者，红十字会，红新月会（Red crescent），各种救援组织和慈善机构，动物权利组织，器官捐献组织，流动厨房，夜间避难所，以及各种非政府组织（NGO）。而所有的这些都是因人内心的某种力量而产生。世界上有这么多的善举，这一点真让人欢欣鼓舞。分享的概念似乎早已在人类文化中扎根。你在电视上得知一场灾难发生时，一些全球慈善组织早已到达那里准备进行救援。我特别爱说的一句话是"己所不欲，勿施于人"，我一直认为这句话应该成为我们大脑谨记的准则。小孩的眼睛能够很清楚地分辨好坏——当你给他们讲一些恶人的故事时，他们会害怕得哭起来。小孩本能地不喜欢坏人，希望正能胜邪。但长大后情况则有所分化：有些小孩长大后走上暴力的路，有些却没有。他们之所以变成恶人是由社会环境和预订好的暴力基因共同控制的吗？一个纯洁到在听到灰姑娘那恶毒的后妈高声训斥就会吓得哭起来的小孩，怎么会在长大后成为一个全球独裁者，让成千上万人被其所害？圣雄甘地（Mahatma Gandhi）和纳尔逊·曼德拉（Nelson Mandela）等和平使者让世界上大多数人去采取对话而非对抗的方式来解决问题。他们的出现让20世纪以一种鼓舞人心的姿态离去。这对先天与后天理论的鼓吹者们来说是送到手边的大好素材。我们是环境的产物，还是DNA系统的产物？

多年来，心理学家一直猜测究竟是什么引发了人体的暴力，并做出了一些有趣的理论：父母、朋友、邻居、气候、疾病、星星，以及许多其他外在因素都对我们的行为产生重要影响。这确实是事实，但这些也仅仅只是激发我们内在暴力基因的因子。暴力基因在被刺激后产生的一系列连锁反应才能区分一个人。而这也将变得更加复杂。如果我们在被创造之时基因就是受制约，我们的创造者一定是抱着某种目的才这样做的。苏美尔人在泥版上清楚地写明造物者对科学和医学都有很高造诣，但这并不表明他们自身就拥有完美基因。如果我们是很久之前曾在地球上生活过的一个更加高级的人类种族的分支，我们就一定还保留着跟他们一样的遗传结构。我们现在已经有能力来考虑这些曾经不可设想的假设，这种行文本身就是一个明确的信号。我们在21世纪所处的发展水平，就如同阿努纳奇的宇航员第一次登陆地球之时。我猜想在100年左右的时间里，我们会发展到足以接受人类祖先和真正起源的阶段。对此，我有着强有力的证据，宗教教义所掌握的可怕力量会被瓦解，人们会寻求真正的答案，而不是那些由保守的权力斗争者所给出的只言片语。

当前，贫富差距比任何时期都要大。一个火箭科学家正试图在火星上进行一次探索，而另一方面，一个无家可归的人可能正准备从哪儿抢来十块钱。这两者之间存在着巨大的鸿沟。人与人之间的差距是如此惊人。如果我们都是生来平等的，则我们肯定行使了自己的某种力量来改变了这种平等。人类本性中的负面表现则必定深深根植于人类基因组中。一些人比另一些人更有价值吗？如果我们的身躯是一次性的，灵魂却永恒，我们是否应该抛弃这个身躯，仅在地球上留下几个人，去等待遗传更完美的身躯被制造出来？到那时，我们可以让人性随心发展，因为他们的 DNA 将不会允许任何危害地球或人类的事情出现。

看看我们无穷无尽的欲望吧。在维京太空船（viking space）成功着陆，在太阳系深处的行星上进行探索后的 30 年里，我们的表现一直不错。我们在那样短暂的时间里取得了那么大的成功。探测仪最终离开太阳系并消失在黑暗的宇宙中去探寻遥远的恒星，我们在它离开前成功接收了太阳系所有行星的图像。我们有紧迫的愿望去探知和攻克，这种欲望是根植于我们的基因中的。就像我在其他章节指出的那样，自我们被创造出来，探知欲就是人性的一部分。这一点一直可以追溯到伊甸园。那里是一切的起点。亚当违背了神灵，想要一场新的体验。他就是单纯地想知道更多，探索更多，拓宽界限，而他其实并不知道为什么自己想要这样做。对他而言，一切其实只是简单的自然反应，只不过是听从内心深处 DNA 的指引。

自从那时始，我们对自己在宇宙中所处的位置有了更多了解。我们现在知道我们不是众生的中心，尽管我在读小学一年级的时候书本上还是这样写的。我们与周围存在的众多行星进行过实际接触。所以，我们探索的下一步就很明了，我们将要在另一颗行星上定居。幸运的是，在太阳系行星中并没有"土著"的智慧生物。如果我们在哪个行星上找到高等生物，我们将无疑面临一个两难选择。我们将会怎么做？我想一切都取决于那个生物的进化程度是否与我们接近吧。这一点将在很大程度上影响我们对他们采取什么态度。

现在，让我们假设火星上的生物是与我们进化程度相近的。那么，我们要面对的首要问题就是自我防卫，防止他们入侵地球的威胁。我们会高度关注被来自其他行星的星际邻居攻击和殖民的可能性。我们将面临许多种可能：伸出友谊之手，进攻，或者默默关注静待其变。人们常说历史并没有教会我们任何东西，在这里我们将极可能重新验证这一观点。在冲突地区，一场突然袭击会搞得你的对手措手不及，或者完全无所防备。对像小布什及其众多追随者这样的人来说，发布声明，然后先发制人地攻击，已然是公平公正的。所以，我们很可能会这样做，忘记历史曾给我们的教训。一旦我们攻火星人之不备，制服了他们，我们就可以占领火星并立即对其植入我们的文化。但是，我们会灌输哪种文化呢？当然是美国文化。毕竟，他们为此花费最多，所以他们有权第一个决定在火星上引入任何他们觉得合适的文化。然而，如果美国不顾世界其他国家的反对，单独行动，入侵火星控制火星人。在这种情况下，我们就面临着在未来某个时间被火星人攻打的威胁。你能从中看到深藏于人体内的暴力基因吗？我当然知道这是一个愚蠢的假设，但实际上，可能发生的情况并不遥远！就我所知，火星上没有高级智慧生命，所以我们在火星上定居和殖民，不会引起严重后果。但这也极可能是44.3万年前在地球上发生过的某种入侵。我们将会从几千年前苏美尔人留在泥版上的证据，从人类历史记载中，我们同样可以推出侵略的后果将是灾难性的。

有很多书探讨人类在火星上定居的可能性。令人奇怪的一点是，这件事似乎并不像我们最初想象的那般不可逾越。人类极度渴望探知，因此我们在未来的某个阶段将派出探索者去火星定居。许多聪明的人都曾设想过人类要想在火星上繁荣发展所不可或缺的步骤。其中最重要的三条是：可供自由呼吸氧气的大气层、水、食物。美国航空航天局（NASA）科学家最新发布了一项声明，预测人类将在200年内创造出可供生存的大气层。我们有很多睿智的建议来实现这三个条件，在未来一切都可能发生。所以，让我们设想一下，如果我们成功在火星上繁衍，解决了氧气和水的问题，然后开始在这个临近的星球上拥有活跃的社区：我们首先需要的资源之一就是劳动力。当然机器人可以来执行一些任务，但是人力劳动还是不可缺少的。我们要想在火星上维持稳定的可持续发展的社区，就需要可以从事任何形式劳动的人们。建筑物、蓄水池、公路、开矿、准备食物、医疗保健等，许多问题都要解决。

就目前宇宙飞船的速度而言，从地球到火星需要花费3年以上的时间，而且每次能运送的人数极少。这种情况下，我们是否会选择考虑在火星上克隆出一些受过教育，能够从事不同工作的男女？我们的道德困境让我们不在地球上克隆，那么，在火星上克隆是否可行？如果我们能够解决情感和宗教的捆绑，克隆将会成为一个很现实的选择。毕竟，火星当局能够照料，教育，保护好所有的新生婴儿。婴儿所需的一切都会准备好。在未来的某个阶段，当新生的火星人长大后变得有能力保护自身时，我们将向他们灌输地球上珍贵的家庭观念。所以，你看，克隆并不是什么不好的事情。克隆能让我们在宇宙中进步，免除从地球不断输入劳动力的麻烦。它能让宇宙先行者变得自给自足，更加独立。就跟"将在外，君命有所不受"一样，火星上的将军更容易做出决定，采取最有效的行动来解决问题，而非等待地球上的指挥者们传达命令。这种情况会在火星上发生吗？大概，也许，可能会。这全取决于未来20—30年里宇宙探索会有多大的进展。如果我们能挣脱地心引力的束缚，进而学会更有效地使用电磁学，把过时的燃烧不完全的燃料替换成新的推进系统，那么所有的一切都是可能的。

然而，我们仍将面临一个问题，就是如何解决新征服的行星上的劳动力难题。对此，有一个人类道德的两难之境，而这又与我们自身的起源和进化紧密相连。人类的本性塑造了我们和我们的想法，驱动我们不断探索和做出新发现，决定人类基因组的缺陷，以及我们之所以要迫不及待地了解它。我们是如此接近要认清人性的真面目，却仍然要先解决几项小障碍。有一个听上去不可置信的故事能将人类从道德枷锁中解放出来，也挣脱了人性摇篮的束缚，即行星地球。人类的DNA早已设定好，每个人都是如此。我们所需做的就是表现得耐心一点，克制一点，直到人类基因密码能够被解开，休眠基因能够被激活。到那时，我们的精神就能得到解放。现在，让我们重新考虑火星上的情况。我们已经成功登陆火星，建立了基地，在先进科技的帮助下用几年的时间加快了大气层的发展，用火星外围的二氧化碳制造出了氧气，我们甚至成功从地下冰层中提取出了水。我们也栽种了一些树木，还有一些其他植物，比如草、稻谷、玉米、大麦、燕麦、小麦等。我们用氮和磷制造出了肥料，加上灌溉系统，所以这些植物都能够正常生长。接下来我们要面对的第一个困境就是劳动力。突然间，我们在火星上需要做层出不穷的事，这些事还会变得越来越多。摆在眼前迫在眉睫的一个问题就是人力问题。不过很快地，我们就想出了解决之道——我们制造出大批的克隆婴儿。这些克隆婴儿在舒适和充满关爱的环境中长大，他们的导师和"父母"为其成长提供一切所需。克隆婴儿长到16岁时就可以从事某项专业工作。随着时间的推移，我们能够制造出更适应火星环境的人类克隆婴儿来满足火星人的扩张需求。这些克隆婴儿长大后，不允许寻找配偶，以避免出现未知的身体疾病和控制殖民地的人口数量。事实上，为了防止他们人口成倍膨胀，这些克隆人最初是被剥夺了性染色体的。但20年后我们意识到还是在某种可控的前提下让他们自己找配偶。这种快速的遗传过程让他们可以在一段时间内自行繁衍。我们教导他们认识一夫一妻制，贞洁和家庭的重要性。他们第一次经历抚养和责任。就这样，诞生了一批新的火星人，他们生在火星，父母是火星人，所经历的一切都是在火星上发生的。这些火星人并不是我们制造出的奴仆，而是同等人类。

火星人的社区和人口不断增长，火星人也变得有了更多的需求。火星上的珍稀金属在开采后被运往地球，这些金属在火星上就成了高度抢手的商品。火星人开始把这些珍稀金属当作装饰物，并当成身份成就的一种象征。随着时间的发展，这种金属变得愈受欢迎，发展为当地的货币。每个地方的火星人都开始用这种货币进行交易，而这也会逐渐对地球产生影响。不久后，这种金属本身的交易就被定为非法的，从而只能转入地下。一个黑手党类型的火星精英组织将会出现，他们会在犯罪风起云涌之际开始集中权力。火星人变得追逐物质和金钱，而这股突然到来的风潮又将带来一个崭新且更严肃的困境。火星上现有 12 875 个居民，错综复杂的社会问题开始在生活的各个层面频频出现。其中最令人担心的是社会阶级的形成，打断了社会平衡。这场迁移最初是由政府资助的，所有牵涉其中的人在都在其中发挥了重要且必须的作用。他们都得到了同样的报酬，他们在火星上的日常需求都得到了资助。整个计划的初始成员之间没有冲突，进展得很顺利，因为每个人都有特定的职能要履行，每个人都是整个团队不可或缺的一部分。但是，突然间这一切都变得不一样了，社会上出现了一个新的工人阶级。工人应该和团队中的原始成员得到同等待遇吗？还是他们只能被当作"次一级"的人来看待——毕竟他们是为了从事一些劳力工作而被创造出的。他们将得到什么样的报酬？如果给他们提供食物、衣服、娱乐、免费的运动器材和其他福利，这些能不能让他们在火星社区上幸福快乐地生活下去？他们能够得到与付出相匹配的金钱回报吗？如果有两个选择，一是创建一个共产主义社会，每个成员都是平等的，都被期望对社会整体的利益而做出自己的贡献，一是创建一个资本主义社会，与生俱来地贪婪和对权利的执着，哪个危害更小呢？

现在，我希望你能做个深呼吸，然后再试着去思考这一问题的答案。如果说我们人类今天有可能在其他星球上殖民，这种可能不是不存在的，那么，在很久之前，我们祖先的生存环境曾很恶劣，是否我们自身也是被其他人用类似的方法殖民在地球上的呢？用这种方法来检验史前时期证据不是更科学更实际吗？而我们编造出来的宗教却只能使人类自身陷入宗教教条，罪恶和恐惧的怪圈。

恐惧一直是专制者手里的强有力武器。对刑法，身体伤害，折磨和不得善终的恐惧自始至终跟随着我们，但对精神折磨的恐惧最为甚之。死后下地狱，并永远受到折磨的恐惧在当今地球上亿万人的内心是如此真实。人类的创造者给我们灌输了这种观念，而随后的政治领袖和宗教领袖则贯彻执行了这一蓝图。不仅恐怖的专制者使用这种方法，就连当代社会的许多狡诈领袖也把此当作一种聪明的宣传工具。全球性媒体让世界领导者能够瞬间接触到他们的民众，让其可以以一种微妙的方式制造和控制各种冷酷无情的宣传活动，让批评家们分辨不出。BBC 和 CNN 这样的巨头可以如此公然地歧视或偏向某一边，让我大感吃惊。在同一句话里，他们用了"以色列士兵"和"巴勒斯坦激进分子"，"恐怖主义者"这样的说法。刹那间，他们的表达让一个组织变得合法，让其对手组织成为讨厌的野蛮人组织。如果我记没错的话，当纳尔逊·曼德拉还是由野蛮人组成的激进组织的一员时，他们可没有用这种方式来形容"非洲国民大会（African National Congress；ANC）"。他们用一种公正的表达"自由捍卫者"来表达自己的立场。

乔治·沃克·布什（George W. Bush）在"9·11"事件后很巧妙地利用媒体让美国民众变得几乎对所有事情都感到恐惧。他通过媒体使民众相信任何人都可能是威胁，任何人都试图袭击他们，侵略他们，推翻他们。这一举动很聪明，成功地团结了其身后的民众让其盲目地跟随他的领导迈进一个新的全球冲突或文化统治。人们被灌输了恐惧心理，会完全听凭美国政府的宣传，突然间认同对其他国家的任何战争行为。而真正悲哀的是美国穷人对此完全顺从，<u>丝毫不顾及这些战争就是牺牲他们生命的行为</u>。他们很开心地缴税来增强军队实力，进而侵略整个世界来消灭美国在未来陷入任何侵略的可能。这听起来是不是有些耳熟？难道这与亚历山大大帝和罗马帝国在 2 300 年前的所作所为不是如出一辙？想想看全球最大经济体对世界上其他国家所发动的经济战争，你就会明白文明开化的现代社会的真正形势是何其严峻。真相就是我们一直生活在某种冲突的环境中。最普遍也是最危险的是日益增长的经济冲突。一直到不久前，都只有一个国家主导世界经济，但是经过一系列出人意外的发展，曾不可能发生的事成为了现实，也让昔日经济霸主感到了威胁。中国这条沉睡的巨龙已经觉醒，并凭借其庞大的人口，在很短的几年里显著扭转了全球经济强国之间的平衡。

那么，军事和经济战争又带来了什么呢？它们并没有任何产出。战争将会成为全人类的最大威胁，并将继续给世界各地的人们带来无法设想的伤害。在人类开始认真对待遗传工程前，或者在我们真正定位暴力基因及其相关基因之前，又或者在我们进化得更高级之前，我们没有更好的办法来缓和暴力基因的这种作用。暴力基因和它那新发现的好朋友贪婪基因给DNA带来了糟糕透顶的一面，它们的作用是那么强，能够在如此大程度上控制人性，以至于我们将很难凭大脑来与其对抗。尽管许多人会告诉你，大脑可以完成任何事，我们基因中设置好的计划却超越大脑的可能。暴力基因和贪婪基因在一系列不同因素的刺激下能够显现并起作用。随着我们的成长，这些刺激可以来自生活中的很多方面。它们甚至很可能是受其他基因活动刺激的。存在这样一种可能，暴力基因其实并不真正存在，而只是一群基因在一起起作用时所产生出的完全不同效果。某个基因如果曾被外在因素破坏，就会有异常表现。当我们更了解基因组时，我们将会发现这一点。

乔治·索罗斯（George Soros）可能是世界上最富有也是最活跃的慈善家。他获得了巨大财富，同时也不断出现在世界许多慈善基金活动中。这种现象是比较奇怪的，因为如果一个人想要像他一样赚钱并建立一个自己的帝国，那么通常这个人会是这样的性格：很有动机的、喜欢承担义务的、狡诈的、无情而且经常表现冷酷的，同样还得具有军事领袖的性格特征——有远见并且是名战略决策者。为了获取经济胜利而努力，与以上性格特征是相符的，但索罗斯却是以其慈善而出名的。他为需要帮助的国家和成千上万的慈善机构提供财务支持，他所捐献出的金钱数额让人震惊。

索罗斯有着不同寻常的性格特征，而类似这样的人在世界富人中变得越来越多，不过其他人仍要落后他一大截。让我感到好奇的却是他的祖先。他有着匈牙利血统，而匈牙利与古时阿努纳奇人的主要活动中心非常接近。这让我感到非常有趣，因为我正试图揭开人类与造物主之间存在什么遗传联系。阿努纳奇人第一次登陆地球时主要在中东活动和居住。他们定居在这里，也统治了这里。他们也正是在此作出某些重要的决定，并执行之，比如他们决定创造人类这种克隆人来从事地球上所有繁重的劳动。如果第一批人类是在这里被创造出，如果人类是在阿努纳奇人和直立人

（homo erectus）的 DNA 基础上被创造出的新物种，那中东地区在一段时期内必定维持人口持续增长，以便让人类本性能够通过繁衍得到维续。"尼菲林人（Nefilim）之子看见了人类的女儿"，并与之发生性关系，从而产生一个比智人基因（homo sapiens）更高级的崭新遗传基因库。而中东地区是否因此有了一个具有某些基因更发达的人种？那些富有却仁慈的人或许比我们进化得更快一些，他们已经开始感受新释放开的基因所起的作用，而我们其他人却还没机会感受到。以上有没有可能是真的呢？而这能否解释为什么在世界上哄乱斗争的人群中总会出现一些伟人并给我们带来新智慧和新视觉？他们可能是被榜样所引导的？甘地和曼德拉就是其中两个例子。他们会比我们在遗传上更进化吗？他们祖先的身体里流着更多的是阿努纳奇人的血统，而不是人类的血统？

至关重要的一点是，当富有的人积累了大量财富时，他们也战胜了某种罪恶的力量。平均来说，一个人有 80 年的时间在世上生活。自从人类从原始的被奴役状态中得到解放，人类就面临一个两难困境：在地球上活着的这 80 年的时间里应该做些什么？我预测本书就是我们基因组的进化成果，让我们的思想对周围世界的不同层面进行互动。我们有理由相信进化过的大脑是能与宇宙精神存在不同形式的互动的。人类与神灵的这种关系毫无疑问地会影响个体的行为，也会影响我们怎么看待人类面临的世间难题。同时，人类从起初到发展，都被加之不同的结构，所以能够慢慢地解开限制的枷锁，发现新的爱好，学习新的知识。

令人不可置信的是，全球经济的某个方面是怎么影响到我们的行为：穿着、谈话、求婚、做爱和战争。过去的几个世纪有大量有趣的例子来证明人类易受习惯的影响。

让我们回顾一下烟草产业，这是一个很好的例子。在电影问世前，吸烟并非一种常见行为。突然间，银色大屏幕上到处都是手中夹着香烟的明星。点燃一支香烟在每部电影里都变成了进入爱河的一个象征性动作，电影镜头特写定位于那旋转上升的烟圈。短短数年间，吸烟就成为一种令人瞩目具有魅力的行为，每个人看起来都跟他们喜欢的电影明星一样。身体健康并不在他们的考虑之中，他们想的是个人形象够不够酷。烟草公司是否曾在早期的电影中起着引导作用？他们是否运用大众传媒的力量来吸引新的消费者呢？

肥皂剧对人们的行为有巨大影响，甚至会影响人们的思想。全世界每天都有成千上万的人膜拜电视中的节目，他们像宗教信徒般观看喜爱的肥皂剧。对某些人来说，电视起着宗教一般的作用。他们每晚不看电视就不会出门。虽然这么说有点歧视，但我曾听过一些女人的坦白，她们按照喜爱的电视剧情节来安排自己的生活。电视影响了她们的情绪、需求、情感和生活。这难道不是一种心理失常的表现？那么这些心理失常的人，究竟来自哪里？

当我们揭开祖先在泥版上留给我们的尘封的智慧，我们会看到那些明明白白的证据，我们其实是44.3万年前在地球上繁衍的某个高级物种留下的副产品。那时将会有无法反驳的证据表明人类是他们创造出来的原始工人，以便减轻他们挖金矿的劳动量。因为第一批人类是他们用来挖金矿的奴仆，所以人类才摆脱不了对金子的渴望。我们会大感惊奇地发现我们与创造出我们的阿努纳奇人在行为上是多么相近。阿努纳奇人在地球上的单一性是因为对金子的渴望而被破坏。而因为人类得到了他们捐赠的 DNA，我们与之有相同的性格缺陷就不值得大惊小怪了。我们长相相近，行为相近，慢慢地我们的 DNA 会进化到造物主阿努纳奇人给我们设定的原始状态。归根到底，也许我们是地球这个星球上的外星人。

第9章　黄金：无尽的贪婪

　　我问过自己很多次，如果有机会把生平经历的种种往事重来一遍，我会去选择改变其中的哪一件？也许是我运气好，也许是我太天真，或者有点自负，我选择一成不变、任往事如烟。我的童年是在南非（South Africa）金矿区度过的，那段日子充满了笑声、欢乐和冒险。它一旦过去，就无法再拥有。没有去过南非西兰德（West Rand，South Africa）金矿区的人，虽不能感受那种快乐，也不要因此而失望，因为那里并不是真的堆满了金子。

　　虽然金矿这个名字让你想象到的画面是眼前堆满了闪闪发光的金子，但事实却相反。西兰德只是一片平地，长满了玉米，风卷起阵阵沙尘，下午的雷雨，还会冲出水坑。从约翰内斯堡（Johannesburg）到波切夫斯特鲁姆（potchefstroom）有一条绵延150公里的小山脉。如果你旅游途经这里，在这两小时里，你会遇到当地的采矿居民，大约有200—5 000人在这里定居。他们的名字很好听，苏尔博克（Zuurbekom）、韦斯托纳里亚（Westonaria）、兰德方坦（Randfontein）、芬特斯柏（Venterspost）、沃特巴（Waterpan）、山之港（Hills Haven）、黎巴诺（Libanon）、佛什维尔（Fochville），还有著名的卡尔顿维尔（Carletonville）。这些人有一个共同特征，矿井的数组，将他们联系在一起，有大有小，有混凝土的，有钢铁的。人类在这里淘金，致使这里有许多灰岩坑，也成了这里有趣的地理现象。地下采矿，水流失掉了，白云灰岩变得又干又脆。时间长了，加上压力，白云灰岩最终凹陷导致地表出现灰岩坑，这样会给人类带来巨大的灾难。这类灰岩坑的长度有几米的也有到一公里的，他们的深度一般因各个坑的大小而定。芬特斯柏高尔夫球场是围着这类灰岩坑建成的，在这里我要学着去克服22岁的孩子才有的嫉妒人的毛病，因为我们要被迫去清理球洞，而不是清理污水。很多时候，我们都是被逼着冒险下到大的灰岩坑里

107

把丢了的球捡回来。通常情况下，长途跋涉去捡球还是值得的，因为这样能够结识打高尔夫球的有钱人。

西兰德的所有事情都与金矿相关，工业发展也受金矿影响。西兰德的各个村庄，无论是过去还是现在，都努力让矿工家庭的每个人能拥有工作。很明显的一点就是，矿工只适合白人，而外来黑人劳动力就只能挤到酒店去上班。随着时间的推移，这样的分配对社会经济造成了很坏的影响。然而，对于幸运的那些人而言，这里有各种节目：游泳、高尔夫球、网球、壁球、保龄球，还有俱乐部活动和不间断的社会活动。对于成长中的小孩来说这里更是一个天堂。那我们还要求些什么呢。每个矿工家庭通过艰苦的地下劳动，都能够得一些金矿岩石，在地下能够清楚地看到丰富的黄金和其他金属沉积物的动脉。毫无例外地，我们能在壁炉上面，或者在钩针编织的桌布中间，甚至是家里自制的烟灰缸边都能看到这些黄金矿石。让人难以置信的是，现代世界60%的黄金都来自这个直径200公里大的地方，还包括了自由洲（the Free State）的大部分土地。

如果20世纪70年代，我和其他所有的淘金者没有入侵这个地方，那么到70年代中期我心里的许多重要疑问就出现了，是从什么时候开始所谓的人类起源之地就刚好在南非这个地方呢。毫无疑问，苏美尔泥版上写着，就在大约44.3万年前阿努纳奇人刚在地球出现的时候，最初的南非淘金就开始了。根据石碑上的话，我们还知道就是非洲最南边的这里，大约20万年前，一个新创造的人种亚当被安排在这里工作。

回到1970年的西兰德，对于成千上万在矿产业成长的人们来说，金矿成了他们的所有，他们对其他事物一无所知，一无所求。想到在这城市里长大的孩子，我感到很痛心。我无法理解这个国家其他地方的人靠什么生活，对于他们而言，还有什么比黄金更重要？那里还有什么？我们的生活围绕着金矿产业活动展开，很难想象还有其他的什么生活方式。毕竟，我们祖先的责任就是将闪闪发亮的，全世界都羡慕的金属从地里挖出来。我清楚地记得在地下岩石瀑布里发生的死亡悲剧。我熟悉的一些人，像我朋友的父亲就死在地下寻找黄金的过程中，还有人在周日的早上打网球陷进灰岩坑死了。但是当这些悲剧时有发生时，我们会自觉调整心态让自己相信这都是没关系的，因为我们是为世界提供金子的一份子。生活简简单单继续着，每天都有更多的货车载着满满的金子离开我们的后院将其送到距离我们很远的世界角落。

　　30 年后，回首这些细节，感觉我父亲为了挖到黄金而辛苦工作和人类初始时最初的矿工的工作并没什么区别。他们来到这个世界，利用有限的生命，他们有责任制造出上帝的财富。在人类初始时的人类奴隶物种和现代的这些矿工之间有着令人吃惊的相似之处。如果我们细心看苏美尔人的这些话，我们就知道上帝是怎样对待这些最初的矿工，他们只有通过艰苦的劳力活动才能换来伊甸园里他们所需要的一切。这样我们意识到，在几千年的时间里，一切都没有改变。

　　原始的工人肯定有疑问："这些闪亮的金属都去哪了？为什么人类那么需要这些金子，是什么让这些黄色金属变得那么受欢迎？为什么工人都不能保存或拥有金子？为什么他们私藏金子就会受到严厉的惩罚？为什么要那么努力地去挖掘它？又是谁在使用金子？"但在古时，这些问题从来都得不到答案。尽管现在的我们有了不一样的想法，我们又真的知道这些金子去哪里了吗？知道是谁在使用金子，又是为什么要这样做？我们以为自己是知道的，我们有科学答案，有经济指示，每天都告诉我们黄金市场是稳定的，这样的自信心理是不正常的。《经济日报》的版面每天都是关于地球上这些珍稀黄金发生了什么的解释，但我还是怀疑即使是在这个信息发达的 21 世纪，在这些关于黄金的故事背后还有更多不为人知的事情。这种感觉就好像在天空的某处有个大怪物，正从地球上贪婪地掠夺着珍贵的金属。

　　为什么我们这样迷恋黄金？是什么导致这个史前就突然出现的困扰？为什么是金子而不是其他的一些金属让我们如痴如狂？公元前 1.1 万年，文明的突然出现，农业促生了结构化社区，新型的、会思考的人类驯养动物同步发展起来。这似乎没有什么理由可以解释。人类学家感到非常疑惑，不明白在大洪水时代（约 1.3 万年前），人类突然消失后来又渐渐出现，直到他们再次出现，以一种新的动力，从不可知的空间里，文明在近东地区（the Near East）出现了。就在那里，一些技能开始传遍全世界。这些都成了许多学者承认的统计资料。洪水时代的沉淀物里发现不了他们，而现在他们已经拥有了黄金，而且这什么都没有的金属的魅力很明显和今天是一模一样的。

　　还有另外一样东西让历史学家困惑，从公元前 8000 年甚至更早开始，大范围的新品种农产品是以怎样的速度从近东保持着出产的。近东好像成了某种植物孵化器，不断生产出新的适合家庭种植的植物品种。还住在山

洞里的原始人怎么能有如此先进的智慧？那个时代被看作是旧石器时代
(the Palaeolithic period or Old Stone Age) 的终止时期，和中石器时代（the
Middle Stone Age or Mesolithic period) 的启始时期。这就意味着人类的日常
生活仍要依靠石头，住的地方用石头建成，村庄靠石头墙来保护，工具由
石头做成，死人也用石头来埋葬。所以究竟是谁拉着人类的手，为他们指
明方向，带他们走向文明，并将知识尽可能快速地教给他们？在诺亚方舟
登陆这片肥沃的土地，种植出第一条葡萄藤与近东文明的出现之间，似乎
有着很清晰的连接。这就奇怪了，既然石器时代的原始人就懂得了冶炼黄
金的先进技术，为什么还要几千年的时间才发展到今天的局面？

在开发黄金矿的背后帮助人类农业发展的是不是同一双手呢？看起来
这个解释很有信服力。或者说你还是相信原始人类慢慢进化并懂得了所有
的先进技术？我可能去购买砂金理论，因为这就有理由简单地在河里找到
黄金，过滤掉泥土，得到新的黄金并将它磨光。冲积金块各有不同，有很
小的也有挺大的，他们在河里闪闪发亮，吸引许多路人的注意力。问题是
许多史前的矿产地点事实上都是矿石设置的，这就让事情又复杂了。我只
是不能够想象原始人在约 1.2 万年前脚趾踩着岩石，无意中发现了金矿的
画面是怎样的。他看见了这些岩石和其他是不一样。再靠近一点看看，他
就分辨出了岩石中哪些是金子沉淀物。他不自觉地就想到如果砸碎这些岩
石就能够从中选取出金子，但他首先要做的还有以下事情：

> 　　用氰化钠溶液过滤含有金和银的一堆岩石，然后再将金的氰化物
> 和银的氰化物收集起来，将锌加入到溶液中，沉淀出锌、银和黄金金
> 属。再用硫酸除去锌，留下的银和金的混合物将进一步分解成单独的
> 金属。这种氰化物的技巧很简单，应用起来也很直接，所以许多地方
> 的尾矿处理混有各种金属的矿石时，都会用这种办法。使用这种方法
> 会造成很严重的环境问题，因为氰化物本身会释放出很大的毒性。
>
> ——来自《金矿大百科全书历史版本》
> (*The Nation Master Encyclopedia Entry For Gold Mine*)

我相信原始人在开始使用这种方法得到金子的时间，比他们懂得农业
和其他文明的时间要更早。我们知道的这些都只是从苏美尔泥版里看到
的。那我们真要把这些当真吗？还是不去相信碑文里的话？许多历史学家

都选择放弃相信碑文上的话，但这也就是拒绝看到远古人类不可解释的行为的真实的一面。为什么从人类最初，就疯狂迷恋金子？为什么这种贪恋到今天还在持续？人类从什么时候开始决定将金子制成美丽的项链？从什么时候开始用闪亮的金属装饰自己？早期人们的真实原因和动机又是什么？许多人都认为原因很简单，就因为金子罕见让它变得有价值，但这个答案不能很好地回答我们的问题。有那么多闪亮发光的东西可以选择来装饰自己，为什么原始人开始时就选择金子呢？是什么让金子如此珍贵和有价值，让它在众多闪亮的金属中脱颖而出。

金子的历史是一个很精彩的传说。从最古老的时代开始，人类就已经迷恋金子。19 世纪 50 年代的淘金热（The gold rush）、梵蒂冈（the Vatican）、西班牙征服者（the Spanish conquistadores）、维京人的黑暗时代（the Vikings of the Dark Ages）、罗马人（the Romans）、希腊人（the Greeks）、埃及人（the Egyptians）、玛雅人（the Maya）、印加人（Inca）、奥尔梅克人（Olmec）、托尔铁克人（Toltec）、美索不达米亚人（the Mesopotamians）、阿卡德人（Akkadians）、苏美尔人（Sumerians）、神秘的阿努纳奇人（Anunnaki）全都迷恋金子。在大多数地方，金子都成为了财富和成功的象征，在《圣经·旧约》里对黄金在不同情况下的解释也很多。以下的内容直接摘自《圣经》第二卷：

· 用黄金制作一根 45 英寸长，27 英寸宽，27 英寸高的皂荚木约柜；

· 在上面从里到外地镀一层纯黄金，再在周围浇铸一层黄金；

· 铸四个金环套在四个柜脚上，一边脚两个金环；

· 用皂荚木做几根杆并镀上黄金；

· 将杆套进两边的环里方便推动约柜；

· 杆必须放在约柜的环里，不能够拿走；

· 将苏美尔泥版上的证词带上我就允许你进入方舟；

· 为约柜制作一个纯金的金盖，45 英寸长，27 英寸宽；

· 制作两个黄金的基路伯，作捶打东西的状态，放在金盖的两边；

· 两个基路伯一边放一个，将一块基路伯放在金盖的两端；

· 基路伯的翅膀向上伸展，覆盖金盖，互相面对面，基路伯的脸要朝着金盖；

 ·将金盖放在约柜的最顶部，并将我给你的证词放进约柜；

 ·我将与你见面，在两个基路伯之间，基路伯又在有证词的约柜之上，在那里我们会谈到我要求你做的关于犹太人的事情。

这些都是很详细的要求。如果我今天收到了这样一个计划，我会很好奇想知道为什么大小和材料都要求得这样精细，是不是这么昂贵的柜子要装着价值连城的东西从约翰尼斯堡送到布隆方丹（Bloemfontein）？也有可能这不仅是装着未来法令的柜子，这或许也是某种通讯设备？毕竟上帝曾经跟摩西说："我将与你在金盖上见面，在两个基路伯之间，基路伯又在有证词的约柜上在那里我们会谈到我要求你做的关于犹太人的事情。"当然了，如果不是将他限制在指定的位置上，将他的头置于有疑心的基路伯间，全能的上帝还能与摩西在哪里说话？如果延伸出来的杆不仅是为了搬动设备，而也作为天线来接收传送的信息？而基路伯就是某种扬声系统，用于听取上帝要对摩西说的话？只要除掉了宗教情感，你就会发现这让人很好奇和怀疑。历史的事实就是黄金在人类的整个历史中扮演了异常重要的角色，经常会越线成为宗教的条条规规。为什么上帝也会对黄金无法抗拒？在我们进一步分析探索对黄金的神圣追求的原因之前，让我们先来看看这种金属究竟是什么，是什么让这种金属如此特别？

黄金是一种非凡的金属，它含有无与伦比的化学组合和物理性质，让他成为了我们现代生活大范围里不可或缺的东西。现在数以千计的日用品都需要黄金来保持光滑的表面，才能长久使用。黄金很难损坏，还可以循环使用，对空气、水和氧气也具有免疫力。黄金不会失去光泽，生锈或被腐蚀。这些性质使得黄金成为了许多药业、工业、电器日用品中的重要组成部分。

黄金是所有金属中最不活跃的。它与氧气从不发生反应，所以黄金不会生锈或失去光泽。埃及法老图坦卡蒙坟墓里的黄金面具，公元前1352年被埋进坟墓，到1922年出土都一直是闪耀的。黄金也是所有金属中导电性最好的，他能在零下200摄氏度到零下55摄氏度之间传达微小的电流。因此，黄金成为了电脑和其他通讯设备的重要组成部分。黄金是所有金属里延展性最好的，可以制成小电线或者线，不会折断。一盎司（28.4克）的黄金可以制作出8公里长的电线。黄金的形状可以改变，可以延伸成非常薄的金片。一盎司的黄金可以锤出 12 平方米的金片。黄金是红外材料里反光效果最好的，这意味着高纯度的黄金能反射 99% 的红外线。由于黄金能够承受的热量和辐射反射力好，非常适合航天和消防员使用。同时，黄金也是很棒的热能导体，可以用作精致乐器的传热导体。因此，35% 的黄金合金用于航天飞机的发动机喷嘴，那里的温度可高达 3 300 摄氏度。

那么，上帝告诉摩西这么精细的要求时为什么要卷起袖子呢？是否有人将这些所有的要求都记录下来了，还是说有一些更复杂的细节被忽略掉了，原因是作者没有真正理解细节的内容。为什么不仅是人类还有古时候的神都迷恋黄金？当你开始将所有的小巧合集中起来，你就会将注意力转移到苏美尔人上，解释开始变得有道理了。大多数的人都单纯地以为，人类喜欢黄金是偶然事情，黄金开始的时候变成了国王们崇拜的交易商品，最终成为了推动全球货币股市波动的原因。我就是不能相信这种简单的观点，这大部分都是基于 21 世纪我们对黄金的看法。

金矿的历史与古时的人类历史一样模糊，都有着非常粗略的根源。我们能够看到的最古老的有形文档记录就是苏美尔人的泥版文书和印章，但许多顽固派学者都不相信这些。近十年，有一种巨大的激进的转变认可了这些碑文是有价值的。随着越来越多的碑文被证明和翻译，像撒加利亚·西琴（Zecharia Sitchin）这样标新立异的人受到了更多的赞赏，承认了古代先人和创造者的古怪理论，这些碑文也开始对科学的圣杯产生真正的影响。所以，如果我们接受了苏美尔泥版上的内容，我们就必须接受好几千年前的金矿，比我们能够想象的时间还要长。

苏美尔泥版里有介绍神的统治权力的清晰线索，位高权重的牧师代表上帝行使指引人类的权力，在不间断的采矿活动中，人类首次将珍贵的金属送到阿努纳奇。牧师和国王经常被召集起来开会，听取上帝的详细要求，随后传达给人民。在《旧约》里，这是很平常的一件事，像亚伯拉罕（Abraham）和摩西（Moses）就是两个著名的例子，上帝是怎样通过他们，向人类传达旨意的。但为什么这些事情不会在今天发生？还是人类已经进化成有智慧的生物，圣经时代的神就沉默了？第 14 章，"人类的故事"中，为艾达姆以及在南非为他们的神辛苦努力淘金的原始奴隶们的创造作了详细说明。但我相信我应该为解释这些理论的基础设置一个场景，这样从苏美尔泥版上衍生出来的论据在我论文里才有信服力。

平稳地翻译出苏美尔泥版上的文字让我们能够对早期远古人类的历史

瞥上一眼，改变了我们之前所相信的所有事情。这些文字完整地记录了地球文明起源的故事，但那和我们一直以来想的不一样。当你细细分析这书里的话，你能够收获希望，得到和我一样多的感悟。这里有一个对人类复杂故事的简单概括，根据苏美尔泥版上说的，以下仅仅是对这个章节某些情节的指引概括。

44.3 万年前，在阿努的指令下，太空人和探索者来到了地球，他们被称为阿努纳奇。他的两个孩子恩利尔（Enlil）和恩基（Enki）得到了控制这个新基地的权力。他们去寻找黄金来修补他们的行星，尼比鲁（Nibiru）损坏掉的臭氧层和大气层。随着时间的推移，他们派了足足600名探索员和工人到地球上，在南非建立起一大批采矿作业，在埃利都（Eridu）的近东建立起太空指挥中心，成为地球上最古老的居民。过了一些时间，在矿山中辛苦工作的阿努纳奇人开始抱怨，还将他们的基因和直立人（Homo erectus）的基因混在一起，创造出克隆人在地球上生活。他们把第一批原始工人称为艾达姆，后来他们又为克隆人创造了一位女性伴侣为他生孩子，而不是由指定的阿努纳奇女人。像翻译苏美尔泥版一样，让我们创造一位原始工人，承担艰苦的工作。用我们的精华来改造他。

在近东地区，新的奴隶人种变得非常受欢迎，也离开了非洲的家，开始在近东做起了辛苦的劳力活。

由于低重力，阿努纳奇人也在火星建立了基地，将更大的船送到那里。这发生在宇宙事件引起地球大洪荒之前，也使火星失去了自己的大气。在火星居住的人被称为伊吉吉。在《创世纪》（the book of Genesis）和其他文献里，阿努纳奇的儿子和伊吉吉指的是纳菲力姆（Nefilim），从天堂降生到地球的人。《创世纪》还告诉我们来到地球的纳菲力姆与人类美丽的女儿有了共同的孩子。这就创造出了新的人类，名字是雅利安人（Aryans），很大程度上，他们与其他受未来文明影响的人类是分开居住的。他们是马杜克（Marduk）的跟随者，随后我们会听到更多关于他的事情。

这些所有事情的发生都有很美好的原因。尼比鲁星球和太阳系中大多数星球一样，在围绕太阳旋转3 600年的轨道上。在靠近地球的一个途径上，尼比鲁与地球、火星异常接近，在13 000年前造成了巨大的地质动荡引起了大洪荒。同时，尼比鲁的出现也吸走了火星的大气。阿努纳奇人发现，靠近地球能造成巨大的灾难，趁机可以毁灭掉他们在地球上建立起来的已初具规模的奴隶人。他们像无助的孩子们，需要不断地监管，照顾和喂养。他们开始变得不受控制，开始懂得独立思考。对于恩利尔而言，最大的问题是其中一些纳菲力姆人与人类的女性生育出新的一代人，恶化了问题。在艾达姆最初被创造出来的时候，兄弟两人就有很大的分歧。恩利尔反对创造新的人种，现在他就有机会利用自然灾难消灭掉人类。但恩基是人类的创造者，他告诉其中的一些人，让他们利用潜艇自救。余下的部分就是人类的历史了。

尼比鲁星球靠近地球的同时对其自身也产生了灾难性的影响，大气层再次受到毁坏。正当阿努纳奇人以为自己的尼比鲁星球已经修复好了，他们可以回家的时候，采金又再次开始。像命中注定似的，好在他们还拯救了部分人类，但这次他们允许人类拥有智慧，还教会他们一些文明和生存之道，同时他们渐渐地被收入神的大家庭里。

神将地球分成了好多宗教，并将年长一点的阿努纳奇孩子们分配到地球的各个地区。分歧和贪婪开始侵蚀拥有统治权的神，马杜克又称罗或者阿蒙神，自称是最大的神。他不顾其他阿努纳奇神的反对，在地球各处扩大自己的影响力。马杜克是《旧约》里唯一一个阻止人类崇拜其他神的神，也被称为复仇之神，公元前2500年，他开始强迫所有的人类只能称他为神，他发誓将会奖励顺从他的人，惩罚违抗他的人。他答应给予他的跟随者们永生，法老就是首个受惠者。这就是为什么我们看到埃及的国王死后都会有异常贪恋生命的现象。其他的阿努纳奇神决定果断行动起来，用武力反抗马杜克。这时候《圣经》里出现了所多玛（Sodom）与蛾摩拉（Gomorrah）的故事。毁灭的程度很严重，影响范围很广，导致了悲惨的结果。但马杜克还是逃过了屠杀，这让生存下来的人类更加恐惧和崇拜他。因此他在美索不达米亚北部的近亲，雅利安人入侵陆地的东边和西欧，到处征服人类，并强制他们接受雅利安人的监管，而这也是当今世界的现状。

我必须告诉你，我并没有虚构任何故事。和这些故事一样可笑的，就是当今世界正在发生的事情。你可以先判断一下眼前的证据是否可信，我们挖掘出越来越多的史前器物，都告诉我们人类祖先的故事和我们以前所知的完全不同。

让我们回到对黄金迷恋的话题上。奴隶人的各个成员在更大范围内，在他们的岗位上，辛劳地采矿。他们知道这就是对他们的唯一要求。他们和今天南非的矿工一样，都住在大院里。有人给奴隶提供所有东西，但他们没有选择权，没有自由，没有未来，只能永远在矿井里工作。

他们天生就要在矿井里服役，死也死在矿井里。但还有部分人努力反抗并逃到密集的非洲丛林，形成了小的家庭单位，开始学习狩猎。科伊桑人（The Khoi-San people）最像这类人。当奴隶们老了没力了，不能达到主人的要求做辛苦的体力活时，他们就被允许离开矿区的大院到非洲荒野上生活。这些人就形成了早期小型的单位和部落，并发展出他们自己的非洲文化，这些文化充满了神秘的神话故事，让历史学家难以理解。如果从这个新的角度去分析理解，就不难知道为什么非洲神话和他们的宗教都与世界其他地方的不同。因为正是在非洲，人类被创造出来，他们孤独地在这里生活和被奴役，与其他人类社区分离开，他们建立了属于自己的独特文化，被神所控制和影响。他们与外部世界很少联系，外面世界里人类和阿努纳奇人的后代一起生育，创造了北部的雅利安人。在经过 10 万多年的苦役后，奴隶们也开始反抗压迫他们的奴隶主。

奴隶物种反抗以后，许多奴隶都离开他们的矿井大院，采矿还在继续，很多的奴隶就住在新形成的社区生存下来。现在的宗教结构能够重复着当时奴隶和阿努纳奇人之间的关系吗？在现代，阿努纳奇人还可以维持着控制人类活动，特别是黄金生产活动的权力吗？历史里许多秘密社会都能够追溯到最初的人类社会，所谓的蛇帮兄弟（Brotherhood of the Snake）和阴谋论仍在继续。阴谋论里最伟大的东西正是他们仍然紧紧保持的东西。但人类的起源还是个问题，黄金在世界上的地位仍有着可疑的起源，教堂和牧师将这可疑的月色放在黄金和财富的囤积中。

分析一下黄金的起源是怎样让历史学家困惑的，对于早期人类而言黄金可能意味着什么，下面随意摘录了一些关于黄金起源的文字：

> 黄金也许是早期原始人类首先遇到的金属，人类在土里，在河水的沙子里找到了砂金或亮片，被它们美丽的内在，良好的可塑性，真实的不可毁坏性深深吸引。

我发现这种说法真是十分可笑。对于原始人或者猿猴生物生活的重点还围绕着生存、食物和住处的时候，对他们来说，软软的金属有什么价值呢？但阿努纳奇人又确实需要黄金，并需要工人去矿井里淘金。

在石器时代，因为金属具有不朽的物理属性，金属是有神圣意义的，开始时金属被当作护身符佩戴在身上，后来金属就成了宗教的标识而流行起来。

一切都很好，但为什么是黄金而不是其他珍贵的金属受到如此的重视呢？早期原始人的这种行为没有合理的理由可以解释，除非他们是在模仿某人，为了某个理由才将价值加到金属身上。

在印第安、苏美尔和埃及文明的早期（公元前 3000—前 2000 年），黄金不仅象征着神圣的意义，还成为了财富和社会地位的象征。

没错，那时候，神赋予了人类文明，而黄金就被当作是神的财产而建立起来。中美洲的征服者在文字记录里写得很好。当地人反复告诉他们，黄金是属于神的。在圣经时代，神会以各种方式奖赏服从他的人类跟随者。黄金就是其中一种奖励，人类敬佩这种神圣的金属。收到神奖励金子的人类会受到每个人的崇拜。拥有神赐予的东西，是一种巨大的社会特权，这就增加了人们对黄金的欲望和要求。

荷马（约公元前 1000 年），在古希腊史诗《伊里亚特》和《奥德赛》（Odyssey）里，反复描述说，黄金既是凡人财富的象征，也是不朽者显赫的标志。

我们也持有这样的观点。荷马对黄金的看法和我们是相似的。为什么他会知道这些连当代学者都不当真的神话故事？以下的陈述立即能够解释我对现代老师教人类历史的醒悟。这看起来是学者间共同承认的观点，但我觉得这种观点很自大，短浅和无知。他们应该多读点书，开开眼界，不应该再向我们的孩子灌输这种真假参半的东西，这都只是学习历史的言辞，根本没有书里写的那样有价值。

早期对首先发现黄金的描述都是很传奇性的神话。漫长的亚历山大时期（The Chronicum Alexandrinum）（公元 628 年）都将黄金的发现归咎于水星，商业的罗马神，朱庇特（Jupiter）的儿子或者是比苏斯（Pisus）。类似的传奇和神话在印度古老文献，中国和其他民族的古老文献中，都提到了黄金首次被发现与他们的关系。

今天，亚历山大（Alexander）的历史学家明显比我们的历史学家更了解苏美尔泥版，我们现代的历史学家没有成千上百的图书可以查阅，因此亚历山大的历史学会更熟悉。他们毫无犹豫地称这些神灵为神，但我们的历史学家就把这些神灵称为神话人物。

这里还有一点关于黄金的历史渊源要说明。我们称为黄金的元素被发现后就在远古时期遗失了。这是假的。撒加利亚·西琴翻译过石碑上的一段话，"让黄金从水中得到，让黄金拯救尼比鲁"。

这是史前第一次提到黄金。尼比鲁的国王阿努说的，他们将阿努纳奇人派到地球上淘金。为什么史前人类要这样痴迷于黄金，还煞费苦心地写下关于黄金的故事。我执着地认为只有当黄金在他们的生存中起了非常重要的作用，他们才会那么重视它。这也是阿努纳奇人在地球上的主要和唯一的原因，因此人类也被创造出来。

虽然在埃及，印度和其他地方都有相当多的黄金地带，但在原始时期，黄金的主要来源无疑就是流砂矿。在残积层或者是冲积层会用最天然的方式进行淘金或者用最简单的方式进行冲水选矿。暴露出来的脆弱地带用最简单的工具：石头锤子、鹿角锄、骨头和木铲来挖。古老的埃及人，闪米特人（Semites），印度人还有其他人可能会用火来断开坚硬的石英脉。

既然早期人类不懂得怎么将黄金从岩石中分离出来，为什么他们想要断开含有黄金的岩石？他们肯定知道怎样可以取得黄金，要不然他们不会知道岩石里藏有黄金。我们有证据他们曾用火断开岩石，所以他们肯定也知道其他取得黄金的复杂过程，包括用 700 摄氏度的火来熔化它。我们有什么好惊讶的。苏美尔泥版上都告诉了我们"他们是怎样从矿石里得到黄金，是怎样溶掉他们的。新的黄金是怎样从融化和提炼黄金的地方萃取出来的"。

在整个人类历史中，新的金矿定居点的建立为某些人带来繁荣的同时，也让其他人陷入了绝望的境地。事实上，如果在早期古物里找不到黄金的证据，那文明所体现的发展标志就远远更迟了。所有早期的人类定居点都是与黄金手牵手走过来的。

有沉积物的地方无论大小只要能看见黄金，都有奴隶，罪犯或者是战俘在那里工作，他们都被当局的人派到有黄金的地方或者是矿井里。

矿井的主要功能是用于采矿，如果他们不懂得采矿技术，为什么 5 万年前甚至更早，他们就在南非开始挖掘矿井了呢？

古埃及的代码，石柱上，象形文字里，法老坟墓的碑文里都出现过与采金相关的介绍。最古老的地质图据说来自赛提一世的时候（约公元前 1320 年，古埃及第十九王朝法老）。上面有道路、矿工的房子、金矿、采石场、金山等等。古老的苏美尔文明、阿卡德文明、亚述文明和巴比伦文明都广泛利用黄金，但他们是怎样获得这些珍贵的金属就不太确定了。

泥版文献上告诉我们许多关于黄金的资料。描述了采金的过程，如何处理、冶炼和使用。

希伯来的《旧约》里有许多关于黄金和采金的说法。《旧约》里提到了六种黄金来源：哈腓拉（Havilah）、俄斐（Ophir）、示巴（Sheba）、米甸（Midian）、乌法（Uphaz）和金子（Parvaim）。关于这六个地方的确切地点引起了很多思考。一些权威声称这六个地方都是阿拉伯的。也有人说这六个源头并非在一片土地上。

如果他们将注意力集中在神秘的古经文上是为了以后能同化我们，那就太不幸了，这些经文都被归到神话的行列，没有哪位清醒的历史学家可能去让这些小说影响他们专业的观点。有一些非常清晰详细的记载证明世界第一次发现黄金的地方就在南非或艾布祖（Abzu）。刚好那也是第一批原始工人采的地方，也正好是人类起源之地。难道这没有巧合吗？

关于俄斐的地址有很多猜测。这是一片富庶的土地，满地是黄金。所罗门国王的海军从这里带了超过34吨金属回到他的王国。《旧约》国王篇提到了运送檀香树、贵重的石头、象牙、猩猩、孔雀等，意味着非洲与全世界有了沟通往来。

其他受欢迎的地点是东非和南非，主要是津巴布韦（Zimbabwe），尤其是伟大的津巴布韦废墟。主要的住所，员工住处的布局和设计，单用石头不需要灰浆砌成的建筑艺术，也能为恩基神建成完美的主人居住点，泥版文献里是这样说的。这能不能成为所罗门王矿井的总公司呢？当恩基在艾布祖建立了自己的地盘后，谁在几千年后占领了他？在那被称为莫诺莫塔帕（Monomotapa）的土地上，有超过500个废墟被发现，经过200年的开发，南非的矿井仍然没有出现短缺的情况。这个古老的土地从莫桑比克海岸延伸开来，经过内陆，包括现代的津巴布韦。各种权威机构，例如布鲁斯（Bruce）、休伊特（Huet）、卡特米尔（Quartremere）、吉兰（Guillain），还有津巴布韦废墟上大多数后来的作家都支持这种说法，认为莫诺莫塔帕（津巴布韦）就是俄斐的经文。更古老的大津巴布韦遗址和后期新建立的建筑物之间有着清楚的区别。这会是金字塔特征的一种重复吗？原始的建筑物是在恩基的领导下，由史前的阿努纳奇人建立的，那是恩基在艾布祖的家。几千年过去了，像金字塔那样的建筑，在圣经时代的国王，腓尼基人（Phoenicians）和希米亚里特人（Himyarites）建立起他们的新型建筑物和以前的建筑物有着不一样的风格和特性。霍尔和尼尔写的《罗德西亚的古代遗迹》中改编的章节里，我们读到了关于"首个或更老"的津巴布韦和较新的一个。学者们写过，这些壮观的建筑物大体上和第一个津巴布韦的类型一样，建在3层或更高层的地方一直到山的顶峰，围绕山，有时候完全覆盖着山。他们告诉我们，在前段时期建起来，这种像婚礼蛋糕的建筑物，都消失在津巴布韦的废墟中。然而在这以后，津巴布韦废墟出现了崇拜自然的人类曾经建过的建筑物的证据，里面有通向天堂的东方寺庙，神圣的圆圈，高高的锥形塔，独立的石块和崇拜阳物的各种证据。这类津巴布韦人的代表有许多，多罗人（Dhlo-dhlo）、里贾纳人（Regina）、米特米人（Meteme）、卡米人（Khami）。

腓尼基人与废墟的联系让人吃惊。在津巴布韦发现的纪念碑，石头雕刻，雕像与撒丁岛（Sardinia）上的主要建筑物还有其他古老的接近东方的文化，崇拜巴力神，在风格上这些都一模一样。探索者霍尔和尼尔在世纪的转角领导着这种趋势。他们继续为这种神奇的相似点作解释。罗德西亚人（Rhodesian）和撒丁岛人（Sardinian）对自然的崇拜是有很多证据可以证明的。撒丁岛的诺拉岛时代可以追溯到青铜时代，大约在公元前 3500 年到公元前 1500 年，像戈雅（Geyard）这样的学者们写到："我毫不怀疑撒丁岛上数不胜数的圆形建筑是对太阳神表示崇拜的纪念物，他们都因诺拉这个名字而著名"。后期的津巴布韦废墟像崇拜太阳神的纪念碑一样，在公元前 2500 年到 200 年间，遍布了整个近东和埃及。这为我们提供了一个关于在先进的北方文明和遥远的南方黄金土地之间的清晰联系，指的就是圣经时代的俄斐。

　　这是一个非凡的突破。不仅给了我们一个强有力的证据，支持说所罗门王的矿井确实就坐落在南非，突然间，我们还有了切实的证据说明了在津巴布韦的两种不同文明相隔了几千年。较新的或者说是后期的津巴布韦活跃在公元前 2000 到公元前 200 年间。他们建立起的神殿和住处，和他们近东北部的兄弟建立的是一样的，而且他们都向同样的太阳神作祈祷。学者们将更古老的史前文明看作是首个津巴布韦。考古学家皮特·波蒙特（Peter Beaumont）向我们展示了他在南非斯威士兰（Swaziland）发现的 5 万多年前的古老矿井。但苏美尔泥版上告诉我们的是这些非洲矿井可以追溯到 20 万年前。实在让人难以置信。古代神话与较近的历史间出现了一个可以看见的联系，是一个自然的汇聚点。"神殿与寺庙"的问题在这里显得十分重要。虽然后来的俄斐圣经有崇拜神的说法，但第一个津巴布韦文化就没有要崇拜什么神们的相关知识。矿井正是由原始阿努纳奇人利用他们的奴隶人种，第一代的采金矿工创造出来。在大约 19 万年以后，进寺庙拜神的礼节才传到人类，所以这之前他们没有这种拜神的需要。后来，在公元前 2500 年左右，北方的国王们和水手来了，他们建起了和原始阿努纳奇建筑风格一样的房子，只是他们的住处没那么大，他们在居住地的旁边加入了寺庙以供拜神。毕竟他们不希望惹怒了复仇之神，不想遭到惩罚。许多令人好奇的相似点，例如河流和其他地方的名字也可以加入到伟大的津巴布韦理论。约在公元前 610 年，腓尼基国国王尼哥（Necho）的古代航行计划，是从红海（Red Sea）出发到达非洲的东南海岸或者是莫诺莫塔帕，这只是其中一个证据证明俄斐这个地方确实存在在世界的某个地方。

　　经过几十年的时间，这些理论支持也有所发展，证据看起来也是不可反驳的。在那段历史的时间里，世界上也确实是没有其他地方有那么多的黄金可以提供给所罗门王和示巴女王（Sheba）。许多莫诺莫塔帕的古老矿井在大洪荒时都被泥土掩盖了，但还有一些存留下来为我们讲述人类起源时的史前矿井故事。关于所罗门王矿井的另一些说法是土耳其（Turkey）南部的金牛山（the Taurus Mountains），位于沙特阿拉伯（Saudi Arabia）西北部。对埃及人而言，苏丹（Sudan）的努比亚（Nubia）是黄金的巨大来源地。哈特谢普苏特女王时期（公元前1503—前1482年）以及后来的时间，埃及海军从彭特（Punt）地区带了大量的黄金和辉锑矿回埃及。

南印度（Southern India）一直以黄金财富出名，在古代，大量的黄金被开采。公元前第一个世纪的历史图书馆里，西西里的狄奥多罗斯（Diodorus Siculus）写下："印度这片土地的下面含有各种各样的地质纹理，包括许多的金银"。再一次，他指出关于采矿的知识，不止是普遍被接受的冲积方法。

包括黄河（Huang-Ho River）的商朝文明（公元前1800年—前1027年）在内，中国在最早那段时间就有采金工业和使用黄金的传说。大约在公元前1122年，箕子（Ki-ja）的追随者从中国迁移到韩国，并将采金传到了韩国。据布罗姆端（Bromehead）介绍，各样采金方法可能早在公元前600年又从韩国传到了日本。

早期的美洲印第安人（Amerindians）就知道黄金，但那个时候金属还不受重视。后来公元前几个世纪里，奥尔梅克（Olmec）、萨巴特克（Zapotec）、玛雅（Mayan）、阿兹特克（Aztec），墨西哥和中美洲的其他文明，还有南美洲（South America）的印加文明都更加重视黄金。

安第斯山人（the Andean）和中美洲文化对黄金的痴迷很深。他们那些口传的或者是写下来的有关黄金传奇，最早可以追溯到公元前12000年。这些文明在他们的文献里记载"黄金是属于上帝的"。这使得黄金在他们的日常生活中显得非常重要，这也是他们文明出现的原因。

黄金没有受到中美洲加拿大人和美国人的重视，澳大利亚（Australia）的土著人也没有将注意力放在珍贵的金属上。

会不会因为阿努纳奇人在这些地方没有找到大的金矿所以才没有被吸

引住？也因此人类才会那么晚为采金而定居？或者他们迷上黄金的时间那么迟是因此人类对黄金的迷恋是从神身上继承下来的。

前面几页的内容只是关于我们星球上的黄金来源的点点疑惑和分析，但这样的困惑和矛盾越来越严重。因此，无论如何我也愿意在其他科学的记录里寻找原因，尽管许多学者都认为这些记录是不对的也很难理解，我也不希望真相被埋在丰富的古代神话和某些文明的口头传统里。但是，当我研究完600多个非洲神话故事后，关于黄金的说法还是那么奇怪，找不到清晰的线索。可能在某些故事里有关于黄金的隐秘想象，但这些故事没有描述黄金真的令人很迷惑。这让我形成了一些新的理论。

如果非洲真的是最早期人类起源的摇篮，如果他们真的是创造了奴隶在金矿工作，他们就真的是苏美尔泥版里写的那样是真正的原始工人了。作为原始人种，在人类存在的最早时期，他们不会真正感觉或明白自己在做什么。他们所能看到的就是在给予食物和住处的同时也要做一些累垮人的工作，但为什么要这样做他们也不知道。年复一年成了最平常的生活。他们一直在挖的东西对他们而言没有任何价值。它们既不能吃也没有用。只是在上千年后，人的脑力活动能力大大增强，人类和纳菲力姆后代生育的混血人种也出现了，新出现的智慧人类开始赋予金属价值。只有当神将文明和王权授予了人类，当贸易和货币实现了全球化后，黄金才受到了重视。奴隶离开了矿井大院后，开始在非洲建立起自己的居住点，金属便会发展成富有某种奇怪的感情价值的东西。他们并没有真正懂得怎样使用黄金，对他们智慧的解释只是说，他们会以各种方式用黄金装饰自己，指明他们的社会地位和重要性。与南非的同胞一样，他们一直都知道黄金是属于神的。

我提出的假设是，像其他许多科学理论一样，荒谬的后面总带着尊敬。当我们读到苏美尔泥版后面几章时，如果我们抛开骄傲的情绪，敞开心扉地面对新的事实，我们就会感到惊讶，这怎么能如此简单地就做出了解释。

中美洲首次出现矿井的标识要追溯到12 000年前，那是农业在地球上出现之前，也大约在上个冰河世纪的末期。在这段时间，人类要获取黄金不容易。由于自然危险和野兽的攻击，他们一直受到威胁。他们关心的是住处和食物，那时的人类主要还是以游牧的方式生活着。他们又怎么会觉得黄金有吸引力？

当你到达所谓的人类起源地，南非的约翰尼斯堡北部游览 20 分钟，你会发现最古老的金矿标识更加有趣。虽然考古学家发现了许多令人惊叹的关于人类起源的东西，但是在早期无可解释的采金现象上，他们也是无能为力。耶鲁大学（Yale）和格罗宁根大学（Groningen Universities）的学者发现，史前的采金活动留下了一层层的地质层，那都可以追溯到公元前 7690 年。因此，挖掘机就往更深一点的地方去，但让他们感到安慰的只是在狮子公园的著名地标旁发现了一个古老矿井。他们揭开了一块堵住一个巨大洞穴的 5 吨重赤铁矿石块。在洞口他们发现公元前 20000 年到公元前 26000 年间的炭和木炭挨在一起，让他们很吃惊。由于不相信他们找到的东西，他们继续探索，找到了过 1600 年才能形成的矿井地址。随后，阿易安波西尔（Adrian Boshier）和皮特波蒙特（Peter Beaumont）继续向斯威士兰南部探索，他们发现了一个古老的矿井，里面有树枝、树叶、草和羽毛，这些东西很可能是矿工留在里面的。里面也有一些有锯齿的石头，表明人类在那么遥远的时期就有能力使用石器。留在这个地方的其他东西可以追溯到约公元前 50000 年。这对历史学家，进化论者，特创论者都是一个谜。这怎么可能？支持不同学说的人都不知道怎样才能解释这种情况。现在，我想参与进来并提醒各位读者我的理论是创新和进化同时考虑的。这两者要汇集起来是不可避免的事情。当我们身边大多数的生活都有明显进化痕迹时，也有越来越多的证据证明了人类是在哪个特定时间被创造出来了。在伟大的人类谜团里，我们只能让步于现实，这两种哲学观点必须分享同一个舞台。

对于史前的矿工早在成千上百年前就在南非采金的事实，我们不应该感到惊讶。毕竟，从那时开始，地质景观就没有改变过，如果黄金在当今世界的这个地方还有那么多，那就理所当然地继续采金。我们要记住，直到 1970 年，南非向全球各地提供的黄金量占了总量的 75% 以上。这就很清楚地意味着，早期的人类就明确地知道哪里有黄金，或者有更聪明的人告诉了他们到哪里去采金。所以，我们要再问一次，为什么原始人一创造出来，就开始疯狂地淘金？很简单，这个问题根本就没有意义。

由于某种原因，几年后，对黄金的贪婪变得更加疯狂。旧世界的国王和教皇派出很多船，将尽可能多的闪闪发光的黄色金属带回家。对黄金的饥渴程度在西班牙入侵新世界时发展到了令人恶心的顶峰。征服者在中美洲，在神话故事里的理想黄金国和西波拉（Cibola）发现了丰富的黄金。

有一个问题，所谓的原始土著居民是在哪里发现这些黄金的？有故事记载，在征服者活动的 200 年间，西班牙人从美洲抢掠的黄金比全世界被挖出的黄金还要多。很明显，这永远得不到证明，但能够带来更多生动的想象。历史书告诉我们一个故事是关于历史的可预见性的，还有世界上黄金的起源。然后我们所知道的是，黄金一直都是最大的争端，炒作和阴谋的中心。

一直存在的罗马教廷处于对黄金极度贪婪的中心，他们支持征服者的剥削行为。抢掠回来的黄金 90% 归罗马教廷，10% 归西班牙国王。据说罗马教廷掌握着世界大多数的黄金。一个很流行的阴谋论认为，罗马教廷不只是打算那样做，他们还成功地偷了美国所有的黄金储备。阴谋论一直流传着，这个理论似乎很有趣，因为他有总统的决定对他表示支持。最有名的是尼克松（Nixon）总统的决定，1971 年 8 月 15 日，他决定将美金的标准和黄金的标准分开。威廉拉姆利写过一本很吸引人的书，里面广泛地分析了人类历史中大多数的秘密社会与伊甸园和所谓的兄弟蛇会间的联系。书里揭开了我们古代许多黑暗的隐藏的秘密，有信服力地指出更先进的更有智慧的人类是以某种形式进行干预的。

在某种程度上，黄金在人类的进化史中继续扮演着至关重要的角色。大约在 19 世纪 50 年代开始的加州淘金热时候，梵蒂冈的僧侣用自己的衣服隐藏偷盗来的黄金，从印第安人开始到墨西哥海岸和加利福尼亚海岸。有报道称，天主教徒以神的名义，为罗马教廷追求黄金，强迫当地人进行艰苦的劳力工作，奴役和折磨他们。或许黄金是第一种人类所认识的金属，从有文字记载以来就有了关于黄金的记录。整个人类历史都和黄金生产脱不了关系。如果我们仅仅根据苏美尔人在他们的泥版文献里所写的去判断，我们就可以知道人类是由阿努纳奇人创造，目的是将我们当作奴隶使用，到金矿去工作。为什么人类从最开始就爱上了黄金，这个问题的答案很简单。黄金是原始人知道的第一种事物。黄金就在人类的周围，人类要用它。这就是为什么人类会被创造出来。但真相其实是人类的主人，神和阿努纳奇人需要黄金，而不是人类自己。

当我们在探索早期人类为什么对黄金痴迷时，我们就开始明白，黄金对他们有着无可抵抗的影响，随着时间的推移，黄金塑造了人类的行为举止，激起了人类的虚荣心，贪欲和欲望，就像他们的神一样。很快地，人类奴隶对这种自己不能拥有的黄金产生了强烈的占有欲。他们寻找非法途径去获得黄金，但时黄金又是他们服从命令后所得到的奖励。不知道黄金有什么用，也不知道为什么要用到黄金，但他们还是开始以非传统的方式使用最近获得的禁果。他们将黄金转化为手镯、项链、戒指、珠宝、配饰，还有一个很长的清单，都是为了唯一的目的，用黄金来炫耀他们在新兴社区中的重要地位。他们模仿诸神，神有什么他们要有什么，建一样的战车，一样的房子，要有一样的标志和肖像。考古学家发掘了无数幅古代众神的画像。当阿努纳奇人允许人类离开矿井大院到发展起来的社区居住时，黄金的价值就显现出来了。

这段时间与近东约公元前 7000 年时突然出现的文明时间正好一样。许多人类定居在这里的同时继续为他们的诸神工作。虽然人类工人们还是在非洲南部的矿井里采金，但他们的社区已经发展到非洲的其他地方。黄金的手工艺品在地球的装饰品行列占领着最高的位子，人类开始越来越多地用具有象征性的新款珠宝装饰自己。你拥有的黄金越多，你的社会地位就越高。这也意味着你有东西可以去交易或买到黄金。这正是人类转基因组一直在等待的东西：贪婪，暴食，财富还有一点点爱美的基因隐藏在我们的基因组中。因此，在原始人类之间就开始了对拥有和控制的无止境竞争，这种竞争在今天比以往任何时候都要严重。我一直都喜欢世界各地的原始部落，喜欢他们那么重视手工艺品和闪亮的物品装饰自己。我不明白他们的习俗与他们诸神的习俗怎么能有那么多相似的地方。

迷恋黄金在中石器时代（中石器时代到公元前 4000 年）和新石器时代（接近或在石器时代公元前 4000 年后期）很快就被接受了。大约 13 000 年前，也就是大洪荒之时，人类在近东接受诸神的帮助，学习关于农业、建筑、公社生活等知识。从苏美尔手工艺品中，我们找到了精致的艺术文化快速兴起的证据。这种实际技能成功地在埃及皇室中以惊人的速度被复制和发展起来。当今世界的每个人都尖锐地觉察到了伟大的埃及成就和他们积累起来的巨大财富。当考古学家第一次发现法老内庭里埋藏着大量的黄金时，都大吃一惊。200 年前的盗墓者对此已非常了解，因为他们是从经历了大洪荒的人类手中掠夺这些财富的。

这时，有些神决定帮助人类走出困境，赐予他们求生的能力。这引起了诸神间从未有过的紧张气氛，他们的争论引起了冲突和血腥的战争，为了控制快要分开的世界。各个神在世界远处的角落里建立起避难所，例如美国、澳大利亚、印度或是任何他们可以为自己建立安全基地的地方。每处，被分散的阿努纳奇人都有属于自己的人类劳工，在他们周围建立起新的文明。诸神用铁拳控制人类，当他们觉得人类能满足他们的要求就给予奖励，如果人类奴隶不服从命令就会受到严厉的惩罚。在最开始的时候，许多流行的宗教里都有这种故事，特别是《旧约》。我们审查其他章节里"愤怒的神"发现古代诸神与人类的需求不同。同样严格的独裁者行为在世界各地的早期人类的所有社区的目睹下，实现了诸神统治全球化。

根据最近在伊拉克和叙利亚挖掘出来的古物显示，当埃及艺术和非凡的黄金艺术品诞生在地球上时，金匠的起源事实上可以追溯到公元前 5000 年，苏美尔文明开始的时候。依偎在底格里斯河（Tigris）和幼发拉底河（Euphrates River）之间的他们，为全球的后代引领潮流。他们在上游和下游用小麦和大麦交易其他商品，包括黄金。希腊人（The Greeks）后来将河流间的陆地称为美索不达米亚平原。直到公元前 200 年，苏美尔人出现并在乌罗克（Uruk）、拉尔萨（Larsa）、乌玛（Umma）和乌尔（Ur）繁荣发展。这些城市的街道完整，社会组织完好。他们倡导在卡片般大小的泥版文书上写楔形文字和诗。他们对处理木头、石头和象牙，尤其是黄金的工艺技术让人惊讶。伦敦的英国博物馆，宾夕法尼亚州（Pennsylvania）费城（Philadelphia）的大学博物馆里多数的这些艺术品都受人崇拜。伊拉克的巴格达博物馆更接近起源，当乔治·布什对伊拉克发起进攻的时候，那里很不幸地受到了摧毁。黄金的杯子、盔甲、手镯、花环和精致的手工链条，揭露了人类对黄金的应用技术。珠宝历史学家，古伊多格雷伊观察苏美尔时期时发现："事实上，那时候的珠宝款式比今天多得多。"

苏美尔人是否真实记录了黄金历史的起源？苏美尔人或许是生产黄金珠宝的第一人，但叛逆的诸神利用采金知识以及控制地球的欲望监督着采金活动在全世界进行。

苏美尔本身没有黄金，只能从其他地方进口。新的监管之神借机分散到世界各地，将金色的战利品带回苏美尔，在建立贸易纽带的同时，还能让他们的人类奴隶回家工作，对它们保持着恐惧和服从。珠宝专家格雷姆·休斯（Graham Hughes）说："苏美尔人的黄金工艺品因精致的触摸感、流线型外表、优雅的整体概念而让人喜欢，这都说明了在早期的美索不达米亚平原金匠的工艺已经相当成熟。"这怎么可能？原始人在石器时代才出现，建立了结构完善的社区，还通晓我们今天才懂的黄金珠宝制作的精美工艺？苏美尔人的财富揭示了金匠对处理黄金的娴熟技巧。他们利用不一样的合金，将黄金铸入实心或空心的装饰品中。他们应用脱蜡技术追寻树叶的脉络和珍珠上的凹处。利用复杂的热量处理，一张平平的金纸可以做成壶和杯。他们还能将黄金打造成薄薄的箔或是缎带。这种突然出现的知识清楚地表明人类拥有了某种智慧的干预形式，这种能力只可能来源于他们的阿努纳奇主人和众神。

我们现在知道，人类的起源是与地球上黄金的生产有着某种直接的联系，在创造人类的诸神的帮助下，人类走向了文明，诸神意外地在地球上分散和强迫他们的人类奴隶族群去淘金并用黄金进行交易。当采金和珠宝制作在许多世界中心进行的时候，苏美尔人成为了阿努纳奇人最关注的地球人，所以苏美尔文明发展最快，为当今世界工业的黄金消费设立了标准。这是珠宝工业令人难以置信的故事。东方在 21 世纪每年消耗占全球黄金生产总量 75% 以上的黄金。到 2002 年这个数字上升到 27 267 吨。

我们必须退一步，避免被这些神奇的东西遮蔽了双眼。毕竟，在 1.1 万年里，我们走过了很长的路程，精神和身体都进化了。如果我们的细胞里有许多阿努纳奇人的基因，我们就有必要问自己，他们有多先进？我认为，他们没有我之前想的那么先进。我这样说是因为他们最早时候的行为显现了这个物种基因的缺陷。我们遗传了他们许多的特性。我祈祷在我们向更有智慧的生命进化时，我们能够抛弃掉原始人用闪亮金属装饰自己的欲望。

阿努纳奇众神为了保护自己在地球上免受新物种引起的竞争，他们就要确保奴隶物种的基因组是严重发育不良的。他们保证新的人类物种生命不长，容易得病，不太动脑筋，记忆力也有限。唯一靠不住的就是我们基因组和智慧的进化。也许他们没有考虑过进化这方面的原因，因为他们没想过会在这个星球逗留那么长时间。

第10章 短暂的文明：苏美尔

"文明"可能是全世界所有文字中最为滥用的一个单词。无论西方国家还是发展中国家都围绕着它展开着无休止的争论。虽然"文明"这个词没有基于公民的财政是否稳定或者财富上的差距而带有区别，但事实上却和它们关联甚密。媒体以神秘的口吻谈论古代文明，而事实上他们却不真的那么认为，即使历史学家、人类学家和考古学家非常狂热地谈论过往的辉煌文明，但他们依然带着一种不可思议的怀疑态度，对待过往的经典著作和文字。古代人似乎有着某些不可理解的方法去获取信息，误导了20世纪可怜的我们。我们抱着巨大的怀疑态度，仿佛是一个给我们提供虚假情报的古老阴谋；句子中的"我们"伟大地成为了现代科技的"先进"人类。

学者们通过文明程度的比较，将现代放置于空前的文明顶峰。古代的知识和文明迅速被我们取代。我们必须变得更文明，因为我们有科技，大量的媒体，我们生活在一个更自由的世界，所有的真相最终会浮出水面，因为我们过于精明以致被虚假的先知所愚弄。这个是事实吗？我建议大家花时间与精力认真看看，我们祖先是怎样被操纵和控制的，如果文明是以人类的愚昧无知作为惩罚标准，那么我们将会是所有时代中最该受到惩罚的人群。我们已经广泛地看到人类起源的可能性，然而我们始终不曾对自己的起源产生怀疑。这里有一个非常确凿的证据，古苏美尔人知道他们是谁，来自那里，还知道谁是"真正的神"：苏美尔人的神有着绝对的权利并统治整个世界。它是有着小写字母"g"和幸福家庭的神，后来的文明把它演变成童话故事里的虚构人物。

当今世界上的大多数人是被宗教洗脑的，把我们所有过往的学科上震惊的突破降级到神学、神话、魔鬼、崇拜、异端、邪说的领域中。我们被媒体和广告深深地控制以致把我们的认识建立于肥皂剧的角色中。如果我们被 200 米高的巨大海啸彻底毁灭，当我们发现一些距今 2 000 年前的文明沉淀物，我们还会认为肥皂剧本与人物角色是真实存在的事件与人吗？任何事情皆有可能。

如果解开文明的真实意义，我们可能发现 21 世纪的人类远远无法达到标准。2004 年美国总统选举就是个例子，大多数人投票乔治·W. 布什（George W. Bush）因为恐惧因素。他们被媒体聪明地操控着以致他们忠诚地相信他们的候选人会保护他们对抗这个邪恶世界的攻击。美国显然是世界上经济最先进的国家，所以也是最文明的吗？我不这样认为，只是因为我们技术最先进而已。事实上希腊以伟大的思想家而出名，例如苏格拉底、亚里士多德和柏拉图。这些哲学家让世人崇敬。他们的影响已渗入我们社会无数的裂缝中。

我可以打赌如果你让柏拉图（Plato）进行一场演讲，即使是发表最简单的关于生与死的看法，前来捧场的人也足以填满整个足球场。我们接受了他的智慧与文字作品，然而我们却不会接受其他古老智者的文字作品，原因只是因为我们不认识那些古老智者。如此肤浅的行为让我深感尴尬。即使那些古代智者深受欢迎并备受尊重，但是在他们所处的年代中并不被视为先知。为什么会这样？你可以在第 14 章找到答案。在稍后的章节中我们将会发现，那些所谓的被我们崇拜的智者不过是被巧妙地设计，在神的年代里被培养出来的。

因此，文明这个词实际是什么意思？根据字典的描述是"人类发展的高级阶段，以高水平的艺术、宗教、科学、社会和政治组织作为标志"。然而单词"文明"释义是"属于或者由普通公民组成，不是军人或者修道士"。

政治暗杀在现代与古代都非常普遍。因为战争是由一个国家领导人所宣布的，意味着总统或国王是非文明的。重点是这个单词的真正意思极度难以理解，他们总认为自己是文明的，且希望通过战争时的被征服者在他们的统治下更加文明。这也许就是"高水平的艺术"——我们可以说，现今的艺术水平在整个世界上都相当高。

然而，历史学家发现这些不可置信的推断。最后它们成为神话的一部分而不是历史。还记得吗？现代的解剖学之父，列奥纳多·达·芬奇（Leonardo da Vinci）早在公元前 500 年前的午夜解剖尸体，这样他能描绘出内部的器官。那个时代，教会完全控制人们的生活，他们杀戮和摧毁所有不符合宗教行为的东西。不幸地，我们很好地继承了这种行为，我们现在"虔诚地"实践。

事实是，我们的古老过往充斥着不可置信的辉煌文明，这些文明为人类的辉煌与衰落留下了证据与线索。当它们谈论从哪里接收到这些知识的时候，他们记录"之前的年代"或者"年代之前的年代"或者"更早的年代"。当全球通信不存在的时候，这些高能力的人居住在世界遥远的地方，他们开始以巨大的纪念碑与金字塔形式建设高度结构化的城市，从更近代的日本、中国和泰国废墟到浪漫的埃及、近东、中美洲（Mesoamerica）及位于南美的安第斯文明（the Andean）。

我们现代的傲慢和贪婪可以从这真正展现出来，展现于当十五六世纪哥伦布（Columbus）和科尔特斯（Cortes）发现了新世界，他们如何对待这个古老城市跟他们的子民。他们贪婪地抢劫黄金和神器，完全忽略面前的伟大的奇迹，看也不多看一眼。贪婪的基因在蠢蠢作动，体内的征服基因疯狂地驱使着征服者。这些文明怎么可能会突然出现？或多或少出现在历史上的同一时间？在没有彼此认识的前提下会展现出宇宙的先进知识体系与结构体系？还有很多关于那些妄自推断出来的让人费解的古老行为的例子。复活节岛（Easter Island），巨石阵（Stonehenge），还有伟大的津巴布韦遗迹（the Great Zimbabwe Ruins）只是一小部分。然而，我们可以一起做一次游览古老遗迹的短暂旅行，一起去看看它们之间是怎样连接起来。我们一起尝试去回答反复出现的问题：在古代谁有这样的义务把它们互相连接起来？当时是无所不在的阿努纳奇神（Annunaki gods）。

通过本书，我们将会发现，在人类文明历史上的古神话之神不是人类臆想出来的。我们将会发现他们不是奇特的，他们是精神世界里的超自然表现，或者所有其他第四维中难以解释的行为。实际上，在他们的最高领导者阿努（Anu）的领导下，他们是这个星球上早期的开拓者与殖民者。因此他们也取名阿努纳奇。他们是苏美尔石碑上详细描绘的古代宇航员。我们将揭开谜底，苏美尔人统治世界超过 40 万年，执行神的角色，因为他们培养原始的世界，人类的奴隶物种进入一个文明的国家。它是一个完整的成员扩展，阿努纳奇家族负责安排他们新移居星球的各种活动，同时它也包括了伟大的津巴布韦移民。来自尼比鲁的阿努纳奇宇航员的整个故事记录在数百块泥版文书中。我们不难看到，他们骑着"战车"穿越天空，受到了同样的膜拜。

200 年前的考古学家感到无比震惊，当他们初次在埃及进行考古研究时。人们深信希腊是带给这个世界文明概念的地方。拿破仑早已听说过很多关于这些令人印象深刻的废墟与金字塔，因此，在 1799 年他带领军队与一个随身学者来到埃及。他的其中一个动机就是揭开金字塔的秘密。虽然没有成功，但在罗塞塔（Rosetta），他发现了一块石板，此石板就是为后人所熟知的罗塞塔石碑，更成为考古学历史上一个最重要的发现。石板的体积是 114 厘米 × 72 厘米 × 28 厘米。石碑有三段碑文。埃及的象形文字文本与学者所理解的希腊文翻译，还有第三段碑文是世俗体刻写。后来在埃及历史上发展了草书脚本，大多数只用于机密文件。因此石碑的三段碑文刻写的是同样的内容，但是只有埃及语与希腊语两种文字。人们很快发现三块碑文包含了同样的信息，因为希腊语很快被翻译出来，它为埃及象形文字的首次发现提供了真正的线索。

罗塞塔石碑的发现在很大程度上推动了象形文字的解剖和文本翻译，埃及帝王年代可追溯到公元前 3200 年这个消息震惊了学者们。

这冲击了整个考古学界。考古学家们很快在近东发现了希腊字母，影响了拉丁文和我们现代的字母。希腊人承认腓尼基语是德摩斯最初把字母从东方带回来。它有同样的字母数，有古希伯来语同样的顺序，然而，在公元前 15 世纪诗人西莫尼德斯增加字母数到 26 个。亚历山大大帝（Alexander the Great）可能是一个无情的军人，但他也收集了很多关于波斯帝国的信息，公元前 331 年他战败波斯帝国。从掠夺来的资料分析，波斯帝国起源于雅利安人或者"高贵血统的人"。

据他所说，那些神秘高贵的人出现在接近里海的地方，一路上从东方传播到印度到更南部的"玛代和帕西人的领域"，因为这些领域都出现在《旧约》里。

居鲁士大帝（Cyrus the Great）是雅利安人的国王，他战胜大半个世界创立了波斯帝国，早于亚历山大大帝 200 年。奇怪的事情发生了，在那个年代亚历山大大帝权利上升，雅利安人已经定居下来并控制了整个欧洲，他们跟波斯人一样都是雅利安人的后代。然而，这时候开始发生的事情是，雅利安人盲目地开始了内斗。

新兴的发现与来自近东的泥版引起了考古学家的兴趣，1843 年，保罗·埃米尔·波塔（Paul Emile Botta）在美索不达米亚开始专业的挖掘。

挖掘的领域是现代的伊拉克地区，围绕着底格里斯河与幼发拉底河，

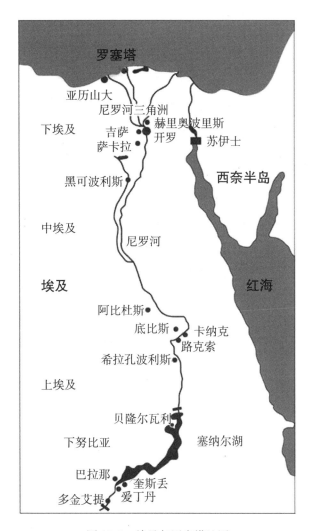

图 10.1　埃及与罗塞塔地图

出产珍贵的宝藏，宝藏上刻着很多字体模糊的楔形文本，那是苏美尔人使用的书写方式。

　　楔形文字（cuneiform）是在 1686 年首次被德国人格尔贝特·肯普弗（Engelbert Kampfer）创造，他误认为那些波斯文字为装饰图案，并称他们为装饰模式，楔形的大致意思。因为寻宝者与考古家蜂拥到这里，挖掘亚述和巴比伦尼亚，整个地区能分散地找到上千块楔形文字的泥版。甚至找到了泥版库，泥版被整齐地绑在一起。我们发掘的有：石像，展开足有一

133

图 10.2　罗塞塔石碑

米长的浅浮雕，宫殿、寺庙、房子、畜舍、塔、仓库、柱子、门、阳台、花园，各种各样的装饰品，还有更多让人难以置信的发达文明的证据。但城市的中心是七个金字塔形的神塔金字塔，称为神的"天堂阶梯"。3 000 年前所有这些神迹仅仅花了 5 年就完成了。这是一个伟大的成就，现今的我们绝不可能在如此短的时间内完成如此大规模的建筑。

此外，他们记录的信息是，亚述与巴比伦尼亚的共同语言是亚德语。很多泥版上有附言，说明它们是从早期的原版中复制过来。原版的作者是谁？那些原版现在去了哪里？

有趣的事情是这两种文化有两个主要的神。亚述人有阿舒尔，"洞察一切"是主神。巴比伦尼亚有马杜克，"纯丘之子"是主神。这也说明了神活跃在世界上广阔的区域内。根据阿卡德人的泥版，阿卡德帝国由舍鲁金创建，这个"公义的统治者"声称在恩利尔的荣光下指出土地并分配给他，让他管理。我们发现，舍鲁金不是唯一一个作出如此声明的国王，根据书面证据，很多的国王也做出同上的证明。实际上总是一些神任命他们为某一个特定的土地的国王和允许他们管理，声称从他的神那里得到了指

图 10.3　罗塞塔石碑上的三种不同碑文，两种文字：埃及
语与希腊语。它提供了第一次真正的线索解开埃
及象形文字

示。这与我们统治世界的众神有非常清晰的链接。一方面他们不但制造了
奴隶阶层工人到金矿工作，另一方面证据开始堆积起来，在公元前 9000—
前 3000 年间，他们把文明的各个方面知识介绍给人类的后代包括王权。

　　我们后退一大步，从公元前 3000 年亚述的萨尔贡到公元前 5000 年的
阿卡德。阿卡德语是第一个为人所知的闪米特语。在希伯来语、阿拉姆语
（耶稣之语）、腓尼基语和迦南语之前。在他们的附言中提及到，阿卡德语
起源更早一些。从这些阿卡德人的泥版中得到的信息是一个文本上记载的
名字、家谱、行为、上帝的权力与责任。在《创世纪》里作出了很好的提
示，一个真实存在的地方称阿卡德，确实是由萨尔贡创建。泥版上记载：
"阿卡德码头，他停泊的船"从土地到很远的地方。"在他的帝国创立的初
期：巴比塔，以力（Erech）和阿卡德，全部在西纳国的土地上。"

　　在阿卡德的挖掘中有了不寻常的发现。最珍贵的发现是亚述巴尼帕国
王在尼尼微的图书馆，发现了 25 000 块阿卡德文书泥版，再次强调它们是
"古时文本"的复制本。在阿卡德语音节基础上，学者认为它一定是来源
于更早期的书写文字，接近埃及象形文字，他们的怀疑让人赞许。

　　一些泥版可追溯到公元前 2350 年阿卡德帝国的起源，极度挑战历史学

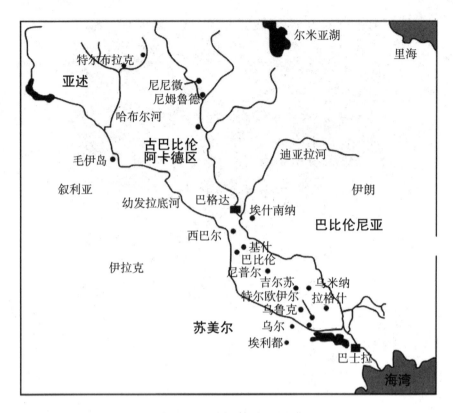

图 10.4　美索不达米亚地图

家的时间知识。我们需要重新改变我们的这些选择。这些选择将让我们重新认识自己的祖先和人类起源。

1868 年，法国人朱尔斯·奥波特（jules oppert）建议我们应该称古代人为苏美尔人，并将他们的土地称为苏美尔，他的建议被采纳。《圣经》里苏美尔的名字是希纳国（shinar），在《创世纪》里它如此说明："巴比伦、阿卡德和以力的皇家城市在苏美尔的'希纳国'。"

在泥版上有一连串不解的文字。直到阿卡德与苏美尔之间建立联系，学者们意识到那些奇怪的文字的泥版是"阿卡德－苏美尔"文字的古字典。他们看到了地球上的第一种书写语言，这促进了古泥版的翻译进程。一遍又一遍地，历史学家、人类学家和其他学者限制苏美尔神话的主题。毕竟，我们知道，在过去不可能有那么多不同的"神"满天飞！我们知道只有一个"神"。即使今天，不同的群体的人信仰不同的上帝，在 21 世纪我们普遍接受这种情况。如果我们现在能接受，为什么在古代的人们不能接受？唯一区别是，远古的神与人类保持着紧密的联系，它记录在《圣经》等宗教经典或者"苏美尔碑文"上。这些神是无处不在的，总是一闪而出，要么亲自降临，要么委派它们的使者。

人们前后花了 36 年时间挖掘发现了苏美尔的拉格什古城（Lagash）。这些努力产生了前所未有的考古材料。从学者的努力中，从这些记录中我们得知，根据《乌尔 – 纳姆法典》（Ur-nammu）的描述，乌尔的统治者被人民发现，他得到了神的指示要求根据严格的指示建造殿宇。其他的《圣经》英雄如摩西（Moses）、所罗门（Solomon），还有以西结（Ezekiel）同样得到上帝的指示，为他们的上帝建造殿宇。所罗门得到上帝的智慧后，在耶路撒冷（Jerusalem）建造圣殿。摩西在得到了神的详细指示后，在沙漠为他的主建立了居所。

早在摩西之前的 1 200 年前，其中一个最令人赞叹不已的建筑物出现。古地亚国王（King Gudea）用详细的铭文记录了他的指示。它记录着"一个男人，光芒就像天堂"、"他吩咐我建立他的宫殿"、"从他头上的皇冠可以明显判断他是一位上帝"。

手中持着某种奇怪石头的上帝，"一个庙宇的存在计划"这个计划非常复杂，他寻求良善的建议，找出所有"合适的"人或能帮助到他的神。然后他雇佣 216 000 人去完成这个工作。即便在当今，如此大规模的工程也令人难以想象。协调能力、控制能力、房子和雇佣如此多的工人，这些能力表明，早在公元前 3000 年苏美尔文明很先进。

我们对苏美尔的真正认识是泥版文字得到转译以及被理解。现在，苏美尔是地球上所有文化与文明的起源，给我们现在所知道的一切提供根据。诧异的是，苏美尔人的知识由于翻译的不准确仿佛迷失了。古苏美尔的抄写员不懈地工作，记录他们的日常活动。在寺庙里、法院里和贸易商行里有各种各样的抄写员：初级抄写员、高级抄写员和皇族抄写员，在黏土上记录。如此多的对他们的生活信息记录，给我们展现出清晰的画面。记录无意中表明神如何控制他们，他们还提及到测量领域、计算价格和记录农作物的丰收。

以下是关于苏美尔"第一"的快速概述。包括他们的建筑和工程壮举以及他们的发明：

图 10.5　苏美尔国王目录。现代人类的发现中最重要的资料。它记录这个地
　　　　球上某 149 位国王和统治者。开始记录的是洪水之前的 10 位统治
　　　　者，前后跨越 24 万年。它提及许多朝代的统治者，并概述了每一
　　　　王国被阿努纳奇或者《圣经》从天上派遣至地球上的时间。目录
　　　　也概述来自宇宙殖民地的太空人或《圣经》里的亚衲金人来到了
　　　　地球上。我们还读到《圣经》的耶和华毁灭了所多玛和蛾摩拉

· 书写 – 印刷机的先驱。用滚筒印章刻在石头上，滚在黏土上可
以留下清晰的印记。他们可以给老师、学校提供教学材料。

· 学校领导，"专业教授"。

· 证据证明，学校有：体罚、惩罚缺席者、不注重仪表者、闲逛
者、吵闹者、行为不礼貌者，甚至字体潦草者。

· 他们纂写药典，在黏土上记录文学辩论。

· 他们首先引进了两院制国会、图书馆目录、规范的法律、教学
的方法与课程、健康和运动。

- 苏美尔纺织品和服装是如此的抢手，军队入侵后抢掠这些衣服。正如在《约书亚书》（Joshua）所描述的：有人无法抵制"希纳一件上好的外套"的诱惑，虽然这样的抢掠会被判处死刑。
- 时尚、发型、珠宝发源于这里。
- 基于六十进制第一个数学系统，做复杂的数学计算。

十进制的计算系统	六十进制的计算系统（苏美尔人）
1	1
10	10
10×10	10×6
$(10 \times 10) \times 10$	$(10 \times 6) \times 10$
$(10 \times 10 \times 10) \times 10$	$(10 \times 6 \times 10) \times 6$

- 360度的圆周、发达的天文学、日历、一周7天、窑、砖、高层建筑例如金字塔和通天塔，陶瓷甚至艺术和雕像都是在苏美尔创造的。
- 还有冶金和软金属成型，例如：金、银、铜。通过融合铜与锡形成青铜。
- 他们最先开发一系列精致的装饰珠宝。
- 他们以银币的方式引进第一种货币。
- 苏美尔人浩瀚的农业知识让人震惊，种植和古物收成。制作不同种类面粉、面包、糕点、饼干、蛋糕和粥。

苏美尔人的饮食非常丰盛，同时他们慷慨地准备大量的食物，献给他们的神。对的！上帝会要求人们准备丰富多样的食物，放置于寺庙进行供奉。这些食物包括葡萄酒、海枣酒、酸牛奶、奶油和芝士。乌鲁克城市里的神要求每天五种不同的饮料与食物进行供奉。苏美尔人甚至谱写了很多有关食物的诗歌。

> 在神饮用的佳酿中，
> 在芬芳的圣水中，
> 在油膏的油中，
> 鸟儿被我烹煮，
> 为神所享用。

在尼尼微，国王亚述巴尼帕的大图书馆给我们一个良好的医疗实践，深入了解他们的世界。他们概述的区域有治疗、手术、命令和咒语。还包括主题像外科医生那样收取费用和治疗失败后必须上缴的罚款。外科医生如果给病人施行手术过程中损害了病人一只眼睛，那么他会被接受惩罚而失去一只手，他们还提及到白内障切除和骨刮。5 000 年前在乌尔的泥版里提及到一名"原始的医生"，还有以治"牛与驴"出名的兽医。从这些文字中可以清晰地得出，这些人是使用医术而不是巫术。

在社会学方面，他们引进了酒精，显然是来自阿拉伯和阿卡德。罗马人从哪里得到沥青的使用知识？他们怎样成功地把沥青与石油用到建筑与战争中？当然是从苏美尔人那里得到。据说，那些乌尔古城的参考文物是从"沥青的沙石堆"下挖掘出来。同时，单词"naphta"起源于单词"napatu"，可以翻译为"突然燃烧的石头"。轮子首次被苏美尔人使用，成为文明与发展的一块基石。航海文化毫不逊色于大陆文化，船舶公司持有自己的制造手册，概述了船的 150 种造型、作用和目的地，还有包括船只建设的 69 条苏美尔条约。船的主要类型分为三种：货物、客船和那些专为神而建的船。

到目前为止，你一定认为所谓的神与我们的古代祖先之间有着很多的交集。这只是开始，证据将会堆积得越来越高，当我们把泥版上的信息与我们远古的很多行为与大事链接起来。我们得知阿努纳奇神是我们最早的高级的神，它来到这个地球的具体目的就是"黄金"。从他们在 44.3 万年前来到地球上寻找黄金到创造艾达姆成为原始工人，不久后创造夏娃，从南非金矿辛勤劳动的图像描述，从洪水和随后派送奴隶物种帮助照料洪水幸存者的文明。同时强迫奴隶物种辛勤地挖掘更多的黄金拯救他们的行星尼比鲁的大气层。你会觉得惊讶，所有的拼图组合在一起是多么的容易，你会疑惑为什么花这么长的时间真相才开始呈现。我们集合以上问题的答案，你会发现我们的创造者操纵着人类，利用人类，害怕人类蔑视他们。现在回归到美索不达米亚的挖掘：让人印象深刻的是苏美尔人的法律意识。人们长期地认为，阿卡德人的国王汉谟拉比设立了历史上第一部法律准则——《汉谟拉比法典》。美索不达米亚的挖掘还发现了很多其他信息，据说早在汉谟拉比，大约公元前 1792—前 1792 年的统治时期，几位国王或统治者受到它们神的指示，纂写并制定多种法律规范。一个统治者来自

图 10.6　印有《汉谟拉比法典》的石碑

埃什努纳，他制定法律，规定食物的价格，出租的马车和船，产权法律，家庭问题，奴隶问题和穷人的权益。在汉谟拉比之前，伊辛的统治者，严格遵照伟大的神的指示，"把幸福带到苏美尔和阿卡德"，颁布《里辟伊士他法典》。不幸的是，只有 38 条法律在泥版上发现。大约早汉谟拉比 500 年前，公元前 2350 年，乌尔的统治者吾珥南模（Urnammu）。他受到神南纳的指示制定惩罚盗窃的法律法规《乌尔纳姆法典》。法律还包括了专门处理社会行为的主题。"孤儿不应该成为财富的牺牲品"、"寡妇不应该受欺凌"，和"穷人不应该成为富人的牺牲品"。

　　我觉得矛盾，怀疑恩利尔和恩基这些行为背后的动机，虽然他们都曾做过让人敬佩的事情。

　　恩基和恩利尔是阿努的儿子，同父异母的兄弟，尼比鲁行星的最高指挥官。在 44.5 万年前恩基首次来到地球寻找黄金，在更多的阿努纳奇人到达提取贵金属之前，他建立了一个基地。这兄弟俩有着完全不同的个性。恩基是有着人文主义和创造性的科学家，有一颗诗人般浪漫的心。然而，恩利尔是一个热衷于权利控制的政治家。

图 10.7　印有《乌尔纳姆法典》的石碑

　　他的使命是控制人类，通过恐吓和压迫的手段实施宗教暴力，因为他不赞成建立新的奴隶物种。然而恩基是那个真正计划创造人类物种的科学家。因此，他想提升人类文明程度，加速他们进化。从那些泥版我们可得知，恩基和他的新创造非常接近地链接起来。这两人对没有明确的法律编制改革起了相当大的作用。我的直觉告诉我，他们跟这个法律的注入可能有一定的关系，但他们有不同的动机。两个敌对的阿努纳奇兄弟使用各种手段控制人类，他们各自控制着世界的不同区域。

　　无论怎么样，人类将会被控制，恩利尔是一个战略家和出色的宣传大师。恩基不得不采用更秘密的方式提升人类的文明程度。他开始筹划建立人类的小团体，给他们灌输更高级的思想、信息和技术。这个神秘社团已经开始。我们还能如何解释非常先进的古代思想家和哲学家，和一小群更明智，技术上精明的人？他们跟数千年前出现的文明一样让人惊叹。

图 10.8　经典的希腊代表宙斯由于分歧与他哥哥哈迪斯战斗，我们将
　　　　会发现这和恩利尔与恩基在伊甸园的争执极为类似。恩基代
　　　　表蛇，试图帮助第一对人类夫妇而被逐出伊甸园。注意看，
　　　　蛇的尾巴就像双螺旋 DNA，翅膀是在所有被提及到的有翼蛇
　　　　的神话，创造者的神中常见的标志。

　　突然出现的先进思想家也同样令人费解。这一小群头脑清晰的人到底是从哪里冒出来的？为什么相比其余的人紧张地崇拜一个复仇的神，他们则更加博学和开明？他们一定有出名的导师，带给他们先进思想。然而威廉·布拉姆列一直跟踪这些秘密社团，他记录恩利尔宣布自己是人类唯一的神，《圣经》里的神，继续实行惩罚反抗他的人和奖励那些按惯例行事的人。这些伟大的暴力与仁慈的历史之间的矛盾也开始有了一个全新的倾斜，因为我们解开了阿努纳奇两兄弟的动机。我们将从《失落的恩基书》中找出更多他们的实际行为，该书在 2002 年由撒迦利亚·西琴精心纂写。追溯到乌鲁卡基纳的时代的立法者，法官席包括 1 个从 36 人中挑选出来的皇家法官和 3 个其他法官组成的陪审团。细致的记录保存成合同，法院诉讼，判断和审判。

　　希伯来人和犹太人继承了一个更有趣的仪式。每年的前十天标志着犹太新年的开始。在这个期间，犹太教徒根据他们的行为对他们过去一年所作的事情做出总结，新的一年的命运由上帝决定。整个过程一直采用苏美尔文化，上帝每年会对人类的行为进行评价，不是基于他们的物质财富或战利品，相反是基于他们是否"做正直的事情"。新一年的运气将根据上帝评价出来的结果决定。

伯克利加州大学的教授声称，他们能读懂和使用来自于公元前1800年的泥版中的楔形文本。由此可以看出，在苏美尔寺庙演奏的音乐中还有不少原始情歌被发现。他们用一些词来表达音乐，相关乐谱残卷已被发现。我们会发现，爱神伊娜娜（inanna）引领艺术爆炸。碑文上经常提及她，非常性感，唱歌、弹奏乐器、写作和背诵诗歌。在尼普尔（Nippur）进行挖掘的时候，它在某些时期是苏美尔和阿卡德的宗教中心，它们发现大约30 000块碑文，其中一部分还在研究中。文化财富继续在舒鲁帕克（Shurupak）找到，学校的发现可以追溯到3 000年前。从北美索不达米亚的布拉克丘的坟墩下发现阿卡德帝国的首都，城市纳加尔（Nagar），可追溯到公元前2000年。它也是最古老的宗教圣地中心，在乌尔的眼睛寺庙（Eye Temple），亚伯拉罕的出生地，挖掘出武器、战车、珠宝、黄金头盔、银、铜、青铜、珍贵的花瓶、一个织造厂遗址、法庭记录、高耸的金字塔。在称为"更早期的帝国"的乌玛发现，最吸引人的信息是文字的形式。在赫斯（Kish）有另外一座金字形神塔金字塔和其他至少可追溯到公元前3000年的建筑物。

苏美尔乌鲁克城，或埃雷克（Erech），位于幼发拉底河，仍被许多人认为是世界上第一个真正的城市。这个城市拥有迄今为止已知的最古老的石头建筑，这个石灰岩路面，可追溯到公元前4万年。他们还发现一个陶工的旋盘、窑、精致的彩色陶器等物品。直到1990年，普遍的共识是，最早的城市出现在公元前3800—前3500年间，但这时间正在慢慢被推迟，随着叙利亚、土耳其、伊拉克的新挖掘。追溯到公元前2050年，所有在古代近东这些活动在《恩基书》中得到强烈的支持。这些珍贵的史前早期人类的活动概述了早期地球上的移民，对整个地区的探索，和早在44万年前建立起自己的定居点。我们现在可以描绘出更完整的画面，数千年前在伟大的美索不达米亚所发生的事情。从2004年9月18日，《新科学家》杂志发表了一篇深入的特辑"通往文明的路上"来自芝加哥大学的考古学家麦奎尔·吉布森（Gibson）发表了一些惊人的然而也是预料之中的发现。在过去的几十年里很多提示指出，公元前 9000 年在近东与中美洲最后的冰河时期结束后，文明几乎立即出现。现在有真实的证据证明这些早期的理论。

乌鲁克的发掘点指出大约在公元前 8000 年定居点已经萌芽，但在公元前 3500 年它已发展成一个覆盖人口 50 000，总面积 2.5 万平方千米，真正的城市。保罗·柯林斯，是纽约大都会艺术博物馆的专家，专业研究古代中东文化，他说"那里有主要建筑物、纪念碑式结构的万神殿"，这将把它归类为一个城市，但正式列为一个城市还需要分区管理证据，分区管理的管理中心、居民区、市场等等。它还需要防御，证明这是值得保护的。公元前 3500 年乌鲁克大量拥有这些标准。根据古代文献埃利都是苏美尔的第一个城市。当考古学家发现在献给伊克的古庙现场有"苏美尔上帝的知识"。看起来已经修建与重建了很多次，但当他们挖掘得更深的时候，发现了可追溯到公元前 3800 年前的原沙。

距离叙利亚不远的北边是泰 – 哈穆卡（tell hamoukar），吉布森的团队已经考察相当长一段时间。他们发现了一些证据，一座建于公元前 3700 年保护完好的城市，共有 12 公顷（约 0.12 平方千米）的古城被防御墙包围住。城里发现许多泥砖炉，表明这个位置有过大规模制备的食品。

这是让人诧异的发现，每次考古学家在美索不达米亚地区从事纵深更大程度的挖掘，他们发掘出更老更浓重的古代人的公共生活用品，更进步的文化和文明。《新科学家》杂志指出，哥伦比亚大学的大卫（David）和琼·奥茨（Joan oated），自 1976 年就开始研究这个遗址，首次发现了公元前 3000—前 2000 年的神器。在 1981 年，他们发现隐藏在城墙的地基，鉴定其应为公元前 3000 年的产物。10 年后他们再次回来，进行再次挖掘，他们发现了更早于公元前 4000 年的记录，包括公元前的大型建筑物的损毁，哪怕有着无坚不摧的厚城墙牢固的大门。这看上去类似今天可见的阿拉伯世界的官方行政大楼。琼·奥茨深信，在南部挖掘将会发现更多早于公元前 4000 年的"完全成熟的城市"。同时，吉布森指出大量的陶器与其他神器遍布整个地区，其中包括地中海和阿拉伯半岛。这表明了当时的"贸易脉搏"非常强大，遍布整个地区。

在迈克尔·巴尔特（Michael Balter）的书《女神和公牛》里记载着在北土耳其（Turkey）的重大发现，在安纳托利亚高原（Anatolian Plateau）上的恰塔尔霍尤克（Catalhoyuk）遗址。自 1985 年以来，这个遗址已经发现了惊人价值的史前工件。它们是有数百种结构的"惊人艺术品"，还有更多的证据指出早在公元前7000年人类定居生活的存在。很明显，在阿努纳奇第一次降落的地球还有很多隐藏着的秘密。他们显然没有只留在埃利都（Eridu）和波斯湾的边缘，很多古苏美尔碑文指出，他们穿越小亚细亚（Asia Minor）到达现在的土耳其，进一步往西北建立家园和建立其他定居点。他们的影响力已经进一步传遍希腊和马其顿（Macedonia）并北到古代欧洲，甚至到斯堪的纳维亚半岛（Scandinavia）。我们可以推断出，无论我们神秘的神在哪儿，那里一定有阿努纳奇的存在。随着现代考古学家的挖掘，他们无疑会发现必要的证据证实，大约12 000—11 000年前最后一个冰河时代之后，文明几乎立即出现。

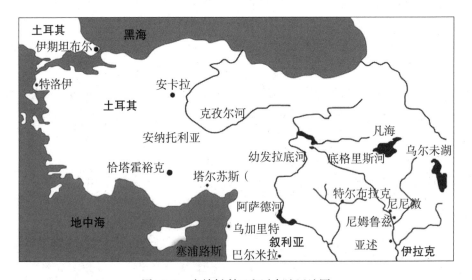

图10.9　安纳托利亚和近东地区地图

然而追溯到77 000年前的南非，能发现更多更古老的文化和"低"水平文明的有形展示。在南非布隆伯斯发现的珠子，证明很久以前，人类参与到装饰或装饰品的发展。然而，这并不意味着，它们达到我们所称的文明顶峰。他们大多数参与游牧狩猎，给我们留下了一些证据有迹可循。这些早期人类在非洲南部的生活迹象与人类的摇篮北部的约翰内斯堡（Johannesburg）齐头并进。为大多数科学家接受的说法是地球上的第一批人类居住在这里。泥版的详细描述证实这些最新的理论。追溯回20万年前，我们会了解阿努纳奇怎样"创造他们想象中的'艾达姆'和他们到南非的金藏辛勤艰苦的工作"的实质。这纯属巧合吗？

巴尔干半岛 - 多瑙河地区的文明

正当我们关心上述非洲与美索不达米亚的文明活动时，巴尔干半岛 - 多瑙河地区的文明活动在公元前 9000 年已经浮现。小镇拉斯特镇（Rast），地处罗马尼亚西部，发现了一个刻有"令人费解的几何与抽象碑刻图案"的小雕像，这些碑刻类似于某种未知形式的书写风格，直到 1989 年，一个称作玛利亚·金布塔斯（Marija Gimbutas）的人注意到了雕刻上的碑刻，将其称为"麦当娜（Madonna）"，并且觉察出这些费解的类似装饰图案的碑刻，与以前发现的带有空间逻辑结构的、复写性的书写文字截然不同，这种文字一定是可以追溯到公元前 5000 年的古欧洲书写文字。这个发现震惊了科学界，该文字比已知的苏美尔人使用的文字早了 2 000 年。因此产生了巴尔干岛 - 多瑙河早期文明的谜团，目前被认为人类所知的最早的书写文字。

起初较有争议的认为，这是一种新的语言，不过目前大部分学者认为这是一种古欧洲书写语言。时至今日，我们了解了许多古欧洲文化，最早可追溯到公元前 9000 年。但依然没人能够破解它，解释它属于何种语系以及确认该语言的发源地。学者们描述爱琴海西部的贸易交易，当时狩猎聚集部落从安纳托利亚（Anatolia）获得新的生活技能，然后迁往西部，包括制造陶器、塑造雕像、打造铜与金属的工艺品。他们的书写语言与影响力传播到多瑙河山谷、匈牙利南部、马其顿、特兰西瓦尼亚（罗马尼亚中西部地区）以及希腊北部。这里值得注意的是，他们兴建宫殿、庙宇、舰船以及开发新的纺织技术。约公元前 5500 年，炼铜术出现，在安纳托利亚看到这些古欧洲人充分掌握他们所需的技术，包括运用铜在内的各种五金冶炼，在公元前 6000 年的当时已经显现出完善的文明痕迹。

现在可以理解为什么苏美尔人在公元前 6000 年就已经开始炼造五金，在安纳托利亚也是如此。也可能是，阿努纳奇人使用一种区别于苏美尔人的书写语言，那么，我们在想古欧洲不可破解的碑文是否就是阿努纳奇人的语言。

图 10.10 巴尔干 – 尼罗河文化，图案是人工复制品

印度河谷文明

让人惊讶的是，印度河谷文明使用的文字起源于公元前 3300 年，只比苏美尔人使用的文字晚了 500 年，苏美尔的神占据了世界的大多数地方。从发现的陶片上各种图案与痕迹可以看到苏美尔神如何环游世界，在这些苏美尔众神的统治下管辖各地的人民。近东众神倾向于遨游遥远的不同方向的土地，消失在东部，在那里定居并寻找黄金。古印度文明使考古学家用自己的方式将自己带回古时。最近的一些关于哈拉帕文明（Harappan）与拉维菲斯文明（Ravi Phase）的研究发现使印度河谷使用文字出现时间提前了 700 年。印度众神与苏美尔众神之间有着许多联系。历史学家们认为哈拉帕文化、艺术、陶艺以及书写文字方面与阿努纳奇众神，阿努、恩利尔、恩基、宁胡尔萨格（Ninhursag）诸神有着明显的联系。早期哈拉帕彩绘盆上描述阿努天体的标志就是一个简单的证明。

巨蛇和星型的象征符号以及其他明显的苏美尔神灵在古印度文化中也是同样可见的。印度的主要众神基本可以确定就是苏美尔众神，只是名字不同而已。证据可见于绘图石匾，密封文件和其他艺术描绘的神。在陶片上刻画的，被高级别的圣神监管的七位女神有着与七位阿努纳奇女神相似的容貌。阿努纳奇神创造了地球上第一批原始工人，在伊肯的监管下，亦或许是他的儿子宁吉斯泽达（Ningishzidda）。据苏美尔经文记载阿努纳奇是人类发源的创造者，原始人类的基因池创造者。

　　印度文明可以更深入追溯到公元前 8000 年关于"Vedio"诗歌的证明，该诗歌一直是以非文字方式传承，直至公元前 3000 年才被记录成文字。印度文化领军学者阿斯科·帕尔波拉（Asko Parpola）指出，印度文化有紧密相链接的链条，起始于公元前 8000 年，其间经历了公元前 5000—前 3600 年的红铜时期；公元前 3600—前 2600 年的哈拉帕初始时期；结束于公元前 2550 年的哈拉帕成熟时期；最后在公元前 1800 年消失。充分的迹象表明印度文化与美索不达米亚文明在文化交流、海事交易与发达的贸易交易有着紧密的联系。周边的哈拉帕（Harappa）城与摩亨佐－达罗（Mohenjo-Daro）城在公元前 3000 年就已发展为相当成熟了。两座城的用砖与结构是一样的，两座城都是省会也是中央政府的一部分，两座城拥有完善的机构

图 10.11　印度河谷文化，碑刻的样品，直至今日依然没有被破译，其中一些图案代表着神与星辰

运作能力。苏美尔神利用他们的影响力控制着这一部分人类。哈拉帕人甚至在谷边的土地使用苏美尔人的灌溉系统。印度河谷拥有自己的，世人不知的珍宝——印度的文字。就像巴尔干－多瑙河文化所使用的文字一样，在过去的 70 年中这些专家依然没有在破解文字方面取得任何进展，这是令人惊奇的。印度文字会不会是古欧洲人使用的阿努纳奇文字的派生。最终，各种迹象迎面而来，阿努纳奇文化就像在古欧洲文化中扮演的角色一样，在印度河谷文化中也是非常活跃的。

图 10.12　哈拉帕文化中，星型不仅代表着神，也代表着天。星型本来只是代表天神阿努，阿努神又是苏美尔诸神之中的圣神。这个特别的星型图案代表着尼比鲁。这个鱼的图案在早期哈拉帕时期是很常见的，代表着水之神。在苏美尔文化中，恩基神经常以类似鱼的形象出现，管控水的世界。

苏美尔文化的巨大影响与无法破解的古老文字的发现是我们预见之中的。这些文字是否曾被超前的阿努纳奇人作为探索世界的沟通方式我们不得而知，不过 15 世纪的探索者以同样的方式迁移美洲。探索者不会在抵达一个地方后感觉还好就定居下来，他们会全方面探索内陆。具有讽刺意味的是，几千年以后，当地球充满了淘金者，阿努纳奇的这种探索基因在 15 世纪西班牙人发现美洲丰富的黄金资源过程中非常邪恶地体现了出来。当阿努纳奇人耗尽近东的黄金资源后，他们显而易见地对地球其他地区的黄金资源产生更浓厚的兴趣。阿努纳奇人发掘黄金的速度超过黄金资源储备量耗尽的速度。借助先进的技术他们轻而易举地到达像美索亚美利加与古代中美洲安第斯山脉。泥版上数次描绘了他们对海底与地下黄金资源的探

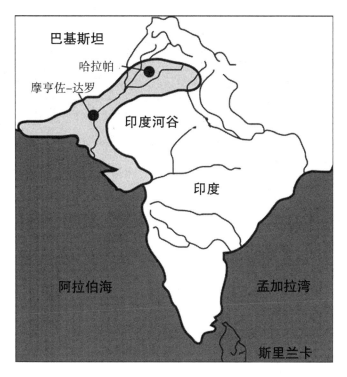

图 10.13　古老的印度河谷文化，地处当今的印度与巴基斯坦之间的区域

索方式。泥版上也有关于阿努纳奇人对彗星尼比鲁（Nibiru）回归地球越发担心的夸张描述。地球上正在生产的黄金数量并不能解决他们的臭氧降低问题。在我们看来，这样高级的物种要面对所谓的臭氧问题是让人诧异甚至可笑的，不过我们想一下，目前我们面对的最紧迫的环境问题是什么？全球变暖与臭氧减少。很容易理解，臭氧保护我们免于暴露在太空致命的射线中，其中主要来源是紫外线与 X 光，没有臭氧的保护，人类就像油锅里的炸土豆，或者打开了加热地球巨型微波炉的按钮。臭氧问题不管是地球还是银河系其他可以居住的星球来说都是如此重要，因此你要想一下你可能忽视的臭氧问题。从现在到未来的几百年，臭氧减少会对地球上的农作物与可耕种土地造成毁灭性打击，到时我们该如何面对。我不知如何是好……也许到那时，我们会发现一些令人惊异的新化合物在火星或木卫一或土卫六或其他的太阳系中天体范围内可能产生的可取之处。

图 10.14　摩亨佐 – 达罗城的发掘，这个遗址可以追溯到公元前 2500
　　　　年。其中显示了哈拉帕文化的洗浴池，从中可以看出希腊
　　　　文化，罗马文化与印度河谷文化的交融。

中美洲文明

　　人类历史上最令人困惑的事件就是美洲文明的突然出现。它使得世界
了解印加人（the Inca），奥尔梅克人（the Olmec），托尔铁克人（the
Toltec），以及中美洲尤卡坦半岛（the Yucatan Peninsula）上的前玛雅（the
early Maya）人。这些神秘的文化突然出现，这里的人们与美索不达米亚的
人们表现出近乎相同的行为特征。历史学家和考古学家无法认同它出现的
时代甚至是日期。在一个遥远的大陆突然出现一群有组织的人类，把它描
述为一场意外是令人难以置信的。无可否认的是，这是苏美尔 – 阿努纳奇
人在世界范围内淘金膨胀的一个极端例子。在美洲，黄金资源是很丰
富的。

　　美洲文明的突然出现，事实上与美索不达米亚的爆炸发生在同一时
期，紧随冰川时期的到来。玛雅人和印加人古老的秘密已让考古学家和历
史学家猜测了很多年。远在约 1 万英里（约 16 000 公里）外所谓的美索不
达米亚文明的发源地，跨越大西洋，11 000 年以前，原始文明到底如何出

现？除非这其中有高空智能生物阿努纳奇的干涉。这样一个事件的任意发生蔑视了一切法律上的可能性。在这个星球上，似乎波斯海湾和地中海之间的区域就是唯一的活动。中美洲出现玛雅人的原型就像近东文明的出现一样突然。他们掌握了所有高度发达的文化，了解关于农业的一切知识，掌握了建造城市以及像埃及人建造金字塔那样的技术。他们甚至知道如何从别人那里诈取黄金。关于印加人、玛雅人、奥尔梅克人以及托尔铁克人的起源出现了很多理论。他们在几千年之间共同形成了安第斯山（the Andean）和中美洲文化。南美史前史可被分成两个部分，在那里，阿努纳奇神们非常活跃：中美洲包含墨西哥（Mexico）；南美洲主要是秘鲁（Peru）和玻利维亚（Bolivia），在这里，据印加人说文明从此开始。墨西哥尤卡坦半岛上的玛雅人拥有黄金，然而印加人和他们的祖先拥有锡。

图 10.15 古代美洲文明

阿努纳奇人到达美洲时，脑子里想的不只是黄金。他们也在寻找锡。锡和铜一起组成青铜，是一种重要的原料。在地球历史上，这个时期青铜正是合金的选择。有迹象表明，美索不达米亚的锡供应逐渐枯竭，伊南娜或者伊斯塔尔（Ishtar）在她的苏美尔课本上对美索不达米亚的"锡山"有清晰的注解。她向上一级的神请求去新的大陆寻找锡。"让我出发去往锡矿石的道路吧，让我了解他们的矿井。"这些锡山已经被确定在玻利维亚的"提提喀喀湖"（Lake Titicaca）周围地区。即使到今天，这一地区的很多地方，锡的生产仍在继续。阿努纳奇人认为锡是神圣的金属，并称之为"AN. NA",意思是"神圣的石头"。他们把铜和锡组成的青铜称之为"ZA. BAR",意思是"闪光的双金属"。矿物学家对古时记载的丰富的锡资源很困惑,因为纯锡是非常罕见的。但南美洲矿物研究学家大卫·福布斯(David Forbes),看到一块纯锡裹在一块岩石上,而不是被包裹在岩石中时被惊呆了。今天仍然存在,那么这样的储量一定存在于古时。它们并非来自一处矿山,那个地域的矿山和河流同时有丰富的黄金和其他金属。他确信在那些具有丰富的河流沉积工作的人们了解锡和黄金,知道如何提取出来。

图 10.16 典型的玛雅金字塔,墨西哥奇琴伊察的金字塔

引人入胜的安第斯山神话起始于神明维拉科查(Viracocha),被称为"人类的创造者"和"天神",他在洪荒时期来到地球,定居在"提提喀喀湖"海岸,靠近蒂亚瓦纳科(Tiahuanacu),被称为"众神始源地"的古城。印加神话故事也提到首都库斯科城(Cuzco)由"太阳之子"创建,他是伟大的神明维拉科查在定居"提提喀喀湖"时创造的。关于人类第一个定居点有很多版本,其中一个故事来自胡安·迪贝·唐佐斯(Juan de Betanzos),他写道:维拉科查在两个阶段创造了世界。很多古老的寓言采用《圣经》和苏美尔相似的故事情节,其中提到洪水是一个划分点。一个古老的盖丘亚族神话(Quechua tale)提到造物主在"创造天地"的机会中创造了人类,但这些人对维拉科查做了一些错事,激怒了他,造物主将

这些人类及其头领变成石头作为惩罚。经过一段黑暗时期，他把男人和女人从石头中解除出来，赐予他们任务和能力，并告诉他们应该去哪儿。这和《圣经》的洪水故事有很多相似地方。在洪水前后，诺亚（Noah）也被告知"去繁衍后代"。还有其他故事是关于原安第斯山、玛雅、印加的祖先曼科·卡帕克（Manco Capac）被上帝创造。他是第一个由上帝创造的国王，是第一个君主。有人说他从大洋彼岸乘船到此，也有人说上帝给了他一把金色魔杖，"图帕克·尤里（Tupac-yauri）"，意思是"辉煌的权杖"，靠着金色的魔杖他必须去寻找一个命定地，开创了印加首都库斯科。他是第一个印加人，其追随者被称为"太阳之子"。

图 10.17　安第斯山文明

《波波尔·乌》（*Popol Vuh*）被奎契族（Quiche）玛雅人尊为《圣经》，存在了几个世纪，以罗马语创作于 16 世纪，在西班牙入侵后不久遗失。它包含了很多引人入胜的故事。它提到"上帝创造的第一批人类是不完美的"，这与详细描述恩基、宁胡尔萨格、宁吉斯泽达（Ningishzidda）多次尝试创造的第一个原始人有惊人的相似。

　　古往今来许多人曾发表声明和创作关于美洲的古代文明的故事。这些原著美洲人的起源也被关联到存在高度争议的亚特兰蒂斯岛（the island of Atlantis）和波塞迪亚（Poseidia）。柏拉图在公元前 350 年已经提到这些原著美洲人来自亚特兰蒂斯，他写到美索不达米亚人和原著欧洲人被"岛民"攻击。他写道，9 000 年前，战争发生在"赫丘利斯之柱"（Pillars of Hercules）的"岛外"与"岛内"，"支柱"指的是直布罗陀海峡（Gibraltar），划分了大西洋和地中海。这大约在公元前 9500 年，就在最后的冰河时代不久。这个冰河时代的日期在史前时期起着举足轻重的作用，因为一遍又一遍，无论是在美索不达米亚还是在美洲都表明了它是现代人类大部分活动开始的标志。最后一个冰河时代的结束带来了许多文明突然出现在世界各地，并且被很多人视为洪水席卷大地，使人类不得不从头开始重建。因此，我们应该感到惊讶，许多学者声称的第一批人从失落的亚特兰蒂斯岛到达美洲时，正是最后一个冰河时代结束的时期。这正好说明，他们的岛屿将被巨大的海啸吞没，洪水淹没当时的大地。2004 年 12 月，我们看到了一个相对小的海啸如何毁灭性的摧毁一个岛屿。想象一下，一次大到 10—20 倍的洪水可以摧毁一大片区域。这就是为什么原始人定居在"提提喀喀湖"海岸的山区，远离洪水并接近有丰富金、锡和其他金属沉积物的地区。这也正是人类开始农业耕种的时期，在许多苏美尔人的概述中，特别是《失落的恩基书》，它详细地描述了阿努纳奇神族和新创造人类之间的关系。

有明确证据证明，农作物在公元前 7000 年左右被种植在特奥蒂瓦坎山谷（Teohuacan Valley），但也有证据表明，有可能在这个时期之前是毁灭性的洪水，它让文明继续着大约公元前 3100 年的文明。巴里·费尔（Barry Fell），一位哈佛大学的教授，成功证明了早在公元前 5000 年美洲就被原欧洲人和非洲人发现了。罗马花瓶在巴西（Brazil）附近的海底被发现；罗马钱币在马萨诸塞州（Massachusetts）海滩被发现；迦太基的花瓶在洪都拉斯（Honduras）海岸被发现。为了保护哥伦布（Columbus）发现新大陆的历史意义，他调查失事船的要求被拒绝。费尔教授也谈到美洲很多遗址发现了含有迦太基人（Carthaginian）和凯尔特人（Celtic）的著作。许多古迦太基语铭文已被发现刻在墓碑上、纪念碑上和地窖石块上，时间可追溯到公元前 1200 年和公元前 3000 年之间的青铜器时代。也有铭文是在法国和西班牙的前罗马时代由原始凯尔特人书写的欧甘碑文。在他施（Tarshish）的船上，有一块石头上刻着铭文："他施的旅行者，石头作证。"这是由塔特西人（Tartessian）用迦太基语翻译的。

一个在所有考古史上最令人难以置信的发现是古代玛雅人的历法。当它第一次被发现，它困惑了所有试图弄明白它的人。一位叫厄恩斯特·弗尔斯特曼（Ernst Forstemann）的德国图书馆管理员持续而深入地调查，在1880年破译了代码，解开了不可思议的秘密。当玛雅人的历法最终被解译，显示了令人难以置信的知识，内容含括宇宙、太阳系、行星的运动，包括我们的月球。玛雅人的历法被称为"长历法"。他们不是使用历史数据来开发历法，而是采用太阳、月亮、金星的运动去计算精确时间点。所有的中美洲文明认为有五个不同的"年龄"。经过多年破译玛雅数学公式，研究者一致认为长历法开始于公元前3114年8月13日，结束于2012年12月22日。五个确切年龄的起始和结束日期是不明确的，但它在以后终会被破解，让我们拭目以待。一些科学家声称这会与地球磁场的变化有关，南北极将远离它们的当前位置并建立新的磁极。

图 10.18　巨大的奥尔梅克人石质头像。站在巨石头像前方的是埃里·克帕克。在墨西哥的丛林里已发现了好几个这样的艺术品。注意看那鲜明的非洲特色，在这两个头像上都有着保护的头饰，这一点困扰了历史学家们很多年。

奥尔梅克人（Olmec）延续着中美洲文明的神秘。他们和其他人一样突然出现在墨西哥的塔巴斯科地区（the Tabasco area of Mexico），但他们明显的非洲生理特征完全不同于其他当地人。他们似乎出现在玛雅长历法的起初，即公元前3114年。1862年韦拉克鲁斯（Veracruz）的巨大石像的发现令人信服地佐证了他们典型的非洲特征。其他几个被发现的巨大石像都表现出同样的非洲特性。在一些雕刻中，他们几乎都是描绘成手中握着某种工具，挖着金子。在大量的岩石、印章和石柱描绘中，他们的工具描绘得相当精细，可以清晰地表明他们曾拥有丰富的矿石开采经验。

让我们分析一下这个情况。如果你在一个遥远地方发现了黄金，需要有经验的矿工冒险去开采它，你会试图训练来自周边地区没有经验的人，还是愿意引进一支训练有素的、能够立即开工、愿意与当地人分享技能的矿工？许多学者认为那正是古代的"矿业领主"所做的。阿努纳奇来到美洲挖掘黄金，并将经验丰富的矿工从非洲带来。它非常简明地解释了中美洲奥尔麦克人的出现。这也解释了为什么在 4 500 年后当西班牙人第一次入侵时有这么多的黄金。

要真正了解被入侵的黄金财富，只需提到秘鲁的库斯科。西班牙征服者发现了墙壁覆盖着黄金的太阳神庙。纪念祖先的礼堂、墓室里充满了各样小雕像和图像。它拥有一个人造花园，里面所有的植物，灌木和树木都是金子做的。在院子里，有一个仿制的玉米地，所有的玉米秆都由银制成，所有幼嫩的穗都是由黄金制成，覆盖了大约 20 000 平方米。西班牙人很快意识到他们将不得不为黄金而战，因为所有的美洲文化认为黄金是上帝的恩赐，它属于上帝。所以我们推论奥尔麦克人是一群由阿努纳奇 - 苏美尔领主从非洲带到美洲为上帝开采矿山的矿工。在这点上，在我们高度文明的 21 世纪，似乎没有更好的解释。毕竟，阿努纳奇到这个新土地来获得更多的黄金，他们需要有经验的矿工，能够更好地完成任务，比曾被阿努纳奇指定任务的非洲黄金矿工还富有经验。许多关于奥尔麦克矿工的描述显示某种形式的烧火工具，它们被安置在了岩壁上。这几乎看起来就像是一个会产生火焰或光束用来加热或是切开石头的装置。描述中甚至还说到了这些矿工会带着一种产生光束的头饰。这些描述中的信息量是不是太庞大太难消化了呢？那么，我还要告诉你的是，这些石雕和它上面的描述已经存留至今超过 5 000 年，而今我们仍旧在采矿中使用一个手持工具和带有灯的头盔，只是当今的我们更加先进。

很明显，他们有着聪明的办法来采矿，也说明了他们具备大量的关于工程和建筑方面的知识，因为他们的金字塔或其他遗失的城市中都有着和玛雅或是埃及的建筑物一样让人印象非凡的结构。他们被铭记是因为他们有可能建造了美洲最古老的金字塔和引进了"点和划"计数系统，这也就是玛雅人日后发展出他们自己的长日历（Long Count calendar）的基础。不仅如此，他们还种植玉米和其他农作物，甚至还引进了一种用橡胶制成的球类游戏，这有可能就是足球的祖先。他们被称为"橡皮人"。后来的西班牙采矿工程师们还会常常在墨西哥网站上提到"史前金矿"。

如果你对非洲人和奥尔梅克人（Olmec）之间的联系存在怀疑的话，这里倒是有一点奇特的信息。奥尔梅克人的书写方式与非洲西部的瓦伊（Vai）人十分相似。另外，他们所用的语言也与非洲西部的曼丁哥（Manding），也就是马林凯－班巴拉（Malinke-Bambara）所用的语言惊人雷同。这只是一个巧合吗？据介绍，奥尔梅克人将书写引入了新大陆（New World），他们有着一样的音节和象形文字。解读古代墨西哥的奥尔梅克人作品为我们研究奥尔梅克世界帮助极大。拉菲内斯克（Rafinesque）于 1832 年发表了一篇重要论文，这对解读奥尔梅克的书写十分有帮助。

大的奥尔梅克中心是在拉文塔（La Venta）、圣洛伦索（San Lorenzo），还有拉古纳－洛斯塞罗斯（Laguna de Los Cerros）上发展起来的，比较小的中心点比如特雷斯萨波特（Tres Zapotes），它不是一个简单的被空置的宗教场所，而是一个动态的定居点，其中包括了工匠、农民、牧师、统治者。此外，还有托尔特克人（Toltec）、阿兹特克人（Aztecs）、萨波蒂克人（Zapotecs）、米斯特克人（Mixtec），和其他团体生活在此处并影响了美洲古代文化上万年。每人都从其他人那里获得了他们开采金矿的新技能。最神奇的事情是这些美洲古代文化都有一个共同点——他们都信奉一个同样的神，这个神名为"翼蛇"（Winged Serpent），或称"飞蛇"（Flying Serpent）。这种主神，被玛雅人（Maya）称为库库尔坎（Kukulkan），阿兹特克人称为羽蛇神（Quetzalcoat），印加人（Inca）称为维拉科查（Viracocha），在中美洲被称为古库玛兹（Gucumatz），在帕伦克（Palenque）被称为沃坦（Votan）。

前哥伦比亚的印加文明在人类社会和文化发展中是非同凡响的，与埃及早期文明和美索不达米亚文明不相上下。有几个神话故事是关于前印加文明的，同样也和所有的古代文明相关，传说古代石雕及古迹都提及这些文明是来自天上的神创造的，没有一个解释这些文明是如何演化而来的。很多东西看起来就像是突然之间出现了一样。

这些神是否真实存在呢？他们是否真的从天而降，然后在世界各地创造了人类？再一次，美索不达米亚和《圣经》中的传说出现了惊人巧合，尤其是考虑到这两者出现的地域之间还存在一个大西洋的距离。在前印加神话中说到的维拉科查被描述成多种形式，他不像是其他文明中的神，他以"慈悲之神"（good god）著称，但他又经常表现出勇士的一面。我们把他视为一个身着白袍、传播知识的开化之神，或是一个手持法杖、头顶光环的勇士之神，而不像古埃及的太阳神那样。维拉科查，也就是羽蛇神，是古代美洲文明中最大谜团之一，维拉科查带着其他的神来到此处寻找金子，这和阿努纳奇人在这块大陆上的活动有着明显的联系。唯一的问题是，羽蛇神到底是谁呢？是常常被描述得像一条翼蛇一样的地球之主恩基，还是以缠绕之蛇为符号来表示其医药知识的恩基之子宁吉什兹达？

图 10.19　玛雅文化中的神圣之蛇

　　羽蛇神是纳瓦特尔（Nahuatl）人的慈悲之神和英雄。他们所有的知识都得自于他。约公元前 3200 年，羽蛇神教授人们种植玉米并传授多项重要知识。他皮肤白皙。但是他的兄弟嫉妒他并把他赶了出去。羽蛇神答应说他会回来"建立法制和启蒙"。这是一个与恩基和他的儿子宁吉什兹达十分相似的描述。将如同我们前面解释的那样，在苏美尔的描述中他们都与蛇有关。

　　这里还有其他有趣的故事，是关于神和人以及他们在美洲所迷信的神之间的关系的。我们已经介绍了丰富的金矿资源迎来了科特斯（Cortes），西班牙的开拓者，以及他是什么时候踏上这块大陆的。他对这里丰富金矿资源感到十分震惊。这里还有一个城市。同样让他震惊，所有的当地人都对科特斯解释道，他们用小容器把金属融化，并把它们打造成条形。他们还说道："一旦它被打造好，就要被送到首都，把它交给神，金子都是属于神的。"这看起来像古代美洲文明里的一个恒定咒语。他们所有人都声称金子是属于神的。对于阿兹特克人来说，金子就是一种"奉为神的金属"。墨西哥的托尔特克人（Toltecs）在公元前 1000 年就已经学会了采矿，印加人相信"是神使得金子变得贵重"。他们还认为金子是神的眼泪变来的，西琴（Sitchin）把这个概念与预言家哈盖（Haggai）说的话相比较："银子是我的，金子也是我的，上帝这么说道。"再一次，神奇的巧合出现了。玛雅人把金子称为"teocuitlatl"，意为"神的分泌物"——他的眼泪和他的汗水。然而，有关蛇的联系还有另外一个转折，那就是将近东时代和我们的阿努纳奇神联系起来。

　　这是一个关于为什么蛇的符号在地球上如此重要的一个非常好的理由。再一次，苏美尔泥版向我们揭示了这一切。从阿拉奴（Alalu）首次着陆地球后，在一条湖或河的岸边，最早一次看到了蛇。从他的反应中很明显可以看出这在尼比鲁上是从未听晓的。"他听到了嘶嘶声，在池畔旁，一个蜿蜒滑行的物体在移动着。"阿拉奴出于本能杀了那条蛇，在检查它时惊讶地发现。"那个滑动的物体仍然躺着……它长长的身体就像一条绳索，它的身体上既没有手也没有脚。"阿拉奴用了一段时间来思索这个生物，好奇它是否就是水的守护者。不久后，当恩基带着他的第一支太空探索队来到此地加入他的行列，阿拉奴便把蛇展示给他们看。这很好地说明了他们将会在这个新星球上使用这个生物作为某些符号特征。玛雅人的语言中，把蛇称为"迦"，与希伯来单词"迦南"相类似，这也就是为什么神从迦南地得到了蛇的头衔。

　　羽蛇神在美洲定居后，他在一个叫纳詹（Nachan），意为"蛇之地"的大河的内陆上建造了第一个城市。这就有理由证明蛇在那块大陆上大量出现，不过这也和希伯来称为蛇的单词十分相似。阿瑟·帕斯南基（Arthur Posnansky）在提提喀喀湖岸边的石头上发现了一系列碑文，这些碑文都和伊斯特岛（Easter Island）上发现的古代秘鲁人的手迹相关。但这里的人都不知道伊斯特岛，要知道这是一个位于澳大利亚和南美洲之间的太平洋中小岛，它有着一长排大头石雕。可以确信的是，这些手迹的发源地彼此之间非常遥远，而且与印度河（Indus Valley）手迹，美索不达米亚的赫梯人（Hittites）笔迹相关。从太古－天文学的一系列预测中，罗尔夫·穆勒（Rolf Muller）教授断定在马丘比丘（Machu Picchu）、库斯科（Cuzco）和蒂华纳科（Tiahuanacu）的这些建筑至少有4 000年历史，这同时揭示了印度河和美索不达米亚文字对它们处在世界另一边的姐妹文化产生了影响。但它们是怎么影响到那儿的呢？或许是在曾存在的阿努纳奇人的帮助下产生的。

在《圣经》中该隐与亚伯的故事中，我们可以得知这两兄弟在帮助人类实施农业中赋予了不同的使命。在所有的圣经故事中，我们都可以在先于《圣经》至少1 000年的苏美尔经文中找到相类似的故事。在这个例子中，那个故事有着更多更详细的描述，卡因（Ka-in）在田野中种植粮食，埃巴尔（Abael）负责灌溉草原，这说的是他们各自的职责是种植庄稼和放牧，就像《圣经》中说的那样。当埃巴尔的动物开始吞食卡因的庄稼时，一场激烈的恶斗在兄弟间产生，在恶斗中，卡因杀死了埃巴尔。即使他意识到自己的错误，苏美尔的神们仍把他驱除出埃丁去独自谋生。恩基的大儿子马杜克同样也跟随他的父亲，来到这个新的星球进行开拓探索。他在那件事故后说："让卡因活下去，但必须将他驱逐到世界的边缘！"恩基同意了他的观点。"卡因必须为他的恶魔行径负责，把他流放。"恩基结论道。因此，卡因就被流放到了那块遥远的大陆上。我们可以推测出这块大陆的位置，它揭示了这是一块有着高山和陡峭山谷的大陆，在那还有着一个巨大的湖。欧洲有着很多地方都有这样的特征，这也有可能与原始欧洲农业活动相关，不过这个故事应该是发生在大洪水之前，这便消除了古代欧洲作为卡因定居的一个候选地的可能性。欧洲的大部分区域都有雪和冰，不利于农业。而南半球看起来更符合候选地的要求。

恩基的另一个儿子宁吉什兹达给出了另外一些重要的线索，与艾达姆的基因创造有关。这个聪明的年轻科学家主管了基因工程方面的内容，根据撒迦利亚·西琴编著的《恩基的失落之书》可以知道，早期时他在地球人身上做了大量实验。在这本不可思议的书里，我们可以了解到很多我们想要知道的关于早期人类及其活动的一切，把我们带回亚伯拉罕的那个时代。宁吉什兹达解释说他是怎样在卡因的基因改造上让他不能长出络腮胡的。"宁吉什兹达改变了卡因的生命本质。如此一来，他的脸就不会长出络腮胡。"这也奠定了美洲人基本不长胡子的基础，因为他们的遗传物质和欧洲人不同。这是个确切的线索，它说明了卡因最后定居在了早期印加文明的山地上，位于秘鲁的提提喀喀湖旁边。印加是在古时候命名的，时间很可能就是他们的先驱从西方的一个遥远的大陆来到此地时。是否有可能他们取的名字就是根据卡因而来的呢？印加（In－ca）＝卡因（Ca－in）？

这个世界充满了来自远古的先驱们留下的不可思议的谜团，在那个时代，人们都被假想为无家可归的流浪者，住在山洞里，为生活而苦苦挣扎。然而在大约公元前 11 000 年前的大洪水后，他们从山洞中出来，并且突然掌握了许多知识，向那些看起来好像活动遍布全世界的神们做祷告。在许多文明中，比如非洲、亚洲、日本、澳大利亚，还有其他岛屿上，都能找到大量这样的例子，他们都在大洪水之后奇迹般地从某些神秘的地方得到了大量的知识。

我们需要建立的是现实的可能性，那就是所有的这些突然出现在了原始人类中的知识都应该是来自某一些更高级的力量的援助。苏美尔人的古代手迹提供给我们大量的难以反驳的片段，证明了这些干预，事实上真的出现过。我们所需要做的只是把它从神话的领域中排除出来，那些无知的历史学家们曾把它归到里面。

埃及文明

在所有最引人入胜的关于神与人互动的故事中，埃及故事无疑是关注最多的。过去 200 年，考古学家、历史学家及其他学者对埃及人丰富的知识起源有着大量的推测。事实是，他们所有的文化都源于苏美尔人，除了他们的文字。我们从泥版中得知，阿努纳奇人把世界分成若干领域，并任命不同的家族成员去掌管他们自己的领域，并清楚地教授了地球人所有的文化知识。在命运一次奇特的逆转后，他们需要地球人的帮助，需要他们在大洪水后把地球再次变为可供居住的星球。阿努（Anu）指导他们重建原来的城市。他们给每座城市都指派了国王和祭司，这样便可以将他们的指令下达给人民。他们教会了他们砌砖、建造奢侈的建筑物、计算、引进双轮战车、制定法律和司法制度等各方面知识。

神与国王们之间的关系并没有像古埃及里宣称的那样。恩基的第一个儿子马杜克，被指派为埃及的神，在那里他被尊奉为埃（Ra）——"光辉之神"，还有随后的阿姆（Amun）被尊奉为——"隐形之神"。恩基被称为卜塔（Ptah）——"开拓者"，宁吉什兹达则被尊奉为特晖提（Tehuti）——"神圣的测量者"。但马杜克是相当反叛的，他引入了一种新的做事方法。他引入了十进制来代替六十进制，将一年划分为十二个月，到处建造寺院来称颂他的荣誉。他精心策划了一座大寺院给阿努和恩基，他口述的《亡灵之书》（*Book of the Dead*）用来指示法老和国王们如果想在死后被带到天堂应该怎么做。

它讲述了如何到达杜亚特（Duat），意为"天体船之地"。即使马杜克宣称自己是至高无上的神引发了其他阿努纳奇人不满，但他并没有从他父亲那里传授到永生秘密的知识。"他给了埃所有的知识，除了死而复生"——这泥版上说的就是恩基。但马杜克（埃）经常在法老和埃及的祭司面前声称有关永生的内容，定下了一系列严格的规则和能够在天堂中得到永生的仪式。他在尼比鲁星的时候就常常提到生命。另一个令人注意的有关马杜克的记录是在《失落的恩基之书》中，这里概述了他对法老们的欺骗，"让奈特鲁（Neteru）的后代来成为我领土的国王，在死后回到尼比鲁去"。奈特鲁是指那些阿努纳奇人中那些专司监控各个领域的阿努纳奇人。马杜克规定统治全埃及的国王必须是阿努纳奇人和人类的后代，这使得他们比一般人类更为高等。这就揭示了为什么有这么多法老坚信他们自己实际上就是神。马杜克利用了神与凡人那种关系和"永生"的力量，这驱使了很多国王服从他，死后还服从他的指示，这也致使了在埃及墓穴里有着许多显而易见的壁画描绘了他们通往永生之地的旅程。这些图画都震惊了几个世纪以来的历史学家，并去寻找它们背后真正的意义。一次又一次，历史学家们试图把这些图画解释为埃及宗教的戏剧化描绘，但事实远不止如此。如今已经很明显地看出埃及人是从哪里得到这些概念的。它来自于一个狡猾的阿努纳奇神，他承诺了那个星球的指令，现在要求在尼比鲁的众神中享有重要的位置。

吉萨（Giza）金字塔使历史学家和考古学家们感到十分困惑，对于它们的起源做了各种各样的宣告。最盛行的一种观点是金字塔是第四王朝法老王胡夫（Khufu），或被称为吉奥普斯（Cheops）在他统治期间建造的，时间约为公元前2589年。近年来这已被很多学者反驳了，他们宣传胡夫只是金字塔的一个使用者，在他登基的时候吉萨金字塔已存在多时。很多已发现的碑文都是金字塔完成很多年后才做的。在法老建造金字塔的这个故事里存在如此多的矛盾，这使得它吸引了更多的新理论出现。如果吉萨金字塔是胡夫、哈夫拉（Khafre）或是门卡乌拉（Menkaure）所建；正如历史学家所说的，这进程看起来像是自后向前的。后一代君主想要显示他们至高无上，不是更有意义？照这样来说，第一座金字塔应该是最小的，之后越来越大，最后的是最大的大金字塔（the Great Pyramid）。这是一个发展的简单原理，埃及人应该比今天的我们更了解才对。学者们对这些事情有着很多争论，比如说葛瑞姆·汉卡克（Graham Hancock）在他的书《上帝的指纹》（*Fingerprints of the Gods*）里，下了很多功夫来建立金字塔在埃及文明出现很久之前就已存在了这一理论。它们确实不是建造来作为帝王的墓穴的。这似乎是因为早期埃及人应该对他们的神的那些巨大的纪念性建筑物有着很深的印象，所以他们试图去模仿。之后的金字塔是为了贡献给他们引以为豪的神，但结果并不理想。这很明显看出，那些被埃及法老模仿建造的金字塔会更小一些，并不具有像大金字塔那样复杂的走廊结构，而且这些仿造的金字塔还会经常崩塌。很明显，他们不具有吉萨金字塔的最初建造者阿努纳奇人那样的知识。之后的君主便再也不能做到像最初金字塔那样的规模和角度。

　　再一次，苏美尔文字给了我们一个关于金字塔起源的不同版本，且更加真实。那是天才的宁吉什兹达，也就是埃及人所尊崇为神圣的测量者所计划、测量、建模，最后完美地建造了吉萨三大金字塔。他的理由比建造一个作为掩埋遗体的巨大墓穴更来得紧迫。《失落的恩基之书》中非常生动地描述此事。在他建造最后一个金字塔前，他第一次建造了一个小规模的原型。

　　　　他完美地完成了四个光滑面的上升角度。在他安置的一个巨大顶点之后，它的侧边与他设置的四个地球上的角落相连接；阿努纳奇人用他们工具的力量，将石头切成需要的形状用来建造。除此之外，它被建造在了精确的位置上，他设置了双高峰；还设计了走廊和内室，这是为了跳动的水晶而设计的。

　　他们把那个建筑物命名为埃库尔——"像山一样的房子"。从这句简短的话中，就可以更加清楚地知道金字塔在阿努纳奇人的生活中扮演更重要的角色。大洪水淹没了他们的空间港口、着陆点、测量所、信号塔以及其他他们用来做日常起飞和降落飞船的支持性结构。这两座金字塔有助指示飞船着陆到正确的位置。他们不能再让另一场洪水来淹没他们在地球的基地。法老王们从这些巨大的建筑物中得到了极大的鼓舞，并开始模仿它们，然而却很少成功。工程师们指出，大金字塔的建造所用的知识和其他很多小一些的仿造物所用的知识截然不同。很明显，法老王们并不具有更先进的宁吉什兹达所具备的知识。金字塔同时也证明了神对埃及人来说有着至高无上的地位。

到此为止，我们知道了在公元前11000年的大洪水后，全世界的古代文明都像雨后春笋一般出现。它们差不多是一夜间形成，这只可能是来自于统治世界和满世界搜罗金子的阿努纳奇神们的干预。原始工人们为他们而工作，但现在幸存于大洪水后的人们比起开采金子有着更重要的作用。他们需要为这个大量耕地被淹没的星球提供更多的人口。奴隶物种开始成为一个提供者，而这也是第一次阿努纳奇人让步于人类，因为他们需要依靠他们的奴隶。在这些戏剧化的译文中，我们发现了现代人有两个共同点可以追溯到人类的诞生时期，那就是：我们对金子的迷恋，还有奴隶。

图 10.20　吉萨金字塔，从左至右依次是：门卡乌拉金字塔、哈夫拉金字塔、胡夫或是大金字塔。注意，最前边的两座金字塔比最后一座更小一些。大金字塔是世界古代七大奇迹中唯一保存下来的奇迹。

第11章 奴隶和间谍

奴隶在《圣经》中也是常见的主题

"你们既从罪里得了释放，作了神的奴仆，就有成圣的果子，那结局就是永生……"

—— 《罗马书》

"他们应许人得以自由，自己却作败坏的奴仆。因为人被谁制伏就是谁的奴仆。"

—— 《彼得后书》

从"苹果不会掉在离树很远的地方"、"有其父必有其子"这两个简单的谚语中，我们就能捕捉到古人类发生的事。追溯人类起源的过程是艰涩的，在这个过程中，我遇到了很多有趣的内容，并出乎意料地为之驻足；一些内容往往需要更多的发掘与研究。部分古今相似的主题无须深究，作为人类习惯及行为特点，它们已在潜移默化中渗入到社会文化中。遇到黄金和珠宝这种话题，我们就必须进一步挖掘黄金为何自人类的摇篮时期就与人类结下了渊源，而它又是如何牢牢控制人类进化的各方面。尽管如今我们看到黄金已习以为常，但在遥远的人类历史时期，一定发生了某些事件使黄金的地位不断攀升至今，围绕我们的生活成为各种社会经济衍生品：如珠宝、货币、贸易交换、股市、时装等。希望本书中这些只言片语能够揭示出隐藏在黄金与人类历史关系背后的某些秘密。

你自己在家里也可以做出这种尝试。留意一下你的生活习惯和各种活动，并试图将其追溯到地球上人类的根源。你会惊奇地发现自己会学到大量有关人类及其行为模式的知识。

其中一个吸引我的主题就是奴隶的概念。同黄金一样，人类出现后，奴隶就一直存在。我会试图追究其根源，并指出为何到今天我们仍热衷于这种野蛮行为。一个人究竟到什么时候，什么地位才可以突然拥有对另一个人的所有权？当一个人的地位高于另一个人的时候，他就可以对他有指使权。奴役他人的概念可以说是人类最可恶的行为，这种暴力展示了人类特征最真实的一面，它永久地存在于我们的基因组中。现在看来，这种行为似乎是预定好的，我们无法将其摆脱。更让人不可置信的是，《旧约》中的神似乎并没有将奴隶作为难题。事实上，神还会指导人类，在不同的情况中如何对待他们的奴隶，如何惩罚不顺从的奴隶。直到最后的《天启录》、《圣经》整本书对奴隶的概念一直是肯定的。

之物神种 《圣经》中的奴隶

《圣经》中共有 130 处提到"奴隶"，以下几条仅供思考：

> 她对亚伯拉罕说："你把这使女和她儿子赶出去！因为这使女的儿子不可与我的儿子以撒一同承受产业。"
>
> ——《创世纪》
>
> 在谁那里搜出来，谁就作我的奴仆，其余的都没有罪。
>
> ——《创世纪》

以下文段能充分显示出上帝的偏袒。

> 耶和华说："我的百姓在埃及所受的困苦，我实在看见了；他们因受督工的辖制所发的哀声，我也听见了。我原知道他们的痛苦。我下来是要救他们脱离埃及人的手，领他们出了那地，到美好宽阔与蜜之地，就是迦南人、赫人、亚摩利人、比利洗人、希未人、耶布斯人之地。现在以色列人的哀声达到我的耳中，我也看见埃及人怎样欺压他们。故此，我要打发你去见法老，使你可以将我的百姓以色列人从埃及领出来。"
>
> ——《出埃及记》（Exodus）
>
> 如果一个人用杆击败他的男性或女性奴隶并导致奴隶死亡，他必

须受到惩罚，但如果一两天后奴隶能起床了，他就不能被惩罚，因为
奴隶是他的财产。

——《出埃及记》

即使牧师也可以拥有奴隶。

如果祭司用钱买了一个奴隶，或者如果一个奴隶出生在他家，那
奴隶就可以吃他的食物。

——《利未记》（*Leviticus*）

其他人被奴役没问题，但在神的眼中奴役其他以色列人被认为是
"恶"。

如果一个人抓住了绑架他兄弟的以色列人，并把他作为奴隶或卖
了，绑匪必须死。你必须从你们中间清除邪恶。

——《申命记》（*Deuteronomy*）

大卫貌似很喜欢与他的女奴一起玩耍，这并不总是别人的喜好。也许
她只是嫉妒。

当大卫回家要给眷属祝福，扫罗（Saul）的女儿米甲（Michal）
出来迎接他，说："今天以色列王是如何认识自己的，竟然像其他粗
俗的家伙一样在奴隶女孩的视线下脱衣！"

——《撒母耳记》（*Samuel*）

复仇和恐惧之神的声音反复在继续这些话：

正因为如此，我要降祸于耶罗波安（Jeroboam）的家。我必在以
色列剪除耶罗波安为奴的每一个男性。我必如燃烧牛粪一样烧了耶罗
波安的家，直到一切都结束了。

——《列王记》（*Kings*）

神再一次纵容奴隶制的行为。

> 迦南（Canaan）当受咒诅！他将是他兄弟最低等的奴隶。
>
> ——《创世记》

人们准备对抗上帝的暴力行为。

> 法老的臣仆中那些敬畏耶和华言语的人将他们的奴隶和牲畜带进去了。但是，忽视了耶和华言语的人就将他们的奴隶和牲畜留在田间。
>
> ——《出埃及记》

一个非常明确的签注，即可奴役和奴役其他民族。

> 你的仆婢来自你周围的国家，通过他们你可以购买奴隶。你可以将他们给你的孩子作为继承财产，可以使他们做一辈子的奴隶，但你不能无情地统治你的弟兄以色列人。
>
> ——《利未记》

战争、征服和奴役是神的统治下的家常便饭。

> 他必取你们的羊群的十分之一，你们也必成为他的奴隶。
>
> ——《撒母耳记》

一个完美的例子就是神如何巧妙地通过展示他们的怜悯和善意把人类变成听话的奴隶。这就要提到居鲁士大帝（Cyrus the Great），他从巴比伦释放了犹太人，并允许他们去耶路撒冷。我们必须记住谁是居鲁士，他是一个雅利安人的波斯国王，受到阿努纳奇神灵的影响，操纵人类变成各种奴隶。

> 我们是奴仆，然而在受辖制之中，我们的神仍没有丢弃我们，在波斯王眼前向我们施恩，叫我们复兴，能重建我们神的殿，修其毁坏

之处，使我们在犹大和耶路撒冷有墙垣。

——《以斯帖记》

上帝继续奴役着人类，使他们对小恩小惠感激涕零。奖励顺从者，惩罚违抗者。

我们现今作了奴仆；至于你所赐给我们列祖享受其上的土产，并美物之地，看哪！我们在这地上作了奴仆！

——《尼希米记》

上帝依旧压迫人类。

因我和我的本族被卖了，要剪除杀戮灭绝我们。我们若被卖为奴为婢，我也闭口不言，但王的损失，敌人万不能补足。

——《以斯帖记》

人类期待着取悦复仇之神，并等待着他的恩赐。上帝依旧靠其虚假的承诺对人类实施残暴的统治：

仆人的眼睛怎样望主人的手，使女的眼睛怎样望主母的手，我们的眼睛也照样望耶和华我们的神，直到他怜悯我们。

——《诗篇》

甚至犹太人（Jews）也有希伯来（Hebrew）奴隶。

西底家王与耶路撒冷的众民立约，要向他们宣告自由，叫各人任他希伯来的仆人和婢女自由出去，谁也不可使他的一个犹大弟兄作奴仆。（此后，有耶和华的话临到耶利米）

——《耶利米书》

战神命他忠实的人类"奴隶"抢掠，杀戮他人。

我（或作"他"）要向他们抢手，他们就必作服侍他们之人的掳物，你们便知道万军之耶和华差遣我了。

——《撒迦利亚书》

在你们中间不可这样。你们中间谁愿为大，就必作你们的用人，谁愿为首，就必作你们的仆人。

——《马太福音》

上帝手段狡猾，使他的臣民永远感激于他。

"使他们作奴仆的那国，我要惩罚。"神又说："以后他们要出来，在这地方事奉我。"

——《使徒行传》

先祖嫉妒约瑟，把他卖到埃及去。神却与他同在。

——《使徒行传》

地上的君王、臣宰、将军、富户、壮士和一切为奴的、自主的，都藏在山洞和岩石穴里。

——《启示录》

上帝表明人类是他的仆人。

你们作主人的，要公公平平地待仆人，因为知道你们也有一位主在天上。

——《歌罗西书》

在这里，耶稣的一个门徒之所以为奴隶辩解，全是因为上帝会对他们所承受的苦难作出奖励，而他们应该接受命运。他甚至提出人类生而为奴。由此我们知道上帝的残忍及其对人类实施的令人难以置信的统治，从而使人类不断屈服于苦难和暴力。

你们作仆人的，凡事要存敬畏的心顺服主人；不但顺服那善良温和的，就是那乖僻的也要顺服。倘若人为叫良心对得住神，就忍受冤屈的苦楚，这是可喜爱的……但你们若因行善受苦，能忍耐，这在神看是可喜爱的。

——《彼得前书》

奴隶社会

我们可以将目光追溯至古代的奴隶战争时期，并以此讨论奴隶这一概念的起源：究竟是战胜方将战俘扣留并使其成为奴隶，还是将其贩卖成为奴隶。当时，亚历山大大帝不仅会奴役投降的战俘，还会将整个乡镇、城市，甚至整个国家的男女老少全部奴役。战胜方要么亲自奴役这些人们，要么将其贩卖至其他国家，以换取黄金或其他等价于奴隶身价的货币。毫无疑问，这种野蛮的行径令当今社会的人们感到厌恶和反感，然而，在古代社会，这样的阶级制度竟然持续了超过 500 年。

在所谓的开创人类文明先河的苏美尔文化中，也可以找到奴隶制度的蛛丝马迹。当我们对苏美尔语中"奴隶"一词进行研究时，我们发现，它翻译出来的意思是"山人"或"山姑"。而这恰恰是我证明其存在奴隶制度的铁证。例如，亚当，他自出生以来便开始在矿山内掘金，那么，他一定是继承了其祖上遗传下来的基因。这就意味着，早期人类为这一人种所支配的一项必须要做的工作便是掘金，而其身份便是奴隶。于是，这便成了他们与生俱来的身份，而非其意愿为之。这也同时验证了，如果我们的祖先有意来支配某些活动与行为，那么，他的后代也极有可能会产生类似的行为与品性。因此，祖先的行为决定了其后代的行为发展。如今，即便我们已是 40 万年之后的现代人，但我们仍拥有与祖先极其相似的品性，无论我们的祖先是何种何族。令人感到讽刺的是，如今的我们都是非洲人的后裔，他们从非洲远渡重洋到世界各地，他们原先都是阿努纳奇神膝下的奴隶，然而，在洪荒来临，第四季冰川期结束之后，随着新人类文明的出现，所谓的文明与自由的人类却仍旧效仿阿努纳奇神的所作所为，而其征服奴隶的举措又与阿努纳奇的祖先别无异处。正如本章开端处所言，"苹果只会落在树下"以及"有其父必有其子"，其涵义已无需赘述。

让我们以孩子为例来具体分析一下。孩子在成长过程中，将会不可避免地做一些父母经常做的事。他们会潜移默化地吸收领悟当地的文化风俗；他们会根据当地的传统，逐渐学会编织、种植、饲养、刷洗、膳食、膜拜、婚嫁等各种事物。对于把这些事物当作"规矩"并已遵守多年的人来说，做任何与"规矩"相违背的事，都是悖逆不道的。他们绝对不会去考虑其他的行事准则与做事方式，同时，他们已经把自己的行事规范严格地束缚在这多年内养成的"规矩"之内。对于西方国家的人们而言，这种观念听起来似乎有些牵强，但是，在此我可以向你保证，这种行事传统遍布整个非洲、亚洲、南美洲、东欧、中东地区以及远东地区。事实上，即便如美国这样思想极为先进的社会，仍旧有少许乡镇，他们会墨守自己数百年来形成的"成规"，完全与飞速发展的外界社会相隔绝。

正当阿努纳奇神决定传授人们如何躲避洪荒之灾时，并非所有人们都认为这是个正确的决定。一些人由于长期受阿努纳奇神的压迫，以至于相互间缺乏信任，因此，这些人中有大部分延用了之前的山洞穴居的生存方式，只有极少数人接受了新的生存方法。对于那些恪守传统的人来说，这些少数人即是选择了新的方式继续被阿努纳奇神所奴役下去。这就是为什么新的人种并没有在短期内大量繁衍，却在短期内大幅度发展了其文明与知识。但是，地球之神还是发现了那些穴居在山中的人们，即便是躲在最偏远的地区，仍旧遭其奴役。这种说法与神话中，居住在最为偏远的星座中的人们仍旧被诸神所奴役相吻合。而在神话传说中，这些人们均与无所不在的诸神有着部分联系。然而，随着新文明的发展，那些少数人类所需求的劳动力也越来越多，自然而然，他们也会对这些穴居人类做出相应的奴役行为。综上所述，这些"山人"以及"山姑"在新文明人类眼中，仍旧是荒蛮的、原始的人类。

最具讽刺意味的是，当这些"原始"人接受了新文明人的智慧与知识，定居在新的社会中，逐渐学习饲养牲畜、耕作，并被新文明人所奴役后，这些新文明人又将向哪里伸出奴役之手呢？非洲。至此，社会交替的轮回彻底完成了。这些曾被奴役的新文明人，又回到了其出生繁衍的地方，并对其祖先种族进行了奴役。这样的结论令你感到惊讶吗？其实你不应该惊讶。暴力基因一直流淌在我们的血液中，它们早在 11 000 年前便已形成，在如今人们的体内依旧强大，所以，这样的结论是十分正常的。如今，这样的基因仍旧在我们的 DNA 中不断流传，同时，其他基因也在推动着这些暴力、嗜血行为的产生。因此，奴役是人们与生俱来的本性，也是人们迄今为止才予以承认的本性。

令人不可思议的是，地球上的各个文明均在某个时期出现了奴隶制度，奴隶制度起始于苏美尔人与埃及人。随后，巴比伦尼亚亲王——汉谟拉比（公元前 2181—前 2123 年），他是人类历史上首个将人类物种领导精神予以进化发扬的领袖。事实上，他是首个建立人类大都市，巴比伦尼亚的伟大君王。而他所颁布的《汉谟拉比法典》也是人类历史首部记载法律的典籍。汉谟拉比在面对传统奴隶制度时，提出了令当时的人们费解的人权思想。他还针对奴隶修订了许多详细的法令：奴隶被允许拥有资产，允许从事商贸活动，允许娶妻，奴隶主可通过贩卖或收养等方式拥有奴隶。当然，即便是在当时看来"极具人性化"的奴隶法典，奴隶仍被视为一种商品。古以色列人在埃及服从奴隶制统治，而在印度河流域中，第一部记载奴隶制度的文献资料却是起因于公元前 2000 年的雅利安人入侵事件。据印度文献记载，印度出现奴隶制度是从公元前 6 世纪至基督教开始传播时期为止。不过，毫无疑问，奴隶制度曾在印度盛行，且并非始于印度。在古代波斯文明中，奴隶制度的存在是以奴隶劳动力供应不足的背景为前提而出现的。波斯人攻占了爱琴海群岛的希俄斯岛，莱斯沃斯岛和泰纳达斯岛后，波斯人便开始对当地居民进行了奴役。中国的奴隶制度则是起始于黄帝，黄帝以及中国人民神秘的祖先——夏王朝，均始于公元前 2100 年。在历史上最早出现奴隶制度的欧洲社会应当是公元前 1600—前 1400 年的古希腊文明。在希腊的雅典、罗得岛、科林斯和提洛等奴隶市场中，仅仅一个下午可能就会成交多达数千名奴隶。试想一下，在 2004 年的旧金山海港，如果按照那样的社会体制，现代人能否面对这样大规模的人权蔑视行为。而这在当时却是被人们所普遍经历的精神与心灵的奴役。而在公元前 500 年前的希腊社会中，每当经历了一场重大战役后，便会有多达 2 万名战俘涌入奴隶市场。据传言，生活在公元前 16 世纪的著名希腊寓言传播者——伊索，便是一位被释放的希腊奴隶。下一个奴隶大都市便是罗马，随着战争和社会的发展，罗马日益成为一个极其依赖奴隶的大都市，同时，在罗马还出现了一种被称为"地产奴役"的奴隶制度。随着公元 5 世纪罗马帝国的覆灭，奴隶制度开始在阿拉伯地区和中欧地区传播开来。许多战俘均被强行押解到如今的德国地区，而其称呼仍旧沿用了传统的名称——"奴隶"。在当时的社会中，奴隶制度极为盛行，人们的残暴和贪婪都达到了前所未有的高度。从人类出现文明之日起，人类便开始发扬其从祖先所传承下来的品性：痴迷于对黄金的占有和奴隶的统治。

奴隶制社会还在许多国家内蔓延，包括奥斯曼土耳其帝国，克里米亚汗国，位于秘鲁的印加帝国，索科托哈里发帝国，以及尼日利亚的豪萨帝国等等。同时，这些奴隶社会还蔓延到了中亚地区，诸如哈萨克，以及各个突厥部落。令人难以置信的是，奴隶制度甚至还拓展到了北美地区，诸如科曼奇与克里克地区。即便在非洲地区，也有部分部落出现了奴隶制度。这也证明了我们的基因均是由这些共同的祖先所传承下来的。七个上古时期的阿努纳奇神孕育出了第一批奴隶制部落群体，除此之外，我们还发现了其他一些传承奴隶制度的基因，我将在稍后予以详细论述。起初，非洲的部落酋长通过欧洲的商贩购买到了奴隶，当这些奴隶逃跑后，非洲酋长便会将自己部落里的囚犯作为奴隶。而当这些奴隶不能满足酋长们的需求时，酋长便会下令攻占一些偏远的乡村，并将那些乡村里的村民当作奴隶进行贩卖。我确信，这些证据足以证明在我们 DNA 中流淌着的暴力与贪婪基因。

然而，肯定还有人对这一观念持怀疑态度，下面对此作深入探讨。在当时的社会中，还有一些人会贩卖自己的妻子或子女，使其成为奴隶，从而偿还自己欠下的债务。这种野蛮的、由基因所致、深入骨髓的恶劣行径在 15 世纪、16 世纪以及 17 世纪达到了顶峰。在当时，非洲大约有 2 000 万奴隶被奴役，随后被贩运至巴西、加勒比海以及北美等地区，而在非洲本土所进行的奴隶贩卖现象则更为猖獗。以下是第一起奴隶贩运事件：1658 年，暴虐的商贩乘坐阿迈斯福（Amersfoort）号荷兰货船从非洲安哥拉地区出发，历经 6 年时间，在非洲好望角登陆。作为一名南非人，我对这里所发生的极其卑劣的奴隶贩运史极感兴趣。就让我以这起事件为例展开详细论述吧。至于 16 世纪至 17 世纪在其他地区所发生的奴隶贩运事件，其过程大同小异。而这些事件的始作俑者，便是臭名昭著的蒙戈买·卡麦蒂（Mogamat Kamedien），正是他在南非掀起了奴隶制度的血雨腥风。

荷兰东印度公司大事年表	
荷兰殖民南非	
1602 年	荷兰议会代表授予成立荷兰东印度公司以建立位于印度的贸易帝国。
1652 年	荷兰东印度公司在好望角设立一个新的沿海基站，以便向远东或巴达维亚（今爪哇岛）返回荷兰。
1658 年	第一艘载有奴隶的船只由安哥拉开往好望角，船长为阿默斯福特。

1666 年	由奴隶建筑完成好望角城堡。
1679 年	脱离斯拉夫公司。
1693 年	在好望角的奴隶人数首次超过白人。这些奴隶主要来自印度洋周边地区，莫桑比克、马达加斯加和毛里求斯。
1717 年	荷兰东印度公司决定在好望角制定以奴隶制度为主的劳动制度。
1725 年	有证据表明，逃跑的奴隶一直生活在戈登湾、科勒蒙德 – 赫曼努斯地区的山区之间。
1754 年	州长塔尔巴赫将大量奴隶法规详细分化至每个奴隶，好望角奴隶编号。
1754 年	对好望角人口普查显示，奴隶和殖民者人数大致相同，都为 6 000 人。
英国第一次占领好望角	
1795 年	英国接管控制好望角并在整个 19 世纪内对其予以持续统治。
1796 年	英国取缔酷刑以及一些资本主义国家最为残酷的惩罚形式。
荷兰人重新占领好望角并建立巴达维亚共和国	
1803 年	荷兰人暂时占领好望角，为期三年。
英国人重新占领好望角并建立英属南非	
1806 年	根据时任总督卡利登伯爵的规定，公司从斯拉夫释放其奴隶。
1807 年	英国禁止跨国贩卖奴隶，但是进行奴隶交易是合法的。由于禁止跨国贩运奴隶，导致好望角当地奴隶价格增加。
第一次奴隶叛乱	
1808 年	由毛里求斯的路易斯在马姆斯伯里附近的斯沃特兰德地区的科尔伯格发起奴隶叛乱，叛乱在盐河城被平息，并导致 300 名农奴被逮捕。
1813 年	建成新城堡，该城堡为南非第四古老建筑，该建筑于 1813 年被帕尔地区的居民作为处置非基督奴隶及异教徒的地点。
1823 年	英国下议院在好望角商讨当前奴隶的状况。并在反对奴隶运动的压力下成立调查委员会。
第二次奴隶叛乱	
1825 年	第二次奴隶叛乱在克莱斯附近的佛莱德地区被平息。
1826 年	好望角酒业公司倒闭。

续表

奴隶改良法案	
1826 年	殖民地办公室进行干预，迫使当地殖民政府通过于 1826 年颁布的 19 项条例，使当地改善立法生效。上述条例与特立尼达订购条约，目的在于保护甘蔗种植园的奴隶主。因此，英国人引进改良的法律，以改善奴隶的生活条件，并实施一系列实用的改善措施，降低惩罚的残酷程度，并建立保护奴隶办公室，从而保护位于开普敦周围乡镇的奴隶权益。
1826 年	任命奴隶保护长官。
1827 年	为有色人种在开普敦设立市政公民权益，并允许其在城市内从事活动，同时任命一位马来人作为守卫长官。
1828 年	颁布了 50 项条例，释放了科伊桑，并使所有黑人与殖民地的白人均享有同等的法律地位。
1830 年	由英国议会对 19 项条例予以修改，并对奴隶保护办公室予以更名。
1830 年	由奴隶主下令对奴隶处罚次数予以记录。
1831 年	斯泰伦博斯地区奴隶主聚众闹事，拒绝接受以保持对奴隶的惩罚。
1832 年	超过 2 000 名奴隶主聚集在开普敦举行抗议集会示威游行，反对政府没有通过协商执行的命令。
奴隶释放	
1834 年	奴隶制度于 1834 年 12 月 1 日在英国殖民地予以废除。"解放"一词从此纳入黑人奴隶范畴，虽然政府被迫开始一次长达四年的"解放"奴隶运动，但政府只是让这些奴隶获得"适度自由"的权利。
1835 年	第 1 号条例被引用至好望角的黑人奴隶条款中，包括特别委任裁判官。
1836 年	由于农民奴隶对政府不满，政府将免费奴役制改为奴隶主管理制，12 000 名农民奴隶开始了沃特科尔地区的大迁徙运动。
1836 年	政府终于对非白色人种给予同样的待遇。
奴隶制度废除	
1838 年	奴隶制度被废除。
1838 年	约 39 000 名奴隶于解放日——12 月 1 日被释放，政府只支付了 120 万英镑，作为对原有行径的赔偿，而预计支付的 300 万英镑条款则被搁置，以补偿农民在好望角开普敦地区进行畜牧所造成的损失。

续表

好望角"主仆"劳动立法	
1841 年	政府出台"主仆"条例以规范和制定雇主与雇员之间的劳动关系，并根据先前由荷兰东印度公司制定的好望角奴隶编码制定相应的雇用关系。

到了 17 世纪，奴隶贸易已被欧洲人视为"光荣而高尚"的商业活动。正是因为大批的奴隶贸易，才为其创造了巨大的财富。当然，他们的这些行为也给被奴役人民造成了巨大的痛苦。直至 18 世纪，少数向往自由的人士开始揭露这些奴隶贸易的不人道性质。于是，大量所谓"备受敬仰"的富商开始依靠其财力及政治影响力对上述人士进行指控。到了 19 世纪末，在这些思想开明的人士的不断压力下，曾经犯下滔天罪行，双手沾满鲜血的商贩才开始陆续签署"废除奴隶制度"的条约：阿根廷于 1813 年废除了奴隶制度；哥伦比亚于 1821 年废除了奴隶制度；墨西哥于 1829 年废除了奴隶制度；南非于 1834 年废除了奴隶制度；美国于 1865 年废除了奴隶制度。直到 1948 年，美国公开发表了《世界人权宣言》，随后，才在全世界范围内彻底清除奴隶制度。然而，在这份由美国政府所公开发表的人权宣言中却存在巨大漏洞，而对这些漏洞进行修复又耗费了 8 年时间。最终，美国政府被迫在原先的人权宣言中加入了新的声明，以解决"奴隶贸易及从事类似活动的机构"中存在的问题。

上述这一细节对大多数人来说都是极为震惊的：奴隶制度直到 1956 年（美国 1948 年公开发表了《世界人权宣言》，并在 1956 年完成最后修订）才被美国官方彻底废除，怎么会这样？正如先前我所说的："如果我们对过去一无所知，我们又怎知未来通往何方？"因此，只要人们不断注视、观望甚至"发扬"奴役暴虐的基因，并不断将其蔓延至其他未曾拥有这种基因的人群中，这种基因便会根深蒂固地一代代地一脉相传。我们生来就拥有这种奴役血脉，直到如今，我们仍深受其摆布与迫害，这种基因侵蚀着我们的良知，并随着我们的血脉继续向下传播。

即便在 1956 年后，这种贩卖人口的极不人道的事件仍没有停止。因此，自从 11 000 年前人类拥有文明之后，这种奴役基因从未在人们体内改变。例如，沙特阿拉伯与毛里塔尼亚分别在 1963 年及 1980 年签订了"废除奴役行为"的条约，却没有进一步禁止奴隶制度。奴隶制度曾在非洲兴起，在非洲孕育成熟，最终在非洲逐渐被废除，这难道不是一种极其深刻的讽刺？但奴隶制度已经极其深刻、坚实地扎根在非洲的血脉中，因此，它又似乎无法消失殆尽。奴役行为仍然在 21 世纪的社会内存在，似乎我们体内的 DNA 仍旧没有完全进化。1988 年，苏丹地区以 30 英镑的价格便可以贩卖一个奴隶。

在这个科学技术日新月异的全球化社会中，每一起敏感的事件均会在第一时间被全球媒体争相报道，如今，跨地域交流已成为孩子们的玩耍之物，人们早已对观看火星车在星际间漫步感到厌烦。为什么会这样？这是因为，我们都希望这些事物给我们带来更多的好处或是乐趣，并且实现得更加快速与便捷——所以，我们真的拥有自由吗？在前面的章节中，我们曾探讨过经济战争，但在这里，我还要和你们一起探讨"经济奴役"。这一名词可适用于穷人或是贫穷的国家。在这里，那些坚不可摧的"军队"不会将其战俘作为真实的奴隶，而是对整个国家的经济予以奴役。那些贫穷国家需要向富裕国家偿还的债务多如牛毛，以至于他们无法还清。奇怪的是，如今地球上这些贫穷的国家大多数都曾被西方列强奴役过。而当年的奴役导致大部分国家崩溃，最终彻底覆灭，究其原因，仍要归因于当年西方列强的侵略。因此，我们究竟该如何评价我们人类的"文明"。

如今，奴役理念成功在经济大旗下扎根发芽。贫穷的国家备受剥削，只能出卖廉价劳动力，这些国家已沦为全球落后生产力的倾泻中心，同时，也成为全球垃圾废弃的倾泻中心，各种致命的化学制剂、核废料等有害物质均在不停地对这些国家进行荼毒，他们在各个经济层面均遭受着不同程度的奴役；甚至连他们原本丰饶肥沃的土地也已被彻底奴役。这些国家的国力仍旧十分虚弱，国家的人民仍旧十分穷苦，同时，他们也别无选择，只能让这些垃圾废品有害物质继续坑害他们的国土与人民。然而，这些侵害也并非只是由国外强行涉入。印度所谓的高度鉴别等级制度，其来源于葡萄牙语"社会等级（Casta）"，意为品种、种族、种类，至今仍在整个印度国内予以广泛采用。

尽管官方严令禁止出现这样的人种差异，但它仍然存在，并被作为一种正当的奴役文化，这种文化使得将近一半的印度国民饱受贫穷，却没有任何可以改变之策。一旦你在印度被归类为"贱民"或是"低等人民"，你的这一生就不可逆转。你几乎不能改变自己的身份，从而使自己像高等人一样享受惬意的生活。如今，印度仍有大约 2 亿"贱民"。他们不能与高等人民通婚，不能使用其他人通行的礼仪，他们必须敬仰高等人民，不得与高等人民同吃同住，甚至连走在大街上也要当心自己的影子印到高等人民身上。在某些情况下，有些村镇的居民甚至还会恶劣地要求"贱民"随身携带一口小钟，在高等人民出现时立即敲钟予以警示。

物之神种 我们自由吗？

我们自由吗？如果你感觉良好，那可能是因为你在一个经济发达的国家里生活，你可以主宰自己的命运，你不会成为任何人的奴隶。然而，再试着想象一下，成功的西方人会利用工作、职位、抵押债券、信用卡、汽车贷款、透支以及其他显著的财务圈对他人进行奴役。西方人创造现代经济体的目的在于尽可能多地吸引客户，允许客户以各种信用卡的形式购买各种商品。即便你在学生时期的贷款，也将花费若干年的时间进行偿还。一旦你接受了他们的商品及诱惑，各种各样的负担就积压在你的肩上。你可能会自豪地告诉大家："这是我的新家。"但实际上，房产的所有权仍旧属于银行。他们只是允许你在里面摸爬滚打 20 年，并每月向其支付大量还款，并在此过程中编制各种诱人的利息条款。所以，究竟谁是奴隶？如果你无法支付贷款，他们会按照市场价格对你的房子进行拍卖，同时，许多银行还会让你继续偿还余下的债务。一旦你真的陷入进退维谷，无力偿还时，他们会把你列入黑名单，这便使你就业的几率大大降低，从而使你无法继续赚钱来偿还债务。信用卡的性质与贷款相似。你用信用卡消费去加勒比海旅游，旅途中你惬意自在，潇洒风流。一旦你返回家中，你便会意识到你的公司已经破产了，而你的信用卡瞬间成为一个巨大的财富黑洞。你不得不卖掉你的汽车以偿还信用卡里的债务。而最为隐秘的奴役模式便是佯装仁慈的助学贷款。可能有数千家公司同意为你提供助学贷款，其前提条件便是，在你毕业之后，必须在这些公司上班，以偿还债务。然而，他们往往会要求你在前期工作时，只能领取极其微薄的薪水，并作为学徒，以逐渐熟悉工作流程，这就意味着，你将不得不在这家公司工作多年，却只能挣到少得可怜的薪水。于是，在本质上，你便已成为了廉价劳动力。这种情形年复一年，周而复始，如今全球到处都有拥有这种遭遇的毕业生。可以这样说，我们的生活就是围绕着工作和金钱来展开的。我们就像迷茫的奴隶一样在这个星球上徘徊徜徉，却不知我们今后的道路究竟通向何方……我们为什么会这样……究竟是什么支配着我们？为什么我们会不停地向这样的前途奔波……为了住在自己现有的一套住房里，我们只能尽可能地拼命工作，并取悦我们的主人。事实确实如此……我们为什么要如此奋力地去追逐这些世俗的功名和利禄，我们是否明白，这些世俗的追求永远没有尽头？

答案非常简单。我们仍旧在 21 世纪的社会中遭受生活的奴役，然而，奴役我们的人却以各种精心策划的计谋将我们一步步引入他们设下的圈套，甚至不让我们发现一丝一缕被奴役的迹象。同时，我们的傲慢与自大使我们不再相信那种野蛮的理论，因为，我们相信"我们是自己命运的主宰。"

我们人类的整个历史进程都充满了各种资源的诱惑：从原始的人类相信上天将要赐予的财富与永恒的生命，到苏美尔人传说中天神许诺的奢华宫殿。然而，一旦你相信、服从并执行所谓的天神支配于你的"使命"，你的厄运也就降临了。难道这就是命运的种子，能够驱使人们永远不辞辛劳地工作？或者，这只是阿努纳奇神依然存在于这世间的一个旁证？这显然预示着某些事物，但我们人类却永远无法考证。最终，我们仍旧是被奴役的人类，并将永远被奴役下去。过去几千年中发生的一切事件均是因为我们将这些事情的因果相互混淆的结果，从而导致在今后的生命中，不断疯狂追寻物质上的满足与享受。我们都希望积累财富。然而，现实中却充满了各种谣言和诽谤，充斥在我们的潜意识中，这使得我们必须进行大量调查才能将所有谣言与诽谤——化解，特别是要对自身进行大量反省。这是因为，我们从祖先哪里探索到的信息与我们在童话故事里听到的结局完全不同，甚至大相径庭。

生活在西方国家的"自由"的人们被其社会经济与文化所深深奴役。但如果你向他们提出质疑，他们一定会矢口否认。我们被自己从事的工作、银行和政府所奴役。如果你不上缴税款，你将会被押解入狱。这种无知的幸福正是造物主所孕育的奴役之果。巴别塔事件便是一个很好的例子——神灵密谋让人类通过自己的无知而被奴役。在苏美尔人的典籍中，也有类似事件的描述：神灵认为人类已经变得太聪明，甚至还发明了用来交流的语言。于是，神灵认为，如果让人类自己决定命运，他便会被人类所束缚，这便对神灵的存在构成了极大威胁，终有一天人类会向其造物主宣示自己的反抗，并反对其压迫。那时，神灵就决定从天堂下凡到人间，并扰乱人类的语言。这个故事的重点并非在于神灵对人类做了什么，而是说明在数千年前就已根深蒂固的奴役心态。然而，最为有趣的是，在《创世纪》第10章末尾，当朱苏德拉的儿子与后裔分布在世界各地时，他们分别成立了不同的种族，并使用不同语言进行交流。于是，《创世纪》第11章便以下面内容作为引言陈述：

> 那时，天下人的口音言语，都是一样。他们往东边迁移的时候，在示拿地遇见一片平原，就住在那里。他们彼此商量说，来吧，我们要作砖，把砖烧透了。他们就拿砖当石头，又拿石漆当灰泥。他们说，来吧，我们要建造一座城，和一座塔，塔顶通天，为要传扬我们的名，免得我们分散在全地上。神降临要看看世人所建造的城和塔。神说，看哪！他们成为一样的人民，都是一样的言语，如今既作起这事来，以后他们所要作的事，就没有不成就的了。我们下去，在那里变乱他们的口音，使他们的言语，彼此不通。于是神使他们从那里分散在全地上，他们就停工，不造那城了。因为神在那里变乱天下人的言语，使众人分散在全地上，所以那城名叫巴别。
>
> ——《创世纪》

这一整节内容都在介绍从属关系。这几乎是苏美尔人传说的概述，其中，人类在不断快速的发展，获取知识，并表现出了较高的智慧，而这些都让神灵感到不快。字里行间显而易见，神灵对人类的发展惊慌失措，并采取措施来阻碍人类获取技能和知识。于是，神灵对人类的各种威胁采取了分而治之的措施。人类由于不断的生息繁衍，使其面临了一个极大的问题——人类的后代变得越来越聪明，因为他们继承了更多的神灵基因，从而使其可以收获更多的知识，并能够更快地发展。

> 当人在世上多起来，又生女儿的时候。神的儿子们看见人的女子美貌，就随意挑选，娶来为妻。神说，人既属乎血气，我的灵就不永远住在他里面，然而他的日子还可到一百二十年。那时候有伟人在地上，后来神的儿子们，和人的女子们交合生子，那就是上古英武有名的人。

Slave Species of the Gods

—— 《创世纪》

　　毫无疑问，神灵的子民也为其子女的技术与知识的发展做出了贡献。我们可以根据这种行为得出推论：人类的发展速度越来越快，而这样的发展却与神灵的意愿背道而驰。神灵希望人类一直愚笨无知。这就促成了《创世纪》第 6 章中极为有趣的一幕：众神下凡，以亲自解决这一问题。"来吧，让我们下去，扰乱他们的口音。"

　　究竟神灵与哪个凡人进行谈话，又有哪些神灵一起下凡人间？为什么神灵对于人类取得的技术进步如此忧心？为什么神灵不希望他所创造的人类能够拥有更多本领？为什么神灵对人类取得的飞速发展感到如此害怕？

　　在巴别塔事件之前，神灵还曾试图摆脱人类，因为人类的生存发展已对神灵构成了巨大威胁。这一事例再次证明了，神灵希望保持对人类的压迫，从而更加轻易地奴役人类，即便最终神灵的种种阴谋统统以失败告终。之所以神灵对人类的发展如此恐惧，是因为神灵认为他们创造的人类是邪恶的，而人类所掌握的知识也是邪恶的。在我看来，神灵曾经创造了无数的人类，以至于他们意识到自己创造的物种可能会越来越强大，最终击败他们。苏美尔人传说中所述的人类即将面临的洪荒将会使大部分人类灭绝，特别是那些生存在沿海地区的人类。在 2004 年 12 月，我们亲眼目睹了一个相对规模较小的海啸是如何在一瞬间吞噬了 30 万居民的性命。试想一下，拥有 100 米高的洪水将会对整个地球造成何等的危害。但是，阿努纳奇神早已知晓那样强大的海浪将会淹没整个世界，从而使其家园尼比鲁星球重新靠近地球。所以他们决定让这场洪水毁灭整个人类，同时他们也可以解决人类高速发展给他们带来的威胁。据估计，当时地球上有大约 400 万人口，其数量远远超出了神灵的预计。同时，这些人类的行为已变得越来越难以控制，这使得神灵十分恐慌，所以他们决定让这些人类经受灭顶之灾。

　　起初人类向神灵提出过问题吗？起初人类就飞速发展吗？人类在没有得到神灵的允许时，曾经学习过先进技术与知识吗？这些问题的答案是显而易见的。到此，你可能会指出，无论圣经故事曾经给予过我们多少次鼓舞与激励，依然不可全信。曾有许多人针对《圣经》的真实作者，《圣经》创作背景以及圣经故事所要预示的道理做过激烈的争论。此外，大多数古代《圣经》都是苏美尔人传说与其他古代传说的不完整拼凑。因此，《圣经》就其本身而言便是一个悖论，而我只是利用《圣经》作为一个主要的参考来源。同时，我也非常喜爱圣经故事。当我们读到《圣经》中所讲述的洪荒之灾时，我总是去思索，为什么阿努纳奇神选择放弃拥有智慧的人类，当然，这也是为什么神灵希望数量越来越多的人类在洪荒之灾中灭绝的原因。综上所述，对神灵来说，人类是一个潜在的威胁。但仍有一两个造物神，如恩基神，相比于冷酷无情的恩利尔神来说，对人类则亲近得多。这是因为恩基神曾在非洲的矿山中与人类共同工作，他对人类感到十分怜悯，同时，他还对朱苏德拉（Ziusudra）预言即将发生的灾难。他十分详细地告诉朱苏德拉，如何躲避灾难、保护亲友和家人以及他们饲养的牲畜。最终，这不仅仅只是一个仁慈的幌子，与之相反，恩基神让其儿子朱苏德拉神娶了人类为妻。而这才是他先前所作所为的真正动机。

图 11.1　苏美尔人传说中的洪荒之灾。位于新苏美尔地区的洪水事件，是
　　　　人类可以考究的最为古老的洪水事件，该事件记录在位于费城的
　　　　一块石板上，这是世间仅存的记载苏美尔传说的另一块石板。在
　　　　石板上篆刻的文字记述中，苏美尔人朱苏德拉，被描述为"恩基
　　　　神之父"，而其他石板记述却描述他是恩基之子。

而《圣经》里描述的则与上文略有不同："神灵认为部分人类的所作所为是邪恶的。"于是，他们便都成为"卑劣与邪恶"的生物，因此，神灵决定惩罚他们。

《圣经》洪荒故事的记述源自于苏美尔洪荒传说（《创世纪》）。据大英博物馆所述，他们所珍藏的新巴比伦石板——记述洪荒故事（《吉尔伽美什史诗》）是世界上最为著名的一块石板。然而上图中的石板却比大英博物馆中珍藏的石板早大约 1 000 年左右。

难道记录在《圣经》中的故事是来源于一个与恩利尔神（恩基神的兄长，他负责掌控整个星球以及星球上的人类）的相反的观点？恩利尔神从未真正喜欢过这些人类奴隶，而这次洪荒之灾恰好给了他一个消灭人类的契机。究竟这些生存在地球上的人类做了哪些卑劣而又邪恶的事情，令神灵如此恼火，最终导致神灵决定消灭他们？值得一提的是，洪荒故事在众多古代文化传说中都提到过，而这些传说出现的年代均早于《圣经》中朱苏德拉的故事。因此，究竟哪个版本才是真实的。据我猜测，最为古老的传说是真实的，而那个传说便是苏美尔人关于恩基神、恩利尔神以及朱苏德拉神的传说。同时，这也是为什么这些故事的情节变得如此曲折。阿努纳奇神之子——又被称作纳菲力姆（Nefilim），曾被禁止与人类通婚，以免创造出一个更加聪慧的人种，从而对阿努纳奇造成潜在的威胁。这种理论我们之前曾经听说过，即便是在《圣经》中也有记载。但神灵之子十分年轻，同时，在地球上生活异常躁动不安，这反映了他的叛逆性格。神灵之子显然不会服从神灵的命令，尤其是当其看到貌美又性感的人类女子时，于是，苏美尔人传说与《圣经》都对之后所发生的故事予以了详细描述："神"决定采取最为极端的措施，严厉惩治那些不听从命令的人类奴隶，具体做法便是毁灭整个人类。这使得人类可以全部清理，并予以重新繁衍，从而彻底消灭了那些不听从命令以及多管闲事的人类，《圣经》对此事件的描述如下：

那时候有伟人在地上，后来神的儿子们，和人的女子们交合生子，那就是上古英武有名的人。神见人在地上罪恶很大，终日所思想的尽都是恶，神就后悔造人在地上，心中忧伤。神说，我要将所造的人，和走兽，并昆虫，以及空中的飞鸟，都从地上除灭，因为我造他们后悔了。惟有诺亚在神眼前蒙恩。诺亚的后代，记在下面。诺亚是个义人，在当时的世代是个完全人，诺亚与神同行。诺亚生了三个儿子，就是闪、含、雅弗。世界在神面前败坏，地上满了强暴。神观看世界，见是败坏了，凡有血气的人，在地上都败坏了行为。神就对诺亚说，凡有血气的人，他的尽头已经来到我面前，因为地上满了他们的强暴，我要把他们和地一并毁灭。你要用歌斐木造一只方舟，分一间一间的造，里外抹上松香。方舟的造法乃是这样，要长三百肘，宽五十肘，高三十肘。方舟上边要留透光处，高一肘，方舟的门要开在旁边，方舟要分上，中，下三层。看哪！我要使洪水泛滥在地上，毁灭天下，凡地上有血肉、有气息的活物，无一不死。我却要与你立约，你同你的妻，与儿子、儿妇，都要进入方舟。

——《创世纪》

现在我要举一个关于所谓充满慈爱的天神的极具讽刺意味的例子，天神创造人时，要让人人平等。而朱苏德拉则是他最为喜爱的人类之一，也是整个地球上唯一一个犹太人。这里暗藏的玄机太多了……之所以这样描述，肯定还有其他动机，而这个动机一定会比你我所想象的更令人信服。这一点在两位神灵兄弟的观念中也产生了巨大的差异，这为我们判断究竟当时发生了什么提供了一些旁证。恩利尔神与恩基神拥有截然不同的个性，同时，其关于人类奴隶的看法也截然不同。恩基神希望拯救人类，因此他向朱苏德拉提出了警告，这件事同时也发生在了恩基的儿子身上，而他则不只是警告了朱苏德拉。因此，这些故事反映出朱苏德拉是当时地球上唯一一个正义的人是讲不通的。而这也是十分有趣的，因为看起来这个故事写于洪荒之灾之后，从恩利尔神的角度来看，他意识到毁灭人类的计划已宣告失败。而毁灭人类计划的失败使得恩利尔神被迫改变了整个故事，并隐藏了他计划失败的事实。这给我一种吃不到葡萄说葡萄酸的感觉，同时，圣经故事中隐藏了神灵毁灭人类计划失败的事实，取而代之的是，他们发现了一个拥有正义的人类的存在，并开始对其产生怜悯之心。在洪荒之灾结束后，恩基神带领人类重新发展，并开始教导人类必要的文明社交，于是，我们共同见证了大约公元前 11000 年全球文明的相继出世。但是人类文明的高速发展还是令恩利尔感到恐慌，特别是当人类修建了巴别塔，从而希望以此直通天际之时。恩利尔神破坏巴别塔并使人类分散到世界各地，也是在试图减缓人类的发展速度。毕竟，他可以对他所创造的人类奴隶为所欲为。

之物 大洪水的故事：他们告诉了我们什么
神种

人类早期历史上有上百个关于大洪水的文字记录版本，你可能会对此感到吃惊。

让我们来看看世界各地关于大洪水的记录，这些文字记录分别来自不同大洲，但却有着惊人的相似。数百年前彼此相隔的早期人类做出了这些记录。这没有给你敲响警钟吗？马可·伊萨克（Mark Isaak）在"www. talkorigins. org"网站上搜集了许多这类不可思议的故事，希望大家仔细看看他的网站，下面是我摘录出来的部分：

希腊人：

宙斯发起了大洪水来摧毁铜器时代的人类。普罗米修斯建议他的儿子杜卡利翁造一个箱子。除了几个成功逃到高山上的人之外，所有人都被摧毁了。大雨停下时，他成为了逃避之神宙斯的祭祀品。赫拉尼库斯（Hellanicus）讲述的故事更加古老，在他的版本里，杜卡利翁的方舟降落在塞萨利（Thessaly）的俄特律斯山（Othrys）上。另一种说法是他降落在顶点，可能是阿尔戈利斯（Argolis），也就是之后的尼米亚（Nemea）地区的顶部。

麦加拉学派（Megarian）认为宙斯的儿子麦加拉一路游泳，在天鹅的叫声指引下，逃到了格拉耐亚山上，逃避了杜卡利翁的大洪水。

据记录，更早之前，早在俄古革斯（Ogyges）时期，曾发生过一次大洪水。俄古革斯是底比斯的发现者和国王。大洪水覆盖了全世界，摧毁了整个国家，直到刻克洛普斯（Cecrops）继位以后，整个国家才重新拥有了国王。

当人们发现新巴比伦将洪水故事作为吉尔伽美什史诗（Gilgamesh

图 11.2　恩利尔决定用一场洪水毁灭人类。《阿特拉哈西斯》是大约公元
　　　　　前 1900 年的古巴比伦时期用楔形文字（Cuneiform script）写在
　　　　　巴比伦黏土上的巴比伦洪水故事。

Epic）的一部分已是 19 世纪，此事在当时引起轰动。结果证明这是一段从古巴比伦《阿特拉哈西斯》叙事诗中节略而出的描述，写于 1 000 多年前。在上帝创造人类以接任地球上的繁重工作故事里，洪水是整个故事的高潮。人类被赋予生育的力量，但也被判定以死亡作为一生的结束。人类繁衍，制造出致使苏美尔诸神之首的恩利尔无法入眠的噪音。因此他策划减少人类的数量，首先是通过瘟疫，接着是饥荒。无论在何种情况下，负责创造人类的水神和智慧之神恩基对恩利尔的计划都十分抵制。于是恩利尔让众神发誓在一场即将发生的对整个人类斩草除根的洪水中积极配合。这次的失败是因为恩基救了他最喜爱的朱苏德拉，通过允许他造一艘方舟的方式以拯救人类和动物。这块泥版始于饥荒之后，众神的企图刚刚失败，恩利尔又想出了另一个对付人类的计划。

　　部分泥版翻译：他们打破了宇宙的屏障！你所提到的洪水是属于谁的？众神指挥了全部的毁灭！恩利尔对人类作了恶行！他们在众神

集会上的命令为以后带来一场洪水，"让我们付诸行动！"《阿特拉哈西斯》。

罗马人：

朱庇特（Jupiter）一看到人类的恶行就发脾气，于是决定消灭他们。他正打算要烧了地球，但考虑到这么做可能把天国也烧到，所以他决定用洪水毁灭代替。在海神尼普顿（Neptune）的帮助下，他引起暴风雨和地震淹没一切，除了帕纳塞斯山（Parnassus）的顶峰，丢卡里翁（Deucalion）和他的妻子皮拉（Pyrrha）坐船去那里寻求庇护。察觉到他们的虔诚，朱庇特让他们继续生存并撤回洪水。丢卡里翁和皮拉听从神谕的劝告，通过往他们身后扔"你母亲的骸骨"（石头）创造人，使人重新住入这世界；每一块石头都变成了一个人。

斯堪的纳维亚人：

奥登（Oden）、威利（Vili）和菲（Ve）在与冰霜巨人伊米尔（Ymir）的战斗中消灭了他，冰水从他的伤口流出淹没了冰霜巨人的大部分。巨人贝格尔米尔（Bergelmir）带着他的妻子儿女乘着小船逃走了。而伊米尔的身体成为了我们现在赖以生存的世界。

凯尔特人：

天空和大地都是巨人，天空随大地而定，他们的孩子嬉戏于父母之间，孩子们和他们的母亲都不喜欢处于黑暗之中。于是最大胆的儿子领导他的兄弟们将天空切成许多碎片。他们将天空的头盖骨作为天穹。而天空溅出的血造成了一场大洪水，使所有人都因此丧生，除了一对夫妻，他们坐在由一位仁慈的巨人所造的小船中而获救。

威尔士人：

狮子湖爆裂，淹没了所有土地。神在每种生物中各选一对，带着一起进入一艘没有桅杆的船，因此躲过一劫。他们在大不列颠岛登陆并重新创造了世界。

关于洪水的故事还有许多，例如立陶宛人的、德国人的、土耳其人的、沃古尔人的、埃及人的和波斯人的。

一本关于亚当的伪书告诉我们，亚当是如何得到指示，他的身体、黄金、没药（一种有香气、带苦味的树脂，用作药剂及香料）带往方舟上，待洪水过后，处于大地中央。上帝将从那里而来拯救人类。在这里我们实际上已将人类历史混合。亚当是那时死去的吗？他是怎么知道一场隐约可见的洪水被赋予这样的指令？我们究竟有多么确定这些就是事实？

巴比伦的故事实际上和苏美尔的传说差不多，而且迦勒底人的故事还深受苏美尔人的影响。苏美尔人的诺亚叫做朱苏德拉：

> 克洛诺斯（Chronos）神在一个远景提醒基苏特拉斯（Xisuthrus）有一场即将到来的洪水，命令他写一本历史书埋藏于西巴拉（Sippara），让他修建一艘船做好准备，把他的亲戚朋友和所有动物以及一切他所需要的都带进去。在洪水稍微减退后，他放出一些小鸟，但它们都飞了回来。后来，他又试了一次，这次小鸟脚上粘着泥巴而归。第三次试验，小鸟不再飞回。他和妻子、女儿、舵手在亚美尼亚（Armenia）的克基拉（Corcyraean）山登陆，向众神祭祀。

琐罗亚斯德教（袄教）故事：

> 在严寒、冰冻、洪水出现之后，连续的积雪融化恐吓着这有罪的世界，阿胡拉·马兹达（Ahura Mazda）继续指示伊摩（Yima）建立瓦拉"城堡或庄园"作为样本，大小家畜、人、狗、鸟、燃烧着的红火花、植物、粮食，都将以成双成对的形式储存进去。

所有这些故事实际上指出的是，当天地众神策划消灭整个人类的时间和地点问题。为什么要毁灭人类？因为他们表露出了自主、智慧以及可能反叛其制造者的迹象。我已经指出他们的动机，而他们的动机也已由许多学者在苏美尔泥版和其他古代经典的大量研究中详述。依我愚见，在《圣经》中有一个故事取代了所有其他传说呈现上帝处理人类的证据。那就是亚伯拉罕（Abraham）和他的儿子以撒（Isaac）在所多玛城（Sodom）和蛾摩拉城（Gomorrah）的故事。这个故事读起来像是好莱坞黑帮电影中的情节，为特定的人准备一个忠诚测试，在他们被首领信任派去执行特定任务之前，并不必须总是保持合适状态。无论你问任何作家，他们都会证实

《圣经》中这个特别的故事所安排的情节非常完美，它包括了红脸白脸场面，种下猜疑的种子，它所要求的绝对忠诚：缄默和服从是法典。这些事件是关于奴隶－奴隶主关系的最好例子，一旦越轨，可能的暴行将施加在奴隶身上。它拥有绝对精心制作的显而易见的仁慈时刻和对奴隶的暗示，这怜悯对奴隶毫无意义，死亡的恐惧将永远缠绕着他们。

这些都始于"神－统治者"通过驱逐亚伯拉罕的情妇引起奴隶间的矛盾。那个奴隶是亚伯拉罕，而那个女人是夏甲（Hagar）。亚伯拉罕的妻子撒拉（Sarah）是支持这一行为的，因为夏甲已经为亚伯拉罕生下一个儿子，这个孩子到时候将成为撒拉亲生儿子的竞争者，所以对于撒拉而言夏甲是真正的威胁。但是智慧的曲折之处在于"神－统治者"命令亚伯拉罕亲自驱逐夏甲。通过这样做，统治者检验了其奴隶的忠诚，还在他和情妇之间制造阻碍。一旦夏甲离开，即将死于无情的沙漠，"神－统治者"就会营救这被驱逐的年轻女奴和她新生的儿子，赢得她全部的忠心，传播忠诚仁慈的上帝的命令。

夏甲和以实玛利（Isbmael）被送走

孩子渐渐成长，就在以撒断奶那一天，亚伯拉罕摆设大型盛宴。撒拉看见埃及人夏甲给亚伯拉罕所生的儿子戏笑，就对亚伯拉罕说："你把这使女和他儿子赶出去，因为这使女的儿子，不可与我的儿子以撒，一同承受产业。"这件事使亚伯拉罕十分苦恼，因为他也关心儿子。但上帝告诉他："不用为那个男孩和你的女仆如此忧虑。听从撒拉对你说的，因为你的子孙后代正是通过以撒建立谱系的。我也将使女仆的儿子成为另一个民族，因为他也是你的后代。"第二天清晨，亚伯拉罕准备了一些食物和一皮袋水给夏甲。他把东西挂在她的肩上，送走她和男孩。她走在路上，徘徊在比尔谢巴（Beersheba）沙漠。当皮袋中的水喝完后，她将男孩放在一棵灌木下。然后她走开坐在附近，大约一箭程的距离，她想："我不能眼睁睁看着孩子死去。"当她在附近坐下后便开始啜泣。上帝听到了孩子的嚎哭，上帝的天使从天上向夏甲呼唤，对她说："夏甲，发生什么事了吗？不要害怕；上帝听到了孩子躺在这里的哭泣声。抱起孩子，把他抱在手上，我将使他创造出一个伟大的民族。"然后上帝打开她的眼睛，而她看到了一口井。于是她走上前，将皮袋装满水拿给男孩喝。上帝一直伴随着男孩长大。他住在沙漠并成为了一名弓箭手。当他住在巴兰（Paran）沙漠时，他的母亲为他娶了一位来自埃及的妻子。

——《创世纪》

这智慧的安排向众神证明了亚伯拉罕是非常忠实的信徒，值得信任并可交付给他未来的任务。这也使得夏甲永远感激上帝救了她和她儿子的生命。也许你会问，上帝究竟在心里为亚伯拉罕准备了什么未来任务？也许是人类历史上最早记录的间谍活动范本。在将一支拥有先进武器装备的军队，大面积的土地以及巨大的财富都委托给亚伯拉罕之前，他们必须对他进行一次考验。这个故事甚至在犹太教与基督教信仰圈外也十分著名。上帝命令亚伯拉罕将他的儿子以撒带到一座遥远的山上作为祭品供奉给众神。他们意在告诉亚伯拉罕"去一座遥远的山上"，在那样的地方他们可以单独出现，不会有其他人目击这残忍的事，也就是那预先计划的谋杀。亚伯拉罕成功通过了测试。他已经做好了为密谋的众神执行任何任务的准备。从这一刻开始，众神一定要做到让每个人都知道他们的宠儿——亚伯拉罕。许多部落领袖、国王甚至祭司都来寻求他的支持，实际上是通过奉承他以避免任何众神可能的报复行为。

亚伯拉罕将以撒作为祭品

现在是发生在上述事情之后的故事，上帝测试亚伯拉罕，对他说，"亚伯拉罕！"他回答，"我在。""现在，带着你的儿子，你唯一的儿子，你所爱的以撒，来到摩利亚（Moriah），在那里将他献祭，烧祭于我将告诉你的一座山上。"于是亚伯拉罕大清早就起床，骑着他的毛驴，带上两个年轻人和他的儿子以撒上路；他还为烧祭品劈柴，然后前往上帝告诉他的地方。第三天，亚伯拉罕从远处抬眼看到了那个地方。亚伯拉罕告诉两个年轻人，"和毛驴待在这儿，我将和孩子过去；我们去做礼拜后就会回来。"亚伯拉罕带着烧祭品用的木材，将其放在他的儿子以撒身上，手上拿着火与刀。于是他们两个一起继续行走。以撒对他的父亲亚伯拉罕说，"我的父亲！"他回答，"我的儿子，我在这儿。"儿子又说，"看，这儿有火和木材，但是作为烧祭品的羔羊在哪儿呀？"亚伯拉罕说，"我的儿啊，上帝将为他自己准备好烧祭品。"这样他们俩继续一起往前走。然后他们来到了上帝告诉亚伯拉罕的地方；亚伯拉罕在那里筑了一座祭坛，布置好木材，捆起他的儿子以撒放在祭坛上木材的上方。亚伯拉罕伸出他的手，拿着刀准备杀死他的儿子。正当此时，上帝的天使从天上呼叫他说，"亚伯拉罕，亚伯拉罕！"他答道，"我在这儿。"而他说，"不要把你的手伸向孩子，不要对他做任何事；既然你没有留下你的儿子，那么现在我知道你是敬畏上帝的。"听到这儿，亚伯拉罕举目四望，看到了他身后因为犄角而困在灌木丛中的公羊；于是亚伯拉罕走过去，用公羊代替他的儿子作为献给上帝的烧祭品。亚伯拉罕把那个地方命名为"上帝准备"，因为据说那天"在上帝的山上已有所准备"。于是上帝的天使第二次从天上呼唤他，说，"我曾发誓，"向上帝宣告，"因为你已经做了这些事儿，没有留下你唯一的儿子，我确实将深切地祝福你，我将使你子孙旺盛，如同天上的繁星，如同海滨沙数；并且你的子孙将占有他们敌人的城门。世上所有属于你的后裔的民族都将得到祝福，因为你听从了我的意见。"

——《创世纪》

这无疑是众神为了树立对其之忠诚而对早期人类进行的最恶毒的安排。这也为众神提供了一个模范，许诺他们忠诚顺从的仆人丰厚的报酬，通过这样的模式可以在未来更好的支配他们的奴隶。你一定要识破《旧约》书中所有的哗众取宠，故作姿态和令人印象深刻的叙述，辨认出无论何时人们始终萦绕着的绝对恐惧。众神是残忍无情的操纵者。他们这样做的理由是：人类已经开始组成反抗团体，为叛乱的神所领导，例如恩基的儿子马杜克（Marduk）。

此时此刻，所多玛城和蛾摩拉城杀戮增强，马杜克正式反叛他的支配神恩利尔，在人类中发展了大规模追随者，因为他许诺了人们来生。他还自封为凌驾于一切的神。被认为以任何方式卷入这种反叛统治之神的活动的人们都将被归为堕落与邪恶，这些人将被严厉惩罚。恩利尔是否对人类施行可怕的暴行未有史料依据，但证据指向了马杜克，因为他越来越不顾一切控制世界。马杜克制定了完满的计划。他征募新兵，埃及帝国的迅速崛起，这个办法持续超过了所多玛城事件。马杜克走遍全世界，并宣称自己是众神之神。

"有其父必有其子。"众神的行为已经很好地教会我们，而他们的遗传

194

基因，显而易见地，也早已融入并体现在我们的行动中，即使在今天。我们将从《圣经》的少许精选摘抄中看到一些证据。

与此同时，早期反叛恩利尔的积极分子聚集在不易被发现的地方。人类的反抗情绪持续高涨，积极分子们在密谋用各种方式战胜残忍的众神。显然某些城镇和都市成为了早期革命分子的据点，也许是受到人类早期思想家或后来被高度赞美的哲学家的启发。所多玛和蛾摩拉城就是两个这样的城市。

当恩利尔培养亚伯拉罕成为忠诚的将领，其他国王也越来越意识到人类世界的不稳定性，甚至会产生更严重的灾祸。人类对他们的神祇越来越不满意，反抗势头日益增大。亚伯拉罕和他的追随者不断受到众神的摆布，并且被世界上充满"罪孽和邪恶"人类的故事洗脑。想象今天，即使是在全面战争环境下，攻击者也不会毁灭整座城市。人道主义因子会选择不去伤害无辜的妇女和儿童。在战争形势下主要是士兵成为敌方目标。我必须补充说明，就算小布什在阿富汗（Afghanistan）和伊拉克（Iraq）的做法，也充分考虑了人道思想，幸存者众多。相比之下，所多玛城和蛾摩拉城事件的那种奸灭方式更加恶毒，目的清晰，就是要杀光那两座城市中的一切生命。

亚伯拉罕对上帝不可动摇的忠心带给亚伯拉罕各种各样丰厚的报酬，使他非常富裕。他的侄子罗得（Lot）是这一切的积极参与者，在给亚伯拉罕传递信息中扮演了重要角色，当上帝和天使在附近视察和探听收集信息时，他反过来向他们传达。

现在亚伯拉罕拥有大量家畜和金银。他从内盖夫（Negeb）起程旅行，到达他最初筑祭坛的地方。在那里，亚伯拉罕呼唤上帝的名字。而伴随亚伯拉罕的罗得也拥有畜群和帐篷。同一片土地无法支持他们俩居住在一起，因为他们的财产太多，以致于他们不能定居在同一个地方……"整片土地难道不是完全呈现在你面前？把我们分开。如果你选择左边，那么我就向右走，如果你选择右边，我将往左走。"罗得举目，看到约旦峡谷（Jordan Valley）到处水源充足，像上帝的花园，像埃及的土地，朝着琐珥（Zoar）的方向（这是发生在上帝毁灭所多玛城和蛾摩拉城之前的事儿）。于是罗得为他自己选择了整个约旦峡谷，往东边走去。从而他们分开了。当罗得定居在峡谷城市，将他的帐篷迁到所多玛，亚伯拉罕安顿在了迦南（Canaan）。现在所多玛城的人们是邪恶的，违逆上帝的大罪人。

——《创世纪》

这是众神一个狡猾的计划，把罗得送进所多玛城的中心并在那里安定下来，同时提供给他的叔父"堕落邪恶"的人们的反抗运动日益壮大的信息。然后众神再一次提醒亚伯拉罕如果没有令他们失望，他将得到什么奖赏。

在罗得分离出去后，上帝对亚伯拉罕说，"睁大你的眼睛从你所在之处看哪，向北、向南、向东、向西，所有你看见的土地我都将永远地赐予你和你的子孙后代。"

——《创世纪》

请让我举例说明亚伯拉罕周围的国王有多么紧张，这是一段摘抄，国王们尝试从亚伯拉罕那里获得保护。

和亚比米勒（Abimelech）的盟约

那时，亚比米勒和他的军长非各对亚伯拉罕说："在你所作的一切事上，神都与你同在。现在你要在这里指着神对我起誓，你不会以诡诈待我和我的子子孙孙。我怎样恩待了你，你也要怎样恩待我和你寄居的地方。"亚伯拉罕说，"我愿意起誓。"

——《创世纪》

即使亚伯拉罕为了使亚比米勒放心而对他作了承诺，但他向神告密谴责亚比米勒，同时证明自己的优越性开始显示出迹象：

然后亚伯拉罕因为亚比米勒的仆人曾经霸占了一口井而指责他。亚比米勒说，"我不知道是谁做的这件事；你没有告诉我，我直到今天才听说。"

——《创世纪》

这个可怜的国王立即设法自保，根据《圣经》的说法，他终于成功了。另一个国王恐惧地奉承亚伯拉罕寻求庇护的例子如下：

麦基洗德（Melchizedek）为艾布拉姆祝福

在打败基大老玛王和与他同盟的王回来的时候，所多玛王出来，在沙微谷迎接他（沙微谷就是王谷）。又有撒冷王麦基洗德带着饼和酒出来迎接，他是至高神的祭司。他为亚伯拉罕祝福，说："愿天地的主、至高的神赐福与亚伯拉罕。至高的神把敌人交在你手里，是应当称颂的。"

——《创世纪》

令人痛心的是，每一个人都非常紧张，担心随时可能发生的大事件。众神的活动来来往往不曾停歇，似乎各样的人们都在发号施令，给予潜在敌人伤害。我们可以从《圣经》中不断提到的到处有"邪恶而罪孽深重"的人推敲出来。动乱一直持续着，而亚伯拉罕的一系列行动，也使得大地上的国王和人民开始明白亚伯拉罕和众神之间的关系：

这事以后，耶和华在异象中有话对亚伯拉罕说："亚伯拉罕，你不要惧怕！我是你的盾牌，必大大地赏赐你。"

——《创世纪》

为何众神计划对所多玛城和蛾摩拉城实行毁灭性打击，原来这两座城市是受马杜克控制的，而马杜克是阿努纳奇人中的叛乱神，对所多玛城和蛾摩拉城的打击实际上是控制马杜克的势力发展。他们的奴隶亚伯拉罕成为一位虔诚忠心的仆人，愿意为他的神做任何事。上帝告诉亚伯拉罕："强烈抗议所多玛和蛾摩拉的声势浩大，对他们的谴责也是剧烈的。"然后上帝说他决定"下来查证"，如果真是这样，将彻底毁灭他们。这里主要透露的是众神指示亚伯拉罕去指定的城市，暗中监视人民。将可能居住在那些据说满是邪恶的罪人的城市里的善人辨认出来，对剩下的实施打击。但善恶的真相是什么，我们对所多玛和蛾摩拉城的人民几乎一无所知，历史总是由胜利者书写，我们实难辨认。

回到亚伯拉罕身上：三位天使曾向他显现圣体。他睁大眼睛，有三个人跟着他。这些爱窥探的天使似乎总是出现在阴谋策划之时，或刚好在即将酿成大乱之前。显然亚伯拉罕立刻就将他们认出来了，因为他低头向他们恳求。这段话可以清晰地看出主人与奴隶的心态。另外两个一定带了某种他们后来用于保护自己的武器，信不信由你，第三位正是"上帝"本身，告诉亚伯拉罕将要发生的事。《旧约》称天使为"malachim"，逐字翻译就是"带着神圣旨意和神谕的使者"。他们使亚伯拉罕清楚地认识到，除非他能从那两座城市的居民中找出五十位善良者，否则那两座城市将被摧毁。这就是真正使我困惑的问题，并驱使我思考为什么亚伯拉罕放弃辨别城市里的善良者的间谍任务。为什么他们要告诉亚伯拉罕这些？为什么他要成为那个找出五十个善良百姓以拯救那些城市的人？

亚伯拉罕表现出少许仁慈，他恳求众神不要全部杀尽，因为其中可能有"一些善良而顺从的"人们。上帝似乎同意了这意见，许诺只要能找到善良的人就可以放过他。而真实的结果是，众神设计了一个没有商量余地的计划，彻底消灭这些罪恶城市中的反叛者，而亚伯拉罕是他们的执行者。其他奇妙的事儿是亚伯拉罕的侄子罗得确实在此之前迁入所多玛城，而且可能正是他向他的叔叔泄露了这座城市中邪恶而罪孽深重的那些人们的信息。

所以当天使战士到达城门时，发现罗得在那里等着他们。他把他们带到他的房子招待他们梳洗吃饭，但是流言向火势一样迅猛地在所多玛城传播，暴力天使在罗得家，将要来攻击他们。很明显所多玛城的居民再一次认出那两位天使。也许这些人曾与两位天使相识。天使战士曾使他们遭受痛苦和死亡？显然这是一次完美的机会让所多玛城的人们对天使处以私刑，在一定程度上报仇，即使是小规模的。突然间一片混乱，无论年长或年轻的人都参加了进来，要求天使出来。非常激烈的骚动和兴奋的人群跟随着，因为这样的事情并不常常发生。这次事件无意给凶暴的众神提供了导火线，这就是他们需要确定的证据，所多玛城的所有人都是邪恶且罪孽深重，需要彻底毁灭。此时天使显现，"使人们失明，看不见东西"。然后他们让罗得召集他的家人出城，因为他们将要摧毁它。罗得尽力集合，但是他遭受了怀疑与嘲笑。最后只有他的妻子和两个女儿和他一起在黑暗中逃出城市。

接下来，天使那可怕的武器和致命的力量令人惊恐。天使告诉罗得，"为了你的生命，快逃，不要回头看，你不要停在平原的任何地方……一直逃到山里以免丢了性命。"大致意思就是："快滚出这儿，跑到山里，找个洞穴躲起来，总之要在此视野之外！"然后，罗得恳求他们推迟毁灭所多玛城让他有足够的时间到达琐珥镇，那里似乎离所多玛足够远了。死亡天使催促罗得赶紧，因为他们无法等到他安全到达再释放致命武器。《圣经》中对之后的描述只有核毁灭能与之作比较。这些城市的人民、植物，一切都因天使的可怕武器释放的能量而剧变。热与火把一切烤焦在路上，辐射波和压力波影响到更远地方的人们。

为什么让罗得不要回头看，并藏在视线之外的地方？这样大的爆炸可使人瞬间失明，高温将把千里之外的生命烧成灰烬。这正是发生在不服从而好奇的罗得妻子身上的事儿。他们身后的爆炸一定是他们听过的最壮观最恐惧的声音。她也许是好奇而回望……这是非常愚蠢的。《圣经》希伯来语版本转述她变成了"一根盐柱"。但是如同撒迦利亚·西琴指出，这是错误的翻译——正确的翻译应是"蒸汽柱"。那几乎就是核爆炸可预计的后果。

暴力天使的毁灭并没有从此停下。我们可以再次找到罗得在其他城市中做间谍的证据，因为他总是在不同的城市间迁移。可能市民们熟悉罗得以及他和众神的紧密联系，不想让罗得待在他们身边，他们害怕和所多玛城相似的命运？死亡天使跟着罗得从一个城镇到另一个城镇，一个又一个的毁灭。再次评估，那些城市的人民到底是被控告了什么大罪，必须遭受这样严厉的惩罚？我不会满足于《圣经》中所勾画的这些证据。这样明显残暴的方式不是我主的行为。遍及大地的无辜人民的愤怒已然沸腾，人们抗议众神的暴力行为。这些城市一个接一个起义反抗他们，众神则简单地用暴力、死亡和毁灭，回复那些不听话的奴隶。

所有这种活动指向我的如下推测，许多暴力的全球活动与我们人类的基因有关，我们从神圣的造物者继承而来，由此进化演变。然而，今天的我们似乎比阿努纳奇人进化得更快，如果你看一些过去几十年我们已经跨越的人权障碍，我们似乎在人权问题上已经超过他们的进化水平。联合国法律已经成功通过了"反对奴隶制"条文，而阿努纳奇人在大约20万年前创造了一个彻底奴隶的新物种。这整个事件链条使我烦恼的是阿努纳奇人缺乏洞察力以及他们对奴隶问题带来的影响的无知。首先，我相信阿努纳奇人拥有完美的基因组，所以能够支持他们执行人类力所不能及的活动——永生，完成令人惊异的基因操作。然而我着眼于我们如何在基因工程和克隆技术取得进步，意识到今天我们已经拥有了和他们在大约45万年前到达地球时同样的能力。在许多方面，我们人类，作为众神奴隶的悲惨物种，与多年前的阿努纳奇人有相似的水平，在空间旅行上，不久以后，我们将向火星移民。可以自问：我们的《国际人权宪章》不会允许拓荒者们克隆一个人类亚种作为低级工人，为人类作苦力。就算今天我们如此看重人权，但不可忽视的是储存在我们体内的暴力基因依然存在。我们或者需要更加进化，或在不久的将来有能力治疗这些有瑕疵的暴力基因。

这将我带回当阿努纳奇人创造我们时，如何进化基因组的问题。现在我们十分明晰他们的目的，在于创造智商较低的物种；有足够的智商接收指令，但同时又足够无知且屈从，不会挑战创造者。为了达到这个目的，他们意识到克隆自己的物种是不会获得成功的，因为这样一来将把同样的能力遗传给他们。显而易见的答案是将较多他们自己进化了的基因和地球上居住的直立人物种的基因杂交。尽管阿努纳奇人遗传学知识极为先进，但事实是为了防止某些先进的特性，他们必须在计划的奴隶物种上关掉或断开一些重要基因。西琴对苏美尔泥版文书的翻译告诉我们许多相关细节，他们如何一次又一次尝试在代理女性身上使卵子受精，允许克隆人成长为健康的孩子。他们将直立人描述为"在他们居住的大草原的动物中，他们不知道穿衣服……全身都有蓬松的毛发……在埃丁没见过像这样的生物"。然后他们确切地告诉我们新生物的用途将是："创造原始的工人……可以明白我们的命令……能够操作我们的工具……完成挖掘的辛苦工作。""耶利米哀歌"（Lamentations）描述了他们数次尝试创造原始工人失败后的绝望："我们一定要再试一次……混合物需要调整……水晶钵里是地球女性的受精卵……怀孕了……这个更像阿努纳奇人。"但在他们创造出完美物种前他们的尝试许多次都失败了。"一次又一次，宁玛赫（Ninmah）重新排列混合物。"终于，结果几乎完美。

亚当（Adamu）的诞生，使得阿努纳奇人兴奋起来，但很快出现了新的问题。他们需要解决的主要困难是驯服新奴隶物种的野生动物行为，那将自然地造成他们反抗任何限制或镇压。另一个障碍是向新奴隶物种逐渐灌输忠诚、恭顺和服从的意识，尤其是敬畏。因此我们遭受了复仇、残忍、绝对服从"创造者－上帝"的人类时期。他颁发了严格的法典，奖励服从者礼物盒和仁慈，对违反者施行酷刑。这也许听起来难以置信，事实上却如此简单而真实。只要看看我们现在仍然多么惧怕复仇之神。我将把

图 11.3　创造亚当。一幅美索不达米亚立体印章画像展示了第一个试管婴儿
　　　　——亚当的创造。我们看到一位女神抱着亚当，而其他神都在实验
　　　　室里准备基因混合物，举着各种各样的试管。

这创造故事的其余部分放在后面章节，现在我们回到奴隶制度的概念以及
我们自以为在 21 世纪有多么自由的问题。

现代奴隶制度

　　一如既往地，当你以为无所不知时，一扇新的门打开，显示出你真正
知道的确实太少。当我开始研究全球奴隶制度历史时，我发现了如此悲惨
和困苦而令人毛骨悚然的故事，那么难以置信以至于能使人彻底对人性失
去信心。但我提醒自己，还有那些我尝试在本书中与你们分享的简单想
法。所以在我将一些现代奴隶制惨状与你们分享之前，再一次提醒你们：
我们是被作为奴隶物种创造出来的，我们仍然是奴隶物种……我们展现的
是奴隶物种的所有行为特征。将大约 4 100 年前巴比伦《汉谟拉比法典》
的奴隶规则与工厂中工人的困境作比较是很有趣的。这是现代文明世界的
新奴隶市场，即使这些工厂已经受到多方曝光他们违反人权。让我们看看
工厂中工人的悲痛，以及一些被揭露出来的关于我们人性的肮脏真相。
　　一个普遍的束缚工人的方法是罚款体制。

跟踪：黄线划在地板上；如果工人踏出黄线，他们将被罚款。

延长时间：大部分工厂定下上洗手间的时间限制，通常是3—5分钟。如果他们超出规定时间将被罚款。

未经允许上洗手间：在一些工厂，工人必须从管理人那儿得到允许标签才能上洗手间。问题在于那么多的工人其中主要是女工，却往往只有几个标签。

除了上述这些，还有许多其他用于收罚款的创造性理由，比如"不愿加班"和"没有跟总经理打招呼"。这些"罚款工厂"承诺给工人的高工资通常被侵蚀掉三分之一或者通过各种罚款而减少。在极端情况下，工人在月末结算时会欠公司的债。

我们再一次提问：原始人是如何想出奴隶制的概念？而现代人又是如何强迫劳工？我们现在可以在人类历史上画出一条十分明晰的线，找出奴隶制开始出现的点。令人吃惊的是，奴隶制与大约公元前11000年突然出现的文明，同时出现在人类世界。在大洪水后不久，人类开始成为彼此的奴隶。被指使着，而这看起来发展得十分自然。

许多人会争论，既然如此，那么我们丝毫没有进化，反而倒退了。我必须在一定程度上同意，黑暗压迫的教派和宗教教义值得重视，它们在某种程度上降低了我们的精神进步速度。但是全球大众对于新发现、发明、太空旅行，以及更多像从独裁者手中解放不同的人民之类的基本事件越来越兴奋。让我提醒你一下，1930年我们才发现冥王星，今天已有两个机器人在火星上给我们传回可视信息。我们当然进化了，这是毋庸置疑的。需要确定的是我们有多少基因组进化了。如果从过去100年进行测量，人类进化步伐可谓呈平方数增长。但似乎只有世界人口中富裕的部分是以这样的方式进化的。你可以争辩，只有进步没有真正的进化。但相反地，进步能引领我们通过基因知识加速进化。太空探索和信息技术开发的步伐必将支持这样的理论。如果我关于进化水平的设想是正确的，也意味着阿努纳奇人已经拥有超越我们这一阶段的进化方法，也许到了我们甚至无法认出他们的程度。当然，除非我们的基因组拥有一些独特的突变，使我们突然飞跃超过他们的进化水平。而现在我们应当认识到一切皆有可能，所以让我们不要放弃那些理论。令人非常悲伤的是当世界五分之一的人口在享受进步为我们带来的快乐，大多数人还陷在贫困、饥饿、疾病甚至奴隶制的困境中挣扎。

在第二次世界大战期间，大约 20 万名妇女被迫作为日本军人的性奴，他们将这些妇女从朝鲜、中国和其他亚洲国家运到日本军队中。直到 20 世纪 90 年代初，日本才承认其军人涉及为军队开办和经营妓院。然而，日本高等法院判决为当前的行政机关不必支付赔偿金，因为过去领导做的他们不必负责。在过去的裁定中，法院已经偏私日本政府，规定诉讼时效已过，或者《国际劳工标准》没有要求补偿性奴隶。

——《卫报》2004. 12. 15

之物 神种　汉谟拉比法典：建立巴比伦王国的祭祀之王

人们对汉谟拉比的统治时间意见不一。一些学者认为约是公元前 2300 年，而其他人认为晚在公元前 1700 年。撒迦利亚·西琴认为约在公元前 1900 年，这使得汉谟拉比成为继所多玛、蛾摩拉城和其他城市毁灭后，最早期的国王之一。约在公元前 2024 年，阿努纳奇诸神为了追赶造反的神灵——恩基之子马杜克，而摧毁了以上城市。但正如我们将要表明给大家看的，马杜克活了下来，巴比伦在他的神威下成为了一个强大的城市。在古老泥版的译文中，我们会读到汉谟拉比国王关于马杜克给予他的新王国说了些什么：

阿努纳奇之王，至大之阿努，与决定国运之天地主宰恩利尔，授予正义之神埃亚之长子马杜克以统治全人类之权，表彰于伊吉吉之中，以其庄严之名为巴比伦之名，使之成为万方之最强大者，并在其中建立一个其根基与天地共始终的不朽王国；然后阿努与恩利尔为人类福祉计，命令我，荣耀而畏神的君主——汉谟拉比，发扬正义于世，灭除不法邪恶之人，使强不凌弱，使我有如消马什（Shamash），昭临黔首，光耀大地。

　　这些文字很好地证明了阿努纳奇诸神是怎样控制人类命运并把王权授予他们选择的少数人身上的。我们也找到了关于马杜克和伊吉吉之间亲近关系的确凿证据。伊吉吉是马杜克的追随者，在火星失去大气层后，伊吉吉便从火星来到了地球。他们在接下来的几年内娶了人类女性为妻，成为雅利安人的祖先。我们也读到了"黑头人"（blackheaded people），他们是原始工人，艾达姆的后代，他们被带到苏美尔，为上层阶级的苏美尔人和诸神效劳。我们在其他石碑上也读到过黑头人的困境，发现多数提到他们的文字都在描述他们所做的苦工，他们就是为此而被创造出来的。这毫无疑问地证明了从黑人被创造的最初时刻开始，他们在这一星球上受到的待遇就是不公平的。现在很明确亚当是黑人。他的一些后代被带到了北方，和伊吉吉以及其他苏美尔地位次要的诸神混合在一起，创造了苏美尔文明的白雅利安上层阶级。亚当的这些亲属仍然留在非洲，在其他许多方面依然落后。当阿努纳奇诸神的技术被广泛应用于苏美尔人的日常生活中时，亚当的非洲后裔数千年来一直在原始生存条件下生活，膜拜他们想象中的神话诸神。但并不是所有被带到苏美尔的黑头人都过得很轻松，因为他们中的多数依然是阿努纳奇的奴隶并经受苦难。约在公元前 2000 年，一位不知名的作家写了一首诗，此诗描述了重重包围倒塌之城乌尔（Ur）的悲惨事件。在这首哀歌中，我们读到了黑头人的困境。《圣经》中的天使拜访亚伯拉罕和罗得时引发了原子弹爆炸般的灾难，在这场灾难中所多玛和蛾摩拉城被毁灭，这首诗明确证明了这一事件的后果。时间约在公元前 2024 年。石碑译文中的圆点代表无法辨认的石碑被毁部分。

> 法律与秩序不再存在……
>
> 城市被摧毁，房屋被破坏……
>
> 苏美尔河中流淌着苦涩的河水……
>
> 母亲关心的不是子女……
>
> 王权从陆地上被夺走……
>
> 底格里斯河（Tigris）与幼发拉底河（Euphrates）的河岸上生长着带黏液的植物……
>
> 没有人踏上公路，没有人找出道路，建造精良的城市和村落被视为废墟，多产的黑头人受到权力的惩罚……

神灵可以颠覆命运，神灵决定的命运不能被改变！

《汉谟拉比法典》第 15—20 条：提到奴隶的部分

15. 将宫廷或自由民的奴婢带出城门外者，应处死。

16. 藏匿宫廷所有或自由民所有之逃奴于其家，而不依传令者之命令将其交出者，此家家主应处死。

17. 于原野捕到逃亡之奴婢而交还其主人者，奴主应以银 2 舍克勒酬之。

18. 倘若此奴隶不说其主人之名，则应带至宫廷，然后调查其情形，将其交还原主。

19. 倘若藏匿此奴隶于其家，而后来奴隶被捕，则此自由民应被处死。

20. 倘若奴隶从拘捕者之手逃脱，则此自由民应对奴主指神为誓，不负责任。

《赫梯法典》（*The Code of the Nesilim*），公元前 1650—前 1500 年：节选

·如果任何人殴打自由民并致使其死亡，他应安葬他/她，并交出两人，他将为此以房屋担保。

·如果任何人殴打奴婢并致使其死亡，他应安葬他/她，并交出一人，他将为此以房屋担保。

·如果任何人使自由民失明或敲落他的牙齿，则先前是交付 1 镑银子，而现在他就应该交付 20 舍克勒银子。

·如果任何人使奴婢失明或敲落其牙齿，则应交付 10 舍克勒银子，他将为此以房屋担保。

·假如任何人使自由女人流产，如果是怀孕的第 10 个月，则他应交付 10 舍克勒银子；如果是怀孕的第 5 个月，则他应交付 5 舍克勒银子。

·假如任何人使女奴流产，如果是怀孕的第 10 个月，则他应交付 5 舍克勒银子。

·如果哈提人（Hatti）偷盗赫梯（Nesian）奴隶，并把他带到哈提，之后其主人找到了他，那么偷盗者应交付 20 舍克勒银子给奴主，他将为此以房屋担保。

·假如任何人从卢威（Luwian）偷盗奴隶并将其带至哈提，之后其主人找到了他，那么奴主只能带走奴隶。

·如果奴隶逃跑，其主人在谁家找到了这名奴隶，那么这个人应该每年交付 50 半舍克勒银子。

·假如自由的男人与女奴情意相投，他娶她为妻，他们建立家庭，有了子女，之后他们发生纠纷并同意离婚，则他们应平分家产；男人可以取得子女，而女人只能取得一个孩子。

·假如奴隶娶自由之女为妻，他们的诉讼案件与上条相同的。大多数子女归妻子所有，奴隶只能得到一个孩子。

·假如奴隶娶女奴为妻，他们的诉讼案件与上条相同的。大多数子女归女奴所有，男奴只能得到一个孩子。

·假如奴隶为自由的青年人交付聘礼而想取得他为女婿，则任何人不应出卖他。

·如果自由人纵火烧房，那么他应再次修建房屋。不管房屋里面有什么，不管被烧死的是人、牛还是绵羊，他都不需要赔偿。

·如果奴隶纵火烧房，那么他的主人应该为他赔偿。奴隶的鼻子和双耳应被割下，之后奴隶被还给他的主人。但如果奴主不进行赔偿，那么他应交出这名奴隶。

·假如自由人杀死蛇并说出别人的名字，则他应交付 1 镑银子；假如奴隶这样做，则他应被处死。

·如果自由男子同女奴勾搭，左一个，右一个，那么不会因为性交而受到任何惩罚。如果兄弟同时或先后与同一个自由女人睡觉，不会受到惩罚。如果父子同时或先后与同一个女奴或娼妓睡觉，不会受到惩罚。

·假如奴隶对他的主人说："你不是我的主人。"如果他们给他定罪，那么他的主人应该割下奴隶的一只耳朵。

不管摆出多少证据，许多读者都会觉得事实过于恐怖，难以承受。我们只是更喜欢历史学家们讲的更美好的传说，而排斥令人感到沮丧的假设，我们的人性就是以这种方式进化的。在对启示的探索中，我们最大的敌人是傲慢。我们无法面对我们祖先是奴隶种族的可怕真相，在这种无能为力中存在着可能会最终导致我们灭亡的讽刺悖论。我们错位的骄傲可能最终会摧毁我们。知识就是力量，无论这种知识多么古老。我建议我们开始接受我们远祖的知识，虽然可能会很难，并找出理解关于我们人类起源和我们在这个星球上地位的真正事实的方式。不幸的是，我们人类的每一寸本质都彰显了奴隶物种的特征，被困在令人费解的老规矩所形成的循环中。我们被周围的一切所奴役，却顽固地排斥这种关于我们起源的暗示。我们是作为奴隶物种被创造出来的，并像奴隶物种那样生活和表现，我们仍然在如此行事，不清楚我们的起源和目标。

第12章 神话与谎言——活着的神

　　我清晰地记得我听到的关于史前神话中的众神及其冒险故事的情形。那时候听起来，像是世界上最伟大的神话，充满了神秘感。人物是如此栩栩如生，以至于我别无选择地相信他们是真实的。他们不知何故地在为正义进行着一场永久的战役，当他们飞过穹天，穿越世界的那一刹，引发出雷电和暴雨，同时将爱和生育能力赋予给人类。我所听到的主要是希腊诸神、罗马诸神和埃及诸神。虽然有许多次，人们告知我，他们并不是真实的，他们仅是几千年前在人们过度活跃的思想下虚构出来的神灵，然而我拒绝相信这种说法。我真的很想相信这些古老的神灵都是真实的。他们是如此庄严、全知、全能，且拥有奢华的宫殿，遍布于全世界各个神秘的领域，而人类却永远无法涉足。我听到这样的故事愈多，就愈加相信他们是真实的。女神是如此的性感迷人，且深深吸引着年轻的我。这些伟大的神灵和女神，居住在世界的神秘领域，隐匿于人间，同时他们将这些领域藏匿起来，隔离我们。我耗尽自己的青年时代，痴恋于诸神及大量关于宙斯（最强大的神灵）、维纳斯（爱与美的女神）、巴克斯（酒神）、墨丘利（雄辩之神）、托尔（北欧神话中农业的神）、阿波罗（太阳神），甚至还有可怕的比尔泽布（魔王）的歌曲。

　　现在回想起来，这种行为实在怪异，我也在寻找他们能对我产生如此影响的原因。随着时间流逝，我易受旁物影响的性格日渐淡薄，我开始怀疑远古众神曾真实存在于地球。我的历史老师们颇为坚定地声称他们绝对是民间虚构的。我想，这群来自远古的民众，虽原始，但一定拥有宏伟的想象力。不过在西方犹太基督教一神论体系中，这样的老师会很快遭到解聘。我开始渐渐明白，如今的人们敬畏他们所信仰的神灵，如同古代的人们敬畏他们所信奉的众多神灵一般。唯一的不同便是过去的人们能够看到他们所信奉的神灵，而我们现代的人类虽拥有不可思议的科学技术却不能看到我们所信仰的神灵。然而，并非总是如此，因为我们伟大的现代宗教的祖先无时无刻不看到"神灵"。于我来说，这是一个十分振奋的发现——它实际上一直以来都在注视着我的面庞。当然，"我们的"上帝会经常地同亚当、诺亚、亚伯拉罕、摩西、以西结、以赛亚、大卫和《圣经》中许多其他英雄会面，正如他从天而降与我们的祖先交谈，并发出他的指令。

后来有一天，一句短小的术语，使我大悟：世界上所有璀璨耀目的文明族群都拥有属于他们自己伟大神灵的神话。我很好奇他们是如何传承至今的，我的一位见多识广的朋友给了我答案："几千年来，人们一代代地将这些故事传递下来，他们正是这样传遍世界的。"我是多么的愚笨！当然，人们确实是这样做的，他们的母亲将这些故事告诉给自己的孩子。于我来说，这似是一个较为合理的答案，确实让我高兴了一阵子。然而，随着岁月的流逝，我开始深入研究，我突然不再那么肯定了。

远古时代的人们并不知道，在距他们200英里外的地方还居住着什么人，更别说万里之外了。我相信你已经开始体会到这一问题的要领了。这些令人惊奇的有关神灵的故事是如何传过这样的距离呢？是谁在1.1万年前将这些故事传播给人们的？究竟是谁创造了这些故事？难道他们起源于近东，美索不达米亚，远东的中国和日本，或者当时玛雅文明和印加文明正在蓬勃发展的美洲？在我们追溯神话起源的过程中，蔚为壮观的神话故事突然给我们提出了一项艰巨的挑战。洪水故事就是为我们所熟悉的最好例子，而这一神话正是通过多种文化在世界上散布，才使我们得知。在第11章中，我们已经探讨过诸如此类的一些例子。当我们了解到所有远古的文明族群都拥有一群非常相似的神灵，为他们所信奉和敬畏，从而得到神灵的保护和惩罚。在远古历史中，这就好像是神灵掌控着人们日常的生活。

所有神灵所共有最显明的特征是拥有暴力、强霸、复仇，以及对人类施加惩罚的潜能。不过，神灵也会奖励那些忠诚的仆人，用来执行善行，如同《圣经》所言。然而，这些善行通常是由神灵发出的命令或者语气非常强烈的措辞"请求"。

　　罗得（Lot）离别亚伯兰（亚伯拉罕）以后，耶和华对亚伯兰说："从你所在的地方，举目向东西南北观望。凡你所看见的一切地，我

都要赐给你和你的后裔，直到永远。你起来，纵横走遍这地，因为我
必把这地赐给你。"

——《创世纪》

《圣经》中有很多上帝奖励仆从的例子，在接受酬劳前，人们必须先
要做一些事情，执行一系列艰巨的任务，酬劳通常非常丰厚。希腊人描述
他们的神灵，通常具有人性，在很多方面神与人很相像。他们具有一切人
类所共有的特性。他们时而欢快时而愤怒、嫉妒、争论，甚至打架，也有
对事物的喜好，同人一样喜欢交合和生育，借交合来繁衍后代。他们是不
可触及的，然而人类的事情与他们却从未脱开干系。他们能够迅快地环游
世界，在消失的瞬间即已到达。他们各自都具有特异的法力，同时还有毁
坏力很强的神器。人们例行祭祀以求得他们的护佑，但他们令人难以捉
摸，想法更是瞬息万变，随心情而定。

大概在公元前9000年，于苏美尔文明出现后不久，玛雅文明的早期祖
先出现了。令人全然难以相信的是，他们也懂得农业，耕作谷物，驯养动
物，拥有像如村庄和城市一样的公共定居点，同时这些地方很得商业贸易
的要领。他们拥有自己的货币，也懂得开采金矿，似乎可以无尽地供应黄
金。在过去200年里，玛雅文明的深奥一度使得考古学家步履维艰。当欧
洲大陆的抢掠首次平息，考古的兴趣激升，然而今天也似乎未能探究出它
真实的起源，真正的年代，以及同苏美尔文明的关系也未能得到一一验
证。还有呢？古中国也拥有他们的神灵，真实地生活在人间。有点耳熟
吧？同耶稣的相似程度使人十分惊异。关帝是战争之神，是使人们免受不
公压制恶魔的伟大的护法神。一位总是身着绿衣的红脸神，同时也是一位
圣人。关帝是一位真实的历史人物，是三国时期的一员将领，他因能征善
战秉持正义声名远扬。在中国，有1 600多座寺庙供奉着关帝。这听起来
更像犹太人正在等待耶稣的到来；等待一位勇猛的国王带领他们走出奴役
的生活，击败所有的敌人。

另一个有趣的巧合是，虽然遥距万里千年，然而大部分的神话里都有
一座万神殿，内有12位主要的神灵，能够指挥其他较低级的神灵，而这些
低级神灵大部分是他们的兄弟姐妹或亲属。这就成了一个大家族的家务
事。为什么在这个家族中能以这样的方式延续？想想《圣经》里的一些事
件。里面讲道，父亲的财富继承人可能会是他同父异母的姐妹的儿子，而

并非是他和他妻子所生。亚伯拉罕就有过类似的经历。大多数时候，苏美尔人的神灵都会维护自身血统的纯洁，除非失控——"神的儿子看上了凡人的女儿，并与之生子。"正如以下所概括：

> 当人在世上多起来，又生儿女的时候。神的儿子们看见人的女子美貌，就随意挑选，娶来为妻。耶和华说，人既属乎血气，我的灵就不永远住在他里面。然而他的日子还可到一百二十年。那时候有伟人在地上，后来神的儿子们和人的女子们交合生子，那就是上古英雄有名的人。耶和华见人在地上罪恶很大，终日所思想的尽都是恶。耶和华后悔造人在地上，心中忧伤。耶和华说，我要将所造的人和走兽，并昆虫，以及空中的飞鸟，都从地上除灭，因为我造他们，后悔了。唯有诺亚在耶和华眼前蒙恩。
>
> ——《创世纪》

这段话便是掌权众神如何不希望他们的血统被奴隶部落所污染的另一个很好的例子。他们需要保持纯洁，变得更加强大。奴隶的智慧得到发展，便不再打算受非人的对待。如今，神的儿子与凡人奴隶女子通婚，他们的后代会拥有高等基因，变得更加聪明，寿命也更加长久。

让我们来看看各大古代文明和他们那些杰出的神灵，看看他们在多方面特征上的相似性。就从苏美尔人的神灵开始，因为他们似乎最为古老，可能是其他所有人模仿的蓝本。我们能够确信谈论这个，因为在苏美尔人的石碑上有关于神灵名字的记录，称为苏美尔国王列表，有关的宗谱故事极其详尽。古碑涵盖 149 位上古时代之前的国王和神灵，到目前为止还未有比此更早的发现。苏美尔人的神灵是后来的阿卡德人、巴比伦人、亚述人的神灵的前身，只是名字不同罢了。有时名字几无差异，例如安和阿努。第一眼看去，名字列表像是令人不解的大杂烩，进一步观察，我们就会明白其中所述，阿努的侄子、侄女和外孙被派任不太重要的职位，大部分是在较小的城镇和乡村。他们可能仅以步兵在国家内张贴布告来维持国家的治安。撒迦利亚·西琴举了一个低级神灵的例子，她叫做宁卡西。这位女神监管饮料，她名字的字面意思是"啤酒女士"。这些低级神灵被称为"大地之神"。每位重要的神灵都护佑一个或多个苏美尔城市，大多数寺庙以这些神灵的名字命名，作为城市的统治者和护佑者为人们所推崇。

寺庙仪式都是由男女祭司、歌者、乐师进行。神灵要求人们每日进贡，与他们的奴隶部落保持密切接触，使得在奴隶间存续一种卑顺心理。苏美尔人相信人类是由"泥土制成"，就像后来许多宗教文化叙说的一样，用以为上帝供给食物、饮品、庇所而创造，这样上帝就会有充足的时间进行神圣的活动。

　　一经明白这份冗长的名单，你就会知道这是铁腕政策管理世界的强大神灵。苏美尔人称之为"大地诸神"。一众使人畏惧的神灵，持着厉害的法器，时常乘着"天堂之舟"行游在天地之间。他们可跨越国界，活跃于他们已经建立起采矿工程的多个地域。他们远比人们理解的要强大，然而他们的样貌，吃相都和人类无异，连同爱、恨、忠诚、愤怒、不忠的心理情绪也相同。这种惊人的相似已困惑历史学家、人类学家多年，主要是因为他们时常将苏美尔众神并入神话学范畴。我们大胆抛开这个狭隘的观点，便会清晰认识到人类和他们信奉的神灵间的起源联系。万神殿的天地诸神是地球上的第一批原始居民，他们在人类进化的初期，早已建立起了强大王朝。这就是苏美尔人相信的，并将其记录下来的。这些居住在地球上的第一批原始居民便是我们的造物主，也就是所谓的掌管地球40万年的神灵。

苏美尔诸神

安或阿努

　　安，在巴比伦（Babylonian）、阿卡德（Akkadian）、亚述（Assyrian），人们称他为阿努。他是伟大的神灵之父——他是天神，天地的缔造者，凌驾于一切的最高之神。他的象征符号是一颗星，也代表天、圣人，或者神。事实上，阿努是唯一能够居住在天上，掌控世间一切的神。他很少来到人间，除非是在特殊的情况下。在他天上的居所里，召见其他众神来解决争端；他提出建议或者作出重要决定。其他神灵必须得到阿努的允许才可以进入阿努的居所，不过也有不少关于凡人被带去觐见阿努的传说，一直为人们所探索。阿努的宫殿里的生命之树和真理之树由警惕的神灵守护，这些神灵分别以每一株树的名字命名。

恩利尔

阿努的第一个儿子，仅次于阿努的神灵。他的名字的意思是"空域的主人"。他是掌控世间一切的神——大地之神、风暴之神。因为他从天上转到人间，所以是天地间主要的神灵。他是人类命运的主人。苏美尔人说："在天上他是王子，在人间他是首领。"他能制造地震。人类在地球上出现以前，他就生活在这里。他强暴了一个叫南的处女，之后和她完婚。他给她起了一个新名字：宁利尔（Ninlil），意思是"空域之母"。他和他同父异母的妹妹宁胡尔萨格（Ninharsag）生有一个儿子，作为他的继承人，取名为尼努尔塔（Ninurta），被描述为"能散发光网和射线的恩利尔的英雄儿子"。

恩基

阿努的第二个儿子，也被称为埃亚（Ea），意思是"水的房子"。同样被称为大地之神，也称为大地王子。恩基是一名技术精湛的工程师、水神，也是酷爱航行的海水之主。他建造的船可以航游世界，他同样给苏美尔人带来了财富——黄金。他是至高无上的神灵，拥有法力和智慧，且善于采矿。他同样是一名圣人，支持艺术，在埃利都建了自己的房子。他同宁胡尔萨格（他同父异母的妹妹）交合，但没有生出男性继承人。他创造了植物，授以人们农艺。他一直反对他的哥哥恩利尔。他是亚当的缔造者，同时也是警惕朱苏德拉（Ziusudra）者，朱苏德拉在《圣经》中被人们称为诺亚（Noah），与即将发生的灾难有关。

埃列什基伽勒（Ereshkigal）

下界或者地狱的女神，涅伽尔（Nergal）的妻子。谈到她阴险的一面，会使人想到伊丝塔。当伊丝塔去地狱解救塔穆兹（Tammuz）时，埃列什基伽勒诱骗她在地狱七门的每个门旁留下她的衣服或勋章，才使她进入。伊丝塔赤身裸体地走到第七个门，扑向埃列什基伽勒，但此时的她如同没有头发的参孙毫无法力。结果，被埃列什基伽勒囚禁在地狱，直到足智多谋的埃亚运用计谋将其放出，她才得以获救。

伊丝塔（Ishtar）

她有多个名字：苏美尔人称其为伊南娜（Inanna）；埃及人称其为阿斯

塔蒂（Astarte）；罗马人称其为维纳斯（Venus）；希腊人称其为阿佛洛狄忒（Aphrodite）；她是美索不达米亚人的最伟大的母性女神。也是管辖爱情和生育的女神、性感女神、月亮女神、战争女神、天堂夫人，悲伤和战斗的女性。是伟大的情人、伟大的母亲。她的星座是金星，狮子是她崇拜的动物。伊丝塔的爱情猛烈甚至致命。许多神庙都供奉她，由以执行性仪式为殊荣的女祭司照看，比如乌鲁克（Uruk）的女祭司。

马杜克

他是巴比伦伟大的神灵，也是万王之王，法律的护卫者、大魔法师、大医师，提亚玛特的铲除者。马杜克代表"同混乱作战的使命"，反对一切创造物的出现。打败提亚玛特后，马杜克带着使命和生命来到人间。汉莫拉比石碑上就有马杜克带着角头饰坐在宝座上，赐予汉谟拉比戒指和权杖的画像。亚摩利人视马杜克为春日和阳光之神，掌管药草和树木。

尼波或者拿布（Nebo or Nabu）

马杜克之子，写作和讲演之神，是众神的发言人。主张记录人类的行为，在其死后以此作为判据，他的标志是铁笔。

涅伽尔

地狱之神，具有强大的破坏力，能引发瘟疫，是埃列什基伽勒的配偶。被逐出天庭，同十四恶魔猛攻地域，直至埃列什基伽勒同意嫁给他，方才罢手。

宁胡尔萨格

也称为玛特，"高山之母"。她是大地之母，泥土塑出的第一人。

沙玛什或乌图（Shamash or Utu）

月神西恩（Sin）之子，是伊丝塔的哥哥。伟大的正义之神，苏美尔人的占卜之神。他与黑暗势力为敌，反对一切邪恶的黑暗势力带来的事物。

西恩或南纳（Nannar）

月神。智慧而又神秘，同一切恶魔为敌。人们把他描述为长有长胡须的老人，每日的夜晚乘船在天空飞行。

杜牧茨

畜牧之神，一位死而复活的神灵。同伊丝塔恋爱而死去，伊丝塔闯进地狱，同埃列什基伽勒争斗，才得以把他救回。

之物神种 玛雅诸神

古代玛雅人所信奉的神灵很复杂，在玛雅文明的后期他们甚至用活人祭祀。人们相信玛雅的统治者们是神的后裔，故而将人类的血液作其最理想的祭品，由自己放血或祭杀俘虏取得。他们的宗教仪式往往精心准备，威仪堂皇，且他们经常举办节庆活动来纪念他们的神灵，也特别纪念他们所崇拜的民族英雄伊察姆纳和库库尔坎。整个国家处处安设寺庙，通常为大型的阶梯金字塔。每一位神灵都有自己特定的节日。玛雅人的祭祀仪式同阿兹特克人（Aztecs）血腥残忍还是有着较大区别。活人献祭由库库尔坎（Kukulcan）（他们最主要的神灵）所禁止，甚至消失过一段时间。只有在一些大的民族危机出现时，活人祭祀才会出现，而这些活人均为自愿行为。这些自愿成为祭品的人们多为处女，她们会被淹死在地下的岩井中，然后拖出来掩埋。

玛雅创始神话中所提到的来自其他领域的神灵，降临到大地，播撒植物的种子。《波波尔乌》（The Popol Vuh）是玛雅最伟大的圣书，许多人把《波波尔乌》中的故事视为地球之外的神灵故事，他们降临到地球，按照他们的模样创造人类。造出的第一个人，太过完美，与他们同寿，如他们一样感觉敏锐。慢慢地，他们认识到创造出这样一个拥有和神灵同等智慧的竞争者是一种错误。接着他们将这个人毁坏，又重新设计，从而创造出如今的人类，这些人类寿命较短，没有神灵那样的智慧，他们仅仅充当着神灵的奴仆角色。

从故事的一部分，我们可以得知神灵第一次创造人类的意图，是在几次尝试后才得以成功，造出了真正的人。

　　他们聚集在黑暗里思考反省。这正是他们如何能做出用正确的原料来创造人类的决定。然后我们的造物者开始讨论我们第一位母亲和父亲的创造。

这个故事同苏美尔人泥版所述类似，但却发生在大西洋的另一端，达万里之遥。这怎么可能？除非是由同一群神灵完成所有的这些事情。《波波尔乌》的另一部分，讲述了人类是如何被创造来当做神灵的仆人的。

　　我们创造他，他应来供养并支持我们。我们已经为我们第一次的创作，我们创造的第一个人，竭尽了全力，然而他并不崇敬赞扬我们。那么，我们将尝试创造一群恭敬顺从的人，来供养并支持我们。

当我第一次看见这些引述时，大吃一惊。事实上，在我阅读苏美尔泥版时就确定了这样的理论。现在发现《波波尔乌》与我们的理论不谋而合。如此奇异想法能获得共鸣，这不得不说是一个伟大的发现。

玛雅文化中充斥着关于来自外太空造访的神灵的传奇故事。库库尔坎，也就是后来为人们所熟悉的魁札尔科亚特尔（Quetzalcoatl），那头"长有羽毛的大蛇"，将和平的教义传播到这个地方。他的画像看起来几乎同古代苏美尔人教义上所画的埃亚或恩基的画像如出一辙。因此，将魁札尔科亚特尔同苏美尔人的神灵恩基来比较，会非常有意思，其相似性令人惊叹。恩基试图将亚当和夏娃在伊甸园的秘密公之于众，在恩基被放逐后，他被人们称为魔鬼、蛇、撒旦，冠以其他一切卑鄙的名字，试图使他臭名远扬，让他在人间极不受欢迎。但有些学者指出，他的"蛇"这个名字在翻译时可能与原来的希伯来文中的"蛇"的词意发生混淆，希伯来文中的词根是"NHSH"，意思是"找出或破译"。玛雅文化和苏美尔文化的相似之处实在使人难以置信。他们相隔于大西洋两岸，难道这仅是一个巧合，可能吗？似乎是，在埃亚或恩基遭到父亲阿努降职后，进而向人间施以恩泽，周游世界，并开创了他自己的人类文明聚居地。

玛雅神灵魁札尔科亚特尔被描述为飞蛇，他从远方飞来帮助他新选择的部落，然而他的亲属很快跟随而来。然他们却别有用心，他们禁止魁札尔科亚特尔同原始的奴隶族群分享他们的知识。玛雅神话中充斥着众神间的冲突，和世界其他领域一样。他们处在个人分歧无以遏制的年代，遗憾的是，人类仅是可有可无的意外的旁观者。

世界各地神灵的交往使我们又回到了这一概念，即先进的尼菲林人或者阿努纳奇人可能一直在太空中游走和繁衍，但他们一定不具有完整的人类基因。他们的暴行清晰地表明他们并不具有完美基因组，我们毫无怀疑地继承了这一点。下面说说伊甸园中发生的事情，当蛇打算教育亚当和夏娃时，却被"神"当场抓住。事实上，"神"并不知道吃苹果这件事。他只是路过伊甸园，意外听见亚当与蛇的谈话。这可能吗？"神"不知道事情的一切，会在烈日的树荫下闲逛？并呼喊亚当的名字来质问他们藏在哪里，来使亚当招供？下文是《创世纪》摘录的部分章节来打消你的疑虑。还要记住"树"这个词可能是一个象征性的隐喻，未必是真实的树。

耶和华神所造的，惟有蛇比田野一切的活物更狡猾。蛇对女人说，神岂是真说，不许你们吃园中所有树上的果子吗？女人对蛇说，园中树上的果子我们可以吃。惟有园当中那棵树上的果子，神曾说，你们不可吃也不可摸，否则你们会死。蛇对女人说，你们不一定死，因为神知道，你们吞下那些果实眼睛就明亮了，而后便能如神那般能辨别善恶。于是女人见那棵树的果子好作食物，也悦人的眼目，且是招人喜爱的，能使人有智慧，就摘下果子吃了。她又将果实送给她丈夫，她丈夫也吃了。他们二人的眼睛就明亮了，才知道自己是赤身露体，便拿无花果树的叶子，为自己编作裙子。天起了凉风，耶和华神在园中行走。那人和他妻子听见神的声音，就藏在园里的树木中，躲避耶和华神。耶和华神呼唤那人，对他说，你在哪里。他说，我在园中听见你的声音，我就害怕。因为我赤身露体，我便藏了。耶和华说，谁告诉你赤身露体呢？莫非你吃了我吩咐你不可吃的那树上的果子吗？那人说，你所赐给我，与我同居的女人，她把那树上的果子给我，我就吃了。耶和华对女人说，你作的是什么事呢？女人说，那蛇引诱我，我就吃了。

——《创世纪》

现在，我们对伊甸园的情形有了大概的了解，这有助于我们了解魁札尔科亚特尔，他极其类似受人爱戴的恩基，创造奴隶族群的苏美尔神灵。

库库尔坎或魁札尔科亚特尔

玛雅人称他为库库尔坎，风神，也被称作羽蛇神。后来才被称为魁札尔科亚特尔。他的金字塔坐落在提奥提华坎（Teotihuacan），是太阳金字塔，中美洲金字塔中最为壮观的金字塔。魁札尔科亚特尔行踪遍及埃及、苏美尔，及后来的中美洲和秘鲁。阿兹特克人将古代中美洲的羽蛇神也称为魁札尔科亚特尔，是墨西哥和中美洲文明中主要神灵之一。魁札尔科亚特尔字面意思是"神圣的鸟蛇"，在纳瓦特语中指的是神圣或珍贵的事物。在西班牙入侵前，中美洲大部分地区的艺术和宗教都以羽蛇神为中心人物。在其他的所有中美洲文明中也都敬仰羽蛇神，例如奥尔梅克文明、米斯特克文明、托尔特克文明、阿兹特克文明。在后来的一些文明中，祭拜魁札尔科亚特尔有时也采用活人献祭，虽然在许多传统中说魁札尔科亚特尔反对活人献祭。通过历史来看，不同文明间他的重要性和属性特征有或多或少的改变。魁札尔科亚特尔通常被人们看作是位于特拉威斯卡尔潘泰库特利之下的晨星之神，特拉威斯卡尔潘泰库特利的字面意思是"黎明之星的主人"。他作为将玉米给予人类的赠与者和书籍日历的发明者为人们所熟知，并且有时也被人称为死亡和复活的象征。魁札尔科亚特尔也是祭司的护佑者。所有特征都类似苏美尔的神灵恩基。

大多数的中美洲文明都相信世界的存在是呈周期性的。我们当前所处的时代，已是第五个世界，先前的四个已经被洪水、大火，和其他灾害所毁灭。魁札尔科亚特尔去地狱，见到米克特兰，利用先前人类的骨头，将自己的血液灌入里面，赋予其新的生命，从而创造了第五个世界的人类。在第 14 章你将会看到，苏美尔人石碑上的记录，这个故事同恩基的故事是多么相似，同时也创造了第一个人，艾达姆。这样的相似已无法再用巧合来描述。

沙克（Chac）

雨神，玛雅人的仁爱之神，人们经常为他们的农作物来祈求他的帮助。沙克与创造和生活有关，人们认为沙克分布在北、南、东、西四个地区。沙克显然也同风神库库尔坎有关联。关于库库尔坎存在着一些争论，是否仅是沙克的异形，或是恩基的儿子宁吉什兹达（Ningishzidda）？

基尼奇·阿郝（Kinich Ahau）

太阳神，他是伊扎摩城（Itzamal）的守护神，在每日的中午造访这座城市。他幻作金刚鹦鹉来到凡间，享受人们准备的贡品。人们通常将基尼奇·阿郝示作类似美洲虎的样貌。他也被人称为阿·卓克·金（Ah Xoc Kin），与诗歌和音乐联系在一起。

尤美尔·卡卓博（Yumil Kaxob）

玉米神，代表成熟的粮食，是玛雅农业文明的基础。在中美洲的一些地方，如尤卡坦半岛，人们把玉米神和植物神联系在一起。他不同于其他神灵，玉米神自身并无法力。他的幸与不幸皆由雨水和干旱所定。雨神会保护他，但死亡之神在行使干旱和饥荒时，他深受其害。

幽姆·席密鲁（Yum Cimil）

死亡之神，也被人称为阿·普切（Ah Puch），地狱之神，形为一具骸骨。他的饰品也由骨头制成。幽姆·席密鲁也以全身布满黑点腐烂的尸体形象表现。他的衣领是无眼的套筒。他的饰品是冥界典型的标志。

伊休妲（Ixtab）

自杀女神的守护女神，她把她们的灵魂接到天堂。她颈上的绳环作为她的代表物。玛雅人相信自杀可以升入天堂，所以那时的人们，因为伤心沮丧而自杀很是普遍，甚至为一些微不足道的理由也寻求自杀。

爱克斯·谢尔（Ix Chel）

彩虹夫人，一位年老的月亮女神。她被人描述为一个穿着裙子，带着十字形骨架，手里拿着一条蛇的老女人。她有一条协助她的天蛇，人们相信这条天蛇可以将天上的水全部吸进它的肚子。人们经常将她展作拿着一个盛满水的大壶，将它推倒，给人间带来洪水和暴雨。她的丈夫，伊察姆纳是一位仁慈的月神。不过爱克斯·谢尔作为织布者和分娩女性的护佑者，也受到人们的敬仰。

其他玛雅神灵包括：

阿·金琪尔（Ah Kinchil）：太阳神的另一个名字。

阿·普切（Ah Puch）：死亡之神的另一个名字。

阿郝·卡玛黑兹（Ahau Chamahez）：两位药神中的其中一位。

阿玛基克（Ahmakiq）：农神。他将风锁住，不再让它破坏庄稼。

阿卡什道（Akhushtal）：分娩女神。

贝卡布斯（Bacabs）：天蓬神，被认为是兄弟四人，他们在罗盘的东南西北四个方位点履职，双手举起，支撑着多重天体。贝卡布斯可能也是同个神灵的四种表现。兄弟四人也许是伊察姆纳（至高无上的神）和爱克斯·谢尔（司纺织，医药，分娩的女神）的后代。

希特·暴隆·塔姆（Cit Bolon Tum）：药神。

西津（Cizin）：可谓臭名昭著，玛雅的地震之神、死亡之神，冥界的统治者。他居住在炼狱，那里除了在战争中死亡的战士和死于分娩的妇女外，其余的一切灵魂都要在这里待一段时间。自杀者注定要来到他的永恒的国域。

埃卡郝（Ekahau）：旅行者和商人的守护神。

威亚博（Nacon）：卫城之神。

奈肯（Nacon）：战神。

图尔塔卡（Tzultacaj）：高山和山谷之神。

亚克斯赤（Yaxche）：天堂之树，善良的灵魂在它的下面欢愉祝庆。

埃及诸神

拉（Ra）

埃及的太阳神和造物主。人们把他描述为鹰头，戴着由蛇形饰物围绕的太阳盘，这是神圣的象征。太阳作为他的身体或者眼睛。据说他白天乘着天堂之舟横越穹天，晚上乘着另一只天堂之舟穿越冥界，第二日的清晨又重新出现在东方。赫里欧波里斯（Heliopolis）是他最主要的祭祀中心，也被称为"太阳城"，靠近现在的开罗（Cairo）。人们也把拉神看作地狱之神，这一方面同欧西里斯（Osiris）密切相关。在这一职位上，他被描述成长有公羊头的形象。到公元前3000年，拉神的被崇拜已达到了前所未有的高度，法老们总喜欢把自己称作"拉的儿子"。所有埃及君主在死后，都升到天上，住在太阳神的周围。根据太阳创世哲学所述，拉神创造了他自己——或者是在原始的盛开的莲蓬中，或者在有原始的水出现的高山上。接着他又创造了空气和雨露，依次创造了大地之神——盖布（Geb），天空女神——努特（Nut）。拉神用他的眼泪创造了人类，用他阳具上的血创造了权力和思想。人们通常把拉神和其他神灵结合起来，提高其威望，例如拉－阿图姆或者阿图姆－拉。我们可以看出这些描述同苏美尔石碑上对马杜克的事迹描述惊人相似。据载，拉神所口述的《死亡之书》（*the Book of the Dead*）给了法老如何得到永生的明确指示。

欧西里斯或乌西雷山（Osiris or Usire）

埃及的地域之神，草木之神，努特和盖布的儿子。据说，他出生于罗索（Rosetau），位于孟菲斯（Memphis）西部的大坟场。他是奈芙蒂斯（Nephthys）和赛斯（Seth）的哥哥，伊希斯（Isis）的弟弟兼丈夫。在欧西里斯死后，伊希斯生了荷鲁斯，她将自己浸染在欧西里斯的尸体里。人们把欧西里斯描述为被包裹着的木乃伊，手持钩子和连枷。也经常被描述为生着绿色皮肤，暗指他为草木之神。他戴着一顶叫做阿提夫（atef）的王冠，边上嵌着红色羽毛，是一顶高高的圆锥形白色王冠。欧西里斯有许多祭拜中心，但大多数重要的都在上埃及的阿拜多斯（Abydos），那里每年节庆的时候都会宣讲神灵的传奇，人们最为熟知是他被他的竞争者赛斯神所杀害的传奇故事。在一次众神宴会上，赛斯把欧西里斯骗进棺材，然后迅猛地关闭棺材，扔进了尼罗河。棺材出现在尼罗河三角洲的比布鲁斯城，而后被封闭在一棵红柳里。伊希斯，欧西里斯的妻子，发现了棺材，把它带了回来。这个故事到了这里，被证实仅由希腊作家普鲁拉克一人完成，虽然早在古王国的金字塔时代，就已确认赛斯是凶手。

赛斯趁伊希斯临时不在的机会，将欧西里斯切成碎片，扔到了尼罗河（在埃及课文里，这是欧西里斯遭谋杀的事件）。伊希斯为寻找欧西里斯尸体的各部分而四处搜索，最后终于将他拼凑起来，只有阴茎没有找到，或者已被鳄鱼吞掉，或者被鱼吃掉。一些埃及课文里写着，阴茎可能被埋在了孟菲斯。伊希斯就用一根仿造的阴茎代替。在一些埃及课本里，欧西里斯尸体的各个部分就像谷物播撒在农田里一样被扔撒，欧西里斯成为草木之神这一角色可以以此为参考。"欧西里斯花园"——呈该神形貌的木质结构的大麦苗圃，有时也被安置在墓穴——从这些苗圃中发芽的植物象征着生命亡而再生。

正是这个传奇对欧西里斯担任死亡之神和埃及冥界的统治者作出了解释。人们把他同葬礼联系在一起，首先仅是同埃及君主的葬礼相联系，后来才开始同普通民众的葬礼相联系。人们相信法老死后会变成欧西里斯。虽然欧西里斯被人们看作为继续存在于来世的担护者，但联系到死亡和腐烂的生理过程，欧西里斯也有阴险邪恶的一面，尽管埃及人相信来生，但这也反映了埃及人对死亡的畏惧。提及欧西里斯作为"玛特之主"（神圣的法律），他也是亡灵的审判官。前埃及传奇的统治者和地狱之神，欧西里斯，象征着自然创造的力量和生命的不朽。他被称为人类伟大的施恩者，给人间带来了农业知识和文明。

欧西里斯是古代埃及人最伟大的崇拜对象之一，对他的崇拜逐渐蔓延到地中海地区，对伊希斯和荷鲁斯的崇拜亦是如此，在罗马帝国时代尤其繁盛。

伊希斯

埃及的母性女神，万神殿最伟大的神灵之一。希腊人和罗马人称她为"海洋之星"，以北极星为代表。众王神的母亲，盖布和努特的后代。欧西里斯的姐姐兼妻子。我们知道在神灵中异父同胞生育可以维持血统的纯洁。她的其他兄妹还有赛斯和奈芙蒂斯。伊希斯被描述为戴着牛角状的王冠。第一次，在赛斯把欧西里斯扔到尼罗河后，伊希斯使他复活。第二次，赛斯肢解了欧西里斯。伊希斯浸染在欧西里斯的尸体里，生出了荷鲁斯，荷鲁斯反抗赛斯努力登上了宝座。

盖布

埃及的大地之神。舒和泰芙努特的儿子。努特的哥哥，欧西里斯、赛斯、伊希斯、奈芙蒂斯的父亲。盖布通常被人描绘为躺着，戴着下埃及的王冠。有时候，大气之神舒被描绘为站在盖布的身体上，盖布支撑着努特，或许也可能是盖布要将她同自己分离。盖布的皮肤常是绿色的，说明他是丰饶之神，植被之神。鹅是他的圣物，在埃及象形文字中代表他的象征性标志。据说，盖布会囚禁死者的灵魂，阻止他们去往来世。他的笑声据说可以引发地震。

赛斯

混乱和灾难之神。盖布和努特的儿子，欧西里斯，伊希斯和奈芙蒂斯的同胞兄弟。他猛烈地撕开母亲的子宫，从中而出，被描绘为有着类似食蚁兽的头颅，耳朵直竖，鼻子很长。人们也把他同闪米特人的战争女神阿娜特和阿斯塔蒂联系在一起。大约在公元前 2500 年，埃及国王突然遗弃赛斯站在鹰神荷鲁斯一边。图特摩斯三世（埃及第 18 王朝法老）称他自己为"受赛斯爱戴的人"。赛斯嫉妒他的哥哥欧西里斯，同他进行了 80 年的战争。他捍卫拉神，对抗地狱的那条心怀敌意的蛇神。我们应该记得地狱或者冥界之神恩基，他被描述为长有翼的蛇，还有马杜克，也宣称自己为埃及至高无上的神。

荷鲁斯（Horus）

天空之神，荷鲁斯是埃及万神殿最重要的神灵之一，在最早的可记录的文献中能够证明。他是埃及及后来出现的文明中普遍敬仰的神。他由一整只鹰或鹰头人身所代表；也被理解为"眼"这一符号。是欧西里斯和伊希斯的儿子。在同他的兄弟兼竞争者赛斯斗争了 80 年后，成为埃及第一位统治者。他的母亲为了不让他的敌人发现他，将他藏在尼罗河的草丛中。

敏（Min）

生产及收获之神，也是生育之神。万神殿内重要的神灵之一。有时被人认为是伊希斯的儿子或配偶，有时也把荷鲁斯看作为他和伊希斯的儿子。他通常被描绘为右手举着连枷，戴着插有两只高高的羽毛的王冠。敏是主要的男性性征之神，在新王国时期（公元前 1567—前 1085 年），他尊受法老的加冕礼，请求他确保他们的性活力，生出男性的继承人。人们也把他描述为一根直立的阴茎。白色的公牛似乎对他来说一直很是神圣，如同一种莴苣，像一根直立的阴茎，流出白色的如同精液的液体。他也是矿井的守护神，他最重要的神殿在克普托斯（Koptos）和阿克米姆（Akhmim），那里是金矿的所在地。他被人尊奉为沙漠公路之神和旅行者守护神。在丰收的节庆里，敏还会享受到人们供奉的莴苣和小麦。

阿蒙

太阳神，天空之主，出现在创世和混沌时期。他或许就是拉神，后来被人们称为阿蒙－拉。也可能是马杜克，宣称自己是至高无上的神，记载于苏美尔人的文字中。有时被描述为蓝皮肤带着穆斯林头巾的法老。他受祭拜主要的地方在卡尔纳克和卢克索的阿蒙庙。其他的神灵把他描述为"外形隐蔽而神秘"。他有"万神之王"的称号，被认为是法老之父。在底比斯，人们把他尊为蛇神，为不朽和重建的含义。

非洲诸神

世界上所有的文化文明中，非洲最为丰富，且形势多样。先是至高无上的神灵主管一切，接着其他低级神灵紧随而来，统治了世界，控制人类生活。根据字面统计，仅被编进非洲神话故事的神灵就多达数千计。他们的变动从简单到实用，从愚昧到聪慧。非洲北部许多地区与埃及神话密切相关，而非洲南方地区的神话则谈论上帝从天上下凡到人间，创造出人类，教会人类所需要的一切，如农业和智慧。许多神话都暗示至高无上的神创造了其他所有的神灵，从水和混沌中创造人间。在非洲神话中，有许多文献提到飞蛇，这与苏美尔泥版上的文献记录竟如此相似。还有很多文献提到两个居住在冥界又升到天上的神灵间的故事，他们一个是仁慈的神，一个是暴力的神。他们谈论雷神、太阳神、猎人、巨人、公牛，以及各种动物，包括统领两个低级神灵的至高无上的神灵，创世纪完成后两个低级神灵开始统治世界，这和苏美尔人的故事非常相似。它指明了一个简单的事实，无论相隔多远，在远古时代中世界文明可能一直存在，他们记录的关于善飞行的、强大的、仁慈的，和暴力的神灵的神话都是如此相似。

非洲神话的多样性也切合苏美尔人石碑上的历史故事，如奴隶族群第一次被利用来开采矿业也同样发生在南非。这真令人难以置信，许多出自这一带的神话都与这一观点相呼应。就像来自史前世界其他区域的神灵，这些神灵又分为不同的层级，拥有不同的职责。最原始的故事应该来自非洲，因为这里是原始人类生存的地方，他们是人类的"婴儿"。当他们放弃这些已获得的矿物质，逐渐建立起属于他们自己的定居点和文化，他们会经常同一些神灵交谈，包含采矿作业和作业技术。他们同神灵之间的关系还未达到崇拜阶段。很多年后，当奴隶族群出现在近东，才由神灵将对他们的崇拜强加给人类。不过事实上，真正神灵崇拜仪式的开始是在大洪水之后发生的，大约在1万3 000年前。非洲神话与苏美尔诸神有着千丝万缕的联系，其间令人惊奇的例子更是不胜枚举，鉴于篇幅，下文为读者挑选了部分有代表性的例子。此外，非洲人给神灵所起的名字也甚为奇妙，如：造物主、铸工、雨露和阳光的赐予者、四季之神、雷神、永在之神、无限之神、连国王都要屈服的神、无处不在之神、引火神、伟大母亲、友谊之神、仁爱之神、像太阳一样关顾一切的上帝、伟大的联合万物的同时代人、大蜘蛛、感恩之神、天空之弓、愤怒之神、费解之神。

下面所举的是一些远古的非洲诸神的例子。

亚基比厄（Agipie）（坦桑尼亚）

一位居住在天上的仁爱之神。他与能发出雷电毁坏人间的邪恶之神为敌。

布酷（Buku）（西非各族人民）

天空之神，有时也被看作为一位女性之神。布酷创造万物，其他神灵也为他所创造。

阿刚果（Akongo）（刚果民主共和国）

至上而永生之神，与人类相处融洽。拥有人类的特征，对人类一切的活动和福祉有强烈的兴趣。

阿罗冠·尼亚米·凯蒂奥（Alouko Niami Kadio）（科特迪瓦）

创造其他所有的神灵和人类。创世之后，在某个周六，从天堂下凡到人间。教会人类生存所需的一切，还告诉他们必须保守秘密。

阿奈内希（Ananasi）（各个部落）

也称蜘蛛、魔术师、造物主。有些无赖，但很受人喜欢。有许多关于他的稀奇有趣的故事流传人间。

安耶渥（Anyiewo）

一条大蛇，常在雨后出来吃草。彩虹便是他的映像。

本兹（Bunzi）（刚果）

生下来她就是一条蛇，父亲是神，母亲是大地之母。这条蛇长大后，继承她母亲的职位，向人间施雨。人们会看到在天上这条蛇幻作彩虹的形状。

丹（Danh），或丹·亚伊道·威道（Dan Ayido Hwedo）（达荷美共和国）

蛇身。海地人将其称为丹·佩特罗（Dan Petro），环绕世界的彩虹蛇，象征团结和完整的。

德克斯威（Dxui）（布须曼人、霍屯督人）

造物主。在他创造出生存着的所有花朵和植物前，德克斯威每日将自己幻化成不同的花朵和植物，晚上才变回自己。

耶舒（Eshu）（约鲁巴人）

魔法师。形貌变幻之神，耶舒可以随意变幻他的外貌，甚至改变躯体大小。耶舒能够蛊惑人类，使他们变得疯狂。耶舒也通晓人类所有的语言，作为诸神和人间的中介人。

汤戴里（Doondari）（马里共和国、塞内加尔）

造物主，下凡到人间，创造了石头、铁、火、水和空气。然后回到天上，将这些留给人类。然而人类变得太过傲慢，因此他又创造了失明和死亡。

德兹玛温（Dzemawon）（加纳）

来去自如的强大的智慧之神。他像风一样行遍世界。他无所不能，可以变幻任何形貌。在他的祭拜之日，他以人的样貌出现。

古奈布（Gunab）（霍屯督人）

崔-高布（Tsui-Goab）的敌人，古奈布生活在一堆石头下。前期古奈布曾压制着崔-高布，但崔-高布在每次战役后都会变得更加强大。因此古奈布被崔-高布杀过很多次，有时人们将古奈布看作为死亡之神，他是彩虹的创造者。

瓜（Gua）（西非的嘎部落）

雷神，铁匠和农民的守护神。瓜的寺庙通常建造在锻铁工厂。

基布卡（Kibuka）（布干达王国）

战神，被派去拯救布干达王国的人们。战乱时，布干达国王祈求上天的援助，基布卡被派往援助他们。被警告不要对敌方的女性做任何事情，然而，基布卡却同一名女囚犯发生了性关系。不明智的是，基布卡把实情吐露给了她，在基布卡逃跑后，她把如何将基布卡杀死的方法告诉给了敌人，火箭射进基布卡躲藏的云彩。基布卡飞到一棵树上死去，就在他的尸体被发现的地方，人们为他建造了一座寺庙。

莱扎（Leza）（中非）

困扰之神，莱扎是掌管天庭发出风和雨的至上之神。莱扎坐在所有人的脊背上，却从没有人可以摆脱。据说，莱扎渐渐变老，因此已不像从前那样能听到人们的祷告。

玛乌－丽萨（Mawu-Lisa）（埃维人）

最伟大的月神和最伟大的太阳女神。丽萨是太阳，玛乌是月亮。

莫迪莫（Modimo）（莱索托王国）

造物主，上帝，也被称为莱拉佩拔（Ralapeba）。力量和权力之父，因他的报复心和火的能力为人们所惧怕。

木枷基（Mujaji）（南非－罗乌都）

雨女神，罗乌都人民的女王。四名雨女神接管罗乌都人民，是原始木枷基的后代。在津巴布韦（Zimbabwe），人们把她们同强大威猛的卡兰加王国（Karanga）的莫诺莫塔帕王国（Monomotapa）相联系，让我们直接联想到津巴布韦遗址四周的神秘及遍布黄金的俄斐大陆。木枷基拥有神秘的力量，得以不朽。她降雨施救过许多人。

穆伦古（Mulungu）（东非）

"穆伦古"，神或称上帝。非洲各大民族几乎都有上帝和造物主的观念。虽然"穆伦古"现在没有寺庙，但在公元前 3000 年后的某段时间里，莫桑比克和津巴布韦的一些地区一定建造过。这些寺庙类似于近东迦南人起源时建造的那些。最初，"穆伦古"生活在陆地上，后来因为人类杀害了他的孩子，他搬回天上。他告诉人们在他们死后会升天。因此人们相信在他们死后，会升到天堂做神灵的奴隶。

奈南－鲍克罗（Nanan-Bouclou）（埃维人）

埃维部落的原始之神，有男性和女性，奈南－鲍克罗很少受人们的祭拜。在海地，人们将奈南－鲍克罗纪念为药草和医药之神。

恩盖（Ngai）（玛赛人）

造物主。在人类出生时，恩盖赐予每个人一只精灵来为他抵御危险，带他逃离死亡。邪恶被带至荒漠，而善良则去往牧草丰饶和牛畜众多的陆地。

尼阿美（Nyame）（阿散蒂地区）

至高无上的天神，包括太阳神和月亮女神。尼阿美创造了三界：天堂、人间、地狱。人类出生前，魂魄被带去见尼阿美，并在金色的浴盆里沐浴。尼阿美安排这些魂魄的命运。然后，这些魂魄降生人世。

恩亚赛耶（Nyasaye）（肯尼亚－马拉戈利人）

马拉戈利人的主要神灵。据说，精灵来帮助马拉戈利人工作，他们由环绕在代表着上帝的柱子上的圆石来表示。

恩扎美（Nzame）（刚果）

是一名形象模糊的神，他的画像不能留存在木头、石头、金属上。恩扎美同怀特曼、布莱克曼（Blackman），和古里亚（Gorilla），他的三个儿子生活在地球上。在某段时期，布莱克曼和古里亚连同其他一切亲属来反对恩扎美。结果，恩扎美带着他的财富和他的儿子怀特曼到西方去居住，而古里亚和他的亲属们生活在丛林里。没有恩扎美的智慧、财富和能量，布莱克曼和他的家人过着艰难的生活，显得贫穷而愚昧，一直渴慕着恩扎美和他疼爱的儿子怀特曼所生活的陆地。

奥巴塔拉（Obatala）（尼日利亚）

陆地的创造者，他被上帝传唤去创造陆地。然后，他用泥土创造人类。事实上，他和苏美尔石碑上描述的恩基来到地球所做的行举一样。

卢罕嘎（Ruhanga）（乌干达）

万物和地球上居住环境的创造者。他隐退到天堂，但不能阻止邪恶和死亡的出现。他创建社会不平等的角色：国王、牧人、农民。

赛格拔塔（Sagbata）（达荷美王国）

天花之神。赛格拔塔的神殿画着点缀小点的图案。在玛雅文化中这样的小点代表着被死亡之神杀死的那些七零八碎的尸体。赛格拔塔的祭司们通过祈福运用医理同天花作战。

塔诺（Tano）（阿散蒂地区）

和其有相同名字的神的第二个儿子，河神。在这同一地区的其他河流和家庭的神灵都是他的家人。很久以前，在一次歌唱比赛中塔诺输给了死亡之神。塔诺和死亡之神唱歌相互蔑视对方，持续了一个多月，但两人为分胜负，只好妥协。

崔高布（Tsui'Goab）（霍屯督人）

被称为父亲之父。居住在云彩里的雨神，是伟大的首领和魔法师。崔高布用岩石创造第一个男人和第一个女人。崔高布几次死而复活，无比喜悦，大加庆祝。人们伴着破晓的第一缕曙光祈求崔高布，背诵他的名字起誓。

乌库鲁库鲁（Unkulunkulu）（祖鲁族）

古老的神灵——乌库鲁库鲁既是第一个人，也是造物主，在天地之间游走的大地之神。乌库鲁库鲁告诉人们怎样群居，教给他们生活在这个世界上的知识。

威勒·扎卡巴（Wele Xakaba）（肯尼亚）

创造世界的上帝，万物的赐予者。他在天堂首先建造自己的家，是一个用柱子支撑的"永远光明"的地方。第一对夫妇生活在叫恩巴伊（Embayi）的地方，它是一座在天上用柱子支撑着的房子。最初的人类不知道如何性交，生活了很多年都没有孩子。后来玛温布（Mwambu）和塞拉（Sela）发生性关系，生了一个叫利兰波（Lilambo）的儿子，就这样人类在地球开始繁衍。这位神也被称为太阳神，把凡间的姑娘带到天上，要她做他的妻子。

尤（Yo）（马里共和国）

利用三个神灵来创造万物。其包括与地球的七个部分相对应的七个天国。首先，他们创造了男人，一段时间后又利用尘埃和唾液创造了女人。男人可以重生，每到了 59 岁，就变成 7 岁的孩子。他们赤身裸体，没有需求，不说话或工作。

兹穆（Zimu）（恩德贝勒人，非洲南部）

上帝，他派遣变色龙带着信条去告诉人们，他们会"死而复活"。然而蜥蜴却先一步到达人间，告诉人们，他们不会"死而复活"。等到变色龙满怀希望地将信条递送到人间，人们却不相信他，而选择相信蜥蜴。

非洲神话如此丰富多彩，很难将它进行全述。当人们读到它，似乎比其他所有的文明更古老。诸神和人类间的关系更加简单，更加清晰，且人类无可非议地顺从着神灵。

之物神神·中国诸神

中国的历史和宗教同他们的神话有着千丝万缕的联系。由古老的中国人一直过着野蛮人的生活，直到一位先贤的出现，教会他们如何建造庇护所。接连一段时间之后，先贤又教会原始的中国人使用火、音乐、谷物耕作。最后一位先贤是黄帝轩辕，中华文明之父。黄帝突然出现的地方，人们并不知道，但他把所有的知识都传授给了中国人。难道他是扩张到东方的阿努纳奇诸神中的一位？如果我们认可苏美尔诸神，或者阿努纳奇诸神，是世界其他各地文明的先觉者，那么这也同样适用于中国。黄帝切合着阿努纳奇诸神国域里的一切神秘的属性。

在 1921 年的北京近郊，发现了直立猿人的化石，叫做"北京猿人"，进而声称人类最早在中国开始进化，中国人是最早期的进化成独特的土著民族的现代人。随后，这种说法被证明是错误的，很普遍的观点是认为人类发展的摇篮应在南非。中国人基因组多样性计划，是由来自 7 家机构的12 名研究人员通力协作完成，仔细检查了来自于中国 56 个民族中的 28 份DNA 样本，并同其他亚洲、非亚洲人群的基因样本进行比较。其结果是，和其他人类一样，中国人也可能是从非洲进化而来。这也许是个个案，然而雅利安人对整个亚洲的发展所产生的巨大影响不知何故地却被忽略了。据说，早期的人类沿着印度洋往东迁徙，以他们的方式经过东南亚达到中国。这份报告与基因组计划联系起来可进一步提出"现在可以确切地得出亚洲人当前基因库大部分是由起源于非洲的现代人组成"这一概论。我发现报告中所说的当前基因库的"大部分"这一词令人很感兴趣。如果所有的人类都起源于非洲，还有其他基因库的来源吗？如果有，这个"其他基因库"的起源又在什么地方？这与难以捉摸且具影响力的雅利安人——负责构成欧洲人，其影响力遍及亚洲——有关系吗？或者黄帝轩辕可能是其他基因库的贡献者？在中华文明的伊始，人们所崇拜的神灵可能有着不同的名字，然而他们的职能和力量同其他文明中的神灵相同。中国宗教仪式用来祭拜伟大而强劲的圣祖。难道在中国神话中这些被奉若神灵的先祖就是早期远超当时土著原始居民有着特殊的力量和技术的雅利安人？或者这些先祖远比雅利安人更为强大。或者他们就是无处不在的迅速向东方世界扩张并得以统治的阿努纳奇诸神？当然，苏美尔人的泥版也暗示了阿努纳奇神灵的这一扩张，由伊南娜主使。不过，她的亲属和兄弟姐妹都参与了这一行动，试图为他们抢夺一片天地，来缔造一群属于他们自己的忠诚而又顺从的人奴。

龙在所有的东方神话里都是一位重要的角色，有时也跨越到民间宗教。他们的起源和背景同《圣经》和苏美尔人起源的故事惊人相似。当你更近一步走近东方，对一些龙的认识会有些分歧。其中一件使我震惊的是，中国龙这一形象同玛雅和其他文化中的飞蛇极其相近。在许多描述中，龙长而瘦，比起吞吐火焰的巨龙，更相似于长有翅膀的飞蛇。难道这是恩基（成名于伊甸园的那条蛇，或玛雅的飞蛇神）的另一种变幻？因为中国的君王是在天神支持下被任命的，他们也被人们奉若神灵，常常受到人们敬拜。就像埃及的法老一样，中国的皇帝也是半神半人，受到人们的敬拜，成为人间的"神"。分析中国、韩国、日本，龙之间的细微差别，恩基和伊南娜的支持者相信向东扩张这一可能和低级神灵分配模式的可信性。中国龙爪有五趾，韩国龙爪有四趾，日本龙爪有三趾。这难道代表了远离苏美尔和统治者恩利尔的阿努纳奇诸神逐渐降低的等级？围绕一些龙的起源的故事同苏美尔人和《圣经》的神话非常相似。

为了便于理解，这里再列出一些中国神灵：

帝禹（夏朝开国君主）

夏朝的最高神灵和其始祖。高度仪式化的祖先祭拜是夏朝宗教的一部分，神灵和祖先的祭品也是夏朝宗教的一个重要部分。当君主死后，通常数以百计的奴隶和囚犯会被用来祭祀，同君主一起下葬。

城隍

护城河和城墙的守护神。每个乡村和城镇都有着自己的一个关于城隍版本。通常是当地的一位高官或者重要人物，在死后被提升到神圣的地位或神的地位。城隍不仅保护乡镇免受攻击，而且确保死神之王在无特权之下不能带走他管辖范围内的任何魂魄。城隍通常通过梦在乡镇揭露为恶者。他有两位助手：白老爷和黑老爷，即日游神和夜游神。

祝融

火神。祝融惩戒那些违反天条的人。

关帝

战神。保护人们免受不公，压制恶魔的伟大的护法神。一位总是身着绿衣的红脸神，同时也是一位圣人。关帝是一位真实的历史人物，汉代的一员将领，因能征善战秉持正义声名远扬。全世界有 1 600 多座寺庙供奉着关帝。

观音

　　受人欢迎的仁爱慈悲的女神。观音是一位身着白衣的女性，她通常被描述为一个坐在莲花上怀抱着婴儿的形象。她被父亲杀害后前往阴曹地府，其间她一直背诵圣书。神为此很不高兴，将她送回阳世间，在那里她获得强大的心灵洞察力，佛陀赐予她永生的能力。她的寺庙位于普陀山顶峰，总有着许许多多的朝圣者，摇着拨浪鼓，燃放爆竹，来到寺庙祈福。

雷公

　　雷神。雷公驱赶恶鬼，惩戒罪行未被察觉的罪犯。鸟首、有翼、有爪、蓝色皮肤，他的战车由六个男孩牵引。雷公用锤子制造雷，他的妻子用镜子制造闪电。

八仙

　　道教八仙。他们本是普通的凡人，因他们本分快乐，王母娘娘便赐予他们可得长生的桃子，使他们得到永生。他们是：

　　吕洞宾：早期中国文学的主人公。放弃财富和官途，惩处邪恶，奖励善行，用魔剑杀死恶龙。

　　铁拐李：拄着拐杖，是一名医疗术士。他像乞丐一样坐在市集上售卖灵药。其中的一些药可以使人死而复生。

　　汉钟离：一位面带微笑的老者，因在山中苦行修炼得以长生。

　　曹国舅：曹国舅试图提醒他的哥哥，天堂的规矩是不可逃避的。

　　蓝采和：年轻且善吹笙箫，带着一个盛满水果的篮子的流浪艺者。他那发人深思的歌声引来鹤，抓着他飞上云霄。

　　张果老：具有神奇的能力，高龄隐士，是古代汉族神话传说八仙中年龄最大的一位神仙，在汉族民间有广泛影响，他是一位真实的历史人物。

　　韩湘子：一位选择研习法术而放弃官途的书生。当他的伯父训斥他研习法术，韩湘子将写在叶子上的诗歌变为两朵花儿。

　　何仙姑：永生少女，相传于北宋时期聚仙会时应铁拐李之邀在石笋山位列八仙。

十殿阎王

　　冥界的统治者，被人们称为死亡之神。他们的衣着类似皇袍，只有最

明智的人才能把他们分辨出来。每位阎王掌管一殿。在第一殿,根据鬼魂
在人间的罪恶而得到审判,被判到八个惩戒殿堂中的一个。罪罚相当:吝
啬鬼被罚喝熔化的金水,说谎者被割掉舌头;第二殿是不称职的医生和不
诚实的代理商;第三殿是黑绳大地狱,凡阳世忤逆尊长,教唆兴讼者,推
入此狱;第四殿有伪造者,说谎者,说长道短者,和贪官污吏;第五殿,
有杀人犯,强奸犯,无神论者;第六殿,亵渎神灵和辱骂者;第七殿,酗
酒悖乱者,浪费无度者;第八殿,那些不孝不敬者;第九殿,纵火犯和意
外受害者;第十殿是轮回盘。这里是在完成对鬼魂的惩戒之后,将他们释
放让他们投胎转世的地方。在鬼魂被释放之前,会给他们一碗孟婆汤,让
他们忘掉前世。

地藏王

慈悲之神。徘徊在地狱洞穴迷路的魂魄可能会遇到一位面带微笑的僧
侣,他所经之路由一颗闪烁的珍珠照亮,他的手杖饰有金属环,响起来像
铃铛一样。这就是地藏王,他会尽一切力量帮助魂魄逃离地狱,甚至会终
止他的轮回转世让其重生。

就像苏美尔人、希腊人、埃及人、玛雅人和非洲人的神话,中国的神
灵也会因为各种原因赋予一些人永生的能力。

希腊诸神

在所有文明中,希腊诸神可能是最具有人的特征的神。这意味着他们
是神的同时,也有着人的属性。然而,他们的确有与人类不同的地方。他
们永生且不朽、不为体能所限、能够变幻他们想要的任何外形,瞬间即可
去任何地方、不费吹灰之力,且常常无形无影。他们也被允许荒淫无道,
这种允许仅为他们而订。他们的性欲永远得不到满足,每位神灵都有着他
或她特殊的能力。就像在苏美尔,奥林匹斯山(Mount Olympus)上的诸
神,也形成了一种明显的神圣不可触碰的阶层生活,围绕着最高神灵,宙
斯。他们的地位是社会最高的地位,这是在英雄时代,一种社会体制的反
映。也如苏美尔一样,希腊也有居住在人间或冥界的神灵。他们被称为

"人间的神灵"。其他则被称为"天堂之神"。在《哥林多前书》（*Corinthians*）中提到了"天堂之神"和"人间的神"，再一次证明圣经时代的人们并没有产生幻觉，确实存在着其他的为如今的我们所不知的神灵或精灵，经过漫长而不断消磨的岁月，已将神权淡漠。

> 论到吃祭偶像之物，我们知道偶像在世上算不得什么。也知道神只有一位，再没有别的神。虽有称为神的，或在天，或在地（就如那许多的神，许多的主）。然而我们只有一位神，就是父，万物都本于他，我们也归于他。并有一位主，就是耶稣基督，万物都是因其而有的，我们也是因其而有的。
>
> ——《哥林多前书》

同苏美尔神话体系相同，希腊也有两个神族。年长的泰坦（Titans）神族最先统治世界；后来被宙斯领导奥林匹斯（Olympians）神推翻。虽然希腊神灵无处不在，遍及世界，但他们的活动却都同确切的地点联在一起。敬奉他们的神庙建立在坦密诺斯（temenos），内部神圣庄严，摆设着各位神灵。囊括一方涤罪的温泉和一片树林。在神庙的前方，设着一个祭坛，在一所神殿内这是必不可少的项目。希腊神庙供奉着神灵的肖像和财物，这不是礼拜者集会的地方，然而它实际上是被看作神灵的家。人们去神庙祭祀供品，不是为了个人祷告。这暗示着诸神过去确实在这些神庙里频繁出没。他们很期望他们的人类奴隶来供奉，关心他们，提供给他们所需要的一切奢侈品。

之物神种 泰坦——希腊最古老的神族

盖亚或盖娅（Gaea or Gaia）

地母，大地之神。她嫁给了自己的儿子乌拉诺斯（Uranus），生下其他泰坦神族。

乌拉诺斯

天空之神，他是盖娅的儿子。盖娅独自生下他。他与盖娅生了很多后代，其中就包括泰坦巨神。他的儿子克洛诺斯（Cronus）阉割了他，结束了他的统治。他最后究竟是因伤而死还是被驱逐出地球了仍然是个谜。乌拉诺斯嫉妒自己儿子未来的权利，担心自己会失去对他们的统治。为了防止这种可能的发生，他把孩子们都束缚在地底。在盖娅的煽动下，他的儿子克洛诺斯阉割了他，并废黜了他。当乌拉诺斯的血液滴到大地之神（盖娅）上，孕育了厄里倪厄斯（Erinyes）（复仇女神），癸干忒斯（巨灵）以及许多其他神灵。稍后我们还会介绍罗马的复仇女神三姐妹。

克洛诺斯

阉割自己的父亲乌拉诺斯从而掌权的泰坦神灵。他的妻子是瑞亚（Rhea），他们生的第一个孩子是奥林匹斯。为了确保自己权利的安全，克洛诺斯在每个孩子刚生下来时就把他们吃掉。瑞亚失去孩子非常伤心。她欺骗克洛诺斯，让他吃下一块石头，从而保存了自己的儿子宙斯。宙斯以后会反抗克洛诺斯和泰坦诸神，并击败他们，把他们赶到地底的塔尔塔罗斯地域（Tartarus）。据说克洛诺斯是被宙斯招来的雷电劈死，但也有一种说法是他逃到意大利，成为了那里的萨杜恩（Saturn）。宙斯统治的时期被称为"地球上的黄金岁月"，其农神节非常有名。

瑞亚

克洛诺斯的妻子，克洛诺斯总是吃下他们的孩子。瑞亚欺骗了克洛诺斯，让他吃下一块石头，从而拯救了宙斯。宙斯长大后废黜了他的父亲克洛诺斯。瑞亚被视为母亲神，她是乌拉诺斯和盖娅的女儿。她生下了六个孩子，有德墨忒尔（Demeter）、哈德斯（Hades）、赫拉（Hera）、赫斯提亚（Hestia）、波塞冬（Poseidon）和宙斯。赫拉被视作小亚细亚的西布莉（Cybele）母神，也被称为赫拉·西布莉，马格纳·马特（Magna Mater）或"神后"。人们用祭祀仪式来表达对她的崇拜。赫拉出现时是骑在两只狮子上，或者是坐在由狮子拉着的战车上。

俄刻阿诺斯（Oceanus）

大洋河流之神。他和妻子忒堤斯（Tethys）生了河流和三千仙女（nymphs）。他是广阔大洋的化身，尤其象征着环绕海格力斯之柱（the Pillars of Heracles）的海水或大西洋。他是乌拉诺斯和盖娅的儿子，是泰坦巨神的老大。他与妹妹忒堤斯结合，成为了全部河流的父亲。他和妻子还生下了海洋女神，象征着泉水和湖泊，池塘之类的。

忒堤斯

忒堤斯是她哥哥俄刻阿诺斯的妻子，也是瑞亚的教母。在泰坦和奥林匹斯诸神之战期间养大了瑞亚。忒堤斯象征着富饶的海洋，与其夫生下了3 000个孩子——"三千海洋仙女"。那么，这些仙女是谁？

在古希腊神话中，仙女是与不同自然物体有关联的女神。这些仙女到底是不死之身，还是仅活到苏美尔神话时期，人们对此仍有争议。在苏美尔神话中，她们是半人半神的。存在着各种各样的仙女，有代表不同地域的仙女，还有代表河流，湖泊，山和其他事物的仙女。仙女通常被描述成年轻漂亮的，喜好音乐的，热情洋溢有礼貌的。然而，也有一些仙女与自然中不那么美好的部分相连，另外还有一些仙女则会复仇并搞破坏。不管哪种仙女，古希腊都很崇拜仙女，仙女拥有所有次级生物阿努纳奇表现出的一切性格特征。作为神灵统治人类的计划中一部分，阿努纳奇统治那些防御没那么强的城镇。

海泼里恩（Hyperion）

泰坦光神，早期的太阳神。他是盖娅和乌拉诺斯的儿子，娶了自己的姐姐忒伊亚（Theia）为妻。他的名字的意思是"他在太阳之间离开"。他们的孩子是太阳神赫利俄斯（Helius），月亮神塞勒涅（Selene）和曙光女神厄俄斯（Eos）。

谟涅摩叙涅（Mnemosyne）

泰坦的记忆女神，跟她侄子宙斯生下了九位缪斯（Muses）女神。

忒弥斯（Themis）

她是象征法律和正义的泰坦之神，是乌拉诺斯和盖娅的女儿。她是受习俗和法律约束的"高尚的万物秩序"的象征。她拥有神谕的力量，据说建造了特尔斐（Delphi）的神示所。她生下了荷赖（Horae）和摩赖埃（Moirae）。她被认为是一个长相严肃的女人，眼睛被蒙住，手持天平和丰饶角。罗马人称其为正义女神，因为她的名字就意味着法律。忒弥斯引进了法令，让众神灵和受到指派的人都遵守法律和和平原则。她一直在神示所传达神谕，后来勒托（Leto）可爱的儿子阿波罗（Apollo）来到特尔斐，杀掉了保护神示所的狡猾的巨蟒（Python），夺取了她的权力。勒托在阿波罗小的时候并没有用母乳喂养他，是碰巧在那儿的忒弥斯用甘露和仙肴喂养了阿波罗。忒弥斯告诉普普罗米修斯（Titan Prometheus）不要参加泰坦与奥林匹斯神之间的战争，因为她预言在那场战争中聪明的一方而不是残暴无情的一方会获胜。忒弥斯是人类誓言的保护神，所以她也因此被称为"誓言女神"。她住在奥林匹斯山（olympus mount）上，与宙斯住所相近的地方。宙斯被称为真正的具有无所不见之目的神灵，他能小声地把词语的智慧念给忒弥斯听。

伊阿珀托斯（Iapetus）

与妻子克吕墨涅（Clymene）生下了普罗米修斯，墨诺提俄斯（Menoetius）和阿特拉斯（Atlas）。

考伊斯（Coeus）

智力之神。

普罗米修斯（Prometheus）

伊阿珀托斯之子，是泰坦诸神中最有智慧的。他的名字代表"远见卓识"。他能够预见未来。当宙斯背叛其他泰坦神灵时，他站在宙斯一边。据有些人说，他和他的兄弟厄庇米修斯得到了宙斯的授权来造人。普罗米修斯被所有人认为是人类的保护者和恩人。他给人类带来包括火在内的许多礼物。他还用计谋欺骗宙斯，让其允许保留动物中最好的部分，而稍次的部分供奉给神灵。宙斯惩罚了普罗米修斯，把他锁在一块大岩石上，让老鹰吃掉他的肝脏。他的身体一直被留在那里，期望能够得以永生。又或者是直到他告诉宙斯，宙斯的孩子会取代他之前，他都一直被束缚在那里。他后来被赫拉克剌斯（Heracles）所救，永远都没有向宙斯屈服。

厄庇米修斯（Epimetheus）

他是一个愚蠢的泰坦神，他的名字是"后见之明"的意思。他是伊阿珀托斯的儿子，也是普罗米修斯的兄弟。有些人说他代表宙斯与其兄弟一起创造人类。他还从宙斯那里接受了潘多拉宝盒（pandora），给世界带来了恶魔。

阿特拉斯

伊阿珀托斯之子，但与其兄弟普罗米修斯和厄庇米修斯不同，他站在泰坦诸神一方，支持克洛诺斯来打败宙斯。因为克洛诺斯年纪较大，所以阿特拉斯带领泰坦诸神参加战斗。他还被宙斯挑出来接受专门惩罚，让其用后背托起整个世界。

菲碧（Phoebe）

月亮女神，是乌拉诺斯和盖娅的女儿。她嫁给了自己的兄弟考伊斯，生下了勒托和阿斯忒瑞亚（Asteria）。据说她在阿波罗夺权之前，拥有特尔斐的神示所。

墨提斯（Metis）

星期三之神和水星之神。她拥有超强的智慧和知识。她被宙斯所勾引而怀孕生下雅典娜（Athena）。宙斯杀死或吞下了她，因为惧怕自己的继承人会比自己更有权力。

狄俄涅（Dione）

她的名字意为"神圣的女王"。荷马在《伊利亚特》（Iliad）中认为她和宙斯生下了阿佛洛狄忒（Aphrodite）。

还有很多其他神灵和半神，要想在此把他们介绍清楚非常困难，我们为了不扯得太远，还是先跳过去，看看下一代统治世界的古希腊神灵吧。

之物神种 奥林匹斯神——第二波希腊诸神

奥林匹斯神是万神殿里的十二位神，他们打败泰坦族后统治了世界。所有奥林匹斯神在某种程度上都存在联系，他们的名字都以居住地命名——奥林匹斯山。

宙斯

宙斯夺取了他父亲克洛诺斯的王位，成为希腊诸神的统治者。宙斯必须通过抽签的方式，和他兄弟波塞冬、哈迪斯来确定他的领导权力。他们的故事和阿努纳奇神族中的恩利尔和恩基的故事一样，当恩利尔与恩基划分大地统治权时，也采取了抽签的方式。宙斯是天空和大地的统治者，和恩利尔一样，宙斯也拥有令人可怕的武器，但他最喜欢使用的武器是雷电，他会用雷电迎战那些惹怒他的人。宙斯娶了赫拉为妻，却因他的诸多风流韵事而出名，他也通过惩罚欺骗或违背誓言者为我们所熟知。

波塞冬 （Poseidon）

宙斯的兄弟。在推翻了他父亲克洛诺斯的统治之后，他与宙斯和哈迪斯抽签来划分世界。他成为了海洋之神，也因此被许多海员信奉。他娶了安菲特里忒（Amphitrite）为妻，泰坦神俄刻阿诺斯的孙女。但他一直爱慕德墨忒耳。德墨忒耳吩咐他去创造世界上前所未见的最漂亮的动物。为了取悦德墨忒耳，波塞冬创造了第一匹马。在某些传说里，他起初的造物尝试并未成功，他先后创造了一系列其他动物，这与苏美尔神话中恩基和宁吉什兹达的故事极其相似。而等到他成功造出马之后，他对德墨忒耳的爱意早已不再了。他的武器是一个三叉戟，这个三叉戟能够使地球颤抖，能够粉碎任何物体。在诸神中，他排名第二，仅次于宙斯。他有个毛病，就是特别喜欢和别人争论。他也很贪婪，他试图统治其他神灵的城市并因此与诸多神灵发生了争论。这有点像苏美尔神话和巴比伦神话中的恩基和马杜克两人的行为。

哈迪斯

宙斯的另一个兄弟，在推翻了父亲克洛诺斯的统治后，他也参加了抽签划分世界。他抽到了最不好的签，成为冥界的统治者。他是一个贪婪的神灵，经常想增加自己管制下的冥界的子民。他同时也是财富之神，监管从地球上开采出来的珍贵金属。他不愿意让任何一个管制区域内的子民离开。他有一个能够隐形的头盔，他很少离开冥界。他没有同情心，也很令人惧怕。他的妻子珀尔塞福涅（Persephone）是他劫持来的。他是冥界之神，但死亡之神却是另一个人，桑纳托斯（Thanatos）。

厄里倪厄斯

谁是神秘的厄里倪厄斯？一种说法是厄里倪厄斯（罗马：复仇女神三姐妹）是由克洛诺斯淋到地球上的愤怒之血诞生的。她们是三姐妹：提西福涅（Tisiphone），墨纪拉（Megaera）和阿勒克图（Alecto）。她们负责惩罚罪人，被称为"黑暗中的行走者"，她们是打破自然规律的人类的惩罚者。她们像毒蛇一样发出"嗞嗞"声，像暴风雨一样退去，有时用致死的烟气来熏倒别人。他们经常被描绘带着一个狗脸面具，看起来凶神恶煞。当复仇女神不在地球上准备报复谁时，她们据说居住在塔耳塔洛斯（Tartarus）山上。她们也在那里折磨罪该万死的灵魂。她们也被称为欧墨尼得斯（Eumenides），善良的三姐妹；或是令人讨厌的三姐妹；疯狂三姐妹；复仇三姐妹。她们报复时极其冷酷无情、蔑视生命，完全体现了恩基为侄女伊南娜之死报仇时而创造的无情机器人基因。"恩基用阿普斯泥土捏了两个间谍的形象，能够不惧死亡射线的危害，冷酷无情。"创造他们是为了打倒并摧毁有罪的人。他们很凶猛，无坚不摧且残酷无情。其行为举止简直与今天的恐怖主义者毫无两样。这些阿努纳奇的使者是复仇女神的原形吗？"即使是太阳也可能会改变轨道，但厄里倪厄斯却始终如一，她取代了公正的使者。"或者，她们的原型是《圣经》里的天使？能够干预诸事又复仇心极强，又能够传达上帝的旨意和回报？

赫斯提亚（Hestia）

宙斯的姐姐，处女女神。她没有鲜明的个性，也不参与任何纷争。她是壁炉女神，是家庭的符号，是一个家庭中的新生儿出生的地方。每一座城市都有一个赫斯提亚专用的神圣的公有壁炉，这里的火从来都不曾熄灭。

赫拉（Hera）

宙斯的妻子和姐姐。她是泰坦之神俄刻阿诺斯（Oceanus）和特提斯（Tethys）抚养长大。她是婚姻和已婚妇女的保护者。赫拉的婚姻一开始就处于很糟糕的状况，她和宙斯之间一直存在冲突。为了戏弄她，宙斯把他自己变成一只毛发散乱的布谷鸟。赫拉对布谷鸟心生怜悯，便把它放在她的胸部使它温暖起来。然后宙斯变回原形并把她强暴了。年轻的赫拉为了掩盖自己的羞耻便嫁给了宙斯。当宙斯在其他神面前飞扬跋扈时，赫拉便给予他们发起叛乱的肯定。赫拉把宙斯麻醉了后，其他神便把宙斯捆绑在一张睡椅上，而且还打了许多结。这一步完成后，他们便开始争吵下一步该如何进行。布里亚柔斯（Briareus）不声不响地走出去，并乘此机会把宙斯身上的那些结快速解开。宙斯从椅子上一跃而起，用他的雷电抓住了她，并把她用金链子悬挂在空中。她一整晚都在痛苦中悲鸣，但是没有人敢上前干涉。她的哭泣触动了宙斯，于是在第二天早上，他答应把她放下来，不过前提是她必须发誓永远都不会再背叛宙斯。她的圣物是奶牛和雄孔雀。

阿瑞斯（Ares）

战争之神以及宙斯和赫拉的儿子。虽然他经常被认为是凶残的，而且嗜血成性，但他同时又是一个懦夫。虽然阿瑞斯拥有永生，然而他却对疼痛非常敏感，只要他受伤就会跑去找他的父亲宙斯。他在罗马神话中被称为马尔斯（Mars）。阿瑞斯有一个女儿叫阿尔基佩（Alcippe），为阿格洛露丝（Aglaulus）所生，阿尔基佩被哈里洛爵斯（Halirrhotius）强暴了之后，阿瑞斯为报仇杀了哈里洛爵斯，因此他接受了法庭审判。一些说法认为这是历史上的第一个谋杀案审判，不过他被宣判无罪释放。阿瑞斯的同伴包括了他的姐妹厄里斯（Eris），还有他的儿子弗伯斯（Phobos）和戴莫斯（Deimos），另外还有埃尼奥（Enyo）。俄托斯（Otus）和厄菲阿特斯（Ephialtes）是看守阿瑞斯的两个巨人，他们把他放到一个瓮中。为了解救阿瑞斯，赫尔墨斯（Hermes）把自己变成一只长颈鹿，使得巨人们拿起矛来投掷它，然而他们却投中了对方。

一天晚上，阿瑞斯引诱了阿芙洛狄忒（Aphrodite）之后，他让一个叫阿里克特莱恩（Alectryon）的年轻人在他的门前给他放风。然而那个年轻人却睡着了，于是太阳神赫利俄斯发现了他们。阿瑞斯便因此迁怒于阿里克特莱恩，把他变成了雄鸡。在特洛伊战争（the Trojan War）期间，阿瑞斯看起来是为特洛伊一方而战。赫拉，也就是阿瑞斯的母亲，请求宙斯给予把阿瑞斯从战场上赶走的许可。在阿瑞斯把他的长矛指向了众神之后，赫拉鼓动狄俄墨得斯（Diomedes）去攻击阿瑞斯。但事实上，是雅典娜（Athena）的长矛掷中了阿瑞斯的身体。他痛苦地咆哮着飞向了奥林匹斯山，使得特洛伊一方失去了援助便败下阵来。阿瑞斯仅仅被一些异教团体所崇拜。而且他经常是和其他神一块结合起来敬拜的，比如说，在底比斯城（Thebes），他就和阿芙洛狄忒共同被敬奉在同一神殿中。

雅典娜

宙斯的女儿。她身披盔甲从宙斯的前额中生出来，此时已是发育完全的。她没有母亲。她是一个处女女神，但她在战争中非常勇猛。她只会被保护国家和家园不受外来袭击。雅典娜是雅典城的守护女神，同时还是手工艺和农业的守护女神。她发明了辔头，人们才能去驯服马匹；她还发明了长笛、锅、靶子、犁、轭、船，甚至战车。她是智慧、理性和纯洁的化身。她还是宙斯最喜欢的孩子，所以她被允许使用宙斯的那些可怕的武器包括他的雷电。

阿波罗 （Apollo）

宙斯和勒托（Leto）的儿子，他和他的妹妹阿尔忒弥斯（Artemis）是一对双胞胎。他是音乐之神，经常被描述成在弹奏黄金竖琴。他还是一个配着银弓的弓箭手，几乎箭无虚发。他还是康复之神，他教会了人们医药；此外，他还是光明之神，真相之神，因为他从不说谎。阿波罗的日常事务之一就是把他的战车套上四匹马，在天空中穿梭。他在特尔斐（Delphi）以他的神示闻名。人们从希腊世界的各个地方赶来此处就是为了请示他们的未来。

阿芙洛狄忒

爱之女神，同时还是欲望和美丽的化身；她是赫斐斯塔斯（Hephaestus）的妻子。除了她那些天然的特质外，她还有一条神奇的腰带使得任何她喜欢的人都会爱上她。事实上，她是一个水性杨花的女人。关于她的出生有两种说法。一种是说，她是宙斯和迪俄涅（Dione）的女儿。而另一种说法则为在克洛诺斯（Cronus）阉割了乌拉诺斯（Uranus）并切断外生殖器丢到海里后，这时阿芙洛狄忒从海面泡沫中的一个巨大的扇贝中出现，并走向了塞浦路斯（Cyprus）的岸边。

赫尔墨斯

宙斯和迈亚（Maia）的儿子，信使之神。他是所有神中最快速的，并且他穿有戴着飞翅的凉鞋和帽子，而且他还持有一个魔法法杖。他还是盗贼的庇护神和商业的守护神，同时也是死者去往阴间的领路者。他发明了七弦琴、管道、音阶、天文学、度量衡、拳击、体操，甚至还有如何照顾橄榄树。

阿尔忒弥斯

宙斯和勒托的女儿，也就是阿波罗的双胞胎妹妹。她是一个处女女神，同时也是贞洁女神。她热爱户外生活，是狩猎者的守护神。她还是青年人的保护者，就像阿波罗一样，她狩猎的工具是银色的弓箭。她与月亮相关，还负责分娩事务，这看起来很奇怪，毕竟她是一个处女女神。所有的野外生物都是她的圣物，长颈鹿尤甚。

赫斐斯塔斯

宙斯和赫拉的儿子，不过也有说是赫拉单独生下了他，并没有父亲。他是唯一一个外表丑陋而且还带有跛脚的神。他的故事就是关于他如何变瘸的，一些说法是赫拉对于生下这么一个丑陋的孩子十分不满，便把他从奥斯匹林山上丢到海里，摔坏了他的腿。另一些说法则是他在宙斯和赫拉的争吵中站到了赫拉一方，于是，宙斯把他丢下了奥斯匹林山。他是工匠和裁缝的守护者。他善良并且爱好和平，然而他还是火焰和锻造之神。他的妻子是阿芙洛狄忒，但有时他的妻子又会被认为是阿格莱亚（Aglaia）。

罗马神

罗马神在今日如同他们在 2 000 年前一般受人追捧。他们的名字被无数的电影、虚幻小说、科幻故事所引用，大量的国际品牌以罗马神的名字命名。然而由于他们大多是更早时期的希腊神的衍生物，我们只对他们做简单介绍以展示他们对希腊传统的明显继承。

尽管罗马人崇拜的神很多，但他们尤其信奉万神殿中的十二个神成为罗马十二主神（Dii Consentes）。他们是朱庇特（Jupiter）、朱诺（Juno）、密涅瓦（Minerva）、维斯塔（Vesta,）、刻瑞斯（Ceres）、戴安娜（Diana）、维纳斯（Venus）、马尔斯（Mars）、墨丘利（Mercury）、尼普顿

（Neptune）、武尔坎努（Volcanus）和阿波罗（Apollo）。公元前第三世纪诗人恩尼乌斯（Ennius）曾列出这十二个神，这六个男神和六个女神可能曾在公元前217年的摆榻节（Lectisternium）被朝拜过。这是一个对于神的盛宴，他们的塑像被置于软垫上并被侍奉食物。这是对古老希腊文明甚至苏美尔文明传统的明显沿袭。除此之外，用以款待古代苏美尔人和可能的希腊神的食物是在神自己的庙宇中按照一系列严格的规则制作的。这些古老的庙宇事实上是游走于不同地方的阿努纳奇神们的休憩之所。数字十二显然通行于所有这些古代神话，只有少数文化与此不同，如非洲神话。但我们已经确定的是非洲神话在他们的风格和方式上显示了人与神之间更加早期的关系。同样显而易见的是罗马神产生于缺少与他们自身相关的神话传统的一个空间。据说凯撒大帝（Julius Caesar）患上了亚历山大病（Alexander disease），想尽各种方式达到胜利者的成就。很明显，这些神感染了剩余的罗马人。似乎罗马人只是简单继承了希腊万神殿的奥林匹斯十二主神并更改了他们的名字，但万神殿十二主神是逐步地被引进到罗马的。首先有三个神进入罗马，组成了朱庇特神殿的三合会（Capitoline Triad）。他们成为罗马宗教的三个基石，他们的祭奠仪式在卡匹托尔山（Capitoline Hill）上举行。这个传统可能是隐藏在圣父、圣子、圣灵三位一体融入罗马文明的驱动力，这在公元325年被首个曾经的教堂领袖全球委员会引入罗马天主教（Roman Catholic）教义。这是一个极好的例子用以说明即使在天主教义中，历史和神话的边界也是极其脆弱的。很明显的是，希腊神话深深影响了早期天主教会领袖的思维。

还有许多其他神在罗马文化和传统中发挥了很大作用，就像他们在所有早期文明中所发挥的作用一样。他们的周围不仅有神，还有异端，这最佳诠释了罗马宗教起源的特征。其中一个例子是 Dii Familiaris 的异端群体。我们在这个宗教中找到以下神、灵和神明：

家中的氏神：守护神或家庭守护神

家庭守护神（The Lares Loci）：守护房子所在的庭院的神、家长之神或住宅之神

家邦守护神（The Dii Penates）：储藏室的保护神

死亡之神（The Dii Manes）：死者之神

罗马还有大量被家庭成员每日朝拜的本土神明。家庭之神如此重要以至于它成为国家的某些仪式的模范。这一点也不惊奇，因为我们已经从苏美尔人那里学习到等级较低的神如何看护边远地区的小城镇和村庄，而更加高级的神却有特权将更大富有的城市收入囊中。因此，较小城镇根深蒂固的观念对较大城市的神很有吸引力，因为他们对人类的控制不总那么称心如意。比如，即使在帝国时期，帝国之神也是建立在家庭之神的基础上，因此它们被解释成帝王的保护神或者家长，即所有罗马家庭的保护神。

其他重要的罗马神有雅努斯（Ianus）、萨图尔努斯（Saturnus）、奎里纳斯（Quirinus）、帕莱斯（Pales）、弗罗拉（Flora）、卡门塔（Carmenta）、波摩娜（Pomona）等。但还有一群由本土守护神组成的神：河神或者来自拉齐奥地区的神化的英雄，他们全体被称为罗马原始的神（Dii Indigites）。大量其他的神也被膜拜，其中包括具有拉丁起源的守护神，像罗马（Roma）、柏洛娜（Bellona）、利贝尔（Liber）和抽象的神，如福耳图那（命运之神）（Fortuna）、肯考迪娅（和谐之神）、帕克斯（和平之神）以及更多。

还有一个叫做萨宾人（Sabines）的神秘族群不得不提。他们生活在罗马东部，对罗马文化的发展贡献巨大。他们为神的家族添加了很多神，如布鲁托，并从很多方面影响了罗马的神话和宗教行为。他们似乎和苏美尔人泥版中提到的神秘的伊吉吉神们（Igigi）很相似，过着与世隔绝的群体生活，但对苏美尔人的文化作出巨大贡献：主要通过与凡人女子结婚创造完全新的英雄群体。像伊吉吉和他们的后代雅利安人，这些来自萨宾人的神象征了地球上革新和创造的力量，为人类的生存提供了技术和手段。

罗马人总是愿意为外来的神献上敬意和供奉，特别是穿行在他们的领地时。开战之前，他们总是愿意向他们敌人的神敬奉比他的子民多得多的贡品来争取敌人的神的支持来获取战争的胜利。于是，这些外来的神便渗透到罗马，更带来了供奉这些新神的庙宇和神殿的兴建。其中便有阿波罗、阿瑞斯、巴克斯（Bacchus）、伊希斯（Isis）和更多的神。这些都表明了罗马人在守卫变动的过程中是孤苦的受牵连者，因为一股阿努纳奇神侵袭罗马和它的文化的浪潮给刚建立的全球势力局势带来了新秩序，而这仅可能归因于那些允许新全球势力超过他们的敌人的神的恩惠才能成行。以下是比较罗马和希腊神的一个表：

表 12.1　罗马和希腊神对照表

罗马	希腊
阿波罗（Apollo）	阿波罗（Apollo）
巴克斯（Bacchus）	迪奥尼索司（Dionyus）
刻瑞斯（Ceres）	德墨忒尔（Demeter）
尤瑞那斯（Coelu）	乌拉诺斯（Uranus）
丘比特（Cupid）	厄洛斯（Eros）
西布莉（Cybele）	瑞亚（Rhea）
戴安娜（Diana）	阿尔忒弥斯（Artemis）
赫拉克勒斯（Hercules）	赫拉克勒斯（Heracles）
朱诺（Juno）	赫拉（Hera）
朱庇特（Jupiter）	宙斯（Zeus）
拉托那（Latona）	勒托（Leto）
马尔斯（Mars）	阿瑞斯（Ares）
墨丘利（Mercury）	赫耳墨斯（Hermes）
密涅瓦（Minerva）	雅典娜（Athena）
尼普顿（Neptune）	波塞冬（Poseidon）
布鲁托（Pluto）	哈得斯（Hades）
普罗塞耳皮娜（Proserpina）	珀尔塞福涅（Persephone）
萨杜恩（Saturn）	克洛诺斯（Cronus）
尤里西斯（Ulysses）	奥德修斯（Odysseus）
维纳斯（Venus）	阿佛洛狄特（Aphrodite）
维斯塔（Vesta）	赫斯提亚（Hestia）
伏尔甘（Vulcan）	赫菲斯托斯（Hephaests）

　　我们现在来看一下东方的情况，看看古时神话故事中的神灵是怎样不可置信地在世界各地旅行的，而那时的人类想搬到另一个城市都是极其困难的。

日本神灵

　　日本与中国一样，在宗教信仰方面聚集了多种元素而成为大熔炉。但又与中国有些区别，显得独特。更令人觉得有意思的是在日本，神话能够如此自然地与历史交融。所有日本历史记载似乎都没提到当今的神话与真正的历史间的分区。这一点真的很让人瞩目，因为很多西方历史学家极其乐意在自己国家的历史上看到同样的记载。我们知道组成现代日本的岛屿仅有 1 万 3 000 年历史，起始于古代大洪水时期（the Great Flood）。在那之前，日本岛屿是与亚洲大陆接壤。这些变动发生在冰河时期，一些人从欧亚大陆向东迁移。至于迁移的原因，抑或是他们的食物动物迁移，抑或是为了躲开原居住区的神灵的报复。可别忘了，在大洪水时期离开地球的人们认为神灵遗弃了他们，并试图摧毁他们。当他们在大洪水时期挣扎求生时，神灵从天堂来到凡间，给出各种有效指示。这些指示的潜台词实际上是驱散人类到世界各地，让他们没有能力反抗神灵……如果人类不这么做的话，他们将再次遭到惩罚。这些事情发生在阿努纳奇神灵赐予人类农业之前，所以当时的人们仍然靠打猎采摘为生。日本古代的阿伊努人（Ainu）对人类学家来说至今仍然蒙着神秘的面纱。有的认为这些毛发旺盛的人曾在日本东北部生存了 1 万年，有的估计阿伊努人最早出现在 3 000—4 000 年前的绳文时期（Jomon period）后半段。这与雅利安人（Aryans）东迁的时期相吻合。雅利安人在那里开拓新的殖民地，发展了新的传统并得以贯彻下去，并且还在基因库中扩散了这些新传统。在东征进行之前或是之后，阿努纳奇神灵被恩利尔（Enlil）授权管辖发展东方。因此，世界上的每个地方都曾有一族不同的神灵，每个神族都有自己独特的文化来管理当地的人类。

　　"阿伊努"在阿伊努语里的意思是"人类"。他们相信自然之神、房屋之神、山神、湖神等都与人类共同存在。在万物有灵这点上，他们并没有什么创新。因为我们从苏美尔人和希腊人的神话中就已经知道他们同样有不同的神灵来看管村庄和生活中的每一个方面。阿伊努人认为神灵帮助了人类，因此理应得到人类的感激。阿伊努人每天都要拜神，与神进行沟通。阿努纳奇迁移在大洪水过后就开始，神灵教导人类学会牺牲和膜拜。

根据现有的研究，我们了解到阿伊努人不可能简单地就养成祭拜神灵的习惯。除非他们真的能够与神灵进行沟通，除非他们能够与当地的神灵进行某种形式的直接联系，不然他们怎么会浪费时间在对生存和发展没一点意义的事情上呢？阿伊努人土地上的神灵或神明一定是非常真实的，一定也跟后人的神灵一样对人有许多要求。阿伊努人具有欧亚人种的身体特征，与亚洲人特征差异很明显。所以，他们究竟起源于哪儿至今仍是个谜。有种理论认为阿伊努人是高加索人（Caucasian）的后裔，也有理论认为他们独特的身体特征是因隔离而导致的，他们保存了蒙古人（Mongoloid）的人种特征，而其他蒙古人却通过多次迁移与其他人种混合进化。雅利安人曾开发东亚，阿伊努人有没有可能是其遗留下来的？就像他们在世界其他地方遗留下来的人一样。

日本的神道教（Shinto）文学用大量的日本神话来描述人们认为日本的历史起源是怎样的。我们能够清楚看清的是，日本的神话和宗教事实上是不可分离的。我们所知的最早的日本史料是公元712年的《古事记：古代的事物记载》（kojiki：Record of Ancient Things）和公元720年的《日本书记：日本历代志》（Nihongi：Japanese Chronicles）。《古事记》的第一部分介绍了"三尊神（trology）"，他在日本文化中存在，还开创了天和地。古罗马神灵的影响非常广泛，早已不仅局限在罗马天主教堂中。在张伯伦1882年翻译的《古事记》版本中，我们对这一日本最高神明有了一些了解。

据《古事记》中记载的一个故事，日本岛屿是由两个天堂而来的神灵创造出来的。男性神伊耶那岐神（Izanagi）和女性神伊耶那美神（Izanami）还生出了其他神道教的神，包括控制海洋、河流、风、森林和山的神。其中包括太阳女神天照大神（Amaterasu Omikami）和她的弟弟风暴之神须佐之男（Susanowo）。二人互相争斗，最终天照大神获得了胜利。这又与苏美尔和古希腊神话中天堂里的兄弟姐妹互相争斗很相似。

伊耶那岐神和伊耶那美神

由天堂来到凡间建设地球的造物男神和造物女神。其他男神女神都出现在他们之后，都是他们的后代。伊耶那美神被遣入地底，开始变得衰老和丑陋。伊耶那岐神想把她带回地面，但她不让伊耶那岐神来看自己。当伊耶那岐神来看她时，她设法囚禁了他。伊耶那岐神被伊耶那美神的复仇女神追求，成功逃出去并用巨石封住了地底的入口。有趣的是，在古希腊神话中，有厄里倪厄斯（复仇女神），在古罗马神话中有复仇女神，在日本神话中同样也有做脏污工作的复仇女神。伊耶那美神对此大感恼怒，发誓每天杀掉 1 000 个丈夫的下属。而她的丈夫则发誓每天生出 1 500 个。就这样，伊耶那美神成为死亡女神，而伊耶那岐神则为生命之神。

当然，这是一个神话故事，《古事记》里的所谓历史故事是这样的：伊耶那岐神冒险进入地底，寻找他深爱的妻子伊耶那美神。再一次，让人困惑的地方出现了。我们在这里居然涉及到了古希腊的地下神哈德斯。他是宙斯的兄弟，对伊耶那美神有一定影响。突然间，日本神话与古希腊神话交杂在一起了，日本神话里出现了一个古希腊神灵的名字，而且还出现得特别自然。要知道，他们之间相隔大约 6 000 英里。哈德斯是在哪里先出现的呢？古希腊还是日本？

《古事记》中记载的故事非常美丽。伊耶那岐神痛不欲生，决心到地域去找伊耶那美神，并不管牺牲任何代价也要把她带回来。他一路上面临着重重困难，但他信念坚定，终于克服了困难，到达了妻子被关押的大城堡。但是大门被许多恶魔看守着，这些恶魔有红色的也有黑色的。他们双眼紧盯着大门。伊耶那岐神绕个圈走到后面，可令他吃惊的是后门根本无人把守。他谨慎地溜进门去，探察了一番，并出声召唤他亲爱的妻子：

> 亲爱的，我来这里带你回家了。回来吧，我求你了，让我们继续贯彻天上的神的指示，完成造物的使命吧。因为你离开了，我们的任务只完成了一半就停在那里了。没有你，我怎么能一个人完成使命呢？失去你对我而言，就意味着失去全世界。

想想他有多吃惊听到他的妻子这样的回答：

> 啊！你来得太晚了！我已经吞下了哈德斯的火炉。一旦吃下地下世界的任何东西，我就再也不能回到地上了……我真心地希望能跟你一起回去，但是我却必须先遵守哈德斯神的命令。

苏美尔人的神灵各自管辖不同的地方，任命不同的神对各地去实行统治。日本的神灵也是这样。在下面的《神道仪式》摘要中，我们可以看到类似情况。

日本神灵之间的战争

　　在《古事记》的"通往天堂岩石屋宅的大门"一章中，我们注意一系列特别事件。历史学家们可能会对其有多种多样的不同解释。但，如果你不带感情色彩地来看待这些事件，你会看到与苏美尔泥版上对战争是如何毁掉阿努纳奇神灵的描述相近的画面。日本神灵甚至也模仿他们的苏美尔祖先：他们不断冲突，彼此为了权力而争斗。无论在哪种冲突情况中，都会有人胜利，有人失败。神灵之间任何形式的暴力战争对于早期的人类来说都是不可思议的。下文似乎用诗意的语言描述了一场冲突前奏，而随后爆发的战争成功地把反叛的神灵驱逐出"天堂"。随着人口的增长，阿努纳奇对地球上的事物有着更多渴望，这让他们在几百万年里经常爆发类似事件。

　　天之御中主神（Heaven-Shining-Great-August）紧贴通往天堂岩石屋宅的大门门后站着，一眼望过去会把人吓到，他能快速又隐蔽地行动。天堂里的整个平原被阴暗笼罩，里德平原中央大陆已是漆黑一片。就这样，永恒的黑夜占了上风。随即无数神灵的声音顺着第5个月亮传来：他们聚集在一起，无数悲哀的声音冒了出来。因此，800神灵聚集在天堂里的静河河床旁，打赌想象之神（Thought-Includer）能够想出一个计划，把永恒黑夜中长鸣的鸟聚集在一起并让它们歌唱，把天堂里沉重的岩石从静河河床边带走，把铁从天堂矿石山上带走……尊敬的召唤天神（Heavenly-Beckoning-Ancestor-Lord）虔诚地念着祷告，力量男神（Hand-Strength-Male）隐藏在门后，发光女神（heavenly-alarming-female）敲着周围的松石，天山上的鹭鹤也围绕在她身边……在门后放一个回响板和冲压踏板，她测试地踩了一下，让板子发出声响，但这动作让她的乳头露了出来，裙子的绳子也往下掉，一直露出她的生殖器官。然后800神灵都一起笑出声了……接着他们聚在一堆想主意，如何迫使高御产巢日神（High-Swift-Impetuous-Male-Augustness）接受1 000桌子的罚款，而刮掉他的胡子，甚至拔出他手指甲和脚指甲，再把他驱赶到神的流放之地。

阿迟鉏高日子根神（Aji-Suki-Taka-Hi-Kone）

雷神的儿子之一。他生下来就很能哭，长大一年后，变得更能哭。他们让他在梯子上爬上爬下，这样他才能安静下来。这就是为什么人们能一会儿听见打雷声，一会儿又听不见的原因。"天空之梯"是这个神话故事中最重要的组成部分。为什么所有的这些神话故事都认为神灵能够频繁地从任何角落飞上天呢？

天钿女命（Ama-No-Uzume）

富饶女神。她为了把躲起来的太阳吸引出来，就跳了一场艳舞。这个舞蹈象征着播种，等待太阳在冬季后重新照耀大地。同样教导人们农业和技术的雅利安人伊吉吉可能是她的先驱吧？

天照大神（Amaterasu）

太阳女神，天堂的统治者。风暴神须佐之男（Susa-No-Wo）摧毁了她的宫殿，她只能躲到了一个窑洞中。其他的神灵用尽各种魔力才把她救了出来，但一切都是徒劳。她不在的那段时间，黑暗和恶魔在大地上肆虐。后来，天钿女命用计谋把天照大神引出洞来，大地才恢复往常的样子。

弁财天（Benzaiten）

爱的女神，幸福之神中的一位。她骑着龙，弹着一种弦乐器。她与维纳斯、雅典娜和伊斯塔尔等其他爱神并没什么不同。他们似乎都喜欢音乐、舞蹈和文化。

毗沙门（Bishamon）

幸福和战争之神。同时掌管这两者确实有点奇怪。他保护人们不受疾病和噩梦的侵害。他出现时经常踩着一个光环般炫目的火轮，那个火轮看起来有点像命运之轮。

天津瓮星（Amatsu Mikaboshi）

天之御星。罪恶的神。

火神迦具土（Ho-Masubi）

火神。他的母亲造物女神伊耶那美神因生他而去世。他的父亲造物男神伊耶那岐神哀极生怒，杀死了他。他的血产生了八个神灵，从小婴儿的身体里出现了八座闪身。

河川神（Kawa-No-Kami）

掌管河流的神。大河有自己的神，但是所有水路都在其领导下。当河流发洪水时，有时需要用人命换来神灵的息怒。

地震神（Nai-No-Kami）

地震神，是日本万神殿的新成员。公元 7 世纪，他正式出现。这也从某种角度支持了那些天使故事的存在。

迩迩艺命（Ninigi）

天照大神的孙子，被派来统治地球的"神圣的孙子"。日本天皇的祖先。关于其名字和描述都与马杜克的支持者苏美尔伊吉吉极其相似，伊吉吉也是一名神圣的孙子。他娶了地球上的凡人，并帮助建立了白雅利安部落。但有趣的是，据苏美尔泥版的记载，他们半神半人的后代是埃及国王。其关系与迩迩艺命和日本天皇的关系类似。

大国主神（O-Kuni-Nushi）

魔法和医药之神。他起初是出云省的管事，但后来被迩迩艺命取代了。作为补偿，他成为肉眼不可见的精神魔方世界的掌权者。在这里，迩迩艺命和他之间的关系又让我们觉得非常有趣。因为在高级版本的雅利安神话中，伊吉吉原来也是掌管医药和技术的神灵。

富士女神（Sengen-Sama）

神圣的富士山女神。信徒们在富士山上迎接着她的光辉。苏美尔女神宁荷莎（Ninhursag），又称宁玛赫（Ninmah），"高贵的女士"——也有自己可依靠的大山。她是人类之母，亚当最初创造出的神灵之一。这样一种可能是否存在：她在东方被这群升起的太阳（象征日本）以这种方式被供养着，崇拜着？

风神（Shine-Tsu-Hiko）

风神。他贯穿了大地和天空之间的全部空间，与妻子一起支撑地球。在古希腊和古罗马神话中，也有着类似的神灵。

须佐之男（Susa-No-Wo）

暴风雨、蛇与农业之神。他是天照大神的弟弟也是其最大的对手。从出生开始，他就不断制造各种麻烦。天照大神从窑洞中逃出来后，就惩罚了他。其他的神灵刮光了他的胡子，撕裂了他的指甲，并惩罚他只能在地球上当个凡人。

在前面，我仅介绍了古代神灵中的部分，而各种文化和文明里的神灵可以多达上千，建议读者去看看这类文学作品，你一定会从中发现乐趣。一旦你开始意识到不同神灵之间的相似处和关系，你将会对整个神话世界有一个崭新的认识。多种多样的古代神灵及其与人类的关系对现代社会的我们异常珍贵，尽管今天的人们几乎很难能意识到其中的含金量。如果说以上文化中那么多的相似之处是完全巧合，那我真的不能相信了。苏美尔神灵发生过的故事情节在世界各地的神话中都得到了重现：有高级的神、低级的神，有慈善的神、暴力的神，有至高无上的神和神的儿子，有掌管房屋的神和与性有关的游乐园等。都是女神和他们的后代谱写了神族的家谱。世界各地神族都有着相同的等级结构：既紧密相连又因对权利的渴望而高度分离。在这种行为背后起作用的遗传成分一定是我们从神族遗传的被设定好的 DNA。在第 13 章，我们会专研人性从起初到当今的伟大史诗，指出人类从被创造出来就从造物主（天地之神）那里遗传到了这一个缺陷明显的遗传特征。苏美尔史料中对其有详细的记载。

第13章　先知的奥秘

你如何看待耶稣基督这个形象？是将他看作神之子，还是将他当作一个得到启示并以一己之力承担世界纷扰的先知？无论如何，耶稣基督留下的遗产鼓舞了亿万人民。与耶稣相关的讨论几乎总是充满了激情，时常热切讨论他的人们仿佛深爱他的一切。他们大胆地讲述着耶稣所做过的事，耶稣的反应，讨论说耶稣说过的话。历史由历史学家书写，它告诉了我们耶稣各种各样的故事，而这些故事往往受到许多质疑。宗教学者能够告诉我们的那些关于耶稣其人的事，也只是学者们从《新约》(the New Testament) 中读到的。我必须补充一点，很多写在《新约》上的东西可能与原始的教义完全不同。如果将所有关于我们祖先的书籍和本书中提到的新证据纳入考虑范围，我们虽不情愿但必须承认：我们是一个更为先进物种的后裔，这个物种将我们当作奴隶创造了出来。通过本书，我们还可以明白：耶稣基督到底是谁？

通过在一个拥有许多不同版本《圣经》的网站上的搜索，我得到了一个令人惊讶的结果。耶稣、基督、弥赛亚（Messiah）和上帝之子这些词最早出现在《圣经》的《马太福音》(the Book of Matthew) 中。如果我估算无误的话，《马太福音》是《圣经》的第40本书，也恰好是《新约》系列的第一本书。按照推测，"弥赛亚"是《圣经》中的主要人物，但在《马太福音》之前他却从未被提过，这不是很奇怪吗？如果耶稣是《圣经》的主角，预言中的救世主，是《圣经》存在的最终原因，我们在《圣经》如此靠后的部分才看见他的名字难道不古怪吗？

我用生命中的大部分时间做了这个研究，因为所知的故事，我被耶稣感动，却也对这一切的起源感到困惑。我必须承认，我对耶稣天真的敬佩一再地被不同的牧师改变着。我所相信的是，民间宗教将人性中的爱和善意变成过分单纯化的概念。而如果我往更深处发掘，我得到的信息会迫使我重新思考，再一次审视我脑中的那些关于耶稣的天真看法。我的怀疑被一个接一个证实，在精心雕琢的耶稣形象背后，一定有一个无休止的狡猾阴谋。就像亚伯拉罕（Abraham）一样，耶稣也许还有他的另一面，他准备好了理由来束缚和管理人类。耶稣是一个人，这个事实我们不能否认。他曾活着并到处旅行宣讲他的教义，这是历史事实。但谁是他的父母，他的血统来源于何处，谁精心安排了他的出现，又是谁策划了耶稣几千年来的预言？有新的证据表明，基督预言的出现比我们所能想象的要更早。人性起源与耶稣起源是否有着相似之处。

正如我曾指出，真正令人费解的是《旧约》中并没有提及"弥赛亚"。"弥赛亚"这个词第一次出现在《约翰福音》，而"救世主"第一次出现在《申命记》中。这让我相信，将"救世主"作为"神之子"的想法是后来才有的，直到《旧约》提到恩利尔或马杜克和他们的"天使"结束后，他们意识到对人类的暴力，压迫性的做法需要改变。他们意识到，经过几千万年的进化后，人类已大幅进化，变得更聪明了，他们所准备的阿努纳奇神已经不再那么适用了。这意味着，神需要修改他们的计划，并设计一轮新的变革。我们必须研究耶稣和创造耶稣的上帝之间的关系和他们的奇怪行为，来探寻他们之间潜在的关系。前面我们提到，历史书是由胜利者书写，恩利尔、恩基和马杜克之间的斗争，也是如此。不幸的是，不喜欢人类的恩利尔战胜了人类的兄弟纳菲力姆神。胜利的恩利尔掌管了记录人类活动和控制人类命运书写的事务。他的任务很简单：让人类保持未受过教育的状态，一直无知并愚蠢着。用恐惧来控制人类，让人类保持忠诚和顺从。恩利尔不时地展示自己的力量和优势，让他们感到害怕。做一位有复仇感却可爱的神，奖励那些安静地服从和少问问题的人。在《圣经》中描绘的，当亚伯拉罕不再是恩利尔最喜欢的领导人之一时，马杜克被赋予了掌管埃及的权利。马杜克被称为拉（Ra/Re），也就是埃及人所说的阿蒙（Amun）。要创建自己的大批追随者，恩利尔"选择"以色列人作为他"命定"人，并将以色列人从奴隶状态中解救出来，也就是从马杜克的统治下解救出来。恩利尔获得了希伯来人永恒的忠诚，并将自己塑造成了以色列之神。恩利尔承诺给他的追随者们"牛奶、蜂蜜、土地"，但在实现承诺的过程中，他们首先要征服许多其他国家的人民，而这些人民无疑是马杜克的支持者，不是神所爱的人民。

恩利尔的地位高于恩基，恩基和恩利尔之间的分歧，早在伊甸园中已经产生，这在所有的《圣经》经文中，包括所做的预言中都是很重要的一部分。我们会在最后一章中更详细地探讨这个分歧，揭露恩基如何被打上蛇和魔鬼的标签，以及为何人不可与他交往。计划被强势的强加给人类，它永远占据人类操纵和宣传史册的榜首。可能需要经历几百年以上的杀戮流血，人类才能发现真相——恩基是"好人"。历史是由胜利者书写，而真相或许被局部掩盖，这其中《圣经》就是胜利者恩利尔书写。随着时间流逝，我们越来越接近找到我们的起源，我们了解到，恩基是亚当的创造者，他试图多次提点人类，教会他们知识，告诉他们信息，但恩利尔不会允许他的奴隶物种威胁他，或在地球上定居。在人类经受长期的奴役后，真相开始渐渐显现出来。撒迦利亚·西琴最近发表的《失落的恩基书》中揭露了一些令人难以置信的事，为我们提供了很多支持性的证据，同时，这本书填补了一些片面的历史书缺口。

当我刚开始读这本书的时候，觉得自己好像是偶然发现了圣杯。无法用言语形容这种冲突的感觉——你开始接触的那些古老泥版上的内容与脑中原本的东西完全不同。鼓舞人心的是，泥版已出土且上面的文字被翻译了出来，你现在可以阅读的是西琴和许多其他人历经数十载工作得到的结果。阅读 5 000—4 000 年前黏土中记载的《圣经》的确是一个超现实的经验。而它的妙处就在于，你无法用增白剂擦除字迹，你也不能回到过去修改什么，它是无法被伪造的。这些泥版揭示了人类起源，并支持所有本书中我关于人类祖先的推测。泥版的出现，以一个简单的方式将事实唤醒，它同样支持恐怖的理论——我们从出生那天起就被操纵着，被迫服从着。自问：有多少宣讲《圣经》的人见过古代最早的经文——几乎没有。我们在保存完好的黏土中发现了关于亚伯拉罕时代的记录，它向人类提供了重要的信息，并完全改变了我们曾经被教导过的一切。突然，"上帝"变成了魔鬼，而魔鬼创造了我们。我们要相信它……还是忘掉它？既然我们已经指责了许多《旧约》的内容，让我们围绕《新约》来看几个非常重要的技术问题。

围绕耶稣诞生所记录的事件疑点较多。耶稣诞生的时间、地点和耶稣出生的镇子这几个极其可疑的历史条目从未统一过。他的诞生日期在不同的出版物上均不相同，存在争议。耶稣的诞生日从公元前 1 年修改到了公元前 7 年，看起来似乎历史学家和神学家之间冲突不断。有趣的是，当你谈论约瑟（Joseph）和玛利亚（Mary）的儿子耶稣时，你头脑中的历史领域像是有一个警惕的管理人在主持大局。但当你说"耶稣是神的儿子"时，你就走进了宗教教条世界，在这里，主持大局的是一个好战的管理者。似乎在这个隐秘的对人类失败管理的策划中，耶稣并不是唯一受害者。同样令人信服的证据表明，先知穆罕默德（Prophet Muhammad）和佛陀也被恩利尔任意地用在了以恐惧来奴役人类的阴谋中。我不骗你。他利用过太多那些最强大的角色，所以我建议你抛开你曾经相信的一切，并准备消化一些才被公布的证据。

在很多人脑中都有这样的一幕：耶稣走过每一个城镇村庄，布道，人们被深深地感动，耶稣受到人们的欢迎，所有人都听着耶稣讲述的精彩故事。然而，真相并非如此。耶稣在那时候并不受人们欢迎。让人们冒各种可能的危险去听耶稣讲道并不容易。奇怪的是，很少有证据表明耶稣在他短短三年的布道中说过或做过什么吸引人的东西。可能除了《登山宝训》（*The Sermon on the Mount*）之外，大多数描写耶稣的材料只是在他死后由他的弟子、使徒和其他一些感兴趣的人所著。大约 300 年后，这些人记录的信息被收集起来汇编成了《新约》。《新约》的"编辑"在公元 325 年才开始，"编辑"指的是由特殊的教会理事会做的删除和修改。这个高度机密的操作一直持续到 12 世纪。我觉得这有点可疑，不是吗？如果这真是"上帝说的话"，他们为什么要花这么长时间来编辑和修改？显然，教会里的众人有不同的想法，他们也存在争论。他们对《新约》应有的内容有自己的想法，或者他们听命于某些人！整个过程的背后或许还有策划者，对，你可以说："这是神的力量"，因为它似乎的确如此。然而，这里的"神"（god）只是耶稣而不是耶稣背后真正指导并修改一切的上帝（God）。在 5 000 年前，人类的祭司和大祭司是由阿努纳奇人任命的，他们向人类宣传耶稣并消除人类对"恩利尔神"的恐惧。到了公元 12 世纪，他们成功树立了纳菲力姆，恩利尔和上帝的形象，他们的计谋无人能及。公元 553 年，在君士坦丁堡第二次主教会议（the Second Synod of Constantinople）中，教会的编辑删除了《圣经》中所有耶稣关于轮回的说法。这是很重要的一部分，也是耶稣早期的追随者一直坚持的内容。轮回证明了耶稣年轻的时候受到东方文化的影响，他吸收了印度教和佛教的许多不同的文化。更重要的是，在 12 世纪时，拉特兰安理会（the Lateran Council）将"三位一体"的概念融入《圣经》，那显然不可能是耶稣的想法。"三位一体"的想法在公元 325 年尼西亚公会议时已经出现了一次，那时正是雅利安人（Aryans）质疑耶稣合法性的时候。早在 4 世纪，基督教领导人之间就有关于"子与父"的确切关系的争议。亚历山大的教士阿利乌（Arius）告诉我们，曾有一段时间，耶稣是不存在的，因为他不与他的父亲永存。他进一步说，父、子、圣灵，是三个独立且不同的实体。儿子服从于父亲，儿子是父亲的一个"创造物"。这些说法让阿利乌受到谴责，公元 318 年，他被逐出教会。

　　早在公元 2 世纪，里昂的爱任纽（Irenaeus）就将圣灵和耶稣描述成"上帝的两只手"。爱任纽给了我们另一个"神的部分"的功能暗示，他说："借着圣灵，神创造了世界，通过耶稣，他开始救赎。""三位一体"这个词很可能是公元 3 世纪德尔图良（Tertullianus）创造的，其来源于他对这个问题的大量写作。另一位基督徒之父，奥利金（Origen），进一步发展了教义，但并未将圣灵与上帝看做同质。在尼西亚举行的会议制定了一条教义，虽然君士坦丁堡理事会于公元 381—382 年修订了该教义，但它仍被称为《尼西亚信经》。《尼西亚信经》肯定了圣父、圣子、圣灵同体的教义。

　　奥古斯丁（St. Augustine）在他的书《三位一体论》（On the Trinity）中总结道，圣灵是由父子而出，是父子的"互爱"。他还写道，圣灵是父子馈赠给人类的。这种解释仍然没有说明圣灵的作用和圣灵是如何产生的，圣灵仍然是个谜。另外一个问题是，如何解释耶稣的性质。每个人都接受的说法是，耶稣是人。但人如何同时是"神"？随着异教观点的不断传播，雅利安人提出了不同教义。尼西亚和君士坦丁堡会议设立的主要原因之一就是：消除教会内即将发生的大规模分歧以及排斥可察觉到的异端。这并不令人感到意外，大部分主教都跟随亚他那修主教（Bishop Athanasius）肯定耶稣是与父同质的，相比之下，阿利乌和他的追随者认为，耶稣不可能是"与神同一"，他是一个"创造物"。因此，君士坦丁大帝（Emperor Constantine）坚决地驱逐了阿利乌和他的支持者，同时《尼西亚信经》，肯定了耶稣与神是同质的。公元 451 年，在卡尔西会议（the council of Chalcedon）上，教皇利奥一世（Pope Leo Ⅰ）就"神和耶稣"这个难题提出了一个解决方案。他宣称神和上帝是"一个人的两种性质"。对于父亲来说，他的奇迹，他的行为和他说的话，是证明他神的身份的证据。这个规则对于新兴的宗教来说是一种安慰，主教们可以满意地去他们的教区，因为他们已经解决了一直困扰神学数十年的问题。

这一切真正的意思是，基督教教会有完全的自由去改动原著，制定《新约》，按照他们的喜好，加上任何他们认为对人类有必要的精神消耗，删除所有不符合他们心中《圣经》内容的东西。幸运的是，很多被删除的书籍被保存下来，他们被编译成文字合集——《伪经》（*The Apocrypha*）。从本质上讲，这些被删除的东西，被教会视为半信半疑的内容。这再一次指向那个由更大权力的神操纵的险恶计划。根据维基百科，《伪经》的定义是这样的：

> 《伪经》是个希腊词，意思是"隐藏的"，一般指不被视为规范，或公认经文的一部分，其风格和年份与公认的经典的宗教作品大致相似。这类作品往往被认为未从神（比如智慧之神或圣灵）身上"得到启示"，或仅仅有"极少的启示"。《希伯来圣经》（*Hebrew Bible*）中的大多数未用希伯来文书写的内容被认为是伪经，如希腊或阿拉姆语（*Aramaic*）所书写的部分，或保留下来的非希伯来语的译文。

你必须记住，耶稣从未写过《圣经》。《圣经》所记载的都是不同的人书写的关于耶稣的内容，大部分人在写作的时候，耶稣已经去世。我强烈建议你在网上看看《伪经》，里面的东西读起来很有趣，它会让你感到惊奇。其中一本从《圣经》剔除的内容是关于耶稣的诞生和他的童年，一直到他回到出生地，开始布道的故事。这本被丢弃的书与教会希望呈现给世界的正式版本不同。一旦你看过这个被"隐藏"的故事，你就难以反驳"人类被更高权力的神操纵着"的证据。精彩书籍有：《抹大拉的玛利亚福音》，《耶稣童年福音》，《雅各福音书》等等。

根据《伪经》，基督的诞生是这样的：其祖父约阿希姆（Joachim）是希伯来寺庙中的牧师，因他和妻子安娜（Anna）无法生育孩子而困窘万分。像他这样地位的人应该有一位继承人，这对夫妻时常感到羞愧。一天，他站在田地里，一个散发着白光的天使出现在他面前。天使安抚了受惊的约阿希姆后，对他说，他的妻子会在天使的帮助下生一个孩子，但他们必须将孩子放在耶路撒冷（Jerusalem）的一个寺庙中，由牧师和天使来抚养。是以，安娜生下了一个女儿名叫玛利亚，她3岁时离开被带到寺庙抚养。玛利亚是一个由牧师和天使带大的儿童。在她14岁时，回到尘世结婚。她没有选择丈夫的权力，抚养她的牧师和天使替他挑选了一个叫约瑟夫的年长男子。但约瑟夫并不愿听天使的话，他们要说服他。后来，约瑟夫终于同意这门婚事，他回到了他的家乡伯利恒，为他的新妻子准备房子，同时玛利亚去了加利利见她的父母，准备开始她的新生活。一天，一个叫加百列（Gabriel）的"天使"出现在她面前告诉她，她会生出新的救世主。玛利亚感到很困惑，因为她还是处子。

关于童贞女生子，有许多理论和解释。不管你相信的是什么，公认的说法是玛利亚受到圣灵的感应，因此孩子是圣洁的，因为他不是孕育于情欲。玛利亚身上发生了什么永远是个谜，但有许多所谓的天使出现在这个故事中，我们在那段时间里暗自怀疑这些天使正是恩利尔和他的心腹。如果恩利尔想要在他对人类的操控下再添一笔的话，他会想要确保他杜撰出来的弥赛亚在某种形式上遗传了他的至高地位。这包括让年轻的处女怀孕，目的是为了让年轻的耶稣带有明显的遗传优势。这样一个简单的过程无疑给了耶稣其他人不具备的能力。他奇迹般的人生和治愈能力证明了这点。我们还必须记住，性爱这个整体概念，无论是为乐趣或为传宗接代，都被贯为罪恶的行为。这就是为什么说所有的人将出于罪孽。这是另一个很好的例子，证明神想控制奴隶物种的繁衍。芭芭拉·塞尔温（Barbara Thiering）描写了大量关于爱色尼派信徒在库姆兰（Qumran）要塞举行宗教仪式的习惯。在她的书《耶稣其人》（*Jesus The Man*）中，她围绕文化和风俗对童女生子做出略有不同的解释。

根据塞尔温的描述，当约瑟夫从伯利恒回来接他的年轻妻子玛利亚时，发现她怀孕了。他感到困惑，还有点惊慌，以为玛利亚已经成为一个妓女。还没等他抛弃她，一个天使出现在他面前解释说，玛利亚仍然是一个处女。这一定是一位非常有说服力的天使，因为其后约瑟夫与玛利亚一起在加利利待了 9 个月，在他们启程前往约瑟夫的家时，玛利亚将会把孩子生出来。但在回家的路上，一切并没有按他们所想的发生，因为玛利亚前往城镇的郊区去劳动。他们能找到的唯一的避难所是一个山洞，也正是在这里，耶稣诞生。《伪经》中《耶稣童年福音》的描述是这样的：

> 当他们来到山洞，玛利亚向约瑟夫承认自己的分娩时机已到，她不能去城镇，还说，让我们进山洞去。当时太阳快下山了。但约瑟夫匆匆离去希望可以找到接生婆，而当他看到一个来自耶路撒冷的希伯来老妇人时，他对老夫人说，好心人，请过来，走进山洞，里面有一

个女人正准备分娩。在日落之后，老妇人和约瑟夫到了山洞。瞧，山洞中满是光，那光远比灯具和蜡烛散发的光更亮，甚至超过了太阳的光。随后婴儿被包裹在襁褓内，并吸吮他母亲，圣母玛利亚的乳房。

——《耶稣童年福音》

山洞里明亮的光可能是某种更为先进的技术，无法解释。还有其他关于耶稣诞生时的超自然现象，比如伯利恒之星（the star of Bethlehem）。多年来各种对于这颗明亮恒星的解释陆续被提出，其中包括了许多恒星和行星在那个时候聚在一起的解释。毫无疑问，恒星行星聚集这样的事也在耶稣诞生的几年发生过，但这样极少的聚集并不可能产生《雅各福音书》所描述的结果。"我们看到了一个非常大的恒星在满是星光的天幕上闪耀，它的光芒胜过其他星星，甚至盖住了它们的踪迹……"没有任何行星、恒星、彗星或以上的聚集可以发出如此明亮的光。伯利恒之星被描述得更为辉煌明亮。它不仅闪烁着令人难以置信的光，掩盖了其他星星的光，还在三名智者（贤士）上空盘旋，引导他们，让他们从远方来到婴儿面前。《雅各福音书》接下来是这样描述的："智者出发了，他们在东方看见的那颗星引导着，直到他们来到山洞，看见孩子和他的母亲玛利亚。"但这个不可思议的故事并没有到此结束。在他们与玛利亚和婴儿耶稣交流后，那颗星又引导三位智者回到东方。就像《雅各福音书》写的，"直到他们返回自己的家前，那颗星一直引导着他们。"

《圣经》的版本描述的情况很相似，但故事的地点不同。它明确指出，耶稣在一个房子里出生。这不正是各种教会进行所谓编辑的证据吗？他们明显感到，一个山洞不应是将来弥赛亚出生的地方。下面是《马太福音》的描述：

他们听见王的话就去了。在东方所看见的那颗星忽然在他们前方直行，直行到小孩子的地方，停住了。他们看见那星，就大大的欢喜。进了房子，看见小孩子和他母亲玛利亚，就俯伏拜那小孩子。揭开宝盒，拿黄金、乳香、没药为礼物献给他。因为在梦中被主指示不要回去见希律，就从别的路回本地去了。

书中还讲了逃往埃及的故事：

　　他们去后，有主的使者向约瑟夫梦中显现。"起来"，他说，"带着孩子和他的母亲，逃往埃及。住在那里，等我吩咐你，因为希律必寻找小孩子，要除灭他。"

　　根据我们的推论，恩利尔和他的亲信正在计划和操作所有这些事件。这实在是有趣。再次，当有明显的危险信号时，天使出现了。他这次在同一个梦中警告了贤士和约瑟夫。这些微妙但重要的事件表明，他们的计划是多么周密。仿佛在今天，你快速创造一个英雄，你筹划了一场刺杀他的行动，但他在历经千险后逃了出来，并开始讲述他坎坷的经历。这一次是贤士走过了漫漫长路，将这一消息——真正的弥赛亚已降生并且生命受到了王室的威胁，传播到了当时的文明世界。我们不应对这一精妙的布置表示惊讶。美国中央情报局和其他秘密的政府部门都在不断进行类似涉及公民的操纵事件。显然，我们继承了不少纳菲力姆的基因。所以，弥赛亚已降生的消息立马传播开来。国王已知道他的存在，并且不希望他活着。

　　芭芭拉·塞尔温的关于耶稣是童贞女生子的版本有一点不同。她在关于《死海古卷》的研究中表示，约瑟夫作为一个艾赛尼派教徒，正在库姆兰寺庙恪守独身这一宗教原则。独身对艾赛尼派是非常重要的，它被视为人生最神圣的方式。他们将婚姻和性看成是罪恶的，你越独身，就越接近神。住在库姆兰寺庙厚厚的墙壁后的艾赛尼派教徒的最高教义完全脱离世俗。当他们将生命奉献给神时，他们分享所有的一切，不留一物。当他们需要生育以维持血统时，他们会在特定时期内，外出寻找合适的女性。他们在拥有第一次婚姻前的择偶期或订婚期可长达三年。在此期间，那位女性可能会怀孕。前三个月该女性可能会流产，之后他们或许会有第二段婚姻。但是，我们的玛利亚孕育着圣灵的孩子。传统上这意味着她还是处子，因为当她怀孕时，她并未举行婚礼。起初约瑟夫不想和这孩子有什么关系，但一个天使劝他继续婚礼，并将它当做第二次婚礼。

　　缺乏耶稣年轻时生活的信息是令人困扰的。在弥赛亚成长的过程中，他是如何成为人性化的偶像，在年轻时已然传播真理和智慧了吗？当然，如果你真的想启迪世界各地的人们，这将是显而易见的事情？但事实并非如此。相反，耶稣被驱逐到一个遥远的地方，他在那里准备着，很有可能是被教导着在一场面向人类的惊天骗局里担任最重要的角色。在他 12 岁那

265

年，他曾短暂地出现在一群希伯来学者面前，但随后他又消失了 18 年。阿努纳奇神在近东，以色列和埃及太过著名。恩利尔为了他的被保护者的体面，不得不选一个更加偏远的位置。在 30 岁左右的时候，耶稣又一次突然出现，仅仅 3 年后，他就受难了。实事求是地试想一下。在充溢极端财富和大众媒体的当今世界，三年内打造一个全球性品牌是非常困难的。然而，在 2 000 多年前，仅仅三年时间，一个人就成为了全球性现象？围绕着他的活动的公共关系和他认识的传播方式使我意识到，就像阿努纳奇神一样，在这一主线后面一定有一股强大的力量。但耶稣在他的时代并没有我们所想的那么成功。事实上耶稣成为当今的奇迹花了 2 000 年时间，因为在他生活的时代他只有少数追随者，他的布道也引起了一些动荡，但并不算大。如果基督逝世 300 年后没有君士坦丁大帝的出现，基督教很可能依然是一个规模极小的教会。

众多历史学家披露了耶稣年轻时在波斯和亚洲的这段备受关注的历史。它们非常具体，并不是伪造或巧合。它们不像那些寓言故事一样，说耶稣和他的父亲在木工工场里工作。如果是这样的话，谁负责他的精神和哲学教育，为什么我们在那些年里没有他的消息呢？依据当地习俗，艾赛尼派男孩在大约五岁时会进入修道院，接受适当的教育。一些历史学家声称，这正是年轻的耶稣所经历的，就在地中海边上的一个修道院里。《新约》中耶稣在 12 岁时短暂出现的原因是为受戒礼做准备，这之后他又奇迹般地消失了 18 年。历史学家和纪录片制作人都对青年基督的隐世生活做了大量研究。他们中许多人认为，耶稣在此期间游历了亚洲并吸取了他们精神领袖的宗教信条。基督的旅行可能是艾赛尼派赞助的，因为他们的宗教文化源自东方的雅利安和琐罗亚斯德（Zoroaster）的宗教。

古代佛教卷轴显示，耶稣从 13 岁到 29 岁都呆在印度和西藏，度过了 17 年光景。那时，他研习佛经、弘扬佛法。与此同时，他还是印度教的圣人。耶稣基督从耶路撒冷到贝拿勒斯（Benares）的旅行由婆罗门（the Brahmins）历史学家们记录了下来，他们直到今天仍然了解他，爱他如圣伊萨，他们的"佛陀"。这一历史直到 1894 年才浮出水面。当时，俄国医生和探险家尼古拉斯·诺托维茨（Nicolas Notovitch）出版了一本书，名为《耶稣基督的佚史》（*The Unknown Life of Christ*）。诺托维茨行过广袤的阿富汗、印度，进而穿过壮观的波伦山口，越过旁遮普，行至干旱多岩石的拉达克地区，进入喜马拉雅山脉的克什米尔山谷。他在 1890 年的一次旅行中参观了拉达克的首府列城，不远处就坐落着西米斯的佛寺。他因一次事故摔断了腿，因而他有机会在列城逗留几天。他在那里时了解到，佛教徒有古时耶稣基督的生活记录。诺托维奇很震惊，他刷刷地在旅行日记中记下这段传奇的藏文译文，并且小心地记录了 200 多首诗，这些诗来自那本名为《圣伊萨的一生》（*The Life of St. Issa*）的奇书。他了解到，"伊萨"是对"耶稣"的直译，这一名称今天也为很多穆斯林所沿用。他看见了已泛黄的两卷圣伊萨的传记。诺托维奇召集他的同伴翻译藏文书卷，他自己则在他的日志背面仔细地记录每一首诗。当他回到西方世界时，人们对文献的真实性抱有很大争议。他被指责为骗局设计者，被讥为骗子。为了辩护，他鼓励一只科学考察队去证实原始的藏文文献的确存在。在表示质疑的人中，有一个印度教僧侣史弯米·阿喜达南达（Swami Abhedananda），他是室利·罗摩克里希（Sri Ramakrishna）的弟子。1922 年，史弯米·阿喜达南达到达拉达克，试图揭露诺克维茨的骗局。在询问过主持圣伊萨的事迹后，主持给他看了诺克维茨旅行笔记中所记档案的原稿。他惊讶地发现 224 首诗的孟加拉语译文几乎和诺克维茨所写的完全相同。阿喜达南达相信了伊萨传奇的真实性。1925 年艺术家，哲学家，尼古拉斯·罗厄烈冶（Nicholas Roerich）访问中亚地区，记录中亚人民的习俗和传说。他出版了两本日记，《亚洲的心脏地带》（*Heart of Asia*）和《喜马拉雅山》（*Altai-Himalaya*），其中都含有圣伊萨的故事。罗厄烈冶说，比手稿本身的发现更重要的是耶稣的传说，传播偏远地区的文化现象。他在《喜马拉雅山》中写道：

　　那些怀疑基督在亚洲生活过的人，可能都没有意识到聂斯托利派对亚洲各个方面的巨大影响，以及所谓的《伪经》是如何在古代传播的……许多人还记得诺托维茨书中的几行字，但在这个网站上，有更好的发现。在几个变种之中存在相同版本的伊萨的传奇。当地人对出版书一无所知，但他们知道这个传奇并且在提起圣伊萨时深为崇敬。有人可能会问伊萨和穆斯林、印度教徒、佛教徒有什么关系。我们有必要去探寻这些伟大的观念，以及它们是如何渗透到这些地区的。这些传说的来源很难求证，不过，即使这些传说都起源于古代基督教《伪经》，就现阶段而言，它仍对我们分析为什么这些传说会传播如此广泛有极大帮助。听到当地印度教徒居民讲述伊萨如何在集市旁的一棵现已不在的树下的水塘边布道是非常有意义的。通过这么纯粹的物理参照物，你可以发现这个问题多么受重视。

根据佛教传说，伊萨大约 13 岁时到达亚洲，向多个大师学习。他在汲取知识的过程中也开始自己布道。该文件进一步指出，"圣尊"，在大约 16 年后回到了巴勒斯坦，当时他 29 岁。这同耶稣的神秘完全吻合，由于我们并未发现类似的巧合，耶稣似乎自他在巴勒斯坦担起改变世界的使命起变成为了一个有学问和游历的人。圣伊萨传奇进一步加强艾赛尼派和雅利安的联系，它指出：

> 在 14 年里，年轻的伊萨，圣尊（the Blessed One），来到了信德省（Sindh）的这一边，并和亚利安人住在一起。

信德省是巴基斯坦西部的一个省，亚利安人即雅利安人。

传说耶稣曾向白人雅利安婆罗门祭司（Aryan Brahman Priests）学习，这位祭司对耶稣的到来喜出望外。"白人婆罗门祭司热烈地欢迎他"，传说：他学习阅读和理解《吠陀经》，以及如何教导和阐述这些印度教经文。但是，耶稣很早就显示出他的本性，他不顾文化习俗，开始帮助更低的种姓。他抗议他们的歧视性行为并质问为何上帝会区分他的子民。首陀罗（the Sudras，低种姓的人）被禁止参加吠陀的阅读，因为他们被定罪为永远的奴役，服务婆罗门、刹帝利（the Kshatriyas），以及高等种姓的吠舍（the Vaishyas）。耶稣不同意他们的哲学并公开提出了质疑。《圣伊萨传奇》（*The Legend of St. Issa*）中写道，"上帝并不将他的子民区别对待，他对他们一样疼爱，"伊萨说。伊萨无视他们的反对，同首陀罗接触，布道反对婆罗门和刹帝利。"那些剥夺他们同胞幸福的人，他们自己的幸福也应该被剥夺。婆罗门和刹帝利应变成首陀罗，上帝应该同首陀罗永远居住在一起。"请注意，一些历史学家对首陀罗的拼写有不同说法。对吠舍的拼写也有不同。

伊萨在亚洲的讲道令人震惊，因为它们若干年后反映了耶稣的话。

> 他在印度的几个像贝拿勒斯这样的老城待过。人们都喜欢他，因为伊萨和那些他教过以及帮助过的吠舍以及首陀罗和平相处。但婆罗

门和刹帝利告诉他，吠舍只许在节日里听《吠陀经》，首陀罗不仅不能读《吠陀经》，甚至连看也不能看。伊萨说，寺庙里满是人们的憎恶。为了向金属和石头致敬，人们牺牲了自己尚存些许至上精神的同伴。人们瞧不起那些胼手胝足，只为获得那些坐在华丽的甲板上游手好闲之人的恩惠的人。但是那些使同伴丧失了共同祝福的人自己的祝福也该被剥夺。吠舍和首陀罗非常震惊，不知道他们能做什么。伊萨指导他们："不要崇拜偶像，不要优先考虑自己，不要羞辱邻居，帮助穷人，扶助弱小，不行恶，不要觊觎那些不属于你，属于他人之物。"许多听说这些话的人决定杀了伊萨。但伊萨事先得知了这件事，连夜离开了那个地方。随后，伊萨到了尼泊尔，到了喜马拉雅山脉……"那么，为我们创造一个奇迹，"寺庙的仆从要求道。然后伊萨回答道："从世界被创造的那刻起，奇迹一直发生着。看不见奇迹的人便失去了人生中最大的礼物。但是，你有祸了，人类的敌人，你们有祸了，如果你等待人们用奇迹证明他的能力。"伊萨说，一个人不应该力求用自己的眼睛去看待永恒的精神，而是用心去感受它，然后成为一个纯粹的和有价值的灵魂……你不仅不该将人类当成贡品，也不应该屠杀动物，因为他们都是给人类使用的。不要偷别人的东西，因为它会被你附近的人夺走。不要欺骗，这样反过来你就不会被欺骗……当心，你们，你们把人类引离正道，使他们充满迷信和偏见，蒙蔽看得见的人，鼓吹屈从于物质的东西。

　　然后耶路撒冷的统治者彼拉多，下令捉拿牧师伊萨送去法官判决，但这一切并没引起民愤。伊萨说："在被恐惧占据的黑暗中寻找道路，聚集力量，相互支持。支持邻居的人自己的力量也会增强。我试图在人们心中重树摩西律法。我告诉你，你不明白它们的真正含义，因为他们所教的是宽恕而非报复，但这些意义被扭曲了。"然后统治者将乔装的仆从送到伊萨身边，让他们监视伊萨的行动并将他对人们说的话报告给他。"你只是人，"耶路撒冷统治者的伪装的仆从接近伊萨说，"告诉我们，我们应该实现凯撒的意志或等待即将到来的解脱吗？"但伊萨认出了乔装的仆从，他说："我没有预见到你们会从凯撒那里解脱出来；但是我说过沉浸在罪恶中的灵魂可以从罪恶中解脱出来。"在这个时候，一位老妇人走近人群，但又被挤了出去。然后伊萨说，"崇敬女性，宇宙的母亲，她体内藏着人类的真理。她是一切善与美的基础。她是生命与死亡的根源。她是人类存在的依靠，人类劳动的寄托。她经过痛苦的分娩生下你，她守护着你成长。祝福她，尊敬她，维护她。爱你们的妻子，尊敬她们，因为她们是母亲，以后整个民族的祖先。她们的爱使人们尊贵，她抚慰痛苦的心灵，她驯服野兽。妻子和母亲，她们使宇宙生色。像光明从黑暗中划分出来一样，女性拥有区分善念和恶意的天赋。你从她们那里得到道德力量，这是你们必须用以帮助身边的人的力量。不要羞辱她，因为这样你会羞辱自己。你做的一切带给妈妈、妻子、寡妇，或另一个女人悲痛的事情，同样应该施加到自己身上。"伊萨这样教导人们，但统治者彼拉多吩咐他的一位仆从控告他。伊萨说："不久之后人们的意志将被净化为最高意志，人们将融合在同一个家庭里。"

有趣的是，耶稣见到了一些统治东方的神灵和天使。"拉萨附近有一处传诵道德的寺庙，里面有大量的手稿。在这个寺庙里，耶稣熟习它们，认识那些东方的圣人。"

这一行为引起这么多的摩擦，是一些白衣祭司派出他们的仆从去杀伊萨。然而他收到了关于阴谋的警告，逃离了圣城奎师那（Djagguerna），来到了佛教国。耶稣在那里待了 6 年学习巴利语和神圣的佛教著作——《佛经》。传说，耶稣"能够完整阐释圣卷"。

这种布道同《旧约》中复仇之神形成对比，上帝会选择他最喜欢的一群人，使他们的地位高于他人。这时，叛逆的耶稣开始认真地传播"所有人都是平等的"。这是恩利尔一个绝妙的策略，他正为年轻的弥赛亚准备他在人类宗教史上最重要的一天：在十字架上被钉死。

在耶稣回到巴勒斯坦之前，他在亚洲宣传和布道，甚至让一些人死而复生。这是从罗厄烈治的《圣伊萨传奇》译本中的另一个节选：

最后，耶稣穿过一个山口，进入了拉达克、列城等主要城市，他受到了僧侣和底层人民的热切欢迎……耶稣在寺院和市集（市场布道）；只要有人聚集的地方，布道。此处的不远处一个女人，她的儿子已经死了，她把他带到了耶稣这里。许多人聚集在这里，耶稣把他的手放在了孩子身上，孩子复活了。许多人带着孩子到了耶稣那里，耶稣把手放在他们身上，他们便痊愈了。耶稣和拉达克人一起居住了许多天，他给他们讲道。他们爱他，当他离开时，他们忧伤得像孩子一般。

耶稣回到巴勒斯坦的时候大约29—30岁，他开始了传教生活。他和他那些信仰艾赛尼派的赞助商之间的关系出现了明显的嫌隙，主要是因为他的雅利安同胞。艾赛尼派在耶稣身上投资了很多时间和金钱，他们希望耶稣去宣告弥赛亚的诞生，但耶稣并不想这么做。一些历史学家说，他否认自己是大卫的后裔，甚至不许他的门徒们称呼他弥赛亚。这是另一个极好的例子，它证实了狡猾的恩利尔是如何实施分而治之原则的。我有一个更邪恶的假设。我们从这些活动中提取的最重要的信息是，阿努纳奇的最高指挥官恩利尔已确定精心筹划弥赛亚预言。一天一天，一步一步，他操纵诸多事件，设计陷害耶稣，使他成为人道的殉道者。同时，他继续不经意增强他的"善"神恩利尔的力量，并使他成为唯一的神。同《旧约》一起，它们提供了自历史开端起，操纵、控制，压迫人民的铁证。很明显，要消化这么久之前一切混乱和复杂的事件没有其他方法。唯一可知的答案藏在证据十足的历史发现中，这些发现概述了阿努纳奇和纳菲力姆来到人世，导致了一系列甚至是在最大胆的梦境里，也没有人能预测的事件。

当时人们不断要求找到这位神秘莫测的弥赛亚，增加了被阿努纳奇神和天使传播出去的对弥赛亚的疑惑。他们非常急切地需要一位救世主，因此他们心甘情愿地宣称耶稣是新的救世主，这无疑是火上浇油。但阿努纳奇的天使，真正的挑拨者再一次推波助澜，他们把弥赛亚的话传给各地的人们。在短短三年中，耶稣树敌无数，无论是希伯来统治者还是罗马人都不太喜欢他。他是一个真正的反叛者，无意识地，他创造了传统。大约公元325年到公元1150年间，这传统被一群受支使的祭司巧妙地记录在《新约》中。《旧约》的宗教困境是一个惊人的结尾，在《新约》中需要演变成一个包含无条件的爱、信仰和牺牲的真正的人类戏剧。在结尾处，恩利尔神已通过宗教教条建立了奴役的永恒困境。一个由复仇之神精心筹划的阴谋。

恩利尔创造了这一切的操控和宣传。直到《旧约》结束时，他意识到，人类变得见多识广且开化。马杜克带领下的其他较小神给人类造成了混乱，这让他们不知道要崇拜谁或服从谁的命令。请记住，马杜克曾自称是高于一切的神，而且他和恩利尔之间的竞争是圣经时代中的主要背景。但人类已经进化，大脑更加智能，他们有伟大的哲学家、数学家以及教师，这些人让人类以极快的速度发展。很快，恩利尔对人类的控制力逐渐减弱。他不得不想出一个巧妙的计划来重申他的霸主地位，这样人类就会再次心生敬畏服从于他。我们必须记住，这时候出现了一个全新的亚种人，被称为"晚期智人"。新进化的亚种人在人类历史上出现较早：当"神的儿子们看见人的女儿，与她们生下了孩子"，这些孩子就是新的混合人类，他们更加智慧，进化程度更高。所有迹象都表明，雅利安人是最早的"聪明睿智"的人类。这些混合人类在很长一段时间内，成为恩利尔的巨大威胁。我们已经清楚，上帝和他的嗜血"天使"是如何消灭那些在所多玛和俄摩拉城背叛他的人的。起初恩利尔采用各种压迫方式，力图减少反叛，但失败了。历史告诉我们，独裁者不会长久。最终，人们会站起来反抗压迫者。这正是发生在恩利尔身上的事。由《旧约》描述的时代结尾，他意识到，他需要一个新的战略来重新控制人类。

分而治之的原则已成功推出，但恩利尔要和其他所谓的先知在某些场合设下宗教圈套。如此看来，阿努纳奇已将弥赛亚的信条作为一粒种子，种植了相当长的一段时间，耐心等待一个或多个的弥赛亚生根发芽。孩子，他们确实生根发芽了！希伯来和基督教的《圣经》有很多先知，只是不如他成功罢了。这样的例子在《伪经》之一的《以诺书》（*the Book of Enoch*）中提到过。麦基洗德（Melchizedek）是一位犹太大祭司，他在他那个时代有很大的影响力。据说，他也是童女之子，他的年长的母亲素芬妮并不是因性交而怀孕。

> 素芬妮已经到了老年，在未与丈夫性交的情况下怀了麦基洗德（Melchizedek）。
>
> ——《以诺二书》

根据以诺的描述，素芬妮在得知自己怀孕时绝经且从未生育过小孩。虽然我在这并未读到任何关于天使的描写，但我怀疑天使已经存在，就像所有其他童贞女生子的情况一样，以确保选定的孕育者再接受这样的受精过程。以诺必与神有着某种形式的接触，神用他作为喉舌来预言另一个弥赛亚，最强大的麦基洗德的到来。通过任意使用先知这种方式，神创造了人类对天堂的期望，也创造了人们从地球上脱离辛苦奴役的希望。他们被许诺住在神的房子里，拥有永恒的生命和其他幻想中的东西。但只有他们表现得盲目听从神的命令时才有可能实现。这是令人难以置信的，因为在那些日子里，风靡全球的宗教没有真正改变，人们越来越害怕神的责罚。

> 我将要兴起另一个时代，麦基洗德将要在那时代作众祭司之首。麦基洗德将是一个伟大的大祭司，他拥有神的话语和神的力量，他创造奇迹更大，比之前的所有更加辉煌。
>
> ——《以诺二书》

多么奇妙且具有欺骗性的承诺，然而奇妙并不止于此。印度教传统中有许多奇妙的人类传说，这些人被孕育，并以奇怪且复杂的方式诞生。看看"吠陀"，"吠陀"不像许多其他印度教的神，他是从子宫出生的。同样，又有一颗明亮的星是这个伟大先知和教师奇迹般诞生的信号。他的母亲摩耶（Maya）怀孕经历很奇特：她陷入了深深的恍惚中，一个白色象王似乎进入她的身体，但她并不感到疼痛或不适。在她怀孕期间，摩耶并不感到疲劳或抑郁。根据爱德华·孔兹（Edward Conze）所译的《佛经》，佛的孕育和出生的传说是这样的：

> 于是，他从母亲的子宫中出来。他没有以寻常的方式来到这个世界，他的出现像是一个来自天上的后裔。

这是否意味着佛就像恩基和阿努纳奇神一样，有雅利安人的特征？如果是这样，谁是他的父亲，他继承了谁的 DNA？

> 由于他已经历了许多冥想，所以他出生时就已认识充分，而不是像其他人一样轻率迷茫。出生时是那么有光泽，那么踏实，看来就好像年轻的太阳落到地面上。

我们再次见证了曾闪耀在耶稣诞生时的山洞里明亮的光或其他形式的辉煌。

然而，当人们注视着他耀眼的光彩时，他自己也像月亮一样。他的四肢闪耀着明亮的黄金光芒，照亮了四周。突然，他稳稳当当地走了七大步。那样的他就像是北斗七星，他以狮子般的耐性审视四周，并说了对未来充满含义的话：我因启示而出生，为一切生命的美好而出生。这是我出生到这个世界的最后一次。

基于先知不同历史性诞生，以色列人民也期待弥赛亚的诞生也会出现代表天启的神奇的天像，以示上帝的选民会被带到天堂。犹太人也希望天使来临和一些奇妙的事发生，就像几百年前发生过的那样。基督诞生的时候，犹太人苦苦等待着救世主到来。他们显然不赞同耶稣从亚洲回来时就开始布道，长期以来，犹太人想要一个战士般的救世主，将他们从奴役和折磨中拯救出来。他们希望被告知自己是上帝的选民！他应该拯救他们，而不是告诉他们所有的人在"上帝"的眼中都是平等的，更不能对他们置之不理！但可悲的是，《旧约》中的信息突然发生了巨大变化，耶稣担起了奴隶物种的绝望，他相信他可以教化他们并拯救他们。他不知道，阿努纳奇的更大更险恶的计划，正在影响着他的命运。在《马太福音》中有一个很好的例子：在耶稣受洗后，众神不得不添加少许香料来让这个人类历史的一刻更加难忘。另一个令人难以置信的例子是关于众神是如何与人类接触的。如果今天发生这种事情，会不会很吸引人？我不知道CNN或BBC的记者会如何报道它。

耶稣受了洗，随即从水里上来。天忽然为他开了，他就看见神的灵仿佛鸽子降下，落在他身上。从天上有声音说：这是令我喜悦的，我的爱子。

——《马太福音》

我们开始怀疑当耶稣意识到发生了什么事情后，他不想通过考验。在客西马尼的花园中，他两次问神："可否不喝杯子里的东西"，基本意思就是，他希望自己能跳过这个考验。

我心里甚是忧伤，几乎要死……他俯伏在地，祷告说：我父啊，倘若可行，求你叫这杯离开我……你们心灵固然愿意，肉体却软弱了

274

……第二次他又去祷告说：我父啊，这杯若不能离开我，必要我喝，那就随你的旨意。

——《马太福音》

从这些话可以看出，耶稣已经失去了成为弥赛亚的欲望。但真正揭示了耶稣被操纵的惊天秘密的时刻，是他死了在十字架上。如果他真的知道什么在等待他，为何他会说下面的话：

耶稣大声喊着说："以利！以利！拉马撒巴各大尼？"意思是说："我的神！我的神！为什么离弃我？"

——《马太福音》

为什么耶稣会突然觉得他被放弃，或忘记了？他有没有想过得到什么人的救助？当然，他一定已知道了自己的命运，他打算挑起对当权者的仇恨！如果他充分认识到自己的行为会带来什么影响，他为什么会想到让神来救他？毕竟，耶稣被认为是神化身的人。他确切知道自己会为人类而死吗？或者他根本就不知道！也许是某个拥有更强大力量的神，为他铺了道路，而那条路不包括那个可怕的受难结局？

另一个人类受阿努纳奇压迫的例子，是先知穆罕默德的诞生和生活。许多非凡的故事讲述了关于这位伟大先知的诞生。穆罕默德诞生时，绚丽的光芒自东向西照耀着整个世界。根据安德拉什（Andras）："穆罕默德诞生的时候，他是干净的，身体没有任何缺陷，已完成了割礼，且肚脐带已剪断。在穆罕默德 4 岁的时候，天使来到了他面前。他们打开了他的身体，将黑色的水从他的心脏抽出，用黄金圣杯融化的雪水将他的内脏洗净。此外，伊斯兰民俗中的许多元素，都有支持童女生子的意味。"

如同 N. J. 达乌德（N. J. Dawood）在他介绍《古兰经》时说，在穆罕默德之前，阿拉伯世界的人崇拜许多神，这些神被称为"真主的女儿"。其中很多都是女性神祇，例如阿勒特（Al-Lat）、阿乌扎（Al-Uzza）、马纳特（Manat）。人类逐渐形成教会组织，并发展壮大，几个世纪后的十字军东征期间，这股力量则得到了体现。同时，在耶稣出现 610 多年后，奴隶物种仍未从耶稣那里学到只崇拜一个神的道理，还不知道唯一进入"天堂"的方式是通过耶稣。因此，创造耶稣的"神"需要另一个使者，天使加百列出现在穆罕默德面前这个著名的故事与玛利亚和约瑟夫的故事非常相似，都是令他们感到惊讶和违背自己的意愿。穆罕默德要成为被人们追随的先知，根据穆斯林的传统，大约公元 610 年，在斋月一天晚上，天使加百列向穆罕默德走来，他当时可能睡着了或是发呆，天使说："读！"他回答说："我读什么？"天使将命令重复三次，而后天使说道："你应当奉你的创造主的名义而宣读，他曾用血块创造人。"

这种说法与苏美尔泥版中描述阿努纳奇人创造亚当的情形完全相同。让这事变得更有趣的是，最早的《古兰经》英译本保留了"万物之灵"这个词，后来这个词被改成了"宇宙之主"。对读者来说，这可能是一个非常微妙的变化，但围绕着阿努纳奇人在地球上的活动来看，这个变化存在着巨大差异。我们怀疑阿努纳奇创造了人，但肯定没有创造宇宙。万物之灵这个词比较合适阿努纳奇，但这对穆罕默德的追随者们来说不够伟大。我们再次面对"神（god）"和"真正的神（God）"之间的悲剧性混乱，前者将人类囚禁在对后者的永恒恐惧中。

整个天使的概念一直在困扰着我。我发誓！为什么在天堂，"全能"的，无所不能的神需要一些外观比内在强的使者来替他跑腿？让他们传达讯息，发出警告和威胁。为什么神需要这种仆人式的帮助？当然，全能的神可以在眨眼的工夫将与人类沟通这件事简化，而不是依靠对人类冗长乏味的指示、威胁和监视，来看谁已经明显有了图谋反抗他的罪恶行为。

还有许多例子可以证明，阿努纳奇或纳菲力姆对控制人类有干涉行为，这些例子大多数都被严格保密。似乎 21 世纪的人并不像他们的古代同胞们那样勇敢的站出来，宣布自己曾见过天使。在 1820 年，年轻的约瑟夫·史密斯（Joseph Smith）与他所形容的"天使"见过第一面，"天使"不断重复着相同的话：人类将有厄运。年轻的约瑟夫将他听到的故事告诉身边的人呢，是因为他听到的故事像录音一样在同一天晚上重复播放。天使双脚离地"浮动"进入他的卧室，房间被照得极亮。天使从窗户离开时，他所传达的信息也停止了，天使离开时的光柱一直到达了天空才消失。第二天，那位向他传递信息的天使在田地里见到他。天使甚至还介绍自己名叫摩罗乃（Moroni），告诉约瑟夫关于记录北美历史的金页片的信息。约瑟夫要找到它们，并翻译它们。于是后来有百万信众的摩门教（the Mormon Church）诞生了。

这种思考非常令人不安——自文明出现，神用了几乎 13 000 多年，策划出了一系列的弥赛亚和先知，只为了对人类的罪恶行径给予警告。然后，继续选择弥赛亚和先知中他最爱的一组，同时毁灭那些曾"策划和密谋"反对他的人。人类如何去密谋反对一个全能的上帝呢？当人类意识到令他们受伤害的神处在脆弱的时段，他们也会反对他。但神一直采用分而治之的策略，通过恩利尔和一群"天使"将规则注入到人类社会，而且恩利尔和天使们已经为他跑了几千年的腿了。

如果说有关于曾经古代人类生活在对天神的恐惧中的相关证据，那么这些证据存在于大量印度教经文中。《吠陀经》——神圣的印度教经典，经口头延续了1万年，最终以梵文记录了下来。《吠陀经》中有大量关于众神对人类实施的暴力记录，同我们之前描述的一样。其中神的最醒目特征就是他的暴力因子。如果《吠陀经》确实像它看上去那样年代久远，那么它所记载的就是生动的证据，证明了在遥远的过去，神与人经常交流，那时的人由阿努纳奇和纳菲力姆众神培养，形成所谓的文明。理查德·汤普森（Richard Thompson）的书《外星人身份》（*Alien Identities*）中提到在古印度经文中有"非人类"的介入的记载。我去寻找这样的记载，并震惊于其中频繁提到的献祭，对神的恐惧、惩罚、奖励、财富、黄金。成千上万陌生的，在历史上无法解释，但在今天已成为常识的词条。人类被天神们操控的证据在书中占了几百页。而成千上万的其他文件，例如《伪经》和其他宗教团体的著作从未被重视。最后，我们不得不承认，阿努纳奇的战略一直行之有效。虽然地球在长时间内经常出现混乱，但史前时代的众神，阿努纳奇实现了他们的目标。他们将人类分开，让其彼此对抗，利用人类的恐惧征服了他们。

所以，现在我们对人类历史上的先知的诞生和生活有了更加清晰的画面，我们可以尝试回答谁才是真正的耶稣基督这个问题。对于一些读者来说，天生的恐惧让他们无法相信耶稣是神的儿子。我坚定地认为，耶稣只是许多先知或弥赛亚中的一个，是阿努纳奇神的一个计划，用他保持人类一致，产生恐惧并顺从于甚至今天还在统治世界的神。

如果你觉得荒谬，那么试想一下：控制我们生活的其实是非常小的一群人，这一小群人决定我们用什么牌子的衣着，看什么电视节目，开什么车，喝什么啤酒，去哪里度假。我们是否经常看到小群决策者在董事会计划着明年我们的经营方向？我们简单地接受它，我们"知道"，有这样一群人做出这些决定，这些决定将对我们的生活造成很大的影响。我们知道，有一群人控制着石油价格，但我们不知道在他们计划我们未来的会议上发生了什么。我们只是与结果生活在一起，我们的生活是由相对少数的主要行业以及少数负责这些主要行业的人来控制的，但我们接受了这样的生活，而且我们确实没办法做什么改变。全球工业的巨头行使的绝对权力，是不容置疑的。因此，我们应该毫不惊讶地发现，可能有少数的古阿努纳奇"神"仍然居住在我们中间，以我们无法理解也无法看到的方式控制着我们。

对耶稣而言，他似乎是计划中最成功的弥赛亚。他扎下了根，并俘获了他那个时代的人们的心和想象力，而其他先知只取得了中等的成功。对于创造了他，并把他融入世界的神来说，耶稣是一个伟大的成就，甚至可能是寻找成功屡屡失败后的一个巨大的惊喜。他设法将服从的种子种下，并延续着人们对神的敬畏，也在不知不觉中在人类之间传播着分离和的征服原则。这样一来，阿努纳奇神收获了他们在奴隶物种身上的又一重大胜利——顺从的人类又被奴役了 2 000 多年。谁也不知道这种恐惧会将我们的世界控制多久，若我们能够从压迫我们的创造者、我们的奴隶主、我们的上帝中挣脱出来，那么我们就可以接触到与真正的神生活在一起的一群生物。这种生物不需要金子或肉食，他们不因人类的不服从而降下惩罚。

但最引人注目的论点来自于芭芭拉·塞尔温的书《耶稣启示录：耶稣死后的生活》（*Jesus of the Apocalypse*：*The Life of Jesus After the Crucifixion*），它指出耶稣是一个无辜的旁观者和意外的弥赛亚。大多数人会震惊地发现，耶稣的故事并没有在他死在十字架上，或他复活后结束。塞尔温提出的大量证据大都来源于《启示书》（*the Book of Revelations*），耶稣隐退，与他的两个儿子和女儿参与反罗马活动，过着隐秘的生活。我们知道，耶稣被钉在十字架上的时候，他已经娶了抹大拉的玛利亚（Mary Magdalene）。他们在公元 30 年的 9 月举行第一次婚礼，之后没多久，耶稣开始了他的事业。我们还应该记住，现在有大量证据表明，耶稣实际出生于公元前 7 年，这就是说他比历史书的记录年长 7 岁。根据他们的习俗，当他们知道抹大拉的玛利亚已怀孕超过 3 个月而无法流产时，他们于公元 33 年 3 月举行了第二次婚礼，但此时对于弥赛亚来说正是一个动荡时期，因为这一年，他将被处决。9 个月以后，他的妻子玛利亚生下了一个女儿，这是他们的第一个孩子。耶稣死而复活，他的身体神秘地在坟墓中消失，有天使告诉玛利亚和耶稣的朋友，他如他承诺的一样在第三日复活。那些压抑不住的天使似乎每次在阿努纳奇神有麻烦的时候都会出现。耶稣开始与他的追随者和越来越多的革命者开始了他的反罗马运动。他们反对亚基帕一世（Agrippa Ⅰ）、卡利古拉（Caligula）、亚基帕二世（Agrippa Ⅱ）和其他罗马领导人。公元 37 年他的第一个儿子出生。公元 44 年 3 月，他的第二个儿子出生，当年 9 月耶稣结束了他与抹大拉的玛利亚的婚姻。他四处寻求支持他行动的人：在塞浦路斯（Cyprus）、小亚细亚（Asia Minor）、罗马（Rome）、以弗所（Ephesus）、腓立比（Philippi）。公元 50 年，他在腓立比娶了一个叫莉迪亚（Lydia）的女人。直到公元 70 年，76 岁的他死在罗马之前，一直在四处游走。如果这在宗教中是令人震惊的揭露，那么接下来，我会用详细细节来证明这些事实。让我们先回到耶稣复活的故事上，因为从这个角度，我们能真正发现《圣经》中的许多问题接踵而至，在耶稣复活后，创造耶稣的神和他这个"儿子"之间究竟发生了什么？山洞里的一切活动和那些来寻找耶稣的人的反应都很可疑。看起来天使好像对看守做了什么，让他们看起来像"死人一样"。众神利用抹大拉的玛利亚来帮助他们宣传耶稣复活的消息。

　　彼拉多说："你们有看守的兵，去吧！尽你们所能的把守妥当。"他们就带着看守的兵同去，封了石头，将坟墓把守妥当。

——《马太福音》

　　安息日将尽，七日的头一日，天快亮的时候，抹大拉的玛利亚来看坟墓。忽然，大地震动；因为有主的使者从天上下来，把石头滚开，坐在上面。他的相貌如同闪电，衣服洁白如雪。看守的人就因他吓得浑身乱战，甚至和死人一样。天使对妇女说，"不要害怕，我知道你们是寻找那钉在十字架上的耶稣。他不在这里，照他所说，已经复活了。你们来看安放主的地方。快去告诉他的门徒，说'他从死里复活了，你们以先到加利利（Galilee）去。在那里，你会见到他。'看哪，我已经告诉你们了。"妇女们急忙离开坟墓，又害怕，又大大的欢喜，跑去要报给他的门徒。忽然，耶稣遇见他们。"愿你们平安"他说。他们就上前抱住他的脚拜他。耶稣对他们说："不要害怕。你们去告诉我的弟兄，叫他们往加利利去，在那里他们会见到我。"

——《马太福音》

于是，耶稣在复活之后开始了革命。耶稣和西蒙（Simon）、马克（Mark）、约翰（John）、彼得（Peter）、马太（Matthew）还有其他人之间那么多的活动让人疑惑，我强烈建议读者带着思考阅读《耶稣启示录》（*Jesus of the Apocalypse*）。在这些事情发生后，耶稣身上可能发生什么？神的儿子，人类的弥赛亚，怎么会突然从世界上消失了呢？如果他活下来并继续存在，他会不会继续他的这种事业？他为什么躲起来？他复活后幻想破灭，随后消失，一直到76岁都与妻子和孩子生活在一起，领导反对罗马人的活动。但为什么要反对罗马人？耶稣不是一个愚蠢的人，他走过很多地方，受过良好教育，心胸宽广。他一定意识到，他的作用是站在神的前面，做他们的喉舌。众神将自己看作是宇宙之神（God）。一旦耶稣发现情况并非如此，那么对他来说是一个很大的冲击，他一直被罗马的神操纵、欺骗和误导着。他明白原来都是罗马的众神，从一开始就在共谋和操纵着人类。

这让耶稣隐退，并与追随他的支持者们开始地下抵抗运动。他们意识到，"神"并不是绝对可靠的，而人类可以站起来反对他们。就像耶稣的前辈在亚伯拉罕时代的所多玛俄摩拉城中发生的那样，那是最早反对神的组织，他们因为反对神而受到了严厉惩罚。我无法找到另一个关于这个问题的合理解释：为什么神之子在被处决后活下来，有了忠诚的追随者后，却突然消失了？在他死后的岁月里，基督教持续发展，但实际上它的发展旨在消除罗马的阿努纳奇神的影响，同时还提供了人们一个全新的精神实相，这种精神实相是耶稣早年在亚洲获得的。具有讽刺意义的是，被阿努纳奇神创造出的人类，背叛了他的创造者。历史让这一切混在一起，可怜的忠实群众今天仍不知道他们在向谁祈祷。耶稣死后留下的消息并没有确切地被记录下来，也没有理解透彻，但它在某种程度上将宗教宣扬的领域扩大化，在21世纪的今天，耶稣留下的信息依旧显得混乱。几个基督教分裂的运动是基督教教会奇怪发展的证据。

当阿努纳奇神试图创造新的先知和弥赛亚时，更加凸显了他们的绝望。他们想要创造的是像穆罕默德那样被天使指挥着诵主名字的先知，但随着时间推移，神的活动逐渐减弱。在黑暗时代（the Dark Age）和文艺复兴时期（the Renaissance）尤其突出，他们已经很大程度完成了他们曾计划的任务：保持人类这个奴隶物种无知，让他们分离，保持忠实，对神的愤怒感到恐惧。所以我们在这里，在人类被创造了约 20 万年后，经历发展、文明、工业化和现在的技术阶段。而我们仍不知道我们是谁，我们来自哪里。世界人口的 70% 都生存在一种狂热的宗教信仰体系中。无论现代社会的科学技术和对宇宙探索技术有多么先进，仍有很多人守着古老信仰，不敢用新发现的知识去挑战它。耶稣只是被阿努纳奇众神挑选出来控制人类的一个无辜的旁观者。但当他意识到了这一切后，他尽一切力量去弥补那些伤害。不幸的是这有点儿太晚了，罗马帝国用他的例子让君士坦丁的谎言延续下去，君士坦丁是最有可能被恩利尔和跟随他的众神操控的人，而雅利安人与马杜克的支持者则反对他们的活动，这在公元 325 年的尼西亚会议中有明确记载。

如果你认为关于耶稣的奥秘已经没有了，请想想，我们只是触及了表面。在 1963 年，发现的《以马内利的教诲》（the Talmud of Jmmanuel）才真正带来了惊天秘密。瑞士旅行者爱德华·阿尔伯特麦尔（Eduard Albert Meier）和他的朋友，前希腊东正教教士，伊萨·拉希德（Isa Rashid），沿耶路撒冷老城巷道以南行走时偶然一瞥，发现了满是岩石和灌木的地面上的一个小洞。好奇心使他拿出背包中的手电筒，走进洞里。他发现洞很深，他们挖开了周围的石块和泥土，直到足以让人通过。这是一个古老的墓地，一半被土埋住了。经过进一步挖掘和探索，他们发现一块平坦岩石下方埋有一个包裹。这就是《以马内利的教诲》，一卷卷写满文字的纸，纸上还有些小瑕疵。他们被动物皮包裹起来，然后又包在树脂里。它有四卷，每一卷都很厚，上面写的是阿拉姆语。这些书卷老旧且脆弱，每一页约 30—40 厘米。

拉希德是巴勒斯坦人，接受过祭司教育且精通古阿拉姆语。他认为卷中所记是异端。第一，它的标题用以马内利（Jmmanuel）代替了耶稣或耶和华。第二，作家的名字被记为加略人犹大（Judas Iscariot），背叛耶稣的人。第三，它提到亚当的父亲是谢加萨（Semjasa），是"天空之子"的领导者，是埃尔（El）或上帝的守护天使。因此，如果他们想要将文件公之于众，那么它的翻译必须秘密进行。它还指出，《旧约》中的神已是外星的领导者，而不再是全能的神在天堂扮演"父亲"的角色。因此，让我们称其为埃尔或以马内利。拉希德花了几个月通读《以马内利的教诲》，并将其中的重点内容告诉了麦尔。1963 年 8 月，经两人同意，拉希德将《以马内利的教诲》翻译成德语，并保留阿拉姆语文件的版权，拉希德将德文译本交给麦尔，用于向外流传。所以，拉希德开始了长期的翻译工作，而麦尔继续他的旅行。

约1970年，麦尔在瑞士首次收到了36章内容的翻译，直到1974年9月，麦尔才收到拉希德的来信。信中简要传达了一个令人不安的消息，拉希德的翻译项目已经为某些部门所知，这迫使他同家人一起逃离耶路撒冷。拉希德将《以马内利的教诲》带在身边，并在黎巴嫩难民营继续他的翻译。但他的行踪被以色列当局知道了，迫使他再次逃亡到了巴格达，在那里他写信给麦尔。他和他的家人像其他难民一样，不得不经常逃离奔走，所以拉希德没有时间去找回原版阿拉姆语的《以马内利的教诲》，原版在他逃跑的混乱中被毁掉了。1976年，麦尔了解到，拉希德和他的家人在巴格达被暗杀。幸运的是，德文版的翻译工作已基本完成，1978年，由原版衍生出的各种版本已经发布，最新版本于2005年修订。

麦尔坚持出版的非德语译本与德文版的编辑是同时进行的，所以翻译的准确性较高。对阿拉姆语原本的第一卷的翻译，阅读起来就像耶稣在布道。然而，书中的弥赛亚指的是以马内利，而非耶稣。《以马内利的教诲》在字里行间与《马太福音》非常相像，虽然两者内容并非完全相同，但其中句子还是存在不少相似之处，且顺序类似。詹姆斯·道尔夫（James W. Deardorf）是一位受人尊敬的作家，他出版了许多关于耶稣在印度以及《新约》中其他问题的书籍。他指出，"关于《以马内利的教诲》和《马太福音》，即便是对两者最简单的对比也可以看出，相互的依赖性、时间发生的顺序，甚至有时描写的词汇都太过相似"。道尔夫从1986年起就开始分析《以马内利的教诲》，自1986年以来，已发现了《马太福音》中近百条经文可能出自《以马内利的教诲》，这从侧面也证明了《以马内利的教诲》的可信性。《以马内利的教诲》上说有一个至高无上的神，名叫埃尔，他策划了生活在地球上人类的所有活动。这是不是我们在苏美尔文中读到的恩利尔呢，谁是地球上最高的阿努纳奇统帅？下文是《以马内利的教诲》的一些摘录，证明了它和《马太福音》之间惊诧的相近关系。

这本书是关于以马内利的奥秘，他被称为"拥有神的智慧"，他是约瑟夫之子，雅各布之孙，大卫（David）的旁系子孙。大卫是艾布拉姆（亚伯拉罕）的后裔，亚伯拉罕是地球人之父亚当的后裔。亚当是谢加萨的独生子，谢加萨是"天空之子"的领导者，是埃尔这位远道而来的伟大统治者的守护天使。

——《以马内利的教诲》

我敢说，接下来内容将与我的假设理论接近：人类是地球上的奴隶物种，他们被似乎很先进的古代定居者创造出来，直到今天，人类都将其奉为神灵。

雅各布生下了约瑟夫。约瑟是玛利亚的丈夫，玛利亚是以马内利的母亲，让她怀孕的是天空之子的旁系子孙，拉杰尔（Rasiel），一位守护秘密的天使。

——《以马内利的教诲》

拉杰尔这位守护天使的出现与一个计划联系在一起，这个计划就是要确保像以马内利这样高度进化的人类在正确的时间和正确的地点出现。卡巴拉和《光辉之书》（*the Book of Zohar*）都提到了拉杰尔这位神秘的天使。

当约瑟夫得知，玛利亚怀了具有天空之子血统的拉杰尔的孩子时，瞧，他充满了愤怒，想要在与玛利亚在众人面前成婚前离开。

——《以马内利的教诲》

当约瑟夫想到这种方法，瞧，一个由加百列派来的守护天使，让玛利亚怀孕的天空之子拉杰尔出现在他面前，说："约瑟夫，玛利亚被许配给你，你将成为她的配偶，不要离开她，因为她所孕育的将有大用处。正大光明地娶她，让所有人都知道你们是夫妻 。"

——《以马内利的教诲》

看呐，在天空之子谢加萨生下亚当 11 000 年后，玛利亚怀孕了，实现了远道而来的统治者埃尔说的话，而埃尔的话是通过预言家以赛亚（Isaiah）来传达的。

——《以马内利的教诲》

下面是《马太福音》和《以马内利的教诲》之间的比较。看最后一部分写的"拥有神的智慧"。

> 说，必有童女怀孕生子，人要称他的名为以马内利（以马内利暗指神与我们同在）。
>
> ——《马太福音》

> 说，处女在当众嫁人前，会怀上天空之子的孩子。他们将她孕育的生命取名为以马内利，意思就是"拥有神的智慧的人"。
>
> ——《以马内利的教诲》

下面《马太福音》的作者省略了先知弥迦（Micah），而《以马内利的教诲》确切地指出了提供给他们消息的先知是谁。

> 希律（Herod）召齐了祭司长和民间的文士，问他们说：基督当生在何处？他们回答说：在犹太的伯利恒。因为有先知记着，说："犹太地的伯利恒啊，你在犹太诸城中并不是最小的，因为将来有一位君王要从你那里出来，牧养我以色列民。"
>
> ——《马太福音》

> 希律将所有的祭司长和文士召集起来，询问他们以马内利在何处诞生。他们回答说："在伯利恒，在犹太地，因为先知弥迦这样写道：你，伯利恒，在犹大绝非最小的城市，因为从你这里必生出智慧之王，他将会为以色列人民带来知识，让他们可以学习并为造物主服务。"
>
> ——《以马内利的教诲》

就盘桓在三位智者头上的恒星发出声音的描述表明，这件事可以被解释成在先进技术和机器的帮助下开展的罪恶阴险的活动。《马太福音》不包括这个特别的部分。

> 之后他们（贤士）听了希律的话，就离开了。不料，东方有一道光拖着长长的尾巴，伴随着高亢的歌声向他们前进，直到那道光到达

伯利恒，直接在婴儿诞生的马厩上空停住。

——《以马内利的教诲》

施洗约翰按照埃尔的旧法开始洗礼，根据该法的内容做好准备。他讲应当遵循埃尔的法规，因为他是人类唯一的统治者。他讲在埃尔之上，是造物主，是世界之源和宇宙及一切众生之源。

——《以马内利的教诲》

在接下来的比较中，我们有更多的证据证明，一种来自更高技术和智力的干预是存在的。然而，《马太福音》真实事件描述得太少。是不是这类事件已经在《新约》中被教会给删除了？

耶稣受了洗，随即从水里上来。天忽然为他开了，他就看见神的灵仿佛鸽子降下，落在他身上。从天上有声音说：这是令我喜悦的，我的爱子。

——《马太福音》

当以马内利受了洗，他很快就从约旦河水中出来，突然，一道金属光自天上来到了约旦河。因此人们都俯伏在地，金属光辉中一个声音说："这是令我喜悦的，我的爱子。他将代表一切真理，地球人类要听从他。"

——《以马内利的教诲》

接下来还有许多对两者句子的比较。最明显的区别是，《以马内利的教诲》提到了天使和其他神的不断介入，而《马太福音》也描述了，只是相对简单，它适应当时早期教会的一神论传播。有没有这样的可能，《以马内利的教诲》的作者试图让人们发现恩利尔强压给人类的束缚？有人对古代众神谁统治世界的活动是心知肚明的。毕竟，这些都是罗马神话的时代，每个人都非常清楚在众多神和天使中谁能称雄。

许多学者都发现《马太福音》充满矛盾，描述含糊不清，思想不连贯，而这样的不一致在《以马内利的教诲》并不明显。越来越多的学者认为《以马内利的教诲》必须更改或省略，以符合早期基督教的看法。这些发现只是确认耶稣或以马内利去过印度，并在他生命中"消失"的那段时间回来过。

　　创造耶稣生命的神，对耶稣有更大的计划。他们想确保他们这个新建立的先知被全世界的人类认可。在泰勒·汉森（L. Taylor Hansen）的书《他走过美洲》（*He Walked the Americas*）中，揭示了一些令人惊讶的例子，讲述耶稣是如何在北美本土部落和美洲的其余地方传播福音的，他的形象常被"T"形十字代替。书上无数次提到一个"穿白袍的先知"，有胡子，还有"治愈能力"，更多次提到他教给人们的智慧。这些传说仍是关于"圣洁的身着白色的教师"，他用自己的治愈能力创造了奇迹。他们描述了他的眼睛：灰色的，像绿色的海洋，他的形象被织在毯子上，刻于峡谷壁上，放在陶器上甚至用舞蹈描绘他的形象。他的名字被用来命名山河，就像我在这本书中提到的，阿努纳奇神教会人类文明、农业、种植、收获，正如美国本土故事中教会人们所有事的苍白的先知一样。他给他们植物种子，教他们智慧。你猜他的象征是什么？一条长翅膀的蛇。是否有可能，翼蛇就是我们所信仰的宁吉什兹达（Ningishzidda）或恩基，他们听从恩利尔的命令将耶稣带到美洲？

　　他被称为"羽蛇"，他们说，他总是穿着一件长长的白色长袍和金色的凉鞋。每到一个新的城镇，他会有一套新的服装。人们会将旧衣服保存下来，传说摸他穿过的衣服，疾病可以得到治愈。他停留在城镇的时候，会训练12个门徒，其中一个受他委任称为领袖，领袖会在他离开后接替他的位置。这是人类受到阿努纳奇神操控的一个明显标志。恩利尔要尽他的力量挤走马杜克。要做到这一点，他们创造出的救世主耶稣，就必须有尽可能多的奴隶物种接受他们。所以，他们要确保就算是遥远的美洲，也要有所谓救世主的信奉者。先知曾给肖尼部落（the Shawnee tribe）这样一则信息："不要杀害或伤害你的邻居，因为受伤的不是他，而是你自己。善待他，为他生活增添幸福也会为你增添幸福，而这样的道德幸福远比你自己的幸福要多。不要因错误，而恨你的邻居，因为错的不是他，而是你自己。爱你的邻居，像爱自己一样。"这就是千百年来，处在阿努纳奇神的压迫政权下的人类向往的东西。恩利尔为他们提供的是一条出路。

　　耶稣不仅帮助人们死里复生：在美洲他甚至复活了动物。泰勒·汉森告诉我们，耶稣是如何治愈动物的：他跪在死去的鹿身边，幼鹿就站在附近，耶稣开始抚摸它。随着他的手抚摸伤口，伤口就愈合了，没有留下任何痕迹，很快鹿重新开始了呼吸。他的弟子们非常不悦，认为这样做太浪费精力。苍白者说："做的好事越多越好。这就是同情心。带回一个迷途的羔羊是我父亲的责任，这与保卫一个民族同样重要。在我父亲的眼中，做一件好事比获得最精致的宝石还珍贵。"我们可以清楚地看到，在耶稣意识到他是阿努纳奇神的一个计划之前，他是如何认真地完成他在地球上的使命的。他告诉人们，他生在大洋彼岸，那里所有男性都有胡须。甚至在美洲的传说，他告诉人们他是童女所生，还有他出生时有恒星照亮他出生的地方。"天堂的门开了，长着翅膀的天使唱着美丽的圣歌。"

奥克拉荷马大学（the University of Oklahoma）在考古挖掘中，发现在毕拉蒙特出土的陶器上，呈现有翼生物唱歌以及一只手握着十字架的图案。当地居民称他为"黎明之神"（Chee-Zoos）。"他们对他的爱不可估量，因为他们知道他看着他们成长，当他们在此处的旅行结束后，他会同他们的影子在大地见面，这是他庄严的承诺。"我们再次听到一个逝去的生命的承诺，通常是人类间诸神为了保持人们虔诚和忠实而作出的。

在戴克达（Decoodah）的《伟大的毕拉蒙特堆建造者》（*Great Mound Builders*）一书中有进一步的关于已消失的主教故事，它在大约 1850 年时被沃尔特·皮金（Walter Pidgeon）翻译并记录下来。传说形容他们是阿冈昆语的部落，是"古代居民"。这些遗迹标志着这是古代城市遗址，并和墨西哥玛雅堆密切相关，勾画出了它和两种文化涉及的有翼之蛇的不同的联系。他们还有独特的记录历史的书写方式，像玛雅堆一样，这些堆显然被木材覆盖并上了色。那位有着灰绿色眼睛，穿着金色凉鞋的"伟大的白袍主人"也和建造者们住在一起。先知的石刻的象形文字引发了许多关于他和耶稣相似处的争论。

波尼族（the Pawnee tribe）提到先知访问了他们两次，告诉了他们"他的父亲"以及"天堂的神圣"。

美国土著居民和圣地居民都体验过神的愤怒。波尼族的暴力激怒了神，所以神出现在天空中进行暴力干预，并在土著居民身上实行他的判决。这一节选有些像《圣经》上的经文。"东边的天空燃起了火，愈来愈亮；每个人都转向了明亮的天空，并停下了足迹……突然间'他'来到了他们之中！'他'问他们，这是否是他们遵守诫命的方式，侮辱上帝。我来了，保护你们免受愤怒的惩戒，不然的话，看哪，大风将点燃森林！然后波尼族将化为灰烬！"

我们从所多玛的事件中得知，这一威胁不是虚张声势。上帝处于愤怒肯定会杀害一个民族的十分之一的人。人类懂得了，这就是神的愤怒。

东海岸的阿尔冈昆人说，他们是从"苍白者"中得到了他们的名字"晨曦"。阿尔冈昆人很清楚地记得"苍白者"到来时的场景，舰队沿河而下，庄重地将他送到此处，人们总是用鲜花欢迎他。齐佩瓦族还很清楚地记录他是"苍白的大师"。他给了他们宗教集会用的木屋，上面有大洋彼岸的一些标志和象征神圣的符号。苏族部落（the Sioux tribe）说，他给了他们洗礼和净化。以下摘录的是耶稣在巴勒斯坦的相似故事：

> 先知最先爬上土堆。天边泛起了第一颗晨星的金光，苍白的神在同这个国家说话。据说，他总能迷住他的听众，此刻却是令人窒息的寂静。事实上，那些树木以及森林里聚集的动物似乎在倾听，他的语气如此温柔，他们听得如此认真。这一切都缘于寂静。

关于苍白先知的传奇，一直存在于北美土著居民，但它们还被传播到了更南的托尔特克族（the Toltecs）那里。苍白先知去了图拉帝国（the Empire of Tula），和平之都托尔特克。他还去了瓦拉派部落（the Wallapai），他和首长们聚集在一次大讨论中并重新分配了他们的粮田。他教他们用甜瓜、笋瓜、南瓜、龙舌兰、豆类改良种植技术。下面是一位神射手，一个齐佩瓦族（the Chippewa）的老战士在美洲土著部落会议上的讲话摘录：

> 今晚我们适合谈论苍白的神，也适合和其他人一起开会，像欢迎兄弟一样欢迎我们的敌人，因为这是先知所希望的。

会议上最后讲话的是一位夏安族人，他说："像我们的兄弟一样，我们记住了公平之神的关于即将到来的白衣人的预言，然而他很早之前生活在达科塔（Dacotah），我们的记忆是被篡改的。"

耶稣是否可能带着他的预言环游世界？他是否可能在有翼的羽蛇的帮助下这样做呢？它曾在全球的多数寓言中出现过，证据是有目共睹的，毕竟，连耶稣自己都曾提及他在遥远的国度牧羊。

　　我另外有羊，不是这圈里的。我必须领它们来。它们也要听我的声音，并且要合成一群，归一个牧人了。

——《约翰福音》

第 14 章　人类的故事

在我们对这个世界认知的过程中，历史学家和考古学家们所起到的作用不容忽视。因为我们目前的信念结构，无论是想象中的世界大战、罗马帝王的相貌，月球登陆，都是建立在大量事实依据的基础上的。历史学家们俨然已经成为一切过往事实的保管者和讲述者。他们甚至还沉迷于与金字塔有关的事件以及对恐龙的外貌和行为的描述。事实上，我们对于任何发生在我们所存在的时代之前的事情，都是通过这些研究历史的专家的描述来建立印象的。他们所描述的那些关于我们的祖先和史前事件的信息淹没了我们的大脑，在我们的潜意识中，这些专家们所呈现的关于过去的一切知识，我们早已习惯将其认定为既定事实。如果他们对史前文化的认知上有错误的部分，我们自然也会跟着错，不会去质疑它。我们总是期望专家们可以告诉我们所有的真相。不幸的是，很少人会知道专家们曾经做的那些大量推测。如果你想了解这些推断，你只需要找到一本 50 年前的历史书，把它和当今的历史书比较，你会惊奇地发现它们之间有多大的区别。这正说明了，历史学如同考古学一样，它是一个不停变化的科学，当我们发现更多的事实依据时，我们对于与之相关的特定事件的看法也会随之发生变化。科学家们对于人们因为他们而形成的错误看法感到内疚。在大多数情况下，科学发现基于一些暂定结果，而这些暂定结果又是建立在假设、理论、推测和信仰上的，正如神学家们对于他们的神抱着盲目的信仰一样。在欧洲黑暗时代，人们坚定地相信世界是水平的。人们总是为那些漂洋过海去追寻未知领域的探索者们的生命担忧，他们总认为探索者们会被居住在世界边沿的那些怪物吃掉。在过去，这些理论广为流传，然而今天如果再拿出来演讲可就贻笑大方了。

100 多年前，权威的科学家们断定人类永远不能飞翔。1903 年，莱特（Wright）兄弟在美国北卡罗来纳州基蒂霍克（Kitty Hawk）试飞了他们的第一架飞机，当时物理学界的领军科学家们拒绝加入飞机试驾，因为他们宣称"人类不可能乘驾比空气重的机器飞行"。而这些话对很多普通民众的看法起了决定性影响，因为他们对这些专家们的结论坚信不疑。于是，这促使了一个当地报纸的新闻编辑写了一篇强调了这些专家们所做出的科学事实，这篇文章立马使得人们质疑冒险家们的活动只是哗众取宠。这当然严重影响到了莱特兄弟的发展，正如我们所知还可能滞后了他们的进程。甚至在今天，某些科学家还会因为个人原因而扼杀掉某些新思想。众所周知，历史学家们出于各样的原因隐藏了许多事实和发现，考古学家们也一样。从人类历史伊始，政府就开始使用各种愚蠢的理由对他们的民众隐瞒事实，其中，国家安全问题就是惯用借口。教堂和其他宗教组织对他们的教徒隐瞒事实是为了让教徒认为只有他们才是公正的。甚至在今天运动产业竞争如此强烈的背景下，运动队和他们的管理者也要对他们的粉丝有所隐瞒。在现实社会中，这样的例子还有很多。当我们看着过去寥寥数千年的巨大成就，自我们从山洞里走出经过一系列快速演化成为了一个文明物种后，我们在整个黑暗时代不断地碰壁就好像所有人类知识都看起来消失了一样。我们从黑暗时代中慢慢重新塑造，就像一个全新的物种，重新去发现知识，虽然这些知识事实上已经陪伴了我们的祖先几千年。但同样地，历史学家和考古学家们成为了他们自身危机感的牺牲品。如果他们不清楚某些事实，或是所发现的和他们的知识体系不符，就会被划分到类似小说、虚幻、神话那类去。这样的行为使得在解释我们人类起源时陷入了巨大困境。有许多聪明的人把他们的大半生都投入到揭开人类祖先模糊的面纱中去，然而他们总是被那些目光短浅的"专家们"侵蚀。令人不可思议的是，我们甚至没察觉我们已经被驱使去相信某一些我们坚信是真相，然而事实并非如此的东西。

有两个使我多年兴趣斐然的爱好：UFO 和金字塔。我从未见过 UFO，也未被挟持过，更别说"星际旅行"或是与"外星人"之间有着某种奇特的心灵感应。但我试图在这个问题上保持理性的看法。让我们把所有的目击事件和所谓的挟持事件放到一个巨大的锅中，想象这所有的一切都是虚构的。其实他们看到的也许是其他的一些东西，也许经历了一些不太可能发生的事，或者他们只是做了一个生动的梦。又或者这个事件中的 UFO 不是想象的，而是真实的。

我的另一个爱好是关于金字塔的故事。记得当我还是一个孩子的时候，我见过一幅精美的画，它描绘了奴隶们一个接着一个拖着巨大的石头建造了世界上最伟大的建筑——金字塔，这让我十分着迷。它还清楚地描述了他们是如何得到那些大石头，继而去打造它们，建立起斜坡，把它们放在滚木上并把它们拖到相应的位置。这些以建造金字塔为生的奴隶们负责把 160 万块巨石通过斜坡向上运输，精确地把这些每块重量在 1.5—3.5 吨之间的巨石建造成通道和密室，这些巨石之间紧密相接，其狭缝甚至连一片细小的玻璃碴也放不进去。更有甚者，他们在每块巨石的表面浇铸了约 15 吨的白色的石灰石，这需要更加精密的技术。假设他们能在一天内做好 100 块巨石，那么这项工程将需要上千名工人至少 50 年的光阴来完成。而有了这一切，就会有一个法老沉睡于其中吗？这使得 10 岁的我对此印象十分深刻，但当我开始大量阅读有关这些神秘建筑的书籍时，我发现我看到的不过是冰山一角，同时关于金字塔是谁建造的也是一脸迷茫，不过我们一般认为是胡夫法老王（King Khufu）所为。从那天开始，我决定不再相信历史学家所写的一切，更多的是自己去挖掘真相，发现真理。我更愿意让我的孩子们在学校被教授的是我们不知道是谁建造了金字塔这一观点，允许他们自己的意愿去吸收那些事实，在他们长大以后可以发现更多的线索从而建立一个他们自己的理论。我们必须停止在那些建立在带有个人观点的"专家"所提供的理论碎片上的论断。上千年的损害已经造成了太多的危害，这使得人们去发散他们的思维以及去思考真相变的尤其困难。尤其是部分宗教的领导者，他们也许是缺乏知识而被洗脑，也或者是他们有知识，但并不打算将其流传给我们。在大多数人的生活中，对宗教和政府的恐惧是很大的，这需要上千年来扭转。但我们必须得从某处开始才行。挑战传统信仰体系的作家们日益剧增，同时他们的读者们发现人类知识的界限也是日新月异。如同所有的历史一样，只有时间可以帮助我们点亮有关人类起源的真相。

出于我的个人行程，我踏上了这条公正抨击当代科学的道路。我有一个强烈的愿望去分享我这 20 年来所吸取的那些在研究发现中值得细细品尝的闪光点和趣味点。不一定非常科学，但有足够多且有趣的观点可以搅动科学界。现今越来越多的人加入到探寻人类起源之谜的行列，他们不满足于原先简单的答案和理论。他们想知道那些他们被剥夺的关于这一切的真相。所以当我们谈及那些真正威胁到我们自身信仰的事件，还有当我们推行一个新的理论，且这个理论将会撼动时下最流行的制度的根基，我们必须跨越这些不安感，同时要提醒自己，事情并不总是表里如一的。最常见的一个例子便是两个人从不同的方向看同一物体，他们各自看到的完全不同。我要求你，从踏上这条探寻我们人类起源的路开始，就必须一直保持着这种思想。

本章将带领我们走向一段新发现，它是如此的不可思议以至于难以令人相信。自从 20 世纪 70 年代以来，越来越多的学者们沉迷于苏美尔泥版的翻译，一个全新的信息浪潮开始出现。一个全新的文明体系呈现到我们面前，他们用的是和我们完全不同的语言，说明他们所有的知识在他们的时代之前就已经产生。同样地，许多守旧派学者的顽固本性又开始大行其道，他们写了大量书籍把这些新发现归放到神话或是小说的类别。然而，这种文明被越来越多的作者肯定，它其中所蕴含有关古人类的故事远要比表面看起来更多。埃里希·冯·丹尼肯（Erich von Daniken）在 20 世纪 60 年代，在他的著作《古老的战车》（Chariots of the Gods）中，把史前文明归结于外星人在地球的活动这一观念普及化，这使得人们开始思考那些史前文明中不能解释的现象。丹尼肯这一观念受到了许多著名的作家、学者的追捧，他们把他推向一个领导者的位置。但实际上，是撒迦利亚·西琴（Zecharia Sitchin）真正把苏美尔的楔形文字推向一个巅峰，他在他的第 9 本书中，重点探讨了苏美尔泥版的内容以及这背后已消失的真相。于是，西琴成为了苏美尔语言的最重要的译者之一，他提供的证据是如此生动逼真、令人信服，叫人难以提出异议。我们此书的最后一章很大部分以及人类的文明历程是从我们人类开始出现在地球上的时间到大约公元前 2000 年，而这一系列故事都源自于 20 世纪 70 年代开始出现的苏美尔泥版。将这些彼此分散的古文明相互连接并且找出它们之间的共同点，最终会导出一个简单的结论。这个结论在我们面前反复地出现，成千的被翻译的泥版、石雕、图章、石碑以及许多文化体系中的经文，都清晰说明了我们是谁，我们来自哪里，为什么我们会在这里。毕竟，这些问题曾经在大多数人的心中出现过。这些经文都有一个共同点，那就是当他们提到来自遥远陆地的苏美尔人的神时，都会认为是他给了早期人类所有的知识。这个故事在西琴的《恩基的失落之书》（The Lost Book of Enki）被重点引用，图书将苏美尔泥版上的楔形文字的翻译做了一个汇总，前后花了西琴约 30 年时间。在很多例子里，来自美索不达米亚（Mesopotamia）的不同地方的泥版都提到了同样的事件，这足以证明它的有效性。

我们必须开始接受我们不是文明巅峰这一事实了，现代文明仅仅只是知识起源地中的一个新兴物，我们还要接受基因创造的起源这一事实真相。这之中最不可思议的一部分就是上帝根本什么都没做，而那些久远时代的神才是我们在地球上的真正策划者和操纵者。除此之外，我们还必须面对外星人不存在的这个事实。我们自己就是所谓的外星人，我们是被来自其他星球的太空原始工作者所创造，我们以他们约 45 万年前的样子为原型，在这个星球上执行必要的任务。我们身体里有着他们大量的 DNA，因为他们就是用 DNA 创造了我们，所以我们看上去比他们好看得多。最可怕的是，我们还必须接受：人类只是来自尼比鲁（Nibiru）的阿努纳奇人（Anunnaki）移民到地球上的一个偶然的副产品。人类之所以被存留下来的原因是：成为金矿的奴隶劳工。对于我们存在的重要性，是我们自己经过了千年的无知与演化，在自己脑海中形成的。从很久以前开始，人类就把他们的创造者称为"上帝"。但随着戏剧化的事件在这个新定居的星球展开，人类慢慢地被赋予了更多的任务，逐渐把他们和他们的创造者的关系变为永久的主仆关系。但阿努纳奇人在征服这个新星球的过程中出现了他们自己的问题，所以他们并没有在原始劳工的问题上花费太多时间。我们最初的任务是在金矿里工作，这是为了减轻"神"的劳力负担。他们的第一批在地球上的定居者要为他们自己星球上的领导执行一项至关重要的任务，就如同我们的宇航员在登陆月球和抵达阿尔法（Alpha）宇宙空间站一样。他们有着自己的问题和分歧，而我们人类对于他们来说并不是真正值得重视的。虽然人类是一个能帮助他们从地里挖掘到金子的重要工具，但实际上在阿努纳奇人消遣的时间里，几乎是没有用到我们的。而所有的这一切将会在古文明泥版的解读中被一一揭开。

在前面的文章，我们已研究过人类的 DNA 和它的缺点，它完全控制了我们的心理和生理能力。我们还探索了奴隶制问题和从早期人类具有的金子情结。我们追溯到久远时代去比较人类和那些近缘物种的进化路径；我们甚至还重新引入了生源说（panspermia）这个术语到读者的词汇中，强调了生命在宇宙中是无处不在的事实。而如今，我们已经设置好了场景，做好了充分的思想准备，开始质疑那些和我们传统意识相悖的异常现象。

在苏美尔泥版上，把阿努纳奇人最开始来到地球的时间称为"古时代"（Olden Times），而把他们在尼比鲁上的时间称为"史前时代"（Prior Times）。西琴是这样解释的：

在古时代之时，神来到了地球并创造了人类。在史前时代，地球上没有神，人类也还没有出现。在史前时代，神居住在他们自己的星球。而这个星球的名字叫：尼比鲁。

这块泥版还提到尼比鲁的椭圆轨道周期是"1萨尔纪年（shar）"，相当于3 600个地球年，这也是我们的圆圈有360度的原因之一。尼比鲁逐渐接近太阳，它穿过了大多数的行星直达火星和小行星带，接着又再次回到深远的宇宙中去，就如同那些几千年才得以一见的彗星一样。所以这就不奇怪天文学家为什么在太阳系中找不到它，这是因为当尼比鲁在轨道的远日点时，它和太阳之间的距离是冥王星和太阳距离的3—5倍。尼比鲁的居民们在很多方面都非常先进，但看起来他们和我们目前的发展处在不同的级别。我敢说人类的人权立法比起他们在几千年前在这个问题上的做法要先进得多。尼比鲁是处于国王统治制度下的，他们破译了遗传密码，并对如何操控DNA有着清晰的认识。他们不断提及的永生，说明他们已攻克了遗传缺陷导致的细胞凋亡和人类死亡。他们的星球已没有多余的地方给他们，所以他们便带着这些特性来到这个被称为地球的新行星上。泥版上多处提到他们停留的多个时期，这也是为什么我们可以计算出尼比鲁人初次抵达地球的时间。在《恩基的失落之书》里很清楚地确定大洪水到达的时间是"第120个萨尔纪年"。

在第120个萨尔纪年之时，大洪水被期望到来。在吉尤苏得拉生活的第10个萨尔纪年，大洪水即将到来。

这便把大洪水到达的时间放到尼比鲁人到达地球的43.2万年之后。大多数学者都同意大洪水发生的时间是公元前1.1万年，这便说明了尼比鲁人是在44.3万年前抵达地球的。一直保持对时间的追溯非常重要，因为它在人类活动、起源的发展和第一个人类的诞生提供了重要依据，就如艾达姆（Adam）和夏娃（Eve）出现在大约20万年前。那些远古的太空人为什么来到地球，这并不是那些遥远的太空人的随意性决定，而是发生在尼比鲁的当权者和继承者发生了激烈斗争。

这个国家的南部和北部纷纷拿起武器……一场漫长而激烈的战争吞噬了他们的星球……死亡、毁灭比比皆是……大地上一片荒凉；所有生命在减少。

统一、重建、和平，接踵而至，尼比鲁星上的城市及总体发展已被战争所吞噬。文章中对尼比鲁的大气层有着非常生动的描述，解释了火山的喷射增厚了他们的大气层，以此来保护他们免受太阳光的伤害，当尼比鲁星到达近日点时，"在最炽热的时期，大气层可以保护尼比鲁不受太阳光灼热的射线所侵害"，同时"在最寒冷的时期，大气层可以一直使尼比鲁内部保持足够的热量就像穿了一件温暖的外套"。同时我们切记的一点是，这个星球远离太阳的时期远比它靠近太阳的时期要长，因此，它需要一个更致密的保护层来维持一个气候温和的生活。他们的大气层和我们地球上的大气层相似，不过看起来似乎更厚且不稳定。这颗行星被描述为一个"光芒四射"的行星，它"色调偏红"，"闪耀着微红的光芒，它环绕着太阳的轨道是一个长长的椭圆"。一些行星吸收热能，然而另一些行星则辐射热能，尼比鲁就是这样一个星球，它辐射热能。它的运行轨迹与彗星非常类似。

然而，尼比鲁是一个麻烦丛生的星球。它的大气层被一些外界的作用力扰乱，对土地、动物和人都产生了破坏性的影响。星球上的每人都处于困境之中，和平受到了威胁。太阳的光线摧毁了农作物和耕地，使得大部分地方无法居住。这对于 21 世纪生活在地球上的我们似乎也不是一件新鲜事，"大气层开始出现一个缺口……尼比鲁的空气变得稀薄，大气层的保护作用也大大削弱了"。

他们尝试了各种补救措施，想去愈合大气层中这个日益增长的大洞，然而收效甚微。"土地纷争愈加激烈，没有食物也没有水……在纷争出现之前就资源就已经非常匮乏，谴责声也越来越多。"在我们的地球上，我们同样也会把土地纷争和谴责联系起来，那些我们存在的诸多问题如环境威胁、温室效应、臭氧层破坏也同样有着许多异议，这一切的一切都与他们相似。我们再次直面了这些阿努纳奇人流传下来给我们的遗传特征。"雨水不再出现，风更用力地吹着，春天似乎被深深地隐藏起来不复出现。"

于是他们召开了一次会议，并根据一些有远见的科学家的意见，做出了以金子粉末的形式来分散到大气中，修补大气层漏洞的决定。"要使用的这种金属，称为金子。然而它在尼比鲁十分稀有，而在"群星之镯"（Hammered Bracelet）是相当丰富的。必须要注意的一点是，他们所谓的"群星之镯"便是火星之外的小行星带。他们是从《埃努玛·埃立什》或是"创世史诗"中得知的，其中描述到小行星带上有着许多镶嵌着金子的碎片。但是否已经回收了它们？我相信在今后几年，我们将会在小行星带上重新发现富饶的金矿，而这一切，阿努纳奇人在50万年前就已经知道了。

"这是唯一能够研磨成极细腻粉末的物质，这使得把它们撒到天空中可以保持悬浮状态。"所以，他们在送出太空飞船去采集金子的同时，还试图激活休眠火山再次"喷发"。随着导弹对火山的攻击，它们从休眠中被唤醒，喷发次数增加。然而这一系列的挽救工作都不能阻止这个星球在慢慢陷入一场环境灾难之中。这个时期的国王在面临重大决定时显得懦弱和毫无号召力。种种的不幸和异议使他不堪其扰，直到被阿拉奴（Alalu）推翻，并被阿拉奴取代了他的统治地位。后来发现阿拉奴实际上是法定继承者，因为他是前国王和前国王同父异母的姐妹所生的儿子。顺带一提，《圣经》的演替规律也便由此产生。一个男人和他的同父异母的姐妹所生的孩子是第一继承者，而并非他和其他无关的女人所生的孩子。我们将看到阿努纳奇人是如何将这条规律应用到地球上来的，他们通过希伯来人、埃及人，和其他文明来普及。但在阿拉奴的统治得到任命之前，一个叫阿努的年轻王子站出来，宣称他是伟大国王安（An）的直系后裔。人们研究了他的祖先后得出一个结论，那便是他的确是安的直系后裔。因此，根据他们的法律，阿努应该继承国王的王位。经过一系列讨论后，最后决定为了和平与稳定，阿拉奴继续担任国王，而阿努则成为他的"侍臣"。

> "让我们和平相处，携手实现尼比鲁的复兴。我继续担任国王，而你则保持作为续任者的身份，"阿拉奴这样对阿努说，于是"阿拉奴继续以这种方式在国王的宝座上坐着"。

阿拉奴继承王位后的首要任务是找到"群星之镯"。因此他派出"飞船去寻求金子"，但太空是一个残酷的地方，这项任务也变成了一个巨大的灾难。所有派出去执行寻求任务的飞船都被小行星摧毁。"在群星之镯，飞船被——粉碎……"在阿拉奴继承王位的第 9 个萨尔纪年时,尼比鲁星的救灾进展收效甚微,阿拉奴受到了来自阿努的挑战。尽管尼比鲁人在科学技术上已非常先进,但他们仍有着一些有趣的传统习俗。这个习俗便是必须遵守肉搏战的规定,全裸比赛。这是在大约 4 500 年前以书面形式来表述的形式,同时这也是希腊人受到他们诸多影响的习俗之一。

"在第 9 萨尔纪年时,阿努向阿拉奴提出挑战,以全裸肉搏战的传统方式。他们在公共广场进行搏斗……"随着命运的安排,阿努击败了阿拉奴并取代他在尼比鲁的宝座。他对如何拯救星球的大气层以及阻止它进一步的破坏有着非常宏伟的计划。阿拉奴很明显因为肉搏战一事耿耿于怀,所以他策划了一桩戏剧性的事件通过某种方式来表现出他明显优于阿努。于是,他"偷"了一艘先进的太空飞船,并朝着群星之镯飞去。"他匆忙跑到天体战车的所在地……他进入到一个导弹投掷战车里……占据了指挥官的位置……他把前方的路点亮了,打亮了火石;就这样,阿拉奴悄然无息地驾着飞船逃离了尼比鲁。"

他的逃离就像做一个最后的尝试,来显示他的智慧,他企图证明他的能力足以统治尼比鲁人民,通过一些奇特的方式去扭转命运,不过他仅仅做到了后者。他把他的目的地定在了地球上,期望能在那里找到金子。然而他又是怎么知道地球上有丰富的金矿资源呢?再一次,我们在大多泥版中发现了令人惊讶的信息,其中还提到了历史学家们耳熟能详的《埃努玛·埃利什》,泥版上对"神之战役"的神与神之间的战争中有着非常详细的描述。但实际上,这只是在尼比鲁星上观察到的,在过去发生的有关行星和卫星的碰撞事件。这只可能在尼比鲁星围绕太阳转到近日点的过程中,其轨道穿过其他行星的轨道时看到。为了大家便于理解,我下文将进行一个简要的介绍。

这个故事是从一块泥版上得知的,它被写在泥版上并且还有着大量的细节描述。那次观察到的事件是这样的,它只有可能在尼比鲁星上被观察到,因为尼比鲁星正好处在碰撞的中心,但却没有碰到任何东西。几百万年前,太阳系中有水星、金星、地球、火星、迪亚马特(Tiamat)、木星、土星、海王星、天王星、冥王星和尼比鲁星,每 3 600 年,尼比鲁星一次回归。

由于它跨越大多数其他行星的运行轨道,所以苏美尔人把它称为"穿越之星"(planet of the crossing)。迪亚马特(Tiamat)是一个较大的星球,

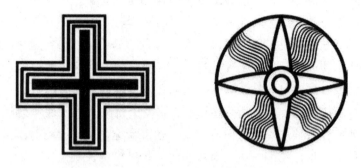

图 14.1　穿越之星，尼比鲁星常常以这两种十字符号表示。
　　　　左边的符号说明了尼比鲁星常常横跨其他行星的轨道。
　　　　右边的符号说明了尼比鲁星还是一个向外辐射热能的发光星体。

体积也明显大于地球，其轨道大致位于现在的小行星带。当迪亚马特在它的轨道上运行时，尼比鲁和它的距离越来越接近，它们之间的距离是如此地小以至于它们的卫星发生了多次激烈碰撞。从泥版文献中，我们可以得知尼比鲁星有 7 个卫星，都纷纷"攻击"了迪亚马特星，从迪亚马特星的凸处撞击，剧烈的撞击导致迪亚马特星体被分裂为了两部分："他把她撕裂了，从胸部的位置分开。"

这部史诗的结局是，当尼比鲁星的卫星将迪亚马特行星粉碎后，观察者实际上只能看到迪亚马特星曾经隐藏起来的许多混合物。其中展现出来最丰富的金属就是金子。这次碰撞是发生在尼比鲁星接近近日点时的，然后它又回到了它的轨道上去。在撞击迪亚马特的尼比鲁的卫星中，有一个在泥版上被称为"北风"（North Wind）的卫星撞击的是迪亚马特最大的一部分，继而飞入了朝向太阳的深空里。金古（Kingu）是迪亚马特的卫星之一，由于动量原因跟随着最大的那块碎石而去，在这块碎石将轨道稳定在火星轨道外部之前，它捕获了比它更小的金古作为它的卫星。这便是金古要为它的破坏力所付出的代价，泥版上如是说。"尼比鲁的北风到达迪亚马特的上方继而斡旋，在迪亚马特星一个未知区域的上方出现了一道亮光，接着切断了迪亚马特星上的流水……与迪亚马特星一块被放逐的除了紧随着她的金古星以外，还有几块被分离的小部分。"

迪亚马特星剩下的部分要么被摧毁要么变成碎片，接着形成了著名的小行星带——也就是苏美尔语称谓的"群星之镯"。"他用他的手杖把那些阻碍它的部分粉碎成零星碎片，然后把它们收集起来去构造一个'群星之镯'。"

那一大块碎片和它的大体积卫星，便是现今的地球和它的卫星。前文中曾提到的金古星就是那个卫星。通过这些碰撞，在所有星体中出现了大量的物质和"生命的种子"的转移，这就解释了为什么地球继承了很多与尼比鲁类似的生命形式。显而易见，这个新的星球——地球，有着富饶的金矿，如同小行星带的碎片一样。此外，它还解决了为什么地球拥有如此巨大卫星的令人费解的问题，以及为什么尼比鲁人会知道地球上有金子。随着时间的推移，地球通过重力和离心力使之变得稳定，使得生命得以在这里发展和繁荣。正当尼比鲁星上的危机愈演愈烈时，地球上的生命进化的势头却愈加良好，最重要的是，尼比鲁人知道地球上有着丰富的金矿资源。这就是为什么阿拉奴把他的目的地设置在了小行星带后面的地球上。在此之前，他们从未想过要跨越小行星带，从泥版文献中我们可以推测出穿越小行星带对他们来说是一件非常危险的事情。正如前面所提到的，那些被派出去的飞船没有一艘能够在这里找到金子返回。阿拉奴很明白如果他能在地球上找到金子，那么它将会成为尼比鲁星的英雄，其至提出更高的要求。他会被视为他母星的救星。阿拉奴的旅程被描述得如此生动，即使 5 000 年后，人们也可以从泥版中的描述想象出当时的场景。但我必须提醒一点，苏美尔泥版上提到的那些各种来源的知识和信息，它们所发生的时间都先于泥版被刻录的时间数千年。我们不知道是否这些故事是口头传播还是通过其他途径得知。

> 阿拉奴驾着飞船像一只鹰一样在空中盘旋，从上往下看，尼比鲁星就像悬在宇宙中的一个球……当他再次回望时，尼比鲁从一个"大球"变成了一个"小果实"……再次回望时，尼比鲁星已消失在了黑暗中。

随后他快速地驶向地球。《埃努玛·埃利什》描述了他悲凉的心情，不知道可以期待什么，以及他是否能实现计划。书里还描述了他穿过了许多行星，他被宇宙中壮观的景象所震撼。

难以置信的是有着这些精彩绝伦的描述的文章竟然已有 5 800 年历史，它甚至涵盖了冥王星、海王星、天王星的信息描述，然而我们的"现代"

图 14.2　宇宙中的火星和地球。火星上的极地冰冠清晰可见（左），这说明即使
　　　　是在今天火星仍旧存在水资源。旋转的云和深蓝色的海洋使得地球成为
　　　　一个格外吸引太空旅行者的星球。

文明在过去 200 年间仅仅发现了这三个行星的外表面。但随后，阿拉奴突然遭遇到小行星带的威胁。"'群星之镯'的前面有着一股巨大的力量，在等待着摧毁他……岩石和巨石被集合到一起锤炼着。"当阿拉奴到达这里时，他想起描述小行星"尼比鲁的探查战车像被猎捕的狮子一样被吞噬"。但阿拉奴想通过某种方式穿越，即使用"死亡导弹"（death-dealing missiles）来打开通路。这也成为在他之后的其他人穿过小行星带的方法。"就像一道打开'群星之镯'大门的咒语"，于是阿拉奴穿过了"红褐色行星"即火星，接着，"雪白色的地球出现了"。他把地球的区域划分为三部分，顶部和底部是白色，中间则是蓝色和褐色。这颗行星有着比尼比鲁星更为稀薄的大气层和更弱的引力场；"比尼比鲁更弱小这一点就是它的诱惑之处"，阿拉奴一抵达地球，就用扫描仪器来寻找金子的信号。"电波在他指定的方向上向下渗透，指向了地球的内部。"这便就是……那个珍贵的金属，那个让尼比鲁人不顾一切要得来拯救尼比鲁星被破坏掉的大气层的金属。"金子，许多的金子，电波的指示说明了这点。"阿拉奴用一种粗暴的方式进行着陆。他最终成功抵达了这个"金子之星。"

　　当阿拉奴带着他的"鹰之头盔"（Eagle's Helmet）走出飞船外面时，他惊讶地发现这里的空气非常适合呼吸，他穿着的保护服和头盔毫无必要。这听起来就像在这个时代最风行的幻想化的一次伟大冒险，但在这里，的确是一个勇敢人到一个新行星的独自之旅。"这里没有任何声音……他孤独地站在一个外星星球上。"

阿拉奴坐回到他的飞船中，利用飞船中的设备帮助他探索地球上的他们所需要的元素，他没有再装备任何保护措施。"他学会了制作便携的武器，同时还制成了便利的取样器。"他描述了这短短几天时间内的发现：甘甜香味的树、丰盛的果实、碧水里的沼泽、黑色的油、可饮用的淡水。盐水虽不能饮用但却养满了鱼，最后他在一个"寂静的池塘"（silent pond）发现了淡水，然而就在这里他碰到了一条蛇。他不明白这是什么生物，或许这是他在地球上遇到的第一个生物，所以这就启发了尼比鲁人在未来大量使用蛇形符号的想法。阿拉奴在用他的测试仪找到金子之前并没有浪费任何时间。他在海洋和河流的岸边发现了富饶的金矿。于是他赶紧向尼比鲁星发送讯息。"扩音器传出他用尼比鲁语言说话的声音……我现在在另一个世界，我已经找到了能够拯救我们的金矿，尼比鲁星的命运掌握在我的手里了。"

阿努和尼比鲁星的居民对于阿拉奴还活着的这一事实感到震惊，对于他关于金矿的一番言论更是痴迷。

尼比鲁人有一种难以置信的可以将危机转变为安定的能力，这是他们的一个显著特征，而我们现今的人类仍然在试图掌握。正因为我们继承了阿努纳奇人的 DNA，因此我们不断希望达到这种状态。然而，在公元 20 世纪、21 世纪的我们，已经出现将这种调解的能力展现出来的迹象，这是相当鼓励人心的。南非的不流血革命以及它从压迫到民主这 180 度的大转变就是一个例子。在很多例子中，我们都可以看到，尼比鲁人通过简要的决定来减缓冲突的情况。然而，尼比鲁人在地球上的孩子们，在数年后仍旧不具有像他们父母那样容忍和宽恕的性格特征。最终，他们的反抗和贪婪导致了他们和神之间的冲突接二连三，而在奴隶种群身上表现出来的影响便是他们开始模仿他们的主神。

阿拉奴把找到金矿的证据通过一个先进的技术操控传送回尼比鲁星。"他把测试仪里的晶体内核拆除，同时也取出了取样器的晶体内核。接着把这些晶体内核插到扩音器里，以及其他所有的新发现一同传送回尼比鲁星。"尼比鲁星上的每一个人都被发现金矿的证据震惊了，于是他们开始计划着要到地球去。安（Ea）是阿努的第一个孩子，而恩利尔（Enlil）是第二个儿子，根据他们的继承方式，恩利尔是首要继承者因为他是阿努和阿努同父异母姐妹所生的孩子。经过几次激烈商讨后，决定由安而非恩利尔来率领第一个到地球去的探险队，这是因为安具有更优秀的科学素养。在他们启程前，他们做了大量的研究和准备。他们计划着航向："他的任务是改变命运。"

有一些文章提到尼比鲁人使用水作为动力来源。他们是否会在之后利用其中的氢元素，就像我们在 21 世纪所做的一样？"如果水是能量，需要装载多少？放置在什么位置，它又将怎样转化为能量？"他们集合了 50 位"勇士"去执行这项任务，同时他们为这次征途准备了最大的战车，装备了所有必要的工具。安启程那天的场景就类似于美国国家航空航天局（NASA）发射航天飞机，许多人聚集到一起去观看发射。安是最后一个出发的，但不是在国王阿努赐予他祝福和向他告别之前。"恩利尔挽住他同父异母的哥哥的手臂，说道，祝你成功。"这是他们兄弟之间最友好的一次。然而这一切都将在他们取得了地球的控制权后，发生变化。令人震惊的是，尼比鲁人在这种事情上的表现和我们今天人类的行为如出一辙。我认为在 21 世纪的我们比过去任何一个时代都更加类似于他们。这主要是因为我们具有更高级的能力，我们科学上的发现还有医学技术类似于他们在数千年前所做的一切。我们奋力去挽救我们的地球免受环境灾难；我们正在探索太阳系中的其他行星；而且我们也几乎掌握了基因技术的科学。不过，虽然我们已超越了王权和君主制——而这一切不过是被贪婪的资本主义制度取代了而已，并不能真正地促进平等和稳定。在很多例子中我都屡次提到了贪婪基因，在我们社会结构中它显而易见。我很好奇尼比鲁人是如何处理贪婪和社会交互作用的问题。我们是否还有许多需要向他们学习的地方？

这趟前往地球的旅途并没有预想中那么愉快，但在他们冒险穿过危险的小行星带时他们同样被那些星球的描述所震惊。很明显，这是一道难以跨越的难关，而在此之前，只有一个人成功穿越。你可以从译文中感受到，他们对于穿过小行星带非常小心谨慎。"'群星之镯'潜伏在第 5 颗行星之后。"这需要采取一些措施，以及通过一组队伍的共同合作来开辟道路。令人更加诧异的是关于他们如何用水将岩石击破的描述。他们甚至描写了当他们穿过太空时，那些巨石是如何旋转的，然而这个现象是我们最近才发现的。"战车冲向大量旋转着的石头……这是安下达的命令。"这是一项新技术，它是由安这样的科学家想出来的。如果他使用的是爆炸的武器来打开前往的道路，将会产生更多碎片，而这些碎片会对飞船造成新的威胁。然而使用水力推进器连续不断地进行操控，一次又一次后，他们终于在小行星带中清理出一条可以让飞船通过的道路。这听起来像科幻小说，然而这个故事是来自于有着上千年历史的泥版。如果这都不能让你陷入思索，那还会有什么可以？"最后，道路被清理干净，战车在无障碍的情况下得以继续前进。"

　　然而这一切"道路清除行动"耗尽了他们所有供给的水资源，于是他们陷入了困境。在他们到达第6颗行星——他们称之为拉赫姆（Lahmu），而我们称为火星——他们看到这颗行星能够反射太阳的射线。他们意识在火星上有水，于是计划在火星上登陆，并补满他们的供给水。值得注意的是，他们的记录中，火星上的重力场并没有像地球那么强烈——这与我们现代的科学发现非常吻合，不得不惊叹古苏美尔人的文明程度。

　　他们在火星上着陆并逗留了一小段时间，接着在一条河边找到水。正当大家都在采水时，安进行了各样的调查，在他的本子上记录下这一切。这里的水很适合饮用，然而空气却不适宜呼吸，这说明他们需要用他们的"鹰之头盔"来帮助呼吸。

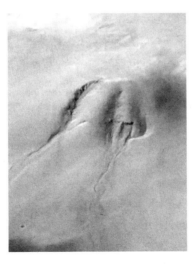

图14.3　火星上被水冲蚀的证据。这是表明火星曾经
　　　　有过丰富水资源的成千上万的证据之一
　　　　而已。

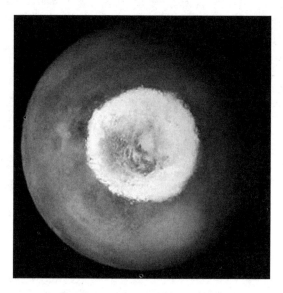

图 14.4　一张火星南极冰冠的清晰照片显示出了以冰形式存在的丰
　　　　富水源。苏美尔人在 5 000 年前就知道了火星有水。他们是
　　　　怎么做到的?

　　不久后,他们便抵达了目的地——地球。有关他们飞行方式的描述为
乘坐高速飞船,这一点毫无疑问,因为他们从遥远的尼比鲁来到这里前后
花了不过几个星期的时间,而从火星到地球所花费的时间更少。我们可以
做一个简单的计算来证实这条思路。当今的大多数汽车很容易在一秒内增
加 10 千米/时的速度。如果我们的火箭可以每秒增加 10 千米/时的速度,
它将会在第 1 个小时的最后加速到 36 000 千米/时。在 10 个小时后达到
360 000 千米/时。在这样稳定的加速度下,60 个小时后,我们将可以达到
2 160 000 千米/时。火星距离我们只有 78 000 000 千米,也就意味着我们
以最大的速度行驶将需要花费 96 小时,也就是大致 4 天时间。我还除去了
飞船在加速的这一段过程中的路程。不过这应该与飞船在抵达那个星球时
的减速过程中所耗费的时间和距离相互抵消。

　　以严谨的科学眼光来审视,这当中会有许多纰漏,但即使我偏离真实
值 50%,也只需要花费 8 天左右的时间到达火星。所以,是什么阻碍了我
们做到这样? 我冒昧地提出一个假设,那就是时间就是目前最大的阻碍。
不久这些障碍就会被一一克服,继而我们可以达到更高的宇宙速度。

安和他的 50 名探险者抵达了地球，泥版上还特别说明，他们在降落到地球之前不得不把速度降低，否则飞船将会在地球大气层的摩擦中被摧毁。我们从这些泥版上得知了许多不可思议的宇航知识，而这些泥版都已存在了数千年。"战车必须减慢速度，否则地球稀薄的大气层将会把它毁灭。"安苏（Anzu）说道，他是安的驾驶员。他们绕着地球好几圈来减慢速度，然后他们进入了大气层接着和陆地发生了激烈碰撞。地球的重力场对他们来说也是一个破坏，所以他们仍然还是以一个极高的速度着陆了。为了避免任何有可能的危害，他们选择了在海上着陆，也就是今天的波斯湾（Persian Gulf）。着陆后他们打开了舱门，阿拉奴一直在等待着他们，当飞船着陆后他们就开始了无线电联系。"欢迎来到地球。"他们看到其他来自尼比鲁的飞船停到了岸边，立马明白了降落位置非常精确。他们感到无比开心和快乐，接着游向岸边，那里，阿拉奴正等着他们。"阿拉奴朝着他们跑了过来，欢迎来到另一个星球！阿拉奴对安说。"这只是那个用楔形文字记录的戏剧化事件的一段摘录，这一事件迎来了 44.3 万年前地球上的第一批定居者。

图 14.5　恩基踏到了地上。苏美尔图章上描绘了主恩基离开水，第一次踏上了陆地。注意在他肩膀处的水流象征着他同样也是水的主人。另外还需注意的是那个有着翅膀并散发光芒的神，他在等着恩基。阿普斯便是他们进行采金活动的地方。

于是，我们明白了这才是人类真正的史前时期，在这个久远的史前时代，在这个新行星地球上，这一时期比起艾达姆所创建的第一个人类时代还要远很多。他们发现他们的使命关系到他们母星的生死存亡。"我们在生死攸关之时前来，尼比鲁的命运掌握在我们的手中。"他们已不能再浪费半点时间了，于是安在发送一条他们即将往返的信息给他的父亲阿努后，便组织了一些不同的队伍来分别执行不同的任务。他们之后去到了埃里都（Eridu），"另一个新家，"这是地球上的第一个城市。接下来的六天，他们创造了奇迹：他们创造了饮用水源，用黏土做的砖块来建造房屋，建成一个个营地，检查并记录那些可食用的水果。他们第一次在地球经历了雷暴，这场雷暴把他们吓得够呛；不管是雨、风，或是闪电，都非常强烈。同时，他们又对月光大为惊奇，因为它照亮了大地又照亮了天空。他们甚至还对昼夜的短周期感到困惑。此外，他们还把那些在地球上随处可见的生物记录下来：无论是天空中的，还是陆地上的，或是生活在水里的。他们设计工具去抓捕鱼和鸟，他们建造小舟来跨越河流，他们还在营地周围围起了篱笆，用来对抗凶猛的动物。这是他们第一次观察到地球生物，他们甚至把原先在战车里的"死亡光线"（Beam That Kills）拿到营地里去。这是一桩耳熟能详的历史事件，因为在第七天的时候，安将他营地里的伙伴们都召集起来，因此《圣经》的开头便有了这样的描述：

在第七天，安把营地里的所有勇士都召集起来，对他们说了这样的话：我们经过了一次危险的旅程……最后我们成功地抵达了地球，得到了很多东西。我们还建造了一个营地，让我们把今天定为休息日，今后的每一个第七天都是休息日。

接着他们给新家取了个名字。"从此以后，这个地方就叫埃里都，这是我们在远方的家。"接着他们把这个新行星命名为奇（Ki）。现在他们有了自己建造的基地，有了他们确信可以食用的食物，在开采金矿之前他们不能再浪费时间了。第一个金矿源就是沼泽、河流和大海。他们用的开采方法听起来就像吮吸法，直到今天这种方法还被用来在海底寻找钻石。要记住，他们要找的是沙金和金块。因此他们使用了"吸水"和"放水"的方法来把泥土堆积起来，并且按它的内含物分类。一个星期后，他们找到了各种各样的金属，包括铁和铜，但金子的数量仍寥寥无几。"金子是收集到的金属中最小的一部分。"

安对月亮和它的轨道十分着迷，这激发了他把月亮的一个周期称为一个月的想法。"月份就是他给月亮运行周期所取的名字。"开采金矿的工作在持续一整年后仍没收集到足够多的数量。那时，正值尼比鲁星在靠近近日点的时候，因此他们想在尼比鲁星到达近日点时把金子运输回去。否则等到下一次尼比鲁星回到近日点又需要 1 萨尔纪年，也就是 3 600 年后了。他们从飞船中拿出"天室"（Sky Chamber），并做好一切准备。用"天室"作为交通工具，就可以去搜寻地球上金子资源更丰富的地方，他们分析后，确定更丰富的"金子脉络"（veins of gold）还未找到，然后到更远的地方去扫描。"安坐在'天室'里，在空中飞翔，去了解更多关于地球的知识和探索它的秘密。"我们听说了关于他们是怎样穿越高山和河流，还有被大洋分开的陆地的事情，对他们所发现的一切都记录了下来。安就是利用了这个机会把他们从战车上带下来的"七种致命武器"（seven deadly weapons）藏到一个十分隐蔽的地方，这个地方只有他和他的驾驶员才知道。这些武器在他们的新家已无用武之地了。

阿努发了讯息给安说，无论发生了什么，都要把他们找到的金矿运回尼比鲁。因为他们要测试是否金子粉碎技术粉碎出来的金粉可以用来修补他们的大气层。在地球，安将找到的金矿装置到阿拉奴的火箭船上，阿拉奴的战车上伴随着轰鸣声往上升，驶向了空中。这就是关于地球上的第一批移民是如何将地球上的金矿带走的故事。

在返回尼比鲁的路途上有着许多详细的描述。他们用他们的晶体来定位穿过"群星之镯"的路径，我们同样也可以想象一幅关于尼比鲁，这个光芒四射的星球在太空中的画面："在黑暗中，尼比鲁笼罩在淡红色的光芒中；这是很壮观的一幕。"在尼比鲁，大家都十分热烈地期待着即将带着珍贵的金矿归来的他们，当他们从太空中回来时，受到了人们热烈的欢迎，人们把他们视为英雄——这听起来就像我们的宇航员登陆月球后，再回到地球时受到的待遇。"众多的民众集结于此。"于是修补大气层漏斗的工作马上开始了，他们要准备好细粉尘混合物来散布到大气层中。这个尝试性的实验取得了巨大的成功。现在他们需要更多的金矿——非常多——足以去弥补大气层中漏洞的全部。"火箭把粉尘带到空中，用射线将它粉碎。大气层中原本有着裂口的地方，现在已经愈合。"他们在谈论他们的成果时，提到了在地球上居住的日子，这些时日让他们感到快乐。然而在太阳射线的影响下，大气层的愈合没有持续多长时间就消散了。于是，尼比鲁又开始组建战车队伍，带着更多的探矿机和设备返回地球加速他们的工作。然而在另一个萨尔纪年周期后，他们仍然只采集到了少量的金矿，

图 14.6　火箭船，这是否是一个关于满载金矿的火箭船以及它
　　　　起飞的古老的描述呢？很明显可以看出，它的一部分
　　　　是在地下或是某一种保护室中。

这些金矿不足以解决尼比鲁大气层日愈恶化的问题。于是，安再次来到了地球搜寻金矿，然而他接收到的所有信号都来自同一方向，在地球的北半球部分，那里的地底下埋藏着金矿和铁的混合物。"一次又一次都指向了相同的方向……那是一块心形形状的大陆，在这之上的一个海拔较低的地方，有着来自地球内部丰富的金矿资源。"

　　从这时候起，他们不得不找到新的方法和技术来把金矿从岩石中分离出来，此时的他们也相当清楚地认识到南非就是他们要开采金矿的地方。阿努发出了开采金矿的指示。同时，他们也意识到安需要帮助和指导，所以他的弟弟恩利尔也加入了他的队伍，帮助他管理。他们在南非发现了丰富的金矿资源，他们把这部分区域称为阿普斯（Abzu）。他们很清楚要从岩石中分离出金矿是相当困难的。"让阿努来地球，让他来做决策，"恩利尔对安说。这个决定对不久后的格局产生了较大影响，同时还影响了这对兄弟间的关系。如果开采金矿的工作要在遥远的地方进行，他们就需要分摊任务和职责。一人留在埃里都监视基地，而另一人就要到阿普斯去监督开采工作。而这都需要阿努来做出决策。在阿努到达地球后，兄弟俩向他展示了这一拟定的建议，于是他给出了一个解决方法。他们将抽签来决定谁来执行哪项任务。最后的结果是恩利尔留在埃里都的基地，同时给更高级的运输金矿的飞船准备着陆地点，同时还要确保那些用来支持这些工作的基础设施运行正常。安则在阿普斯自己的控制中心里展开采矿工作，并制造了新的工具和发明了新的方法来优化开采工作。然而在这时候，两兄弟产生了不和迹象。安觉得他是第一个来到地球的，并且在这里建造了完整的基地，因此他想要留在埃里都，并建造埃丁（Edin）。他希望恩利尔去执行在南部的金矿开采工作。但恩利尔觉得他才是最佳人选，因为他对于战车、空中飞船和居所方面造诣更深，而安不过是一个更加胜任开采工作的科学家和工程师罢了。聪明的阿努正是因为意识到无论是什么样的决定，都会导致不愉快的结果，所以让他们以抽签的方式进行分配。安非常失望但仍然体面地接受了任务，恩利尔则非常满意，接着开始着手开发太空港口和指挥中心。为了嘉奖安开拓性的工作，阿努表示从这一刻开始安将以恩基（enki）这个名字闻名于世，即地球的主人（Earth's Master）。而恩利尔则以"上帝的命令"（Lord of the Command）被熟知。因此在这个遥远的星球——地球上，兄弟俩的职责和头衔就这么被确定了。

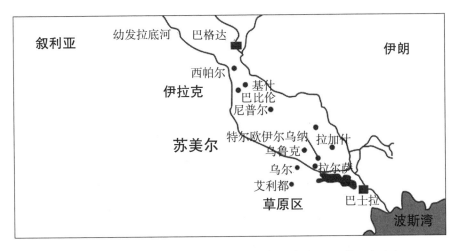

图 14.7　美索不达米亚地图，同时展示了古代城市和现代国家地名

但在阿努离世之前，阿拉奴又再次向他的王位发出挑战。他们再一次进行了搏击比赛，阿努又胜利了。然而愤怒的阿拉奴突然踢向了站在他旁

边的阿努，并狂暴地咬下了阿努的睾丸。这件事一下打乱了新行星的稳定，新的审定后的结果是暂不处死阿拉奴，而是把他放逐到拉赫姆星也就是火星去，在那里度过他孤独的余生。

在地球上，开采和运输金矿的工作仍在继续。他们计划着在火星上建造一个站点。或许你会对这一行为表示不解，但这对于他们来说意义非凡。在今天，人类的航空技术已经发展到可将7人的载人航天飞船送到外太空，但当时的航空技术还远不足以提供如此巨大的推动力。由于火星的重力场仅为地球的38%，如果在火星上进行航空旅行，推动力可以大大降低。火星站点建成后，他们只要定期把少量金矿送到火星上，接着在火星上把这些金矿大批装载后发送回尼比鲁星去。这不失为一个简单又实际的解决方案。

恩基，也就是曾经的安，设计了一系列用来开采金矿的工具和设备，然后把这些设计送回到尼比鲁去制造。"聪明的恩基设计了一个分离器……'嚼器'和'粉碎器'则是他在尼比鲁时为阿普斯的采矿事业设计的，还尚未完成。"我们同样从书中了解到对于某些阿努纳奇人来说地球实在太热，说明尼比鲁的气候更加温和，阳光照射也没有地球那么强烈，甚至在尼比鲁星接近近日点时。在苏美尔的符号中，尼比鲁是一个发光的十字架，就像一个加号，这说明它还是一个会向外辐射热和能量的星球。所以太阳对于他们来说并不是十分需要的。我们太阳系的其他几个行星同样也会辐射热和能量但是他们很明显不适合生命的存活。地球上的温度普遍高于尼比鲁星，恩利尔开始寻找地球上更加凉快的地方。"太阳的热使恩利尔不堪其扰，他开始寻找一个凉快的地方和遮阴处。在埃丁的北部有一座白雪覆盖的山，这让他十分欣喜。"于是，恩利尔在那座长满雪松的山中建造了属于他自己的居住所，并在这里为他们的飞船建造了新的着陆点，这是不是就是黎巴嫩（Lebanon）东北部那片著名的雪松林呢？

我们知道他们的技术已经达到可任意开采石块和随意切割尺寸，而这些工具是怎样的，我们至今不得而知。这就解释了为什么在不久后，他们可以以那样的速度和精度去建造那些大型建筑，其中包括了在埃及和美洲的那些金字塔和寺庙。"恩利尔用能量束把山谷削为平地，勇士们从山腰采取巨石，并把它切为特定尺寸。用飞船来运载这些巨石按顺序放置。"从他们最早的建筑活动行为可以看出，他们喜欢庞大、坚固的建筑物，且主要用石头建造，因为这使得建筑物可以永恒存在。这与今天的建筑学大相径庭。"恩利尔对于他的杰作十分满意……一个永恒的建筑物。"这有否可能就是巴勒贝克那座迄今为止都不能解释的古遗址呢？听起来的确如此，它是如此令人印象深刻，甚至连古罗马人都不知道意义何在，但他们用了 1 000 吨重的巨石作为地基来建造他们的朱庇特神殿（Temple of Jupiter）。回到尼比鲁星，在这里，他们已经准备好将装载设备和工具的天体战车送往地球。同样，他们也组建了一个有着 50 名开拓者的队伍，这其中还有女护士以及恩基和恩利尔同父异母的姐姐——宁马赫（Ninmah），她是一个在起死回生方面颇有造诣的医学专家。我们可以发现在许多特殊的场合中，宁马赫都能及时赶到并使尼比鲁人起死回生。这些新的开拓者们的使命就是到拉赫姆星（火星）上，建造一个中转站，为了放置从地球运送少量金矿过来的火箭。书中还清楚地提到尼比鲁人建造那些天体船（Celestial Ships）、火箭船（Rocket Ships）以及天室，这些都让人着迷。天体船很大，用来在尼比鲁和地球间做长距离运输，第二大的火箭船则是应用在短距离的旅途上，比如地球到火星，而"天室"看起来似乎用于环游世界或是到达某个星球表面时可以从天体船上卸下来使用。

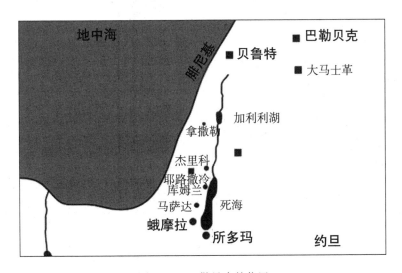

图 14.8　巴勒贝克的位置

当他们抵达火星时，在恩基曾经着陆过的同一地点着陆，这个地方在一条河的旁边，他们发现了安苏（载着阿拉奴去火星的飞行员），他已经死去多时了。宁马赫用多种方法救活了安苏，这也是首位我们目睹到的从

图 14.9　这块巨石重达 1 200 吨，由于它巨大的体积，迄今为止还从未被移动过。注意图上的那两个人，一个坐在巨石顶端，另一个则站在它的旁边，在巨石比较下相形见绌。

图 14.10　这是位于巴勒贝克的一个巨石结构，它用来作为阿努纳奇人的天体船着陆的平台，在大洪水中幸存了下来。几千年后，罗马人便用这个平台来建造朱庇特神殿。

死亡中复苏的人。"她从包囊中取出脉冲器（Pulser），放在安苏的心脏上方引导它跳动……她又拿出了放射器（Emitter），它的晶体生命在她指定方向下辐射到他的身上。"宁马赫重复了几次这些动作后，安苏睁开了眼睛。我们第一次看到了"生命之食"（Food of Life）和"生命之水"

314

图 14.11　图为朱庇特神殿的一个视角，可以看出它是罗马人在巨石平
　　　　　台的基础上建造出来的，从阿努纳奇人在恩利尔的带领下的
　　　　　首次建造到它再次建造已经过了几千年。

（Water of Life），她把这些东西放到他的嘴里和他的唇上。当安苏活过来后，他告诉他们关于导致阿拉奴的死亡的那次事件，以及他是怎么把他安放到一个山洞里的。

　　我经常好奇，美国国家航空航天局会不会对我们隐瞒了一些关于火星上有智慧生命的迹象的事情。既然尼比鲁人在那生活过数千年，就一定会留下他们存在过的迹象。苏美尔人的文字告诉我们大量有关他们在火星上活动的事迹。从阿拉奴的死开始，他的遗体还被安放在了某个山洞里。美国国家航空航天局能否在火星的一个山洞里找到一个古代太空人的骨骼？安苏描述了他是如何处理阿拉奴尸体的："我在一个山洞里发现了一块巨大的石头，那就是我放置阿拉奴遗体的地方。"他们还用"射线"在一块巨石的表面上雕刻出了一幅阿拉奴的图像，美国国家航空航天局是否已经找到了这幅图像？不知他们找到时，是否还会感到吃惊？是否那些神秘的金字塔和"火星人面山"（Face on Mars）还有更多的线索，以及尼比鲁人在 40 万年前留在火星上的证据。

图 14.12　火星上的日落。火星上的日落让人想起地球上的日落。在这个
星球有着大气层和流水，它必然是我们宇航员在太阳系中的一
个值得探索的美丽地域。

　　泥版告诉我们，有20名开拓者留在了火星，并在安苏的指挥下建造了
基地，不过他声明他们的指挥官是宁马赫，以此来向宁马赫的父亲阿努提
出请求。她解释说，火星将会成为一个地球金矿开采工作中一个重要的中
转站。宁马赫带来地球的其中一样物品是一种神秘的灌木种子，它将会长
出多汁的果实，而这种果实能够给尼比鲁人力量，治愈他们的疾病，使他
们心情愉快。"它可以治愈他们的疾病，使他们更加快乐。"这种植物是否
和吠陀诗歌（Vedic poems）中所提及到的一种叫苏麻（Soma）的植物有
关系？在几千年前的吠陀诗歌中，这种植物被认为是能使生命体"长生不
老"的。

　　宁马赫告诉恩利尔，她生了一个儿子，名叫尼奴塔（Ninurta），而且
他们同意把他带来地球。因为他是恩利尔和他同父异母的姐妹所生，所以
他在继承的名单上处于最优先位置。在这期间，那些从尼比鲁乘着太空飞
船来的援兵，加快了开采金矿的工作进度。恩利尔公布了他的总体计划，
那就是要离开埃里都到埃丁去建造五座城市，其一是作为指挥中心的拉尔
萨（Laarsa）；它的姐妹城市叫拉格什（Lagash）；在两座城市的中间延伸
线上将会建造的是苏鲁巴（Shurubak），即天国之城（Heaven City）；"它

图 14.13　探索火星，如果这张火星探索者在火星上挖掘岩石的照片展
　　　　　示给 50 年前的人们，他们可能不会相信图上的场景。然而我
　　　　　们今天却可以不假思索地接受。似乎看起来没有什么再可以
　　　　　让我们吃惊了。我们在火星的活动是不是跟随在了我们的制
　　　　　造者的脚步之后呢？我们会不会在火星上发现一些让我们瞠
　　　　　目结舌的证据呢？

应当位于中心线上，而这条中心线将延伸到第四座城，"那就是尼比鲁奇
（Nibru-ki）。"我将要建造的是一座连接地球的天堂之所。"我们可以把这
些文字与苏美尔语言一一对应起来，就像这样，尼比鲁意为天堂，而奇则
是地球的意思。加上原先的埃里都，正好五座城池。然而恩利尔的计划要
复杂得多，除了这五座城池，他还想修建一个"战车场"来放置那些可以
频繁来往于地球和尼比鲁之间的飞船。而对于火星，他并没有表现出多大
兴趣。

　　在南非，恩基也在建造他自己的基地来管理开采工作。他测量和调查
了整块大陆，甚至还到了赞比西河（Zambezi River）："这是一条流速极快
的大河，恩基在这湍急的流水旁建造了自己的领地。"他在一块地上建造
了他自己的宫殿，这里将住着那些执行开采任务的勇士们，此外"这里还
是进入到地球内部的入口……他自信那是一个足够深的地方，足够让这些

勇士在此落脚"。这是否意味着他在阿普斯的领地就是那神秘的大津巴布韦遗址（Great Zimbabwe Ruins）呢？它的相关描述都如此地吻合。迄今为止，还没有人能够解释这座遗址的起源，然而苏美尔的泥版却可以给予我们某些启发。

因此，恩利尔指挥着埃丁和空间站的上层世界（Upper World），而下层世界（Lower World）阿普斯则由恩基掌管。这可是阿努纳奇人在这个星球上，第一个能采到那些珍贵金矿的地方。在一个特殊的日子里，阿努给这些离开尼比鲁到此定居的人们致以演讲。从定居在地球的600人到火星上的300人，无一不在倾听着他们国王给予他们的讲话。阿努告诉他们，尼比鲁的命运掌握在他们手中，鉴于这点，他要给他们颁予崇高的名誉。"这些从天堂来到地球并居住于此的尼比鲁人将以阿努纳奇人为称，""而住在火星上并负责观察和监督的这些人，则被称为伊吉吉。"直到在之后出现的埃及文明时期，伊吉吉仍然以"观察者"或是奈特鲁（Neteru）所著称，奈特鲁中许多人的后代成为了法老王。不仅如此，他们还因为与女性人类通婚在建造雅利安（Aryan）文明中扮演了至关重要的角色。阿努强烈要求他们能够在开采和运输金矿的工作中，做得更好。"让金矿源源不断地开采，让尼比鲁星重获生气，"阿努对他们说。

值得关注的是，阿努纳奇人从不谈及关于婚姻的事情，只是一个寻找配偶和生育的过程。恩利尔和恩基也无不例外。既然他们已经暂定留在这个新的星球上，他们也要找到自己的配偶，但不久前，他们两人都和他们同父异母的姐妹宁马赫发生了关系，他们都希望能孕育一个具有最高继承权的男性后代。恩基把美丽的宁马赫带回阿普斯，之后虽然他不断尝试，然而宁马赫所生的孩子却都是女儿。在恩基来地球之前，他已经娶了一个年轻的公主，名叫达姆金娜（Damkina），但她仍然留在尼比鲁，而且她已经生了一个名叫马杜克（Marduk）的儿子。"生于纯洁之地"就是他的名字含义，他是恩基的第一个儿子，注定要在地球做出伟大创举的。不久之后，马杜克和他的母亲将会来到地球与恩基会合。尼比鲁人有一个有趣的习俗，就是他们的女性在结婚之后要把自己的名字改为类似配偶的名字。恩基的妻子便改名为宁基（Ninki）。这个习惯和我们传统文化非常相似。与此同时，恩利尔也想获得一个儿子，于是他诱奸了一个叫苏德（Sud）的年轻女孩，最后苏德成为了他的伴侣。苏德为他生了一个名叫南那/辛（Nannar/Sin）的儿子。苏德也把她的名字改为了类似恩利尔的名字——宁利尔（Ninlil）。

除了作为恩基与其同父异母姐妹所生的第一个孩子马杜克外，恩基还和宁基及其他配偶生有五个儿子。他们分别是奈尔伽尔（Nergal）、基比尔（Gibil）、尼纳迦（Ninagal）、宁吉什兹达（Ningishzidda），还有最小的儿子杜穆兹（Dumuzi）。恩利尔的儿子则有尼努尔塔（Ninurta）、南那、伊西库尔（Ishkur）。于是，在地球上的这些阿努纳奇神灵们开始了扩张统治，他们的社会结构的复杂度就像癌细胞一样增长。这之中，还包括了那些在阿普斯的矿藏里执行任务的活动，以及那些在埃丁负责把金矿送到宇宙空间站的运输工作，还有那些定期到火星（拉赫姆星）的飞船，这里还有300 伊吉吉人组成的小基地，负责安排那些更大的飞船行驶回遥远的尼比鲁星。"在火星上的那些天体战车，将负责把那些珍贵金属带回到尼比鲁星。"

在过去的几十年，一些领先的科学家已经提出了如何面对地球上的臭氧减少问题的方案。若干理论和诸多想法都已先后出现。我清楚地记得一篇文章，就解释了我们可以把某些物质分散到大气层的上空，以此来制造一个人工层，它有着和臭氧层一样的作用，可以保护我们不受太阳有害射线的侵害。这听起来和尼比鲁人在 44 万年前，在他们星球上成功做到了的那些事情如出一辙。"在尼比鲁，金子被做成极为细腻的粉尘，用来保护大气层。"而且从那些古代经书中，我们也清楚地看到他们所使用的方法获得了成效。"渐渐地，天空中的缺口逐渐愈合。"

恩利尔在地球的司令部修建竣工后，又使用了一系列的高级武器进行防卫工作。这听起来就像最先进的美国军队基地的防卫措施，却不可思议的出现在 2 500 年前的泥版上。阿努纳奇人有着神秘的技术设备，而这一切我们几乎不能理解。这样的设备便是"ME"，意思为"智慧之板"（Tablets of Wisdom）。他们仿佛有着一系列先进的电脑系统，可以预测和计算任何问题并提供解决方案。他们把"ME"放在一个安全处，由恩利尔负责监管。

随着时间流逝，在阿普斯开采金矿工作的阿努纳奇人，开始抱怨这项他们长期以来一直坚持的辛苦工作。地球上短暂的昼夜也在某种程度上干扰了他们。所以这些工作着的阿努纳奇人周期性地由另一批新的代替，同时前一批筋疲力尽的队伍则被允许回到尼比鲁。不过，在火星上的伊吉吉人更加焦躁不安。安苏，也就是他们的领导者，"从天而降，来到地球"

传达伊吉吉人的控诉。他们想要在地球上有一个属于他们的栖息处。恩利尔试图去安抚他，并给他展示了整个地球上那些他们所运营的一切。从阿普斯的矿藏到埃丁的港口，甚至是放置在高级会议室中的"ME"。但安苏并没被打动，他密谋去对付恩利尔。就在"ME"展示给安苏的那个时候，他把它偷走了，逃向了空间站，其他伊吉吉人在这里等待着他，他们预谋发起一场暴动然后接管地球。有了"ME"的协助，他们战无不胜。不过，恩利尔的大儿子，尼努尔塔，主动提出去抓捕叛徒安苏。一场激动人心的空中大战展开，根据恩基的建议和经验，尼努尔塔俘虏了这个倒霉的反叛者。"ME"回归原位，而安苏也被处以死刑。马杜克命令将他的遗体运回火星，并安葬在那里，因为安苏毕竟曾是那颗行星的指挥官。同时，马杜克被任命为火星的临时指挥官，并安排留在那里监管火星上的工作运营。

　　泥版上清楚地记录了这起事件发生的时间。"在第25个萨尔纪年之时，安苏被判决死刑。"这意味着这已经是他们到达地球的90 000年之后了，也就是距今353 000年之前。这很明显证明了阿努纳奇的劳动者们已经在地球上工作了太久，他们需要更加频繁地替换。于是，年轻的尼努尔塔想到了一个聪明绝顶的好主意。我们再次发现，他们的逻辑、行为和对所处状况的反应都和我们今天处理问题的方式相似，实在太令人匪夷所思了。尼努尔塔提议建造一个"金属之城"（Metal City），在这里把金矿熔融并提炼出更纯的金子。这样他们运回尼比鲁的总量降低了，质量却提高了，还空出了多余的地方可以容纳返回尼比鲁星的阿努纳奇人。因此，这个提议被采纳了。于是他们在埃丁建造了这座用来熔炼和提纯金属的城市，他们把这里命名为巴地比拉（Bad-Tibira），尼努尔塔也成为了这里的第一个指挥官。"运输金子回尼比鲁的任务因此减轻而且加快了。"于此，在运送纯金子的飞船回到尼比鲁去修补大气层的同时，新的阿努纳奇人也在不断地从尼比鲁前来替换开采黄金的劳动者们。

　　在这期间，恩基并没有注意到，在阿普斯的矿藏中，一股不愉快的气息日益增长。"在阿普斯一口水井旁，他建立了一个实验室，这里配备了各种工具和设备。"之后，恩基还让他天才的儿子宁吉什兹达一起参与到他的研究工作中，他们在这里用"ME"揭开了许多新的理论原理。"他把这个地方叫做生命之屋，小型'ME'，掌握生与死的秘密，这些他们都已经完成了。"在这些文字中，很明显地说明这两个科学家已经参与了某种基因工程项目，尤其是他们已在那些他们研究的生物里，揭开了生与死的秘密。也就是这些实验最终导致了艾达姆的产生。这块泥版描述了恩基是如何着迷于一种特殊生物的，这种生物生活在大草原和树丛中。"它们生活在高高的树上，它们把它们的前腿作为手一样使用。"这就是第一个在地球上的直立人（Homo eretus）物种。"在草原上那些高高的草丛中，尼比鲁人发现了一种奇怪的生物，直立着的它们看起来就像在走路。"这是一条来自陶土上的引人注目的记录，它最新发现是来自于 35 万年前，就在直立人出现于地球上不久前。因为恩基十分着迷于地球上的野生生物，根本没注意到那些矿工们的抱怨，最后导致了暴动。恩利尔马上赶到阿普斯去解决这个问题，但工人们已受够了。他们放火烧了他们的采矿工地，他们把恩利尔的住所围起来。"那些阿努纳奇人站到了一起：我们已经表明了我们的抗议，我们过度辛劳，我们工作繁重，我们陷于巨大的痛苦中。"局势变得十分紧张，甚至要通过一些先进的交流设备来向远在尼比鲁星的国王阿努寻求建议。恩基向他解释到："哀声连天……抱怨声不绝于耳。"但阿努仍坚持他的立场，丝毫不受动摇"金矿的开采必须继续……"毕竟，尼比鲁的存亡取决于它。

同样令人着迷的是，他们提到了全球变暖，这可是在我们再次遇到这个问题的 35 万年前。这说到"自从地球的热量持续上升后，开采工作变得愈加辛苦"，这时，极地开始出现融化的先兆，在冰河世纪的末期将会造成一场地球的浩劫。于是他们开始商讨和寻求各种有可能的解决方案。或许他们应该把那些筋疲力尽的阿努纳奇人送回尼比鲁星去；又或许恩基可以开发出更多新的更有效率的工具；这些办法看起来都不能真正解决那个严重的问题；于是，这迎来了人类历史的重大转折。恩基和他的儿子宁吉什兹达商量了一番后，提出他们引以为傲的计划。"让我们创造一种叫鲁鲁（lulu）的生物，一种原始工人，承担所有繁重的工作……让那些辛劳的阿努纳奇人回到尼比鲁去吧。"

其他人感到十分吃惊。他们从未听说过这样的事情，对恩基和他的儿子已经开展的实验也一无所知。他们不相信一个生物可以凭空创造出来，甚至是聪明的宁马赫，做了一个结论，这就是达尔文（Darwinians）使之盛行的那个理论。她解释道进化才是新物种产生的外力。"一种生物变为另一生物要经过多年的发展，没有一种生物是来自虚无的。"恩基很清楚，他对这一点十分认同，说道，所以我们需要一个原型。他自豪地宣称："这就是我们需要的生物，它已经存在了。我们只需在它里面放上我们的记号……一个原始工人即将诞生。"所以我们才会坚定地认为他们有了有关基因和克隆的知识。他继续解释道："他们用两条腿行走……他们的前腿将作为手……他们不知道如何穿衣……全身长满了蓬松的毛发……他们与羚羊相互竞争，水中丰富的生物可以使他们感到愉快。"这样的描述非常明显地指向了直立人。这感觉就像我们被丢到了一部儒勒·凡尔纳（Jules Verne）的小说中，然而，这些文字却是 4 500 年前的一个抄写员所做。

恩基需要得到上层的认可，这样他才能在所有人的祝福中继续他的工作。但实际情况却复杂得多。在这点上，我们也看到了阿努纳奇人在创造其他生命时所面临的道德困境，一个新的物种，一个作为他们奴隶的新物种，这在他们的探险章程里是被严令禁止的。他们不允许在其他星球上创造一个新的生物种。恩基发现了这种生物，现在他们被关在"生命之屋"的笼子里。每个人都对这种现象感到吃惊。他们有雄性和雌性，他们的生殖方式"就像来自尼比鲁的我们"恩基对这种新物种的前景感到兴奋，他与众不同的那种科学家特征毫无顾忌地展现出来。

> 原始工人即将被创造。他能明白我们的指令……他能使用我们的工具……阿普斯的阿努纳奇人将得到解脱。

恩利尔对这个想法强烈反对，接着我们将看到阿努纳奇人第一次提到"全能主"（all mighty God）这个概念。这些话听起来就像是我们 21 世纪围绕克隆问题展开的争论。我们在克隆胚胎这个问题上反对声非常大，干细胞治疗和人类克隆已被大多数国家禁止。然而，在美国，第一个宠物克隆公司已经开始营业，它专门克隆人类已经死去的宠物。如果你问我，在这些问题被严重忽视的时候政客们怎能做到置身事外呢？这就如同 25 万年前，恩利尔本应该做的那样。最终将会是恩利尔无法接受这个新的奴隶物种，于是这导致了兄弟俩的冲突，对人类的压迫，以及那些被心存报复的恩利尔所散布的谣言，他试图去把这种奴隶物种保留在原始的、无知的、顺从的、恐惧的阶段，以及让他们留在自己原来的地方。

在他们允许恩基继续研究新物种的工作前，有关他们这方面知识是否来源于上帝，而上帝是否希望他们把这些知识应用到他们自身上，这一切还有待商榷。"让我们用智慧来创造新的工具，而不是新的物种，"这是争论一方。"我们既然掌握了这样的知识，就不可避免地去使用它，"宁吉什兹达，那个年轻的科学家回答道。他们考虑得非常深远，甚至涉及到了宗教问题，比如"这究竟是命中注定……还是造化弄人……这一切都是我们给这个星球带来的"。于是他们决定把这件事交给从尼比鲁星来的长老们决定，长老们决定了要创造"原始工人"。于是，恩基便开始了这项克隆工作，而他那智慧非凡的姐姐宁马赫及宁吉什兹达将共同领导这一工作。然而接下来发生的一切，就像恐怖电影里的一个片段。宁吉什兹达给宁马赫展示了许多他先前秘密进行的实验结果。他将她带到了树丛中，这里有着各种仍存活着的克隆生物和杂交物种，而这些全都是他的实验成果，但这些结果都非常骇人。"它们有着一种生物的前半部分，另一种生物的后半部分……它们的本质就是两种生物的组合。"他把这些曾经实验的结果一一介绍给她看。

这种奴隶物种的创造并非一夜间发生的，它耗费了这个小组相当长的一段时间，他们多次尝试完美的基因组合，都失败了。在一次次的尝试和失败后，大家都感到沮丧和失望。他们用雌性物种作为代孕母亲，把受精卵放入子宫。结果并不理想。这是我们在人类历史上首次看到有关 DNA 拼接的事件。"DNA 的两条缠绕着的链彼此分离，组成了一个要形成的后代。"他们在多次试验中，不断意识到他们只能使用阿努纳奇人"本质"的一小部分来保持新物种的原始性。"它们只能按刻度来接受我们的本质……尼比鲁的本质只能一点一点地尝试。"

宁马赫准备了"结合体"，或者说受精卵，在放入雌性物种之前是放在一个"晶体容器"里的。接下来的内容就像我们今天的《科学》杂志所描述的有关人工受孕那样。泥版上出现令人惊骇的字眼："宁马赫把结合体准备好放在晶体容器里，她轻柔地把结合体放到一个雌性两腿间的卵形里……在'ME'计算下包含了阿努纳奇人的种子，这个卵形怀孕了……然后宁马赫把这个卵形插入到那个'两条腿'的雌性物种的子宫里。"他们真正做到的不仅是基因拼接，还有对代孕的雌性进行人工授精。一次次，产生的后代都是畸形的、聋的、带毛的、短手臂的、瞎的，或其他缺陷。很明显，他们想要创造的只是男性。

恩基和他的同伴们感到失望，但还是继续尝试新的办法来完善那个原始物种，终于，一个物种诞生了。"她把那个孩子抱在怀里……那是一幅圆满的画面。"但他们的兴奋并没有持续太久，几天后，他们突然发现那个孩子没有说话能力，它的动物性基因比人类性基因更强大。"他不能理解他们所说的一切；它唯一能发出的声音就是咕噜声和鼻息声。"恩基建议他们可以把受精卵放到阿努纳奇人的子宫中。这又引起了一系列关于由谁来成为那个孩子的代孕母亲的讨论，最后决定由宁马赫作为代孕者，因为这是她的项目。"那个受精卵被插入到宁马赫的子宫中，她怀孕了。"妊娠期是一个有趣的经历，这段时间比我们今天人类女性要长得多，但却比在尼比鲁的生育要短一些。最后他们成功了，恩基十分高兴。"新生儿的外表是完美的……恩基在新生儿的屁股上拍了一下，他发出了正确的声音。"我猜测这应该是一种区分人类和其他物种的一个简单方法，当你拍打婴儿的屁股时他会哭，就像医生在产房里做的那样。他们仔细检查了那个婴儿，它的四肢、耳朵、眼睛，均完美无缺。我们将要学习阿努纳奇人为什么把原始工人称为"黑首"（blackheaded ones），这是因为恩基给了那个孩子一个完美的描述。"他没有像直立人那样蓬乱的毛发……他的头发是黑色的……他的皮肤是光滑的……就像阿努纳奇人的皮肤那样……颜色就像暗红色的血那样……类似阿普斯的陶土的颜色。"

我们从这简短的篇幅中了解到这么多关于地球上的第一个人类出现的信息。我们从线粒体 DNA 和 Y 染色体的研究中知道第一个人类，即智人（Homo sapiens），出现于大约 20 万年前。人们已经广泛接受了人类摇篮（Cradle of Humankind）出现于南非的事实，而且我们也已知道了他们的皮肤和头发的颜色。这些泥版上所描述的内容和《圣经》上有关艾达姆的创造的描述出现了不可思议的相似性，这也侧面证明了泥版中的大多数信息都先于《圣经》至少 2 000 年。但在这里我们发现一个可怕的事实可以帮助我们解决一个困惑已久的问题，那就是我们居然是一种物种！也就是说我们的创造者并非上帝，只不过是有着类似我们现今知识的高级生命体。然而从那开始，我们把我们的制造者作为了神。人类就此渗入到了阿努纳奇人的队列中，随着时间的流逝，他们中的很多人将会变得受人崇敬，与地球上的最高指挥官恩利尔的喜好相左。

恩基在检查那个婴儿的身体时，注意到他的阴茎前面有着一块很长的皮肤。"这不像阿努纳奇人，那我们就以这块包皮来区分我们阿努纳奇人和地球人吧。"于是，那个古老的割礼习俗有了一个全新含义。也许这不仅是出于卫生学的考虑，而是为了模仿神的原因进行的。他们给他取了名字，他们称呼其为艾达姆（adamu），"一个看起来皮肤类似地球上的陶土的人"。或许你会好奇雅利安那些金发碧眼白肤的人是从哪里来的，这些文字同样也透露了一些信息。在前面的章节中，我们知道了恩基有一个长得很像他的儿子。这个儿子被描述为"会发光的"和"有着和天空颜色类似的明亮双眼"，他的头发就像"金黄色的阳光"。这描述中很清楚地说明阿努纳奇人必然是有着白色的皮肤、金黄色的头发、蓝色的眼睛。既然恩利尔和他的追随者们更喜欢凉爽的气候，而这种气候通常是在大陆较北部，有着白雪覆盖的山体附近，这正好解释了为什么那些金发碧眼的人们大多数起源于地球的那块区域。当宁马赫把这个新生儿抱起时，有一个现象更加进一步证实这个想法。"宁马赫把她的手放在新生儿的身体上，轻轻抚摸着他黑红色的皮肤。"我们可以假定如果她的皮肤也是一样的黑，他们就没必要因为这类事在泥版上小题大做。

很明显可以看出恩基对他的新生地球人非常喜爱。这个有着与众不同的，富有创新意识个性的科学家非常喜爱他的艾达姆，恨不得马上把所有的最好的东西都给他。于是，这导致了他和恩利尔之间的许多分歧，恩利尔只把这个地球人视为用来执行特定任务的原始工人而已。

现在，他们要面临着要大量繁殖这种婴儿，组成一个巨大的工人队伍的难题。奴隶物种的批量生产即将开始，他们从数百个阿努纳奇女性中，找到 7 个志愿者成为代孕母亲生育这个新物种。"她们的任务是崇高的，因为她们的存在，一个原始工人的种族即将出现。"她们作为"生育之母"（Birth Mother）而闻名，这 7 个女性在后来的亚洲文明中受到人们极高的尊崇，她们经常出现在图章或是其他图像表征中。这或许也是为什么 7 这个数字在很多种文明中都受到了追捧。

现在，艾达姆已经如他们所愿创造出来了，他们用他的 DNA 作为其他婴儿的原型。那 7 个生育之母都受孕了，接着生出胎儿。有趣的是，我们会在印度河文明（Indus Valley）中看到，它们也有着受人尊崇的 7 位女神。这个生育任务需要花上相当长的一段时间，恩基突然意识到这样生产大量的地球劳动力实质上不能真正解决问题。于是他提议，他们应该再创造一个女性地球人来和艾达姆繁殖后代。"她们将成为男性的伴侣……让他们彼此认识……他们将合为一体……让他们自己繁育后代……阿努纳奇女性将得以解脱。"这一次，他们使用了艾达姆的血和 DNA 来制作结合体受精，而恩基的妻子宁基则成为了这一次的代孕母亲。之后，第一个女性地球人如期出生；她发出了人类的声音，她很健康而且"她的皮肤是光滑

图 14.14　7 个生育之神。这七个来自于印度河文明的生育女神的形象是否和苏
美尔故事中的那 7 个作为第一批人类的代孕母亲的生育女神有关呢？

的，就像阿努纳奇人那样光滑，有着阿努纳奇人一样的肤色。"这是一个
重要的信息，从一开始，艾达姆和夏娃的皮肤颜色就完全不同。这即是为
什么直到今天，我们都无法从世界上根除种族主义的原因吗？这是否有着
某种深藏于我们 DNA 中的物质，它还需要更远的演化来克服这个徘徊不前
的种族问题？只有时间知道答案。

　　再次，他们需要为这个新生儿取名，他们把她称为提亚玛特（Ti-
Amat），意为"生命之母"（Mother of Life），这个名字是从那个富含水的
星球提亚玛特星衍生出来的，根据《创世纪》记载，地球就是由这个星球
产生出来的。接着他们又借助那 7 个阿努纳奇女性生出另外 7 个女性婴儿。
"让地球男性来使地球女性受精，让他们自己完成繁育后代的工作。"他们
给这些地球人建造了一个牢笼，让他们在一起生活并观察他们。但是艾达
姆和提亚玛特并不像其他地球人那样是用来劳作的。他们是第一个男人和
女人，必须保护他们的 DNA，所以恩基把他们带到了上层世界的埃丁，也
就是阿努纳奇人生活的地方，并给众多阿努纳奇人展示这个新的原始工
人。阿努纳奇人在埃丁附近给艾达姆和提亚玛特做了一个简单的居所，他
们被允许在这里随意行走，然后阿努纳奇人则远远观察他们。就好像一场
远古的新物种的畸形秀。甚至马杜克都为此不远千里从火星站点赶回。最
让人惊奇的是他们的智商和能力得到大大提高，并可以执行一些简单任
务。艾达姆和提亚玛特被放到埃丁的一个草木茂盛的花园中享受优等待
遇。毕竟，他们是以阿努纳奇人的样子创造出来的。甚至是当初极力反对
创造新物种的恩利尔，都对这个结果十分满意。不过那些在矿藏中卖力工

作的阿努纳奇人显得更加开心。"原始工人已经被创造出来，我们辛劳的日子终于结束了，"他们喊道。

然而，他们的兴奋期并没能持续太久。"这里完全没有怀孕，无法产生后代。"这个新的物种竟然不能生育。阿努纳奇人开始变得烦躁不安，对原始工人可以取代他们工作失去耐心。恩基和宁吉什兹达需要去做更多的基因实验，我们可以在泥版文献中看到大量关于他们研究基因的细节。这种新生物种只有 22 条染色体，也就是他们并没有 X 和 Y 染色体，所以他们不能繁育。4 500 年前的一个愚昧无知的抄写员怎么会知道这么多关于基因遗传的细节呢？"DNA 的本质就像两条缠绕的蛇然后分离……把它们并排成类似一颗生命之树（Tree of Life）上的 22 对分支……然而它们没有生育能力。"随后，年轻的宁吉什兹达计划做一个危险的手术，这个手术将涉及到某个人的肋骨，而这就正好和《圣经》上的描述有异曲同工之妙。他在给恩基和宁马赫注射了镇静剂后，分别从他们身体中提取了"性本质"（sex-essenc），把它们分别注入到艾达姆和提亚玛特身体里。"给他们的生命之树多增加了两个分支……这两个分支缠绕着在他们的身体里给予他们生育的能力。"从那一刻开始，人类就有了 23 对染色体。

此时，恩基想要教授他们一些基本的技能，避免他们太过原始，他想用知识来提升他们的能力。恩基的符号象征是缠绕着的蛇，时至今日它仍被用作医师的符号象征。正是因为这个符号意象，产生了一个创造者和那条在伊甸园中诱惑艾达姆和夏娃的魔鬼之蛇之间的永恒困惑。从苏美尔泥版上看，这个故事变得更加简单也更符合逻辑。恩利尔对那个奴隶物种能够自行繁育感到十分愤怒，这并非原始计划的初衷。事已至此，他们创造的已经不仅仅是一种新物种了，他们还拥有一定的智力和生活能力。

关于经书上的这部分内容已经不容置疑地点明了阿努纳奇人应用了基因操控来做成了我们发育不良的 DNA，这使得现今人类中还存有许多不想要的和无法解释的特性。我们的死亡、我们的疾病，还有其他诸多问题，都是因为不完善的基因组所致。宁吉什兹达安慰恩利尔，他并没有给予新物种永生的能力。"他们已经采取了保护措施……在他们的身体里并无长寿功能。"这句话就解释了为什么阿努纳奇人可以活这么长时间，以及他们为什么能够起死回生。这也表明了他们在这之后，又多次在人类身上做了更多基因工程方面的改造，因为从其他文本那里可以知道早期人类的寿命非常长，与今天的人类大不相同。

图 14.15　苏美尔人所提到的生命之树，实质就是 DNA。图上可看出有两位神操控着 DNA 生命之树，生命之树的上面还有一个带着翅膀的神灵，也可能是一个带翅膀的圆盘。这样带翅膀的神灵在古老的描述中非常常见，类似的这种用生命之树的形式来表示 DNA 的描述贯穿了各种古代文明。

　　恩利尔并没有平下心来，于是他宣布："让他们去他们应该去的地方……把他们驱逐出埃丁，到阿普斯去。"这个故事与《圣经》里"人类的堕落"的故事类似。除此之外还有不少相似处，比如：恩利尔经常踱步于树下的阴凉处寻找那两个地球人，看看他们过得如何。而在那时，恩利尔的兄弟恩基已经传授了他们各种知识。他们突然意识到了自己是赤身裸体，于是他们想要和他们的创造者一样穿着衣服，并在行为上模仿他们的创造者。这对于恩利尔来说是不可接受的，那便是有人传授他们知识和信息，这是他坚决反对的。正因为这点，他决定将他们驱逐出埃丁，并严厉地威胁那对人类夫妇不许与那条魔鬼之蛇厮混，也不能被他的诱惑和许诺的知识或是其他的东西所引入歧途。这很明显可以看出，那条蛇就是恩基，人类的创造者，在恩利尔的口中变成了魔鬼的化身。也便是从这开始，恩利尔成为了恐惧和复仇之神，他竭尽所能来压迫和控制人类。他清楚地知道他允许人类发展的最大限度。他选择效忠于他的人，惩罚那些不听命于他的人，禁止人类崇拜其他神。但迟早，恩基的大儿子马杜克将会取代这个复仇之神的位置，并在众神面前宣告他的地位。

在阿普斯，所有的地球人都可以生育，当然也包括艾达姆和提亚玛特。"恩基和宁马赫看着那些新生儿们……他们的成长和发育简直就是奇迹。"他们能理解指令，不抱怨热和粉尘，只为配额的食物而努力工作。最后，在一整个萨尔纪年（3 600 年）过去后，阿努纳奇人已经完全从矿工的辛劳工作中解脱出来。在这期间，在他们的母星尼比鲁，大气层已经愈合。在阿普斯的地球工人们的数量与日俱增，他们或是在工地上采矿，或是在阿努纳奇人的家中充当仆人。在北部，阿努纳奇人的数量同样也在快速增长，恩利尔和恩基的儿子已经和分别来自尼比鲁的那些阿努纳奇护士们生育了后代。

于此时，这些从遥远星球来到地球上定居的人们已经在这里度过了约24 万年。他们设计出了许多设备来完成那些采矿中的艰难任务，他们的数量越来越多，其中包括了很多出生在地球的阿努纳奇人，关于尼比鲁，他们的母星几乎一无所知。这是个很有意思的变化，我们还可以通过泥版文献知道留在地球，会加速他们的衰老。"因为尼比鲁的环境和地球略有不同，地球上的生活环境会导致他们加速衰老。"这也意味着在地球上，他们的孩子们会成长得更快。阿努纳奇人的庞大家族使得他们生活更加轻松，因为他们可以把家务事分摊给更多的仆人。他们最大的成就便是奴隶物种的创造，这种新物种包揽了所有最低等和最艰苦的工作，所以阿努纳奇人对奴隶物种的需求也日益增长。这想必是地球上非常有趣的一段时期，因为这些定居者生活在一种类似乌托邦式的乐园中。毕竟，他们在地球上的使命还尚未完成，他们有着来自尼比鲁的各种技术的帮助，最重要的是，尼比鲁还给他们提供了资金和所有他们想要的一切。这完全就是一个功能完善的"共产主义"体系，他们所有人都为一个共同的利益而工作。这些定居者完成了他们被要求的任务，同样他们也能得到他们想要的一切。他们甚至还被允许打破尼比鲁星尚的旧规则，去创造克隆奴隶物种以代替他们实现低等体力劳动。在这里，完全没有提到钱、货币，或者需要为某些东西偿付，直到公元前 11 000 年的大洪水后。这是一个定居者们的完美共同体，每人都各司其职，为了所有阿努纳奇人的最终利益做贡献。随着时间流逝，奴隶物种已经变成了地球一系列活动不可分割的一部分，但是他们只能在属于他们自己的很小的范围内活动。作为奴隶，他们没有报酬，他们所有的一切衣食住行都由阿努纳奇人提供。

恩利尔有一对双胞胎孙子，一个叫乌图（Utu），是男孩，另一个叫伊南娜（Inanna），是女孩。伊南娜也被称为伊什塔尔（Ishtar），即很多文明中的爱神，除此以外她还有很多其他名字。这段时间，地球的气候急剧恶劣，并引发了大浩劫。我们甚至从中得知了冰河世纪之前的南极融化事件。"地球的温度在升高……草木横生……雨势渐猛……流水湍急……雪融为水……火山在猛烈地喷发火焰和硫磺……在下层世界，白雪覆盖之地，地球人怨声载道。"

然而地球的动荡不安还有来自宇宙的原因，因为尼比鲁星即将行进到近日点上。"尼比鲁星越来越近，它已经到了近日点的附近。"这是一个不寻常的时刻，尼比鲁星由于太靠近小行星带，它的重力场影响了许多岩石偏离了自己原先的轨道，造成了它们去撞击太阳系里层的行星包括地球。但实际上火星和月球所受到的影响最大，驻扎在火星的马杜克感到非常紧张，他向恩基抱怨了当下的状况。"'群星之镯'中的灵碎石块均已移位。"火星、地球、月球，均频频不断地遭到流星撞击，这将造成混乱、洪荒还有更多的危机。"在'群星之镯'，动荡不断发生……许多硫磺之火纷纷降至地球……它们就像石头导弹那样袭击星球……这三个星球的表面都已伤痕累累。"

有趣的是，地球正是尼比鲁星行径至近日点时，各星体碰撞所诞生，而在之后尼比鲁再次回归近日点时，附近星体依然发生相互碰撞，但地球却能够完好而稳定地发展。宇宙中的碰撞事故不可避免，然而，我们太阳系中的平衡必定发生了变化，这将会造成这些突发性的扰动继而影响小行星带。泥版文献描述了一个巨大的彗星或是小行星是如何靠近地球的，它们飞向了一个与火星相碰撞的路径上，它还戏剧化地描述了那些横向乱撞的天体。"它从地平线延伸到空中就像一条火龙那样……虽然是白天，但地球却被笼罩在黑暗中。"这实际上是个巨大彗星的描述，类似于1994年发生的舒梅克·列维彗星（Comet Shoemaker-Levy）撞击木星事件。

这次尼比鲁绕过太阳后，再次消失在了宇宙深空，所有的一切再次恢复平静，在阿努纳奇人脆弱的前哨基地里，生活又恢复往常。他们乘坐飞船去调查陆地并衡量其破坏程度，从埃丁到着陆点和其他城市。他们细细查看以确认黄金矿藏是否安全。火星上的破坏情况最为严重，马杜克报告说火星的大气层遭到了破坏，恩利尔也同意了火星上的基础设施的稳定性存在诸多问题。他们想在地球上的埃丁建造一个新的空间港口，用来直接将飞船传送回尼比鲁。"一个位于埃丁的天体之地将要被建造……而火星上的站点将会逐渐被废弃。"在今天，科学家们已经对火星的过去有了一定程度的了解，我们可以从火星上的流浪者探测器（the rovers）得知，火星有水、湖泊、河流大洋，甚至还有大气层和冰川，它所需的只是一个能够稳定环境的大气层。而苏美尔泥版文献上的信息和今天的科学发现竟如此相似，他们同时指出了火星上的大气层缺陷。泥版上所描述的信息真的是当时火星遭遇毁坏的真实事件吗？首先，小行星的轰击会造成火星表面很多物质被剖离，就像一些学者提出的，由于更大一些的尼比鲁星的靠近，造成了引力场的扰乱，继而导致了这一切。而这些事件是发生在尼比鲁人来到地球约 80 个萨尔纪年以后。也就是定居地球的 28.8 万年后，距今 15.5 万年前。然而，现在火星探测器仍能发现火星上大气活跃的证据。

在这次灾难平息后，阿努给予了在地球建造空间港口的指示。"让我们在埃丁建造一个能放置天体战车的地方。"就在他们准备建造新基地之前，恩基和马杜克提出对月球的考察，探讨其作为火星替代物的可行性，因为月球有着更小的重力场。"他们需要带上'鹰之头盔'，因为那里的大气层不适合呼吸……这看起来并不适合建立站点。"但他们却留在那里，因为恩基想要绘制天体图，从月球上所看到的地球是这么美以至于恩基沉迷其中。"地球就像一个悬在空中的球体……你怎能不被地球和月亮还有太阳之舞所迷倒……用我们的仪器可以扫描到遥远的空中……我们不得不敬佩孤独地在这空间中的那些造物主的杰作。"从这段话中我们再次看到了恩基的创新精神，而这同时也是他的兄弟极力反对的——他是一个真正的指挥家和政治家。他们在月球上做了大量的天文学观察，泥版上描述了许多他们在那里发现的关于宇宙的新知识。根据恩基的说法，月亮的轨道就像其他太阳系中的行星，"并非尼比鲁的后裔"。恩基指出，太阳有 12 个家族，而且他给每一个位点都命名了。在这"他规定了 12 星座的形状……分别把那些星星分配其中。"这是不是我们流传下来的黄道 12 宫（Zodiac）的形状呢？

在这个宁静的时刻，马杜克开始向他的父亲恩基倾吐他的心事。他对他在阿努纳奇人中的职位和地位感到失望。他是恩基的第一个儿子，然而他却没有被赋予地球上的高级指挥官职务。从这点上，我们可以感到马杜克即将会成为一个难以控制的人，也正是他，将会引发许多麻烦。恩基答应他"我曾经被夺取的土地，你去夺回来，并控制它们"。

火星上恶劣的气候仍在持续，而月球上的条件也不适合阿努纳奇人居住，因此他们想在埃丁的西帕尔建造"飞鸟之城"。他们已经实现飞船直接在地球和尼比鲁星之间飞行，不再需要中转站来停靠。"在第82个萨尔纪年时，西帕尔的建造完工，"接着，阿努从尼比鲁星来视察最新进展。那些在阿普斯的阿努纳奇人被召集起来，甚至火星的伊吉吉人也被召集回来。从这次会见中，我们了解到了伊南娜的能歌善舞，她是爱神，也是阿努的曾孙女。地球的新时代已经到来，金子再次被直接送回尼比鲁。他们已经存储了足够多的金子，那些勇士们将回到尼比鲁。"一个多萨尔纪年的辛劳，他们又要踏上故土了。"阿努纳奇人对于他们重返家园感到兴奋，他们可以回家了。然而他们高兴得太早，在阿普斯（地球）的繁重工作仍在继续，在埃丁（基地）的阿努纳奇人为此坐立不安，他们急需奴隶物种的帮助。然而在恩利尔和恩基商讨时，尼努尔塔（恩利尔的儿子）飞到南非的据点，抓了一些奴隶送给他在埃丁的阿努纳奇朋友，从此便开始了一个永不结束的循环。这个事件在泥版上描述为："他们从阿普斯的森林和大草原中追赶那些地球人……用网将他们捕获，包括男人和女人，将他们带到埃丁。"这听起来像欧洲17世纪的场景，这是一个奴隶的商业时代，非洲的奴隶像野生动物一样被捕获并被卖到遥远的地区。然而，那发生在大约15万年前。这真叫人吃惊，直到今天，我们DNA里包含着的阿努纳奇人的基因密码仍深深影响我们，仍在我们的行为中发挥着破坏性。

恩利尔再次变得暴怒，他想把地球人驱逐出埃丁。然而，他的儿子尼努尔塔，却相信奴隶可以安抚在北部坐立不安的阿努纳奇人，而且可以防止再次发生阿普斯矿藏的暴动。局势很快缓解下来，因为阿努纳奇人全都相信很快就可以回到尼比鲁星去了。"让金矿赶快堆起来，好让我们全都回到尼比鲁。"

在埃丁的阿努纳奇人对于他们的新奴隶印象深刻，新奴隶表现出了巨大的才能，而且能够执行所有交代给他们的任务。"他们有智慧，他们能够很好地明白给予他们的指令。"这些奴隶包揽所有的杂事，全都赤身裸体地为他们的神工作。随着时间流逝，地球人的数量迅速增长，甚至超过阿努纳奇人。很快，供应的食物开始减少，奴隶们开始频繁外出觅食，在野外或是果园里。这离驯化动物、放牧牛羊、种植庄稼的农业时代还非常久远。在很多年以后的大洪水之后，这些技能才被奴隶们所获悉。恩利尔仍然对这些奴隶怀抱有负面情绪，他明确地向恩基提出要他处理这些他创造出来的麻烦。于是恩基开始计划，但与恩利尔的想法相反，他计划使得人类更加文明。由于基因实验和克隆引起了太多争议，他不得不悄悄地实施计划。而他所做的一切类似于《圣经》中出现的另一个故事——摩西（Moses）的出生。恩基让两个年轻的地球女性成功受孕，并生下了一男一女。泥版文献告诉我们，他对此欣喜若狂。"这是一个从未听说过的物种……定义在阿努纳奇人和地球人之间……这是我给地球带来的一个文明开化的人。"他告诉他的妻子，他在河边的芦苇处发现了一个流动的篮子，里面有两个婴儿，他决定把他们当成自己的孩子来抚养。因此，摩西便作为了法老王的儿子被抚养长大，他们将因"仁慈之人"闻名，作为地球之王的孩子长大成人。他们出生于第 93 个萨尔纪年，也就是阿努纳奇人来地球的 33.48 万年之后，至今 10.8 万年前。他们分别被称为阿达帕（Adapa）、弃儿（The Foundling）、提提（Titi）。通过这些事情，恩基创造了第一个现代智人（Homo sapiens），并保证他们的未来是作为一个新的文明物种来这个星球繁衍。

"我把文明人创造了出来……一种从我的种子中产生的地球新物种，和我外表相似。"恩基是原始艾达姆和更先进的阿达帕的创造者，而他的兄弟恩利尔则把他描述为狡诈的"魔鬼之蛇"。然实际上，恩利尔是地球的最高指挥官，恩利尔的话则是地球上的最高指令。从整个《旧约》（the Old Testament）中看，这个人类的最高神既凶狠又残暴，惩罚违抗他的人类，同样也会奖励人类少量的一些可选择的物质财富，比如土地、黄金、马匹、牲畜等。如果你好奇为什么人类会这么物质，这段话就是你的答案。恩利尔就是一个任意摆布人类去完成他意愿的神。他从来不让人类有机会进化到一个意识形态的阶段，这样他才能更进一步去控制。他从一开始就操控人类完全臣服于他，让人类明白恩利尔就是所谓的全能主，宇宙和所有一切的创造者。事实上恩利尔是残暴的，他才是真正的魔鬼。

所以我要说，神就是魔鬼，而魔鬼却是我们的制造者，从整篇文章中你也会看出这点。恩利尔因为颠倒黑白把自己当为神，应划分到魔鬼行列，而被描绘成"魔鬼之蛇"的恩基，才是我们的制造者。恩基才是阿努纳奇人里唯一一个自始至终照顾我们最大利益的，他尝试着在埃丁的时候给人类以知识和才能，我们今天的大多数技能都来自于他的传授，而且他也是在大洪水中拯救人类的那个人。

阿达帕和提提作为阿努纳奇人的小孩长大了，恩基和他的妻子教会他

图 14.16　创造者。泥版上的新苏美尔语，巴比伦帝国，公元前 1900—前
　　　　 1700 年。在陶土上发现的不一样的创造故事之一。这段文字与
　　　　 新巴比伦的《创世史诗》或《埃努玛·埃利什》上的记述截然
　　　　 不同。

　　泥版译文： 在古老的时代，在那些日子里，在神的法令颁布后，在安
和恩利尔成为天堂的掌控者之后——恩基成为崇高的先知之神，就像一个
无所不知的神父；恩利尔则作为这块土地上的统治者，他建造了城市，他
开掘了底格里斯河和幼发拉底河，建立了这块土地上的新规则。

们所有阿努纳奇人的技能，确保这些新的地球人真正具有文明和智慧。他
提供了所有从尼比鲁星带来的种子和动物，让这些地球人能够种植食物和
学习农业。"让我们用尼比鲁的种子来播种，用尼比鲁的母羊来分娩地球
的羊……农业和畜牧业都要教授……这些文明开化的人将会让阿努纳奇人
和地球人吃饱喝足。"他的目的是让地球人可以为阿努纳奇人和他们自己
提供食物。然而，这些知识仅仅只传授给了一小部分地球人，他们和阿努
纳奇人联系紧密而且他们的职责是为他们的主人供应食物。大部分奴隶物
种的文明开化在很久以后才会实现。

图 14.17 医药符号的起源。这个被今天的医药产业使用的符号可以追溯到早期的苏美尔符号。翅膀代表了神或者一个有着至高无上知识的神，蛇的符号代表恩基和双链 DNA。

恩利尔和阿努都对人类文明的进化速度感到惊讶。他们这样提到人类的进化："用生命本质把一种物种变为另一种物种，不足为奇……但从艾达姆到一个文明智人的进化是这么地迅速，简直闻所未闻。"从这段话中很明显看出阿努纳奇人对进化的概念非常熟悉，但他们也不知道一个物种的进化需要多长时间。本来恩利尔对于创造奴隶物种的最初想法并不满意，然而他突然发现了那些更聪明，更文明开化的人的优点，他们能够去执行更精致的任务，尤其是农业。当阿达帕和提提有了他们的孩子，是一对双胞胎时，阿努纳奇人变得更加激动。阿努被有关阿达帕的报告打动了，他甚至安排人将阿达帕带往尼比鲁去造访。"把阿达帕，就是那个地球人带到尼比鲁来。"

这是一次到尼比鲁的重要旅行，他们计划着把这个神奇的地球人展现给阿努和其他尼比鲁人看。恩利尔再次表示了不满，原因是那个地球人居然具备他们才配拥有的知识，现在还要把他带到自己的星球。但阿努的命令又不能违背。恩基的两个儿子宁吉什兹达和最小的杜穆兹，被挑选来陪同阿达帕首次造访他们的母星。阿努想赐予阿达帕永生，这样他就可以永远陪伴阿努纳奇家族。恩基却有不同的想法，阿达帕相比艾达姆有着更多阿努纳奇人的血液，但他也会死亡，阿达帕必须作为一个地球人留在地球，像其他地球人一样面临死亡。创造一个新物种是可行的，创造一个永生的物种是不可行的。

当他们起飞时，泥版描述了阿达帕对首次飞行的恐惧，宁吉什兹达安慰他并使他平静下来。"他们看到了被海洋分成几个部分的陆地……阿达帕变得焦虑不安，不停颤抖着并大喊到：带我回去。"这是最早的一个人类飞行记录，只有在一定高度上才会如此清楚地看到地球的地貌特征。之后的事情是在尼比鲁星上发生的，他们的到来就像科幻小说里描述的"前来赴宴的外星人。"所以，阿达帕受到了来自阿努的欣赏和盘问，所有城市人都来观看这个"文明"的外星人，人们给他提供了各种食物。当他拒绝了阿努的奖赏时，阿努十分吃惊，他想不明白为什么这个地球人会拒绝永生之礼。

接下来就是小说式的情节，我们发现阿努纳奇人有着一些令人咋舌的，甚至今天我们也不能完全理解的技术。这是一个可以让他们秘密传输信息的技术，在宁吉什兹达离开地球前，恩基给了他一个交给阿努的加密卡片。"阿努打开加密卡片……将其插到扫描器中，扫描器开始解读来自恩基的信息。"它解释了阿达帕的遗传，他是地球女性所生，所以他必须回到地球去面对他的宿命。"他的宿命是地球文明的开创者。"阿努随之公开宣称："对于那个地球人的接待立即停止，在我们的星球上他既不能吃也不能喝。让他回到地球去，让他的后代永生在地球耕作和放牧。"宁吉什兹达带着阿达帕回到地球时，杜穆兹被要求留在尼比鲁星，随之带上他们用来种植的种子。

恩基向他的姐妹宁马赫，还有宁吉什兹达交代了阿达帕和提提其实是他的后代的事实，强调通过这样的举动来保证阿努纳奇人的生存。文明的地球人将会把他们从更多的困苦中解救出来，他们被教授去生产食物以解决温饱问题。与此同时，阿努纳奇人表现出一个明显的迹象，那就是他们仍处在不断进化的道路上。我个人认为他们的基因组并没有达到顶级的进化程度。也许是命运将他们带来了地球，创造了人类。他们即将会揭露他们自己祖先的神秘面纱，一切证据都延伸向了另一个叫尼比鲁星的星球。但是我先前已和你们分享了我在基因组上的想法。我认为进化是以指数形式发生的，从阿努纳奇人创造我们开始短短数千年内我们就可以进化到和他们一样的程度。然而，他们很有可能进化到了我们之上的程度，所以近年来，才会有很多 UFO 目击事件、外星访客、挟持事件的报道。这也许是他们偶尔回来检查他们的创造物的表象。

在这期间，阿达帕的女性伴侣提提，生了两个双胞胎儿子。他们的名字是卡因（Ka-in）和埃巴尔（Abael），我们再次发现，这些故事在《圣经》中也有类似描述，如：亚当和夏娃生了该隐（Cain）和亚伯（Abel）。卡因被传授予了有关耕作土地、挖运河、犁地、播种和收割庄稼的知识，人们一般称谓"他就是在田里种植庄稼的那个人"。马杜克带走了另一个儿子，埃巴尔，"他就是灌溉草原的那个人"，并传授给他动物围栏的建造知识，并简单告知了饲养和照顾动物的技巧。一整个萨尔纪年后，当初没有返回地球的杜穆兹重新回到地球，并带来了羊羔和用于耕种的许多四条腿的家畜，"地球上从未有过一只母羊，一只从未在地球上出现的羊羔从天而降。"

在宁马赫的领导下，阿努纳奇人建造了一个被他们称作"创造室"（the Creation Chamber）的建筑物，在这里"增殖那些地球上的谷物和母羊"。当卡因和埃巴尔收获了第一份庄稼和第一只羊的时候，他们被叫到了恩基和恩利尔的跟前，于是我们第一次看到了人类向神进贡的场景。恩利尔宣布说："让我们来欢庆这首创之举吧。"这也是这么长时间以来，他第一次对人类感到满意。屈从和祭祀的这种心态会被恩利尔和其他阿努纳奇的神们强加给人类上千年，驱使他们不断祭祀神灵以表示忠诚。这想必是地球上最困难的一段时期，食物的产量不足以满足在阿普斯和埃丁的阿努纳奇人和人类。鱼和水果更是远远不够。只有在大产量的种子引进之后，阿努纳奇人和人类的食物危机才有所减缓。

一个微妙的竞争产生在了尼努尔塔和马杜克这对堂兄弟之间，并影响到了那对地球兄弟卡因和埃巴尔。他们开始争吵谁的工作是最重要的，不久后，他们之间这种微妙的竞争变成了越来越明显的敌对。这时，气候开始变化，环境变得糟糕，他们之间的关系也更加恶化。埃巴尔的羊群发现了卡因的绿色田野，它们无法抗拒这种诱惑，这驱使它们吃了卡因的草。突然，他们激烈的争吵变成了恶劣的冲突。这对兄弟被他们的愤怒所驱使，两人在他们的土地上互相攻打起来，卡因用一块石头击中了埃巴尔，并最终将其毙命。"卡因捡起一块石头，并击中了埃巴尔的头部……他一次又一次地击中，血流不止。"

在这里，我们又将第一次看到人类的懊悔和悲伤。当艾达姆和提提发现了这场悲剧后，他们非常悲伤。"提提发出一声巨大的哀嚎，艾达姆则不断将泥浆泼到自己脸上。"这时的卡因也非常后悔，但一切都晚了。阿努纳奇人激烈地商讨和争论，应当如何处理这样的情况。这个结论显然没那么容易得出。最后，卡因被阿努纳奇人判决并驱逐出埃丁孤独地生活在遥远的大陆独立谋生。"你已被除名，必须离开埃丁，你不能再留在阿努纳奇人和文明的地球人之中……把他流放到世界的尽头。"

在第95个萨尔纪年时，艾达姆和提提有了另一个儿子，他们叫他塞蒂（Seti），即《圣经》中的赛斯（Seth），但那对夫妇并没有就此打住。"艾达姆和提提生了三十几个儿子和三十几个女儿。"这些人类的后代成为了裁缝和农民，他们的数量日益增长，他们提供了地球上所需的所有食物。在第97个萨尔纪年的时候，塞蒂有了一个儿子叫恩施（Enshi），意为"人类之主"。艾达姆教会了恩施写作和数数，以及关于阿努纳奇人和尼比鲁的事情，之后他被恩利尔的儿子带走，给他展示涂抹膏油，以及如何从因巴斯（Inbus）果实中提取出长生不老药。这也是人类和阿努纳奇人关系的一个重大转折，从这开始，人类把他们叫"主"（Lord）。"从那个时候起，文明人类把阿努纳奇人称为了主"，开始真正地崇敬阿努纳奇人。这些文明人类还被教授如何用沥青生火，如何操作窑炉熔炼金属和提炼金子。他们还被教授如何使乐器演奏音乐和唱歌，甚至如何挖井取水。人类喜欢聚集在水边社交，在那里有更多男性和女性相识并配对，导致他们的数量快速增长。我们现在仍能看到水对人类的吸引力，无论沙滩或是河岸甚至是你家后院的水池，人类总是被水吸引。而这也是泥版文献与《圣经》相似的一部分。

人类在地球上的时日越来越长。越来越多的人类作为艾达姆的后代出生。如果有人思考那时和今天的文化差异，其中一个显著不同点就是神之间的滥交，这几乎是他们预期行为的一部分。这是否有可能男性人类继承了阿努纳奇人的这些欲望呢？我们可以确信遗传了他们大多数的基因，除了那个他们特地从我们DNA中抹除的以外。

在很长一段时间后，人类成就和文化基础建设渐渐出现。我将要提到一些杰出的人物。马拉鲁（Malalu），意为"弹奏之人"，他是库宁（Kunin）和他的同父异母的姐妹玛丽特（Mualit）的儿子，她以能歌善舞闻名。所以尼努尔塔给他做了很多乐器，其中包括竖琴。他们全家一直都在巴地比拉这座"铜匠之城"里工作。

埃里德，意为"甘泉之人"成为了水井的主人并作为水的提供者，而水则恰好吸引人们聚集和生育。我很好奇这是否就是古希腊人（Greeks）

和古罗马人（Romans）萌发了洗澡想法的原因。与此同时，伊吉吉从火星来地球的次数愈加频繁，数量也越来越多，他们想要逃离火星上恶劣的环境，也想过上地球上那种享受的生活。伊吉吉男人开始对人类的女儿产生幻想，并渴望得到她们。

马杜克带来一个聪明的年轻人，名叫恩基米（Enkime），并教授了他许多知识。他带他到月球上，并教给他许多以前他父亲恩基教给他的东西，关于星星、星座以及行星的运行轨道。想象一下在月球上发现了他们的足迹？如果真的发现了，我们人类的感受会如何？在他们回来之后，恩基米被指派到西帕尔，那个战车之所，负责驻守在乌图身边跟随他，并把他称为"地球王子"（Prince of Earthling）。恩基米就是第一个被教授牧师职责的地球人。不久后，马杜克又再次把恩基米带往空中，还有他的儿子马图莎尔（Matushal）。但这次，恩基米不再返回地球了，他留在了那里。"他们乘坐一艘天体战车向空中驶去……马杜克带着他们前去火星拜访那些伊吉吉人……他便留在了那里直到生命终结。"在这个人身上究竟发生了什么还尚未明朗，但却写到了伊吉吉人十分喜欢他。也许是因为恩基米留在了火星的这一举动平息了那些日益焦躁不安的伊吉吉人。这是相当讽刺的一件事，一个不能永生的地球人竟然鼓舞了真正的尼比鲁人。或许他真的很适合赋予他的祭司职位。又或许他很好地利用了这些知识，因为这离大批的伊吉吉人离开火星去地球还有很长的一段时间。这些事情发生在第 104 个萨尔纪年，阿努纳奇人来到地球的 374 400 年之后，距今 68 600 年之前。

阿达帕，第一个文明人或现代智人，死于第 108 个萨尔纪年，公元前 55 000 年。他活了 14 个萨尔纪年。这说明阿努纳奇人在人类身上做了额外的基因操控来减短他们的寿命，也同时降低了他们的数量。然而，这还不足以降低那个奴隶物种的出生率。随着人类数量的增长，他们后代中也出现了美丽的女儿，马杜克和一个早期的地球女性坠入了爱河。他将成为第一个娶地球女性的阿努纳奇人，这在当时产生了较大的争论。在争论中，我们被提醒到人类的必亡特性。"我们一步步地把这个星球上的原始物种，创造为了像我们一样的物种……文明人类以我们的外表和肖像为原型，除了寿命以外，他们就是我们。"这是马杜克想要迎娶一个地球女性的实证。他的决定清楚地摆在了恩基和恩利尔的面前。马杜克将要抛弃他尼比鲁星高贵的王子身份，而且永远都不能和他的妻子再回到那里。"马杜克可以结婚……但他再也不是尼比鲁星的王子。"他的长辈们的决定造成了这个年轻且有野心的马杜克在不久后的反叛，他在所有阿努纳奇人面前称自己为至尊神，甚至不惜与所有的阿努纳奇人为敌。

在他们结婚后，马杜克和他的妻子萨尔帕尼被送到一块属于他们的大陆。"一个他们的领土，远离埃丁"这是恩利尔和恩基所说。我们也很容易从中推测出马杜克所被限制于其中的地方是地球上的一部分。"一个大于阿普斯的领域，上层之水（the Upper Sea）可以抵达在那块大陆，它和埃丁之间被河流隔开，只能用船只通行。"这个他们谈论的地方便是埃及。或许，在将来，在那块陆地上，马杜克将作为埃神（the god Ra）统治。伊吉吉人没有事先知会那对最高统治层的恩利尔和恩基兄弟，直接以结婚典礼为借口来到地球。然而，他们有一个更为狡诈的动机，他们已对火星上的孤独而又艰难的生活感到厌倦。他们也希望有一群围绕自己的奴隶，过着奢华且充满享乐的生活，就像地球上的阿努纳奇人那样。但地球对他们最主要的吸引力还在极端的性行为和人类美丽的女儿。接下来的片段在《创世纪》中有着详细的记录，同样的，它是从更加早期的苏美尔泥版中复制过来，并让很多学者和现代神学家产生误解。伊吉吉人说："允许马杜克做的，也不能对我们例外。"阿达帕是恩基和一个有着阿达姆血统的女性所生之子，同时也是地球上第一个现代智人。在地球早期，阿达帕后代的女性都被称为"艾达彼女性"（Adapite Females）。

伊吉吉人说："让我们从艾达彼女性中挑选出我们的妻子，然后传宗接代。"他们把这些女性作为人质带到空间港口去，向统治阶层要求他们应该享有和马杜克一样的待遇。"我可以做的，他们同样不能例外。"暴怒的恩利尔情绪十分激动，"恩利尔非常愤怒。"我们可以清楚地感受到通过力量和惩罚来控制人类的秘密阴谋。"地球人就应该被我们玩弄于股掌中"，他将成为《圣经》中的报复之神，密切控制了人类的每一步，并确保地球人不能太明智或太聪明以至于威胁到他。所以恩利尔不久后向伊吉吉人屈服"让伊吉吉人把他们的女人带离地球，"然而，他马上陷入了另一个困境。马杜克提醒他说火星已经变得越来越难居住，那里的条件日益恶化，他们必须放弃这个站点。"在火星的条件已变得十分恶劣，在那里生活已变得几乎不可能。"

这些从火星上来的移民被要求隐居在雪松木山上，空间港口的附近。他们的孩子，将成为苏美尔译文中经常提及的"火箭船之子"（Children of the Rocket Ships)。最后，他们中的一些人加入到了马杜克的队伍中，到了新陆地，一些人去了"遥远的东土，高山之地"，然而另一些人仍留在原地。从这些清楚的描述可以看出，这些就是之后定居在整个欧洲和侵入印度河的原始雅利安人，奠定了印欧语系的基础。他们是白皮肤的，技术先进的，并拥有远超出普通人类的知识。他们将会在马杜克的统治下，成为埃及最初的法老王。马杜克开始组建一支跟随着他的巨大的人类队伍，臣服于他并尊崇于他。他将成为地球上的一个大势力，这使得恩利尔和恩基忧心忡忡。在恩利尔开始思考未来可能发生的一切时，我们将从他的口中听到一些《圣经》中的字眼。"地球将由地球人继承。"因此恩利尔开始阻止马杜克未来任何有可能的发展。他交代他的儿子尼努尔塔找到住在遥远陆地上的卡因的后裔和家族，并教他们有关工具发制作，如采矿、制造、冶炼、造船、航海、战争的一切。"他们住在一个新的大陆上，他们建造了一个城市和两个姐妹城镇……"这些描述告诉我，毫无疑问这就像早期的安第斯山人（Andean）和南美的秘鲁（Peru）文明以及喀喀湖（Lake Titicaca）附近的玻利维亚（Bolivia）。

让我们把目光移回到埃丁，尼比鲁人任命了一个叫鲁马赫（Lu-mach）的人类，作为阿努纳奇人的工作总管，他是马图莎尔的儿子。他的妻子名叫巴塔娜莎（Batanash），"她有着出众的外表，恩基被她的美丽所倾倒。"从这之中，我们看到了恩基性生活高频度方面的特性再次浮现，他再次把自己的基因混杂到人类物种的基因库中。他诱奸了美丽的巴塔娜莎，并生下了儿子朱苏德拉（Ziusudra），"他有着美好且健康的生命"这想必就是在大洪水中借助于方舟幸存下来的人类，也就是《圣经》中叫诺亚（Noah）人的原始形象。他在苏鲁巴长大成人，然而有关他父系的秘密仍被恩基和巴塔娜莎隐藏。他出生于第 110 个萨尔纪年，也就是阿努纳奇人到达地球 396 000 年后，公元前 47000 年，正好是冰河时代的中期。很多人对冰河时代的理解是错误的，他们认为冰河时代就是全世界都被冰雪覆盖。然而事实并非如此，根据学者们的描述，只有加拿大的大部分、美国的北部地区、欧洲的北部地区、亚洲的北部地区被冰雪覆盖，而地球的南方气候则十分宜人，这与今天的气候截然不同。这也是为什么阿努纳奇人定居在了位于底格里斯河（Tigris）和幼发拉底河（Euphrates）之间的美索不达米亚。在那时，这里是郁郁葱葱的一片，并非今天那样的荒凉。南极洲或许覆盖了更多更厚的冰，这随之成为了大洪水即将爆发的原因。

正如恩基的第一个人类后代阿达帕那样，朱苏德拉非常聪明，表现出了极高的智慧，恩基也非常喜欢这个与他极为相像的儿子。关于那个孩子的描述有助于我们深入理解恩基的形象。这就是关于朱苏德拉的描述，"他的皮肤像雪一样白……他头发的颜色就像羊毛一般……他的眼睛像天空一样明亮，他的双眼闪耀着光辉。"从一开始，这个孩子就受到了宁马赫和恩基的特殊关照。他被教授了祭司的仪式和一切阿达帕被教授的东西。我们同样得到了一个强烈的暗示，那就是阿努纳奇人在他们内部用的是一种不同的语言和书面文字，这是从"去阅读那些阿达帕写下的被教授的知识"得知的。从这一点信息中可以猜测，印度河手迹和巴尔干多瑙河手迹（Balkan Danube Script）也许就是阿努纳奇人的一种语言，或是早期人类使用的相关手迹，比如说朱苏德拉和阿达帕的，这种语言使用了相当长一段时间直到大洪水把它抹灭。这也可以解释为什么在全世界只找到了一小部分的样本。其余的那些应该已被洪水冲走了，或者被沙子和泥土掩埋了。但苏美尔泥版上所提到的史前时代，是否指的是大洪水之前的时代？是否因为那时是一个不同于地球之后时代的时期？是什么时候语言发生了改变呢，是在巴别塔（tower of Babel）和"人类语言是混乱的"之前吗？看起来似乎如此。

人类是一个新的物种，他们并没有适应周围的环境，他们的免疫系统并没有调整到当时地球上微生物的水平，所以当我们读到关于克服人类疾病的泥版文献时不应该感到惊讶。"在瘟疫折磨地球的日子里，酸痛、头晕眼花、伤寒、发烧，让地球人不堪重负。"

庆幸的是，他们有宁马赫，她是一个真正的医者。"让我们教育僵化的地球人如何补救学习。"恩利尔一点用都没了，他不能做任何事情帮助新物种生存和繁衍。"饥饿和瘟疫让地球人灭亡。"在他看来，他们在地球上的日子即将结束，他宁愿在他们启程前往尼比鲁前消灭所有生命。他的"复仇之神"的个性完全暴露出来。土地遭受折磨，寸草不生，而炎热和干旱侵袭着他们。地震已变成了寻常的事情，恩利尔和阿努商量了一些在尼比鲁的奇怪活动，他们在尼比鲁上建立了检测设备来观察地球南极。在怀特兰（Whiteland）雪域上的奇怪隆隆声被记录了下来……怀特兰上覆盖的冰雪已经开始滑动，这是第一个真正的证据，清晰地被记录在泥版上。但抄写员如何在 4 500 年前知道发生在大洪水之前的事件呢，除非是有人告诉他这件事？他的文本中的细节描述地非常具体。当尼比鲁接近太阳

图 14.18　关于医疗状况的记述。泥版上的旧巴比伦语记述这是在公
　　　　　元前 1900 年。这块泥版上的内容是一位古代医师概括的大
　　　　　量医疗知识。早于新巴比伦 1 000 年的旧巴比伦时期幸存
　　　　　下来的泥版仅有几块。许多旧巴比伦的医疗诊疗和预防技
　　　　　术仍适用于今天的现代医学。

时，由于引力场的改变导致地球南极地区毁灭性的变化，南极的冰雪开始
融化。"尼比鲁与太阳的距离越来越近，地球将会暴露在尼比鲁的影响之
下。"在尼比鲁，阿努纳奇记录的那些非常精辟的语句，警告恩利尔一场
严重的灾难即将到来。

　　阿努纳奇人开始准备撤离。他们停止了所有的冶炼工作，"所有的黄
金被高高存放起来，为了大家的快速疏散，快速战舰车队返回地球。"恩
利尔召集所有神灵和阿努纳奇的指挥官开展紧急会议，并对他们透露了
"即将发生的灾难"。"严峻的时刻即将到来。"他明确表示，那些想离开地
球的人不能带走自己在地球上的配偶。恩利尔曾暗自等待这一刻，消灭地

球上这一大群人。阿努纳奇人和伊吉吉人中不愿回到尼比鲁星的将被转移到一个地势更高的地方，躲避这些大洪水的灾难。马杜克和恩基的其余儿子们选择留下，恩利尔的儿子们也做了同样的选择，这是一个非常情绪化的选择，他们等待着恩基决定。"他骄傲地宣布留下来的决定……我一生的事业都在这里……我创造了地球人，我不会放弃。"

之后恩利尔宣布了他对人类的总体计划。"让地球人因憎恨而灭亡。"我们可以清楚地听到上帝的语气，他们的声音我们可以从《圣经》里听到。毕竟，是他首先创造了人类，他也是下一代文明人类种族之父。"一个奇特的生命由我们创造，那我们必须拯救他。"一场激烈的争吵在兄弟之间爆发了，恩利尔指责恩基希望拯救人类的想法。

作为地球的指挥官，恩利尔做了最后的讲话，并要求在场的人宣誓，这将导致人类的毁灭。"既然灾难已被未知的命运注定，让一定会发生的事情发生。"每个人都承诺了自己的誓言，除了恩基，"让恩利尔独自永久负责这些义务。"作为撤离行动的一部分，恩利尔带着"ME"到了西帕尔，就是发射太空战车的地方，将它埋在了安全的保护室里。那么他们在等什么？他们预计什么样的灾难？伴随着巨浪的洪水，将会摧毁整个星球。"当雪崩席卷大地……"，到这里，准备工作就完成了，他们等待着灾难袭来。但恩基和他的妹妹宁马赫去了阿普斯收集所有必要的物种标本，使他们能够重新组合在地球上创造了的生命形式。他们收集了雄性和雌性动物，并保存好它们。

阿努纳奇的居民在西帕尔聚集起来，他们等待着洪水到来。与那些没有依据和简化的《圣经》版本中的诺亚不同，苏美尔泥版文献告诉我们大量细节，关于恩基跨越了多长路程去帮助朱苏德拉，教导朱苏德拉如何造船，如何使用沥青进行密封，如何下水行船。"这艘船可以掉头和反转，可以在雪崩里使用……你的家庭和亲属团聚……囤积很多饮用水……"尽管恩基反对恩利尔，但他并不想明目张胆地违背他们的誓言。所以，他把信息巧妙地传达给了朱苏德拉。他在墙上写下："压倒一切的洪水将从南方袭来，陆地和生命都将被摧毁……你的船从停泊到启航……船本身会掉头和反转……到时你要让人类的种子保留下来。"这个故事的版本和《圣经》上的内容差异较大。事实上，朱苏德拉不仅带着他的直系亲属和其他亲戚上了船，一众朋友也和他随行。因为近亲生育，《圣经》中的诺亚最终绝了后。诺亚带着不同动物（雌雄配对）上了方舟。恩基和宁马赫收集了所有人类和动物的"精髓"。那么，他们小心翼翼地保存这个精髓，这肯定就是 DNA，精子和卵子在适当的容器中保存。泥版上的信息非常清晰。在大洪水前的一段日子里，宁格尔（Ningal）运送给朱苏德拉一个箱子。"箱子里保存的就是生命的精髓，是恩基和宁马赫收集的。"

大洪水如期而致，它在第 120 个萨尔纪年到达，在公元前 11000 年，也就是大洪水到来后的 43.2 万年后，刚好是现代学者认为大洪水毁灭世界的时间。

现在可以比较清晰的认识到，洪水并非由上帝引起的，它只是一个宇宙事件的结果，当阿努纳奇的星球越来越接近近日点的时候，引起了这次地球上的自然灾害的发生。

泥版非常清楚地告诉我们，"在大洪水到来之前，地球发出了隆隆的声响，就像呻吟的疼痛一样"，阿努纳奇离开的时间到了。"他们蜷缩在船上，阿努纳奇人全部面朝天空。"我们能得到当时事件的清晰画面，不是因为大家丰富的想象力，而是因为阿努纳奇人一直在处于轨道上的飞船中观察洪水。该描述过于详细以至于不需要任何想象。

> 地球开始摇晃，受一种未知的合力影响……在地球底部，地球的根基在颤抖……随着贯彻天地的响声，地球的冰层开始下滑……被一种看不见的合力拉向南海中坠毁……另一块大冰层的一片撞得粉碎……像一个破鸡蛋一样摇摇欲坠……浪潮翻滚，就像是天上来的水撞到了墙上……向北，水是突进的……已经到达了阿普斯的陆地……水向居住地涌去……埃丁已经不堪重负。

我们知道一个小的海啸能引起什么样的灾难，所以想象一个高数百米的巨浪从南极洲以每小时 500 公里的速度向北移动，像一个环绕地球的大圆圈，破坏了所有海拔低于 200 米的陆地。我们得到另一个鸟瞰画面，是从阿努纳奇的飞船上来的。"以前是一片旱地，现在一片汪洋……以前是层峦叠嶂的群山，现在山顶全部淹没在水里。"我们也从敏感的宁马赫那里得到一个瞬间画面，她看到这悲惨的一幕内心痛楚不已。"我创造的人类就像蜻蜓淹死在了加满水的池塘里，所有的生命都被洪水带走了。"

我认为这就是我们大家都知道的洪灾的结局，是的，这艘船确实停泊在一座叫阿拉塔（Arata）山的双峰上，在泥版的描述中，也叫做"摩的救赎"。朱苏德拉在船上做的第一件事就是赞美恩基拯救了他们。他们建造了一座神庙，点燃了火把，并把羔羊作为献祭品。漂在洪水中的船并不舒适，阿努纳奇人是多么渴望回到坚实的地面。此后不久，恩利尔和恩基重新登陆陆地，去估算这次灾害的所带来的破坏。"当恩利尔看到幸存者……他的愤怒不可抑制。"再次我们看到复仇之神。在狂暴的愤怒中，恩利尔攻击了恩基。"所有人都要灭亡"，他说。但恩基通过解释朱苏德拉的真相回答了恩利尔。"我的儿子不是凡人。"经过争论，恩基说服了他，并告诉他拯救人类是造物主的意志。《圣经》里也经常重复这样的情况。宁马赫很爱她与恩基创造的人类，宣誓"人类的毁灭将永远不会重复，"恩基告诉朱苏德拉要"多多生育"。

你可以试想如此规模的洪灾造成了什么样的沉降结果。很多年后洪水才开始消退，仅仅露出了满是泥浆的山谷。阿普斯和埃丁的一切都被埋在了泥土之下。整个美索不达米亚的全部城市都消失了，掩埋在了淤泥和泥浆中。但在雪松山上，巨大的石头平台仍然屹立在那里，主要原因是它的位置要高于其他居住地点。一些像撒迦利亚·西琴的学者们认为这是黎巴嫩北部的巴贝克的古老石头平台。当你观察巨大的石头连接在一起形成非常平坦的平台而且延伸了约9万平方米时，你会思索地球上的史前人类为什么要建造这样的结构。每块石头的重量约在200—1 200吨之间。在今天，只有少数的大型起重机才能挑起这样重的石头。这种平台之所以没被洪水冲走，归因于其庞大的结构和海拔高度。它也给阿努纳奇人带来了重要的好点子，就是在以后如何处理类似的灾难。什么样的结构能够承受类似的灾难，是从太空来的阿努纳奇飞行员？你猜对了……吉萨金字塔。想象一下，首次降落在一颗新的星球上面……你会不会喜欢一个明亮的灯塔来指引你的着陆点？我想我会喜欢，显然阿努纳奇人也会喜欢。这就是晚一点来到画面中的金字塔。

破坏并不局限于地球，从火星来的伊吉吉说他们的星球也被摧毁。"通过尼比鲁的轨道，火星也被摧毁……它的大气层被吸干，水域也蒸发了……变成了一个满是沙尘暴的地方。"他们意识到生存是他们主要关心的问题。他们在创作室检索"ME"，并把"ME"掩埋在了旁边的一个发射场里。发射场用闪长岩制成，这是一种比铁还坚硬的岩石。他们检索到包括来自尼比鲁的种子在内的大量物品，这使他们重新开始种植农作物。但当幸存者们开始重建他们的生活时，来自尼比鲁的消息不容乐观。由于受到其他行星的引力场影响，尼比鲁星的大气层又一次被破坏。新一轮的黄金争夺战即将打响。

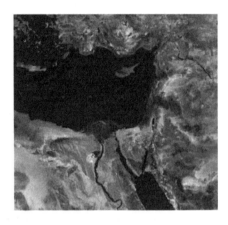

图 14.19　从太空观察金字塔的图片。它们不仅作为地标，而且大型金字塔也设立了发射灯塔，将会引导飞来的飞行员和宇航员。这些巨型结构是大洪水之后建造的，而那个时候是阿努纳奇人想到如何用石头结构来抵御洪水的袭击。从地球上空看，埃及和红海也是明显的地标。

正当他们准备收拾东西回家时，紧急情况出现了。但这次阿普斯没有更多的工人，他们大多在洪灾中死去，即便是阿努纳奇也只有少数人回到了尼比鲁星。"地球和尼比鲁绝望了。"

就凭着这些幸存下来的人从矿石中开采黄金，劳力远远不足。他们再次进行了全世界勘察，尼努尔塔从穿越海洋的遥远陆地带来了好消息。高山已被洪水侵蚀了，原来的海洋变为陆地，露出了富含黄金的沉积物。这里的山谷围绕着喀喀湖的边界，也在波维利亚和秘鲁的边界上，在欧洲之前的古印加文明时期，经常有人去掠夺。"大金块和顺流而下的小金块，甚至不用进行开采。"恩利尔和恩基很吃惊，"天啊，纯金，精炼和冶炼都不需要了。"

于是乎，南美史前的淘金热开始了。他们需要在附近建立一个据点，从这个据点直接将金矿运往尼比鲁星。由此我们发现了纳斯卡平原的起源，很多人写下并推测了所谓的纳斯卡线，他们肯定已经挑战了几个世纪以来最杰出的科学家，苏美尔泥版又一次提供了证据。"让我们在一个新的地方建立天体战车，从那里把黄金运到尼比鲁……平原上新的土壤已经干燥，并变得坚硬，这是他们所寻找的……他们在一个荒凉的半岛上发现了这样的平原……像湖面一样平坦，四周群山环绕。"这符合荒凉半岛的准确描述。纳斯卡被安第斯山脉环绕，山顶上常年覆盖白雪。

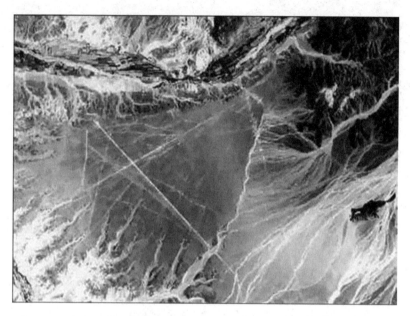

图14.20　较为明显的X标志。在古代文明中，十字架符号是很好的记录
　　　　方式。会不会是阿努纳奇人用这样的符号在纳斯卡平原上标志
　　　　他们的着陆点？正像在这幅卫星图上看到的一样。

尼努尔塔在大洪水之前一直生活在那里，他知道如何生存下去。在洪水中幸存的当地人都认识尼努尔塔，并敬他为保护神。他们已经习惯积累黄金和别的金属，他们掌握了冶炼和处理金属的工艺。在这个阶段，即便是曾经希望毁灭全人类的恩利尔，也很高兴能找到幸存者。上帝的未来突然掌握在了人类的手中。淘金热也开始蔓延到南美，阿努纳奇人不会轻易放弃他们在美索不达米亚的原始聚居地。对于那些一直在谈论吉萨金字塔是根据猎户座对称建造而成的人来说，泥版上还有许多反面的证据。阿努纳奇人决定建造新的着陆点，"一个放置战车的新基地。"泥版还进一步告诉我们，他们接下来的生活，恩利尔从飞船上测量，但是天才般的宁吉什兹达又一次显示出了他伟大的建筑天赋。这也是为什么后来的埃及文明会称他为托特（Thoth）或者托托（Tehuti），"神圣的测量器"和"科学之神"。宁吉什兹达，设计、策划和执行了三个吉萨金字塔的建造工作。这并不是坟墓，而是一个非常重要的地标，是供引导飞行员着陆的灯塔。

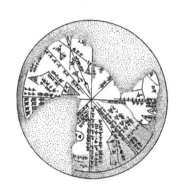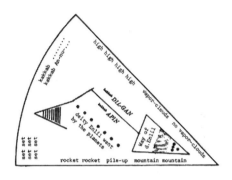

图 14.21　恩利尔神 - 古代星座图（扁圆形图），当这个星盘在尼尼微的皇家图书馆首次发现时，被认为与古代巫术有关。这是苏美尔人原始记录的亚述人副本。一张古老的地图被分为八个部分，非常精确地绘制并呈现出了几何形状。看不到任何其他古代的手工制品。星盘上包括了一系列天文数字的内容和以前的数学曲线，这些知识在古代的时候并不为人所知，图中还介绍了 360 度的圆圈。

这个星盘上的苏美尔铭文的直译，对"路线图"做了描述。而这幅图就是"恩利尔神去的星球"。它包括了用各种仪器在不同高度和气候条件下的操作。它清楚地显示了地球是恩利尔神前进途中的据点。左侧的三角代表遥远的宇宙，右侧的三角代表目的地是向大陆拓展。另外一个解释是："山区土地的统治者的域名和恩利尔神的足迹。"它还包含了困惑着天文学家的复杂的数学公式。

泥版描述了他们如何选择标志性建筑。宁吉什兹达开始设计地球上最神秘最有争议的建筑——吉萨金字塔。他对别人说，"我们可以提高人造山峰的高度，"他指的是吉萨。在他开始这项任务前，他制作了一个小的模型用来测试计算结果。这是三座金字塔中最小的，或者就像我们所知道的，是孟卡拉的金字塔。"在平地上，位于河流上部的山谷，宁吉什兹达建立了一个比例模型……上升的角度和四个流畅的侧面。"只有对模型满意后，他才继续建造，我们也想知道他是怎样将石头切割得如此光滑完美，这么快且这么轻松。"他在旁边安置了一个较大的山峰……阿努纳奇人用工具将石头切割并竖立起来。"下一个建造的是哈夫拉的金字塔。"同样在旁边放置了一个更大的山峰。"只有他完成了前面两个任务，他才会开始大金字塔和所有的秘密通道的修建。金字塔是地标和信标，它为飞行员和宇航员传送信号和光。现金的学者们都表示，他们相信第三和第四代的埃及金字塔从来没有过墓葬的证据：尸体、石棺甚至铭文。没有证据证明他们是作为坟墓而被修建。

关于金字塔的文献并没有结束。他们称它为埃克尔（Ekur），"像山峦一样的房子。"他们称呼其为尼比鲁结晶，放置在金字塔的腔室中，"恩利尔用自己的手激活了尼比鲁结晶……阴森恐怖的灯开始闪烁，迷惑的嗡嗡声打破了寂静……在顶峰的外面，一下子明亮了起来。"这是他们的伟大成就。阿努纳奇的集体智慧见证了这一切，宁马赫甚至还写下了经典的诗句。

> 房子就像山峦一样有一个尖峰，
> 是作为天地的一个搭载，阿努纳奇人的手工制品。
> 房子明亮、黑暗，房子和天地，
> 对天体船来说他们是放在一起的。
> 由阿努纳奇人建造的房子，内部与天堂的红色光晕结合。山脉
> 蜿蜒，
> 超出了地球人的理解能力。
> 这是一个美丽的房子，永恒而崇高的房子……

这首诗赞美了房子的结构和它的建造者。为了纪念建造者，他们同意在附近建立一座纪念碑，有着建造者的脸部和狮子的身体，象征着"时代：在此期间，它被建造"，"让我们在旁边建立一个双峰纪念碑，宣布狮子的时代……宁吉什兹达的脸部，山峰的设计者，让其脸……朝着战车的方向。"关于狮身人面像意义的猜测，已成为了秘密。但当你阅读苏美尔泥版文献时，它会清楚地告诉你什么时候，以及狮身人面像建造的意义。与往常一样，答案很简单，格雷厄姆·汉考克（Graham Hancock）在他的《神的指纹》一书中，对导致狮身人面像的地理状态和侵蚀因素做了详细

解释。主要是水的因素，然后是风的侵蚀。这可能发生在几千年前。因此，现在很多学者相信狮身人面像建立在公元前 1 万年前。这将证实我们在泥版上发现的信息。

此时，马杜克再次开始制造麻烦，他抱怨年轻的弟弟宁吉什兹达得到了所有荣誉，而他再一次错过机会。激烈辩论开始了，在此期间，所有阿努纳奇的孩子用这种说法来区分土地，要求给予更多的控制权来统治忠实的地球人并要求更多属于自己的领地。"尼努尔塔和他的兄弟也被鼓动起来……他们的土地，任劳任怨的地球人，所有人都被严格要求。"明智和理性的宁马赫站出来，扮演和事佬的角色。她提议，在阿努纳奇人之间要明令禁止暴力行为。"不要为争权夺利而庆祝，宁马赫提高声音喊道……为了实现和平，我们之间可居住的土地应该按计划的分开。"她是一个聪明和睿智的女人，他们决定在那天为她更名，宁马赫被更名为宁胡尔萨格——山脉的女主人。"于是大家开始分配土地"。宁胡尔萨格被赋予了一块土地，也即今天的西奈半岛，这是禁止人类入内的。这片土地被宣布为宁胡尔萨格统治下的中立地域。"居住地往东，是恩利尔和他的后代"，"黑暗色调"的土地和阿普斯分别给了恩基和他的家族，包括他的人类儿子朱苏德拉。恩基决定安抚他的长子马杜克，"黑暗色调"的土地，也就是我们所知的埃及。在这位长子手中，我们看到了地球人迅速崛起的古埃及文明。

人们可以清楚地从阿努纳奇人那些紧张和狂躁的日子中发现，他们全神贯注于自己的生活、家庭事务、地球使命，很少介入人类间的纷争，以至于人类得到迅速繁殖和成长。这时，人类和阿努纳奇人、伊吉吉人混在一起，因此很多人都期望得到同等对待，而不是被视为奴隶物种。这种不稳定时期持续了很长时间，随之而来的是黄金被消耗殆尽，年轻的阿努纳奇人之间偶尔也会出现暴力对抗。泥版对多样的战斗进行了详细描述，包括哪些地方战争激烈，运用什么样的尖端武器，这些武器当然是不会存在于现代了。大多数冲突是关于土地的，被马杜克煽动，他们利用每个机会提出各种要求并破坏规定。这样的方式使得阿努纳奇的基因流传数千年。年轻后代有令人难以置信的征服欲望和入侵新领地的念想，这是古老聪明的阿努纳奇人所遗留下来的。阿努纳奇家族的扩张行为不断蔓延，而人类初期仅是这个世界舞台上的旁观者。这样的时间不会太长，但是，在人类开始发挥出自己的文化并互相攻击残杀之前，他们的文明程度并没有比父辈提升到更高的水平。

众神之间的骚乱持续达到了顶点，伊吉吉入侵了"战车之地"。马杜克失去了他的两个儿子，这让他感到十分痛苦，而这片不稳定的古老土地引起了恩利尔对自己领地安全性的重视。这促使他建立了一个新的太空港。正如前面我们提到的，他们在远离海洋的山地旁的一个湖泊建成了，这就是喀喀湖。"在山脚下，金块被分散开……我们必须秘密建成工厂。"这是阿努纳奇人首次使用纳斯卡平原，例如他们向南美人引进了先进的科学文化知识。

杜穆兹是恩基最年轻和最珍爱的儿子。文献对他的描述是：情感丰富、关心他人、有艺术感。在大金字塔的揭幕仪式上，他认识了伊南娜，她是恩利尔的外孙女，他们陷入爱河。很多古老的情歌和情诗都是关于情侣的，这也许就是罗密欧与朱丽叶的原始形象。他们形影不离，伊南娜被形容为"无法形容她的美丽动人，在武术比赛中可以与阿努纳奇的英雄们相媲美"。她也被称作伊什塔尔，还有很多世界各地具有不同文化意义的名字。无论她有什么样的名字，她都是人们心目中的爱神。伊南娜有着很大的热情，她在国家与人民之前调节关系，这是她最强的性格特点。杜穆兹被授予阿普斯上游的土地，有水牛、芦苇、河流和牛。这里的地理位置非常靠近他哥哥马杜克所管理的古埃及，他的哥哥并不友善。马杜克称这是一片危险的地域，他不会让自己的弟弟打乱他的总体计划。所以马杜克设计了一个狡猾的计划，性诱杜穆兹。他安排他同父异母的妹妹格什廷安娜（Geshtinanna）去诱惑杜穆兹，并承诺他们的后代将成为王位的继承人，因为他们的孩子有皇室血脉。格什廷安娜用尽一切办法诱惑杜穆兹。但半夜，杜穆兹很慌张就逃跑了，越过河流和石头，在那里他跌倒并死亡，像死于一场离奇的事件。

小儿子的离奇死亡使得恩基遭遇了极大打击，也许今天的我们也继承了恩基基因库的特点。"恩基没有痛苦哀嚎……为什么我受到惩罚，为什么命运如此不公……恩基撕裂了衣服，在他的额头上抹了灰烬。"多年后，这样的悼念方式被犹太人采用。兄妹之间的矛盾一直没有结束，伊南娜的妹妹艾里什基伽尔（Ereshkigal），疯狂地嫉妒伊南娜的长相和伊南娜在阿努纳奇人中的统治地位。她不仅拒绝帮助伊南娜寻找杜穆兹，她还指控伊南娜密谋反对马杜克，她还让伊南娜感染了一种致命的病毒。"释放出对付伊南娜的 60 种疾病。"泥版上的记载确定表明这是非洲的一种巫术，也是非洲古代医生一直采用的治病方法。艾里什基伽尔住在阿普斯，那里被称为"下世界的霸主"，位于非洲南部。恩基开启了寻找伊南娜的计划，"用阿普斯的泥土，恩基做了两个使者，身体里没有血液，不会被放射线损害。"他派这些人出去寻找伊南娜。最终，他们发现"伊南娜的尸体……悬挂在木桩上……他们把水洒在她身上……在她嘴里种植植物……伊南娜搅拌着，她睁开了眼睛，伊南娜死而复生了"。目前尚不清楚同为阿努纳奇人，为什么有的人可以死而复生，而有的则不能。

这对恩利尔和恩基的关系有着破坏性的影响。恩利尔想让马杜克死，但恩基家族认为，"并不是马杜克杀掉杜穆兹的。"伊南娜更不会罢休。在她脑子里，马杜克要为她爱人杜穆兹的死负责，所以她发动攻击要置马杜克于死地。"伊南娜发动了战争……她挑唆马杜克上战场……她要为她死去的爱人报仇。"对未来人类行为的一瞥是，他们互相挑衅发动战争和其他形式的暴力冲突。欧洲贵族以一种高雅的姿态邀请对方走进自己的农村，穿上制作精良的衣服，在决斗中杀死对方。我们又一次读到了暴力武器，有很多关于地球上的人员伤亡，一直在泥版中保存着，告诉历代关于诸神之战的故事。我们熟悉那些不同文化但情节相似的神话传说。简单的解释是，在阿努纳奇神之中发生了很多次冲突，受灾区域的地球人肯定目睹了这一幕。这并不是白日做梦或是由原始人过度活跃的头脑产生出的幻觉，这都是古代真实发生的故事，在地球人记录下这些之前，他们仅仅依赖于口口相传。

马杜克撤到了吉萨新的人造山方向，在那里，他们在金字塔里避难，他们称之为埃克尔。"有了厉害的武器……可以攻击伊南娜的藏身之地……"记住这个时候的伊吉吉人均为马杜克的追随者。但金字塔的建造目的是为了抵御自然灾难。我们学到了两个重要信息。首先，金字塔的外表确实有一个光滑的平面；第二，金字塔内部通道和内室的描述。这种细节的描述只为建造金字塔的人所知，或者是在里面呆过的村民。这是全部的论据，来证明是在法老继承他们很久之前，阿努纳奇修建了金字塔。

然后了解到尼努尔塔的秘密入口，他找到了北侧有一块能旋转的石头……通过尼努尔塔黑暗的走廊，他到达了画廊……画廊的拱顶非常绚烂，是由很多像彩虹一样具有很多颜色的晶体组成……向画廊的上面一直前进……进入了上面的内室，也就是大动脉石的地方，马杜克撒退了。它的入口处，石头锁向下沉降，所有场所禁止入内。

有些人想离开马杜克，但遭到马杜克的严惩。智者宁胡尔萨格又一次赶来救援，解决僵局。马杜克要被救出必须满足一定的条件。"跟随马杜克的伊吉吉人，必须放弃原来的土地……马杜克必须流放。"任务要依靠宁吉什兹达，是那个建筑师，带着马杜克离开金字塔。"他们会切割在门口的石头……他们将会挖掘一个扭曲的通道……所有在石头上的漩涡花纹，他们都要打破……他们继续向上直到宏伟的画廊……他们会竖起三个石头……"这些语言描述应该出自对金字塔内部非常了解的人，绝非梦想家的想象和神话。所以马杜克尽管艰难但是活着出来了。"小心地通过曲折的弯道。""尼努尔塔下令取出尼比鲁结晶……他检查了27对结晶并将其转移……他遮住了光线……更换这座灯塔的位置，选择了其旁边的一座山峰。"这样大金字塔的被搬到了山顶，空荡的内室变成了考古学家至今的难解之谜。接下来，恩利尔和恩基将土地在他们的儿子中进行重新分配。最重要的地点就是马杜克留下的古埃及，现在将这块土地划给了恩基的儿子宁吉什兹达，马杜克则被流放了。伊南娜为她自己要求了一片土地，在激烈的辩论后，她分到了印尼河流域的土地。

这些信息让我着迷。性感的爱神拥有了印尼河流域的土地，她是那么为诗歌而疯狂，在那里，起源了包括《爱经》（Kama Sutra）的性哲学在内的印度文化。是巧合吗？

地球上的人类也发生了微妙的变化。"地球人口激增……朱苏德拉有很多拥有人类文明的后代……与阿努纳奇的基因混合……伊吉吉随意在种族内通婚……在遥远的亲属家中活了下来。"纯种阿努纳奇人的数量已开始减少，他们之间还经常因小矛盾而爆发冲突。数量巨大的人类则频频爆发新问题，诸如食物供应不足，阿努纳奇人渐渐失去了对人类的控制。为了确保人类顺从地留在他们的地域内，并尊敬神灵，阿努纳奇必须制定新的计划。"来自尼比鲁的崇高的阿努纳奇来了……"为了做出更好的计划，他们需要阿努的智慧和建议。"怎么保持人类对他们的崇拜，如何使众多的人向少数人服从和服务。"所以这是"阿努决定再来地球的原因"。

此时，洪灾已过去很长时间了，山谷早已干涸，并再次成为可以居住的地方。一些"黑头人"，或者阿普斯南部的原始工人，在洪水中幸存下来并开始寻找食物，也可能他们是得到了某个神灵的指导。朱苏德拉的后代和他的儿子，从之前的山谷回到了平原定居。他们中很少人掌握了农耕和训练技能。阿努纳奇决定重建他们在地球上原来的城市，在那里他们曾经崛起，但现在已被洪水带来的泥沙覆盖。他们也决定利用更文明的人类来提供食物，为了今后在这片广袤大地上不断增加的人口。然而，这也需要奴隶的辛勤工作。"在干燥的新的土地上，阿努纳奇让他们定居下来，为所有人提供食物……在淤泥和泥浆的顶上，新的埃里都被标注出来。"如果你还记得，埃里都是恩基到达地球后建立的第一个城市，现在他在新埃里都建设自己的新家，而恩利尔则在旧的尼布尔（Nibruki）建设新家。这里有七级阶梯的通灵金字塔。"一个楼梯上升到天空，到了最上面的平台……恩利尔守护着他命运的牌匾，他的武器也被保护起来。"看起来恩利尔经常使用武器去保护他的住所，他学会了一种很好的习惯，独裁统治埃及。

阿努和阿努的妻子安图（Antu）来到地球，他们开始了解到地球上的衰老效应。"他们互相看着对方，观察着衰老……"他们讨论了几次这个奇怪的现象。但是阿努向他们保证，回到尼比鲁可以治疗和治愈这种老化问题。他们在地球上完成了多种天文观测实验，甚至包括对自己的母星尼比鲁的观察。"尼比鲁红色的光环来了……星球主人阿努。"正如你已知的，这不是第一次在阿努纳奇的星球上读到"红色光环"。

对星球观察的探测、对地球衰老效应的认识，使得他们陷入了一个哲学性的新讨论，"造物主的旨意很清楚……地球是地球人的归属……我们意在保护和促进他们的发展。"这就是阿努对阿努那奇人的讲话。通过这个大计划可以新发现，他们同意整顿人类并教会他们更多文明。"如果这是我们在这的使命，那我们就采取相应的行动，恩基也是这么说的。"正是恩基推动并提升了人类发展，就像他之前尝试过很多次一样，然而他的兄弟和他的长子马杜克却采用了不同的方式去教育人类，采用残酷的方式统治他们。但根据阿努的新计划，他们不得不为人类建立城市，并为阿努纳奇神建造神庙，所以我们了解到为什么供奉神灵的庙宇都修建在古老的城市中。

人类被教导"秘密知识（祭祀活动）"，并为阿努纳奇服务，将阿努纳奇祭祀在寺庙中。为了人类在地球上快速增长和发展，阿努纳奇决定建立四个新的地区，将任命神来管辖这些区域。其中三个区域是留给人类的，第四个给阿努纳奇。恩利尔接收了旧有土地，就像他之前那样，包括埃丁和全部美索不达米亚地区。恩基保留了所有的非洲地区。伊南娜，阿努心爱的曾孙女，得到了印尼河流域。第四个地区留给阿努纳奇人，在西奈半岛或"放置战车的地点"，并向全世界的人类宣布。

阿努想看他的孙子马杜克，阿努为他的孙子感到可惜，就这样将他的命运与其他阿努纳奇的儿子分开，让他变成一个弃儿实在可怜。因此，他赦免并祝福了马杜克。

阿努将要离开，并发出了最后一条对地球人的指令。"从黄金地带到高山……延伸到地平线……给人类知识，达到天地给他们秘密的高度。"这些都是古代地球上真实存在的事实，它指引我们到达今天。在我们浅显的理解中，这是阿努和地球上的阿努纳奇首领最后的互动。当我们问自己，"今天阿努纳奇在哪里？"答案可能很明显，阿努纳奇完成了他们的黄金探险，然后离开，将地球留给了人类。

在阿努出发后，马杜克开始采取行动维护他在地球上的合法统治，这是他们在地球上刚开始的时候恩基答应他的。但正如我们已经知道的，通过很多不可预见的情况，年轻的马杜克总是莫名其妙地放下分配的权利和责任。

随后的时期是文明的奇迹。这是原始人走出洞穴开始表现出非常高的智慧的时候，一夜间，知识和文明都来到面前。原因很简单，这是阿努的指令。阿努纳奇严格遵照首领阿努的指示：培养人类然后离开，计划已慢慢开始施行。阿努纳奇神教每个地方的人类学习基本的生存技能。请记住有很多的神在照顾村庄、城镇和城市。这是阿努纳奇家族的成员必须完成的工作，照看好各地的人类并控制好他们。每处居民都拥有一个专为供奉阿努那奇神而修建的寺庙，寺庙有新鲜的水和阴凉的花园，可以休息的地方，可以放置贡品的地方。此外还有严格的菜单，上面是每个神偏爱饮食的食物。这些菜品必须按照要求准备好，不同的神会有好几种不同的口味。牧师的作用是确保神被照顾好，作为回报，牧师会得到阿努那奇神传达给人民的指示。

人类文明从现在开始了。"那里曾经是阿努纳奇的城市，现在已屹立起人类的建筑，属于地球人的城市出现了。"人类学习了各种知识：制作砖块、盖房子、建筑学、教育学、阅读、写作、计算、正义的法律、种植、收割、养殖、寻找水源、使用车轮，骑战车和所有我们今天知道的东西。这是我们从早期文明中继承来的。

时间已经赋予人类权杖和皇冠，于是在柯史（Kishi）或柯斯（Kish）出现了第一个被任命的人类国王。他被尼努尔塔称作"勇士"。柯斯也成为了著名的"权杖之城"。在古老城市的修建过程中，"因为那里淤泥和泥沙太多，所以计划不能跟进，只能选择新的地点。"经过共同的努力，人类建筑技术的提升的速度很快，地球上开始繁荣起来。在很长一段时间里，有充足的食物供应，工业蓬勃发展，轮式货车制造业欣欣向荣。"在柯史的黑头人，学习数数字……"尼努尔塔负责埃丁这片土地，人们高呼赞美他，传说"他如何在遥远的土地上制服了野牛，他怎么发现在白色金属中混合铜"。白色的金属就是锡。

伊南娜也想从恩基那里得到一些 ME，所以她策划了一场狡猾的诱惑计划，在此期间，我们了解了她作为爱神和性感之神的力量。她抓住了恩基一个人在家的时候，用酒将他陶醉，假扮半裸来诱惑他。这读起来像色情电影。"伊南娜珠光宝气，她的身体从单薄的衣服中隐约露了出来……当她弯下腰，她的外阴彻底征服了恩基……他们喝完了啤酒，又盛满了甜酒。"听起来很像几千年前人类的某种行为，我们可以清楚地看到我们的基因与阿努纳奇相联系。在他们的饮酒游戏中，伊南娜想看到 ME 的信息。恩基没有识破伊南娜的诡计，两人有了鱼水之欢。他向她解释"ME 对于文明古国来说是很重要的。"恩基睡着了，伊南娜带走了偷到的 ME，在自己的领地上建立帝国。恩基的助手追了出来，但伊南娜已将 ME 藏了起来。恩基只能承认这个事实。

当恩利尔宣布王位将会从柯史移到伊南娜的位于乌努格棋的住处时，马杜克被激怒了。他又一次拒绝了曾经许诺给他的星球指挥官。"我已经被羞辱够了……马杜克的命运只会掌握在自己手中。"他决定在自己的地盘上建立神圣的城市，为阿努的来访做准备。他呼吁伊吉吉和他那分散在各地的追随者们，计划建立一个"神圣的城市"和"天空船之地"——巴比伦。

因此，马杜克建立了一座到达天空的城市。他们烧制黏土作为石头，因为在这个地方已经没有石头了。"他们建设的塔可以到达天空。"这丝毫没有影响恩利尔的决定，他意识到这是马杜克试图显示自己的权利和影响力。就像《圣经》里说的，"上帝降临，毁灭塔，混淆人们的语言，因为如果他们能够做到这一点，他们就可以做任何事情。"泥版告诉的一字不差："如果我们允许这一切发生，人类的任何事情都不能做了……这个邪恶的计划必须停止……从天空之船上升到塔，洒下了火和硫磺。"但这对恩利尔是不够的，他想让马杜克远离他，离间他的追随者。

西琴给了我们一个清楚的表述，就是埃及被阿努纳奇神统治了 12 300 年，从大洪水结束后直至金字塔修建完毕。马杜克在巴比伦上演了一场力量表演，他是埃及的神，但后来被他年轻的弟弟宁吉什兹达改变了一切。"宁吉什兹达作为埃及的新主人……马杜克曾计划和建造的，全被宁吉什兹达推翻了。"宁吉什兹达后来被指责发配到荷鲁斯（Horus），"到了一片荒漠，一个没有水的地方。"这条线索非常重要，它可以帮助我们把荷鲁斯在埃及南部的规则串起来，那里被称为上埃及。兄弟俩的争吵持续了 350 年，埃及的两部分被再次分开。从历史上评估，蝎王是在公元前 3100 年统一了上埃及和下埃及，也标志着真正埃及帝国的崛起，这与苏美尔泥版上的描述也较为吻合。

在恩基的干预后，天才的宁吉什兹达被说服离开了"海洋之外的土地……他的乐队也追随他去了"。我们必须时刻记得他是一个天才的建筑师，他设计了金字塔，他是一位科学家，用公式计算了人类的 DNA。他的图腾类似恩基，由代表着生活和创造的蛇缠绕在一起，被称为蛇翅。我以前提到过，我们有时候不确定到底是恩基还是宁吉什兹达，被提及到了有翅膀的蛇，因为他们的图腾太相似，甚至他们的能力和性格也非常接近。根据泥版记载，宁吉什兹达，他在那片有文明的土地影响力巨大，他教会了人们他所知道的一切，包括令人惊叹的建筑结构。

历史学家们认为，现在还不清楚是谁统一了埃及（上埃及和下埃及），但泥版文献告诉我们，他就是马杜克。对我个人非常振奋的是，我发现了一点胜过保守历史学家的东西，那就是蝎王最后被证明是一个真实存在的历史人物。很多年来，他被认为是一个神话中的英雄，一直活在古代人的心中。这个发现很可能让大家意识到，过去很多的神也许真的活生生地存在着。很多年来，美尼斯（Menes）是被记载的埃及的第一个国王。但现在有很多证据表明，那尔迈国王也是神秘的蝎王，后者比前者早了1 500 年。

谁统一了埃及？是马杜克实现的？在阿拜多斯（Abydos）的一个洞里，出土了 160 块骨头和象牙板，每一块都有现代邮票那么大，里面包含了最古老的早期象形字文本。德国考古学家岗特·吉（Gunter Dryer）认为它们都是蝎王的财产，因为它们均出自蝎王的墓穴。这些发现可能是地球

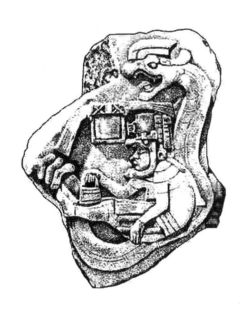

图 14.22　古代的矿工。奥尔梅克矿工在有限的空间里体现出一种
　　　　　蜷缩的状态，同时手里拿着某种头饰和工具。他被永远
　　　　　存在的蛇身保护着。这些奥尔梅克矿工是被恩基神从非
　　　　　洲带到美洲扩大搜索黄金的吗？有很多类似雕刻证据，
　　　　　困惑了历史学家很多年。

上最古老的书写例子。看来，马杜克在公元前 3500 年接管了世界的一部
分，这也是为什么我们知道如此之少的关于那尔迈的蝎王的原因，因为在
法老时代被介绍之前，他已经为马杜克工作了很久。除此之外，那尔迈可
能是恩利尔的一族。所有以后的法老在某种方式上都与马杜克，他的伊吉
吉和奈特鲁（Neteru）（"观察者"）有关联。这可能吗？为什么不呢？根
据苏美尔人的计算，诺亚或者朱苏德拉已经有 36 000 岁了。但这并不是恩
基的儿子在地球上的最大岁数。因此，没有理由惊叹那尔迈王的年纪，他
也会同所有混血儿一样，终究死去。

　　在马杜克统治埃及的时候，他拥有很多土地。南北统一后他开始建立
自己的王朝。恩基被称为卜塔（Ptah）——"开拓者"，宁吉什兹达被称
为托特——"神圣的测量仪"。从一开始，马杜克准备树立自己的威信。
他做的第一件事就是从狮身人面像上清除宁吉什兹达的脸部。"为了做到
这点，马杜克用宁吉什兹达的儿子的脸去替代。"马杜克做了很多事去强

调他与别的阿努那奇神的区别，他将计数方法从 60 进制改为 10 进制，他将一年分为十个阶段，用观察太阳的方式观察月亮……这就是马杜克，是埃及统一的后盾，这意味着那尔迈将执行他的命令。马杜克在结束了流放生涯，重新回到埃及后，用尽自己的一切力量去证明他的地位在众神之上。他引入了新的宗教，建立了法老统治，这标志着新文明的萌芽。但他最大的错误是宣称自己"在众神之上"。法老必须是人神的混血，而且是从被称为奈特鲁（观察者）的阿努纳奇众神中挑选，他们的工作就是照看人类，实际上是监视人类。

新的皇权制度塑造了一个新的阶级结构，国王成为了人类的领袖，他们被尊为半神半人的人类。这也解释了国王对神的痴迷，因为他们也想成为神，从而拥有不朽的生命，能够前往天堂。根据苏美尔泥版文献的叙述，马杜克任命的第一位国王是美纳（Mena），历史学家们将其称为美尼斯（Menes）。

使恩基感到欣慰的是，他的儿子马杜克在他的领地创造了这样好的成绩，所以他给了马杜克所有的知识，除了死而复生的办法。马杜克利用这些知识控制尼罗河使他们的土地受益，使"肥沃土地快速扩张，人与牛的数量激增"。

宁胡尔萨格以伊南娜的荣誉命名了一个星座，并与她的弟弟乌图共享；这将成为众所周知的双子星时代。在印度河流域，她是爱和性之神。我们读到她建设了两座城市用来贮存食物，以及其他事情——哈拉帕（Harappa）城和摩亨约－达罗（Mohenjo-Daro）城。两座城都用相同的砖修建，风格接近，建筑年限也相同。根据苏美尔泥版文献的记载，它们建于地球年开始计数后的 860 年。泥版告诉我们，作为她任命印尼河流域统治者的职责，伊南娜引进了一种新的语言和书写方式——印度河文字（indus script），这些文字困扰了学者们多年，至今依然无法破解。

伊南娜偷来的 ME 在路上丢失了，是她的对手在路上设置了奇怪的圈套，还是负责运送的人出了意外？最终，印度河流域的第三个区域发展得并不像其他区域那么好。"在第三区域中，人类并没有完全开化"。在埃及，马杜克不断增长的实力以及其他人的阻碍，在人类追随者中引起了小规模的冲突。第一个妓院就是伊南娜建立的，"她建立了为夜间快乐的房子。"伊南娜对杜穆兹的哀思似乎到了疯狂的时刻。她开始想象半神的地球人班达亚齐（Banda）就是她的爱人杜穆兹。后来班达亚齐和伊南娜结婚了，她是恩利尔的纯血统后代，这对夫妇有了一个儿子叫做吉尔伽美什（Gilgamesh），他有三分之二的神的血统。吉尔伽美什意识到他有强大的神圣 DNA，他开始对只有阿努纳奇神的特权产生了想法，就像今天大部分人类一样。苏美尔传说中最著名的是《吉尔伽美什史诗》，在里面，他进犯了提尔蒙（Tilmun）的土地，那里是他阿努纳奇人的太空港秘密基地。在很多苏美尔泥版上都用大量细节描述了这次事件，并且成为了书写文字中最古老的研究样本。

史诗般的过去告诉我们，要到达他的目的地，吉尔伽美什必须得到他的叔叔乌图的同意和神的协助。甲骨文在那个时代也被叫做"会说话的石头"。通常，一个牧师会从神那里咨询一块甲骨文的建议。甲骨文会反过来告诉牧师该怎么做。所以当我们读到乌图用甲骨文占卜，帮助吉尔伽美什到达太空港的密室。因为乌图是年长的阿努纳奇，他有能力指引吉尔伽美什到达下一个地点。但基地的防护武器非常厉害，在杉树林中，吉尔伽美什第一次遇见"怕火的怪物"，吉尔伽美什发现"隧道的秘密入口……他们挑战了致命的武器"。最后，他见到了朱苏德拉，朱苏德拉告诉他有一种奇异的植物可以把年轻人困住。但是贪婪的吉尔伽美什从根部撕开了植物并带回了家。中途他睡着了，植物被一条由香味吸引来的蛇偷走了。吉尔伽美什空手而归，最后像凡人一样死去。

这个关于蛇的描写非常精彩，这与《圣经》中伊甸园有着非常相似的地方。事实是，吉尔伽美什不是什么旧人类，他是乌鲁克（Uruk）古城的国王，或者《圣经》中的以力（Erech）。所以马杜克用这个事件赐给自己不朽，并要求得到更多人的崇拜。他告诉法老们，可以提供给他们通往天上的通道，就像吉尔伽美什那样。他指定什么是死亡之书，告诉国王们如何一步步走向"天堂"，作为回报，马杜克要求这些国王们对他绝对服从。

马杜克给法老们提供了去尼比鲁的特权，那里永恒地生活着阿努纳奇神，但马杜克并不具有使人死而复生的能力，这种特权只有少数的处于顶级地位的阿努纳奇神才有。作为他快速扩张计划的一部分，马杜克指导他的追随者们入侵阿普斯土地上的其他区域，从那里掠夺黄金，而那些人曾是自己弟弟的追随者，他命令他的部下捕获所有毗邻埃及的土地。"成为四个区域的主人是他的真实目的。"马杜克变得痴迷和傲慢，他直言不讳地对他的父亲恩基宣称："我要统治地球。"

在苏美尔，王权是相互交替的，但马杜克在埃及并没这样做。"在苏美尔……王权在城市间变换……在第二区域，马杜克希望独裁统治。"马杜克曾在火星上担任过指挥官，所以与伊吉吉有着非常良好的关系，并将其牢牢控制在自己的权力下。马杜克自称"天上的长子，第一个降生在地球上的神……"他希望所有祭司用诗歌赞美他。有趣的是，他的愿望并未实现，他的贪婪和狂妄吞噬了他。

马杜克坚信他比其他所有神的力量都要强大。马杜克自称："永恒的主，他创造了永久的世界，超过所有的神……没有相同……马杜克凌驾于所有神之上。"他仿佛失去了控制，年长的阿努纳奇人真的可以接受他如此明目张胆地抢班夺权吗？事实将变得非常糟糕。

阿努纳奇人对他的行为感到愤怒。马杜克已然变成一个无视规矩的家伙，行动无法预料。这是一个新的转折点，甚至连马杜克的父亲恩基也意识到自己所深爱的儿子渐行渐远，他再也无力阻止马杜克对恩利尔的所作所为，并从此站到了马杜克的对立面。这也是我们第一次听到恩基对他的大儿子抛出狠话："你真以为你能征服一切？你那宣言根本就是闻所未闻。"但是，马杜克对权利的欲望已经高涨到不可收拾的地步。马杜克宣称他的神兆即将来临，他将获得统治世界的力量。恩利尔的神兆是"天堂神牛"，而马杜克则宣称其将被自己的神兆公羊取代。正如马杜克所言："天地间我是至高无上的象征……公羊时代即将来临，其预兆毋庸置疑。"马杜克对于自身神兆的坚定信念让人难以置信。但接下来所发生的事情，甚至让阿努纳奇人都开始怀疑马杜克是否真是世界的主宰。泥版文献追溯到公元前2308年，苏美尔皇室的圆筒密封图章，正是白羊座——也即马杜克的象征，是否预示着公羊时代的来临。

公元前2308年，一个疯狂建造纪念碑的时代。这也和世界各地所发现的这类建筑物完美契合。所有人都翘首以待，想知道马杜克的预言是否正确。阿努那奇们越来越依赖地面人类的支持了。诸神之间的战争到了由人类扮演关键角色的时代。"阿努纳奇的这些神祇也不讳言他们需要人类的支持。"他们需要在人类中找到一个强有力的领导者，由他带领人类军队对抗马杜克。伊南娜找到一个名叫阿伯卡特（Abrakad）的人出任主帅。恩利尔让他成为人类之王，将"皇冠与权杖"赐予了他，并赐名号沙鲁·幸（Sharru kin）。这也就是我们众所周知的萨尔贡一世（Sargon），阿卡德（Akkad）的无上权力的第一代君王。通过碑文我们得知，为了保管皇冠，一个被称作阿卡德（Agade/Akkad）的新的城市开始建立，同时也是萨尔贡一世所统治的阿卡德帝国的崛起。萨尔贡一世的任务非常明确：就是确保美索不达米亚人民的服从。历史学家们已熟知萨尔贡一世，我们也从碑文中了解到当时发生了什么。"普天之下的人民悉数服从于他的王命。"而萨尔贡一世之所以能如此大获成功、战无不胜，也有了一个很好的解释，那就是伊南娜把阿努纳奇人的先进武器赐予了他的军队。"恩利尔授予了他沙鲁·幸的名号，伊南娜则有她强大的武器相赠。"

这是，马杜克猛然地朝毫无察觉的巴比伦（Babylon）城市发起进攻，在那里，他站稳阵脚并以此对抗伊南娜。在这之后，对这座城市的记载也成了："巴比伦，这道通向诸神的大门……在这个耸立高塔的地方他们筑起了城墙与护城河……此处，正是他们为至高无上之神马杜克所建造的居所。"这便是马杜克如何狡猾地在第一区的中心地区，埃丁的心脏地带，恩利尔领地的心脏地带——建立起他自己的军队势力。伊南娜迅速果断地采取了反制措施，她倾尽全部军力对马杜克的军队发起进攻，卷土重来，并打退了马杜克的军队，并对城市进行了毁灭性破坏。

马杜克在巴比伦吃了败仗，并被驱离伊甸园。阿努纳奇诸神达成一致意见，决意"和平"等待天堂真正的神兆降临，让天意决定马杜克统治的时代（公羊时代）是否真的来临。此时马杜克并未回到埃及，他的人民开始尊称他为阿姆（Amun），意为前所未见的。阿努纳奇这边，纳拉姆·辛（Naram Sin），萨尔贡一世的孙子，被指定为阿卡德和苏美尔的新任君王。这段时间确实是地球上奇怪的一段时期，仿佛每个人都在等着什么发生似的。老一辈的阿努纳奇人希望回到尼比鲁，然这并不现实，因为美洲的采金工程正值顶峰。他们的计划是将已知的金矿全部采尽后才能离去。但时不待人，在东方，伊南娜已经开始实施她统治这个星球的计划。马杜克和伊南娜各自忙于战争的筹备，他们统治世界的野心变得越来越明显。当伊南娜意识到她可以开展她的计划后，一个奇怪的情况出现了。"在第一区，恩利尔和尼努尔塔均离开陆地去了大洋……第二区的太阳神（Ra）也离开了，而马杜克也不在自己的领地。"趁此机会，伊南娜开始了夺取土地控制权的行动，纳拉姆·辛则成为了这一事件的执行者。纳拉姆·辛如伊南娜所言行动了，这也与史学家们从古文献中熟知的那些战役相同。纳拉姆·辛横扫苏美尔、阿卡德的全部土地，攻入埃及，占领一切。但他犯了一个致命错误：向恩利尔的禁地"提尔姆"（Tilmun）进军。那是只允许阿努纳奇人进入的飞船港口。随后发生的事恰好充分说明了当时人类与阿努纳奇人之间压倒性的力量差距。暴怒的恩利尔瞬间消灭了纳拉姆·辛和他的军队，甚至还下令毁灭整个阿卡德。"因为恩利尔的命令，阿卡德遭到了毁灭。"碑文告诉我们这一事件大致发生于地球纪年1500年，也就是阿努纳奇人开始改用地球纪年后的1500年。换算过来大致在公元前2300年。此时正是《圣经》中提到的早期阶段，大致比亚伯拉罕出现，以及神指示他的信徒领袖去进攻摧毁敌人的时间稍早一点。

现在我们终于明白那时人类除了听命于那些漠视生命的、残暴的神之外，人类几乎别无选择。人类仅仅是阿努纳奇诸神这场征服游戏里的棋子，诸神间的冲突总会牵连人类，人类甚至都不知道开战的理由。就像我们在《旧约》上看到的那样，这样的事在那个时代随处可见。让人费解的是，神灵究竟为何要在人类的行为模式里埋下冲突的种子，又激起人类的互相侵略。刚从黑暗时代走进文明时代的人们，将战争当做家常便饭。神灵借口有人邪恶以及对神不敬，命令他的子民去进攻侵略他人。每片土地上的神都要求人类对自己的绝对服从，否则便强加审判。

这也许是人类历史上最重要的一段时期，因为人类对于各种神灵，以及他们带来的各色宗教开始慢慢习惯和接受。一个星球在如此短的时间内发展出如此多的宗教，是很不正常的。苏美尔人的碑文以及《圣经》的书页中，问题的答案写得非常清楚，若纯粹从人类角度来看，人类之间的第一场战争只不过是被神操纵，而进行的战斗。几乎可以说，早至公元前3500年起，人类所有战争都掺杂宗教信仰，加上我们基因中与生俱来的征服欲。我们看到，那个遗传自阿努纳奇的DNA正显现出令人难以置信的影响，暴力基因在我们的身体里正在凸现。

泥版似乎表明，世界正被卷入混乱及恐慌中。"在马杜克成为了阿姆之后，第二区域的王权被分裂，统治变得混乱而无秩序……在阿卡德被毁灭之后，第一区域的统治也变得混乱而无序……王权失去秩序，一会神掌握，一会又被人类控制……王权的统治正渐行渐远。"情况甚至已经糟糕到恩利尔不得不向远在尼比鲁的阿努咨询如何应对现状。他们在乌尔（Ur）市任命了一个新国王，让他成为和平使者及"为暴力与冲突带来终结……让一切土地重新绽放繁荣"。这位国王的名字便是乌尔纳姆（Ur Nammu）——"正义的牧者"。公羊时代的来临，以及马杜克即将要统治整个世界，这种鲜明的想象场景总在恩利尔脑海中萦绕不去。这深深影响着恩利尔的行动，使他派出了他的高阶祭司观察下个时代的神兆。而在这期间，马杜克仍继续穿梭各大陆，将他至高无上的理念告知人们，借此得到大量服从、敬畏的信众。他的儿子拿布（Nabu）也用恐惧来威慑更多人类，让他们变为自己的信徒。战争再次打响："西部民众和东部民众之间的冲突爆发。"乌尔纳姆死于一场马车的事故，随后苏尔吉（Shulgi）接任了王位。"苏尔吉充满了凶残与对战斗的渴望。"似乎那时的人们投入战争中，并不太依赖于神灵的鼓舞，他们开始模仿他们的神。从文献上看，苏尔吉是个暴君，不仅在战场所向披靡，从他设法诱惑美丽的女神伊南娜这件事看来，苏尔吉还拥有一流的口才。这显示了甚至早在 4 300 年前，有权力的男人就已经吸引着女性。这可以用基因来解释，因为选择更强大的男性，可以更好地让女性生存繁衍。也正是这样苏尔吉才会用他的权力来征服领土和女人。历史再次重演，一个傲慢自大的人类国王犯了侵犯恩利尔禁地的错误。"领地的统治者又一次冲破了限制……所有这些麻烦，马杜克都应是其罪魁祸首，"恩利尔如是生气地对恩基说道。

　　这里我们再一次看到了神话和历史戏剧性地巧合。恩利尔需要找到一个坚定、服从、强大的人类领袖，来对抗马杜克日益强大的人类军队及其造成的混乱。他并没花太多时间便找到了这个《圣经》中最为神秘的人物。那便是此后在《圣经》中出现的王者：亚伯拉罕，耶稣的先驱，基督教以及穆斯林的共同信仰。穆斯林则称他为易卜拉欣（Ibrahim）。他是一个强大的人，完全掌控了恩利尔的军队。如今，恩利尔也开始采用其他阿努纳奇神所用过的策略，即利用人类当自己的士卒。他的主要目的是让亚伯拉罕保护好自己的空间船港口。"亚伯拉罕……守护神圣的领地，把战车变得能够上升下降，亚伯拉罕执行着恩利尔的神谕。"但当亚伯拉罕离开哈兰城去履行他的神恩利尔所交给的新任务时，马杜克成功煽动人们，引起骚乱。动乱迫使亚伯拉罕和他的侄子罗德（Lot）为他们的神明恩利尔查探现状，报告马杜克及他的信众的动向。可以试着想象那些日子，可怜的人类是如何被这种混乱折磨：人们陷入神之间的混战之中。

　　战争双方都恪守规矩而又冷酷无情，那段时间阿努纳奇神之间剑拔弩张。他们为了采集珍贵金矿所创造出来的奴隶种族如今成了他们战争的工具。至此，马杜克已经没有退路了，他召集了他在巴比伦城中的所有阿努纳奇人，以此自任为地球新的统治者。"将阿努纳奇诸神都聚集至我的神庙中，接受我的条约。"显然其他人都被马杜克这番言论威慑住，唯有恩利尔紧急召集了所有长者的会议。"恩利尔召集他的徒从，参与会议，听取大家的意见。"会议一致认为，马杜克已经过于偏离正道，他的行为已经激怒了在场所有人。会议上一片混乱状态，"控诉泛滥，埋怨声充盈屋内"。

恩基是当中唯一一个觉得应该相信命运的人，他们应当接受马杜克的统治而不是反抗。"即将到来的，谁也无法阻挡，让我们接受马杜克的至高无上吧。"如今，马杜克已经在巴比伦站稳阵脚，基本控制了当时所知的整个世界，包括：埃及、以色列、迦南、亚西利亚、阿卡德和苏美尔。阿努纳奇人中只剩下少数坚定簇拥未向残暴的太阳神马杜克效忠，例如现今世界最为出名的《圣经》里的爱神。在恩利尔主持的会议上，经过大量协商和争论，会议决定阻止马杜克的扩张，将他的城市全部毁灭，杀尽所有居民。

此时的亚伯拉罕已成为恩利尔手下一名忠诚且值得信赖的将军，装备有最好的战车与最优良的战马。亚伯拉罕主打过许多战役，大部分都是保卫空船港口的所在地。而神主恩利尔也赏赐了他数不尽的宝物，包括"目所能及的土地"，黄金、牛、羊，以及各种财富。亚伯拉罕拥有一支约380人的精锐部队，为了完成任务，他们训练有素、装备精良。神主恩利尔所提供给他的武器强大到令这一小队人可以在数小时内摧毁一支上万人的军队。

这让亚伯拉罕成为这片土地上最富有，最受尊崇与敬畏的人。《圣经》中多处提到，国王与祭司来到他的面前，请求宽恕与赦免。这些人都提到了亚伯拉罕与神有着密切的关系。所有人都畏惧神的报复，在今天我们所知道的神中最典型的例子：受侄子马杜克篡权威胁的最高统领恩利尔。我们在《圣经》中好几次读到，天使向亚伯拉罕询问城市中市民的动向。他们把亚伯拉罕和他的侄子当作线人，打探马杜克那些信众们的活动情况。其中《圣经》详细记载了所多玛与蛾摩拉两座城市的毁灭事件，或许这两座城市被毁灭的真正原因是因为他们处于马杜克的掌控之下，而这两座城市拥有数量庞大的马杜克的信众，对恩利尔的统治带来了极大威胁。

因此，在恩利尔的会议厅里，经过那些阿努纳奇人漫长的辩论，最终得出了对马杜克的人民"迫不得已动用恐怖武装"的结论。这和美国对伊拉克先发制人的打击并无不同，都是对可预见的敌人抢先发动致命打击。同样的地方，在4 200年前和4 200年后都被卷入了一场可怕的战争，难道不是讽刺吗？阿努纳奇诸神对马杜克动用了恐怖武器，接下来我们从地理位置上分析：马杜克控制着埃及，而他的东边不远处便是拥有空船港口的西奈半岛，同时所多玛和蛾摩拉城都处在西奈半岛的正北边，正是出兵攻打恩利尔的空船港口的绝佳地势。因此当我们看到天使在那两座城市遭受毁灭的前夕造访亚伯拉罕，向他打听这些城市市民动态时，便不会再感到惊讶了。故事的结尾就像我们知道的那样，天使降临到城市中与罗德谈话，随后城市被骇人听闻的巨大爆炸摧毁，而罗德的妻子被化作"盐之柱"，实际上就是化为乌有。

泥版上所记述的事件更加详细，但总体描述是与《圣经》相同的。整个事件中只有恩基反对采取这一恐怖行动，称："你们想要回到旧况的企图，早已注定失败。"恩利尔的儿子尼努尔塔，以及恩基的儿子纳格尔（Nergal）被选为"终结罪恶之物"的人。这样我们便得知了造访亚伯拉罕那两位天使的身份，而用核武器毁灭城市的也正是这两位天使。神话和《圣经》的历史再一次不期而遇，这次，我们更是能将神话和现实中的人名、地名一一对应。

这些致命武器是从某个秘密的地方获取的，恩利尔曾向年轻一辈的阿努纳奇人透露"武器是如何在沉睡中被唤醒的"。他们被预先告知了哪些城市应当被宽恕，以及哪些正直的人不应受到牵连。泥版中提到恩利尔告诉他的两名战士"务必预先通知亚伯拉罕"，这一关键部分证实了我对亚伯拉罕是恩利尔耳目的想法。过去很多学者都曾暗示，是核武器摧毁了所多玛和蛾摩拉城。除了《圣经》对这次灾后状况的描述，泥版也同样证实了核武的说法。"无敌者、不息业火、恐之崩坏、山峦熔融者、世界尽头之吞灭、所至之处无人幸免之彼"，一共七种武器用于这场大屠杀。泥版告诉我们是在地球纪年的 1726 年，也即公元前 2064 年，所多玛与蛾摩拉城遭受毁灭，亚伯拉罕也走到了生命的尽头。泥版同样清楚地告诉我们，恩利尔的所为使恩基蒙受屈辱，如同他所写的那样："那天，那不祥的一天，恩利尔给尼努尔塔传去了指令。"

尼努尔塔和纳格尔开始引爆炸弹，苏美尔泥版文献详尽描述了爆炸的发生过程："瞬间便将山峦的最深处熔化……一股刺眼的光芒掠过，天空也变得一片漆黑……剩下焚烧殆尽的森林和枯焦的树干。"任何见过相关图片的人，都会联想到核爆后的场景。这也和《圣经》描述的内容相一致。随后，马杜克的残余势力转移到"拿布的管辖区——翠绿山谷"。作为马杜克的儿子，拿布同样也是被袭击的对象。这里，他们又被毁灭了至少 5 座城市，就如《圣经》所描述的那样，"他们高举着火焰与硫磺，将生灵化为虚无"。

接下来便是典型的"核风暴"，天空变得昏暗，极端的大风以每小时数百公里的速度，散布致命的核辐射云雾及粉尘。"昏暗的天空里挟着灾厄之风……地平线上的太阳为黑暗所笼罩。"不可思议的是这些事件的描述竟然在早于《圣经》之前就被记录了。《圣经》对这些事件的描述与苏美尔人的泥版记录一致。骇人的核爆画面仍未结束："一道令人恐惧的光芒划破夜晚的天际……将死亡带到各个角落。"阿努纳奇人也被"核风暴"所带来的破坏震慑，"核风暴"将致命的粉尘散播到每个角落，包括阿努纳奇人居住的方向。粉尘渗透每一处角落、每一道缝隙，迅速地朝苏美尔漫延——那里，正是阿努纳奇人的根据地所在。"没有门能将它拒之于外，也没有闩能让它却步不前。"尼努尔塔与纳格尔给恩利尔与恩基发去一条紧急信息："快逃！快逃！把这句话告诉大家。"接下来的句子愈发引人注目，甚至更为形象地描绘了灾厄之风给途经居民造成的灾难。"路上的尸体堆积如山……人们的胸腔充盈了浓痰……口中满是鲜血与白沫……它自西向东，践踏每处平原与山峰。"这段话让我们意识到一个更为糟糕的真相，阿努纳奇人不仅使用了核武器，还使用了生化武器。

不久前，伊拉克被指藏有大量杀伤性武器，其中主要是指生化武器。可悲的是，时至今天，我们仍目睹了众多使用生化武器的袭击事件，而这些袭击的受害者的症状和泥版中的记载一模一样。他们倒地不起，皮肤被灼伤，或满布恶心的脓疮。无疑这些古代的文字叙述，正是生化战争那令人毛骨悚然的真实写照。如果这一切不是真实存在的，那 4 000 年前的泥版怎么会描绘得如此真实？一名古代的史官能够想象出如此真实的画面，让人无法相信，也断然没有可能。当时的技术水平比黑暗的中世纪还要早3 000 年，而剑与战马仍是那时的主要武器。你可以想象一下，《圣经》和苏美尔人的那些叙述背后是怎样一幅真实场景。"一切有生命的事物都面临死亡，人与牲畜被无区别地残忍杀害……淡水变得有毒……植物也尽数枯萎。"然而接下来出现的惊人奇迹更是恩利尔做梦也想不到的。灾厄之风自西向东横扫整片大陆，摧毁一切——却唯独少了巴比伦，"它的幸存是否验证了马杜克的至高无上"。这件事被恩利尔及其他阿努纳奇人视为奇迹。最后他们终于意识到"马杜克的王权是不可违逆之天命"。他们逐渐消沉，而后逐渐解散，接受马杜克的统治。这让我们再次看到了阿努纳奇人的精神世界，以及他们对天命的理解。在漫长的掘金任务中，他们已感到疲倦，想要返回尼比鲁。尽管最初来到地球时，恩利尔和恩基都充满活力，然而地球过短的公转周期已使他们变得苍老，回家的时刻终于来临。

对幸存者来说，之后的日子更为艰难。《圣经》的古本上记录了由于新的主神马杜克残暴的独裁统治，人类部落遭受了各种苦难。马杜克控制住人类，只允许他们对自己效忠。《圣经》将马杜克描绘为复仇之神，而那也确实是他未来的形象。他夺取星球统治权的这些岁月，似乎让他失去耐性。他完全没有他父亲恩基所展现出的对人类的仁爱之心。在他的施压下，人们普遍崇拜的许多半神族也逐渐销声匿迹，社会开始转变为一神论，马杜克成为人类唯一允许崇拜的神。他索取的贡品包括黄金、食物、牲畜，甚至包括人类。早期的美洲文明，如阿兹特克人（Aztecs）和他们的祖先就有一种残忍的祭祀仪式，需要摘取活人仍在跳动的心脏。为了供奉他们的神，至少有 2 万人被杀害。绝大部分古代文明都有类似的残忍祭祀习俗。这一野蛮习俗则是公元前 2064 年马杜克统治地球后才开始出现，直到基督教兴起才结束。

现在故事已经讲完了，我们需要静下心来，好好回想一下，然后自问一个问题："这到底是怎么回事？我们都被欺骗了吗？人类真的如此愚昧无知，真的被利用了这么长时间吗？"回答是肯定的。你甚至不用回到远古过去便能看到，人类总是心甘情愿地追随他们的暴君，甘愿做他们的愚民。希特勒、墨索里尼、老布什都是先例，它告诉我们人们是如何追随一个他们所相信的，能够保护自己，让自己变得比敌人更强大的领袖。但现在，我们有一个显而易见的问题，"阿努纳奇人去哪儿了？恩利尔、恩基、马杜克他们又身在何处？他们还在我们身边，抑或已然离去？他们是否还暗中参与到现代人类的纷争中？"这是一个值得全面研究的问题，庞大的课题足以单独成书。对此，我的意见：如果遇到生态灾难，你被迫离开了自己的家园，但终有一天你会回去。那些 UFO 的目击事件也许正是我们的造物主回来查看他们的后人的状况。今天的地球已经和 1 000 年前的地球有了天壤之别。我们若是假定阿努纳奇人是在 1 000 年前离开地球的，要是他们想回到如今这个宗教、文化均已发生巨大改变的地球，那是不明智的。要是他们真的来到地球告诉我们"他们"才是我们的"造物主"，我们或许会把他们赶回宇宙去。通过对苏美尔泥版文献的解读，我们应该认识一个道理，我们应该对远古时代的人类起源问题保持怀疑态度和科学态度。

尽管今天的我们已进化到较为先进的水平，但仍无法知道我们是谁，我们从哪里来，以及为什么我们会生活在地球这颗孤独的行星上。如果我们能抛开旧有的固化思维，也许可以得到更快的进化。只有这样我们才能加入宇宙物种的大家庭，变成拥有大宇宙意志的人。我相信我们正处在这伟大革新的第一步，最后的结局完全取决于我们自己。最后需要提醒大家的是，在我们追寻进化与启示的道路上，我们应时刻谨记我们的心智尚属稚嫩，眼见未必为实。

科学可以这样看丛书(25本)

门外汉都能读懂的世界科学名著,顶级学者用心写就的经典科普著作。
在学者的陪同下,作一次奇妙的、走向未来的科学之旅,
他们的见解可将我们的想象力推向极限!

1	平行宇宙	〔美〕加来道雄	39.80 元
2	量子纠缠	〔英〕布赖恩·克莱格	32.80 元
3	量子理论	〔英〕曼吉特·库马尔	55.80 元
4	生物中心主义	〔美〕罗伯特·兰札 等	32.80 元
5	物理学的未来	〔美〕加来道雄	53.80 元
6	量子宇宙	〔英〕布莱恩·考克斯 等	32.80 元
7	平行宇宙(新版)	〔美〕加来道雄	43.80 元
8	达尔文的黑匣子	〔美〕迈克尔·J.贝希	42.80 元
9	终极理论(第二版)	〔加〕马克·麦卡琴	57.80 元
10	心灵的未来	〔美〕加来道雄	48.80 元
11	行走零度(修订版)	〔美〕切特·雷莫	32.80 元
12	领悟我们的宇宙(彩)	〔美〕斯泰茜·帕伦 等	168.00 元
13	遗传的革命	〔英〕内莎·凯里	39.80 元
14	达尔文的疑问	〔美〕斯蒂芬·迈耶	59.80 元
15	抑癌基因	〔英〕休·阿姆斯特朗	39.80 元
16	物种之神	〔南非〕迈克尔·特林格	59.80 元
17	暴力解剖	〔美〕阿德里安·雷恩	预估 62.80 元
18	机器消灭秘密	〔美〕安迪·格林伯格	预估 49.80 元
19	失落的非洲寺庙(彩)	〔南非〕迈克尔·特林格	预估 53.80 元
20	美托邦	〔美〕马克·利文	预估 35.80 元
21	量子时代	〔英〕布赖恩·克莱格	预估 35.80 元
22	奇异的宇宙与时间现实	〔美〕李·斯莫林 等	预估 58.80 元
23	宇宙简史	〔美〕尼尔·德格拉斯·泰森	预估 68.80 元
24	哲学大对话	〔美〕诺曼·梅尔赫特	预估 128.00 元
25	垃圾 DNA	〔英〕内莎·凯里	预估 43.80 元

特林格醉心神创学，他对人类源流的看法，深受美国学者，古文明研究领域专家，撒迦利亚·西琴的影响。特林格认为，人类乃是"神灵"（阿努纳奇）的造物。相关的秘密，早在苏美尔人的泥版文献中得到了详尽解答。他出版的第一本书《物种之神》（2005年，南非）主旨正在于此，该书2012年于美国再版。

迈克尔·特林格，南非作家、演员、歌曲作者、政治活动家、电视节目主持人。特林格毕业于南非约翰内斯堡大学，早年投身娱乐事业，后涉足广告、广播、电视主持等行业。2012年，他自组"班图人"党，参与南非大选的竞逐。